특별하게 런던
London

특별하게 런던

지은이 김선태
초판 1쇄 발행일 2022년 9월 20일
개정판 1쇄 발행일 2024년 2월 5일

기획 및 발행 유명종
편집 이지혜
디자인 이다혜, 강주희
조판 신우인쇄
용지 에스에이치페이퍼
인쇄 신우인쇄

발행처 디스커버리미디어
출판등록 제 2021-000025(2004. 02. 11)
주소 서울시 마포구 연남로5길 32, 202호
전화 02-587-5558

ISBN 979-11-88829-38-5 13980

* 사진 및 자료를 제공해준 모든 분들게 감사드립니다. 편집상 크게 사용한 사진에만 저작권을 표기했음을 밝힙니다.

특별하게 런던
London

지은이 김선태

디스커버리미디어

〈특별하게 런던〉이 세상에 나오고 독자분들의 많은 사랑을 받은 지도 1년이 넘었다. 런던의 매력을 어떻게 하면 가장 잘 보여줄 수 있을까, 끊임없이 고민한 끝에 만들어낸 결과물이 바로 이 책이다. 현장에서 매일 2만 걸음 넘게 걸으며 런던의 사계절을 아낌없이 담아내기 위해 노력했다.

런던의 두 가지 매력

런던의 매력은 열 손가락 안에 꼽기 어렵지만, 그래도 다음 두 가지는 꼭 독자들에게 알리고 싶다.

첫째, 런던은 유럽의 그 어떤 도시보다 현대적인 감성과 옛것의 조화가 잘 이뤄진 도시이다. 거킨 빌딩, 옛 런던 시청, 더 샤드 등 다른 유럽 도시에선 찾아보기 힘든 미래형 건축물들이 시내 중심부에서 런던의 현대성을 웅변하고 있다. 이와 반대로 옛것에 관한 관심과 보살핌도 눈여겨볼 만하다. 국회의사당의 빅벤은 무려 4년 넘는 기간 동안 공들여 리모델링을 마쳤다. 옥스퍼드나 코츠월드는 어떤가? 옛 중세 도시가 그대로 보존되어 우리에게 과거로의 여행을 선물한다. 새것과 미래를 지향하되, 지켜야 할 것들 앞에선 지독할 만큼이나 옛방식과 전통을 고수한다. 그렇기에 런던 여행은 다른 유럽 도시보다 더욱 특별할 수 있다.

둘째, 런던엔 런던에서만 느낄 수 있는 문화가 풍부하다. 런던은 뮤지컬의 발상지이다. 탄생지에서 관람하는 뮤지컬 공연은 기분부터 남다르다. 과거 귀족들의 호화로운 여유를 잘 보여주는 에프터눈 티, 영국의 프로 축구 프리미어리그와 손흥민 선수가 활약하며 국민팀이 된 토트넘, 비틀즈와 퀸으로 대표되는 브리티시 팝, 그리고 사람 냄새가 물씬 풍기는 수많은 길거리 마켓까지, 런던에서만 느낄 수 있는 특유의 감성과 매력이 가득하다. 런던행 비행기에 오른 독자들이 이 두 가지 매력만큼은 꼭 가슴에 품고 돌아오길 희망한다.

런던의 낭만까지 담았다

〈특별하게 런던〉 개정판엔 런던 여행의 낭만과 매력까지 담으려고 노력했다. 정보 업데이트에 그치지 않고, 런던을 즐겁게 여행할 수 있는 정보와 포인트까지 알차게 담았다. 한 걸음 더 들어간 런던 가이드북을 지향하여, 장소별 정보를 정확하게 전달한 뿐만 아니라 그 장소에 깃든 스토리까지 담으려고 노력하였다. '런던 하이라이트'를 특별히 주목해주길 바란다. 명소, 맛집, 음식, 체험, 쇼핑까지 6가지 주제별로 런던에서 꼭 해야 할 버킷 리스트를 압축해서 담았다. 여행 계획을 세울 때 요긴하게 활용할 수 있을 것이다. '특별부록'으로 준비한 런던 대형 여행지도도 꼭 소개하고 싶다. 앞면엔 한눈에 펼쳐보기 딱 좋은 대형지도, 꼭 가야 할 런던 명소 Top 10, 런던에서 꼭 즐겨야 할 것 10가지 정보를 담았다. 뒷면엔 런던의 튜브, 나이트 튜브 노선도를 담았다. 이제 큰 지도를 보며 편리하게 여행하자.

그동안 많은 독자가 〈특별하게 런던〉을 성원해준 덕분에 개정판을 통해 다시금 찾아올 수 있게 됐다. 바야흐로 여행의 시대가 다시 돌아온 지금 런던 여행자들에게 멋진 가이드이자 동행이 되길 소망한다. 항상 응원해주는 가족들, 일상의 오아시스 같은 존재인 아내와 11월에 탄생한 아이에게 고마움을 전하고 싶다. 독자들에게 런던의 감성을 선물할 수 있도록 도와주신 디스커버리미디어의 유명종 편집장님, 에디터 이지혜 님, 디자이너 이다혜 님께도 감사의 인사를 전한다.

2024년 1월

김선태

『특별하게 런던』 100% 활용법

독자 여러분의 런던 여행이 더 즐겁고, 더 특별하길 바라며
이 책의 특징과 구성, 그리고 활용법을 알려드립니다.
『특별하게 런던』이 친절한 가이드이자 멋진 동행이 되길 기대합니다.

① 이렇게 구성됐습니다

**휴대용 대형 여행지도 + 여행 준비를 위한 필수 정보 + 런던을 특별하게 즐기는 방법 25가지
+ 권역별 여행 정보 + 근교 여행 정보 + 실전에 꼭 필요한 여행 영어**

『특별하게 런던』은 크게 특별부록과 본문, 권말부록으로
구성돼 있습니다. 특별부록은 휴대용 대형 여행지도, 튜
브 노선도와 나이트 튜브 노선도로 이루어져 있습니다.
본문은 여행 준비를 위한 필수 정보, 명소·음식·체험·쇼
핑 등 6가지 주제로 런던을 특별하게 즐기는 방법 25가
지, 런던을 7개 구역으로 세분한 권역별 여행 정보가 중
심을 이루고 있습니다. 만약 런던 밖으로 여행하고 싶다
면, 근교 여행 정보를 펼쳐보세요. 윈저성·옥스퍼드·바
스 등 11개 도시의 교통편부터 꼭 가야 할 명소와 맛집,

쇼핑 정보까지 자세하게 소개합니다. 실전에 꼭 필요한 여행 영어 회화를 담은 권말부록도 주목해주세요. 때와 상
황, 장소에 따라 필요한 필수 단어와 회화 예제를 20페이지에 걸쳐 자세하게 담았습니다.

② 특별부록 : 휴대용 대형 여행지도

**관광지·전망 명소·맛집·체험·쇼핑 스폿을 모두 담은 대형 여행지도
+ 런던 튜브 노선도 + 나이트 튜브 노선도**

휴대용 특별부록엔 모두 세 가지 지도를 담았습니다.
먼저, 런던 전체를 한눈에 보기 딱 좋은 대형 여행지도
를 주목해주세요. 관광지·전망 명소·맛집·카페·체험·쇼
핑 스팟 등 『특별하게 런던』에 나오는 모든 장소를 아이
콘과 함께 실었습니다. 명소 앞엔 카메라 아이콘을, 맛
집엔 포크와 나이프, 카페와 베이커리엔 커피잔 아이콘
을 함께 표기했습니다. 지도를 펼쳐 아이콘을 확인하면
스폿의 위치와 성격을 금방 알 수 있습니다. 대형지도
뒷면엔 런던 튜브 노선도와 야간에 이용할 수 있는 나

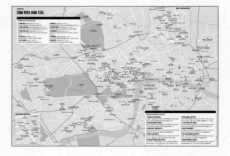

이트 튜브 노선도를 실었습니다. 휴대용 특별부록은 공항에 도착하는 순간부터 런던 여행을 마칠 때까지 독자 여
러분에게 런던의 나침반 역할을 해줄 것입니다.

③ 런던 여행 준비를 위한 필수 정보
여행 전에 알아야 할 Q&A 10 + 출국과 입국 정보 + 현지 교통 정보
+ 월별 날씨와 기온 + 꼭 필요한 교통카드와 여행 앱+ 추천 숙소 +일정별 추천 코스

런던 여행 준비를 위한 필수 정보는 여행계획을 세우는
단계부터 실제로 여행하는 데 필요 모든 정보를 상세하
게 안내합니다. 런던 한눈에 보기, 키워드로 읽는 런던
역사, 왕조로 보는 영국 역사, 런던 여행자가 꼭 알아야
할 상식과 에티켓, 짐 싸기 체크리스트, 출국과 입국 정
보, 여행 전에 알아야 할 Q&A 10, 현지 교통 정보, 월별
날씨와 기온, 꼭 필요한 여행 앱과 교통카드, 위급 상황
시 대처법, 추천 숙소, 일정별 추천 코스 등 여행에 필요
한 모든 정보를 자세하게 담았습니다.

④ 런던 하이라이트 : 런던을 특별하게 여행하는 25가지 방법
인기 명소 베스트 10 + 무료 전망 명소 베스트 5 + 런던에서 꼭 먹어야 할 음식
+ 가성비 좋은 레스토랑 + 뮤지컬과 프리미어리그 즐기기

독자의 취향과 일정을 고려하여 런던을 즐기는 다양한
방법을 제안합니다. 인기 명소 베스트 10, 입장료가 없
는 5대 미술관, 지은이가 추천하는 도심 산책 코스, 무료
전망 명소 베스트 5, 런던에서 꼭 먹어야 할 음식, 가성
비가 좋은 레스토랑 베스트 5, 미쉐린 스타 셰프 레스토
랑에서 즐기는 만찬, 런던에서 꼭 가야 할 올드 펍, 뮤지
컬과 프리미어리그 즐기기, 영국의 의류·신발 사이즈와
꼭 사야 할 쇼핑 리스트……. 25가지 주제 중에서 당신
에게 딱 맞는 여행 프로그램을 골라보세요.

⑤ 7개 권역별 정보와 11개 근교 도시 여행 정보
시티오브런던 + 사우스뱅크 + 첼시와 웨스트민스터 + 소호 + 코벤트가든과 블룸스버리
+ 캠든과 메릴본 + 노팅힐 + 윈저 + 옥스퍼드 + 그리니치 + 해리포터 스튜디오 + 바스

권역별 정보와 11개 근교 도시 여행 정보는 『특별하게 런
던』의 중심 콘텐츠입니다. 시티오브런던, 사우스뱅크, 첼
시와 웨스트민스터, 소호, 노팅힐……. 교통과 동선을 고
려하여 런던을 7개 구역으로 나누어 여행 정보를 안내합
니다. 명소에 얽힌 숨겨진 스토리와 인물 이야기, 맛집과
카페, 체험과 쇼핑 정보, 교통편까지 빠짐없이 안내합니
다. 근교 여행 정보도 알찹니다. 윈저성·옥스퍼드·그리니
치·해리포터 스튜디오·바스 등 11개 도시로 가는 교통편부
터 핵심 명소와 맛집, 쇼핑 정보까지 자세하게 담았습니다.

튜브 노선도

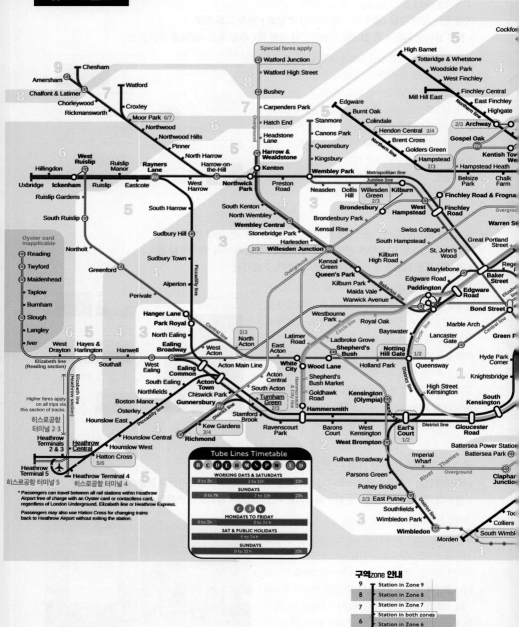

Tube Lines Timetable

	B	C	D	E	H	M	N	P	W		L	O	
WORKING DAYS & SATURDAYS													
0 to 5h			5 to 23h									23h	
SUNDAYS													
0 to 7h			7 to 22h									23h	

	C	J	V	
MONDAYS TO FRIDAY				
0 to 5h				
SAT & PUBLIC HOLIDAYS				
0 to 24 h				
SUNDAYS				
0 to 23 h			23h	

Oyster card inapplicable

- Reading
- Twyford
- Maidenhead
- Taplow
- Burnham
- Slough
- Langley
- Iver

Higher fares apply on all trips via this section of tracks.

Elizabeth line (Reading section)

* Passengers can travel between all rail stations within Heathrow Airport free of charge with an Oyster card or contactless card, regardless of London Underground, Elizabeth line or Heathrow Express.

Passengers may also use Hatton Cross for changing trains back to Heathrow Airport without exiting the station.

구역zone 안내

9	Station in Zone 9
8	Station in Zone 8
7	Station in Zone 7
6	Station in both zones
6	Station in Zone 6
5	Station in Zone 5
4	Station in Zone 4
4	Station in both zones
3	Station in Zone 3
3	Station in both zones
2	Station in Zone 2
	Station in both zones
I	Station in Zone 1

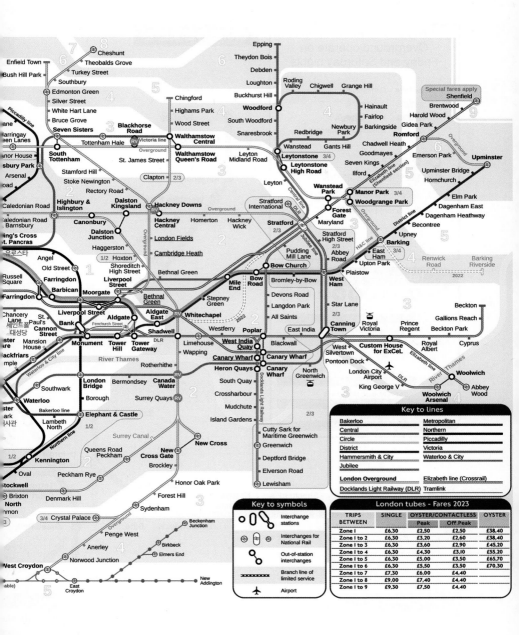

Key to lines

Bakerloo	Metropolitan
Central	Northern
Circle	Piccadilly
District	Victoria
Hammersmith & City	Waterloo & City
Jubilee	
London Overground	Elizabeth line (Crossrail)
Docklands Light Railway (DLR)	Tramlink

Key to symbols

- Interchange stations
- Interchanges for National Rail
- Out-of-station interchanges
- Branch line of limited service
- Airport

London tubes – Fares 2023

TRIPS BETWEEN	SINGLE	OYSTER/CONTACTLESS		OYSTER
		Peak	Off.Peak	
Zone 1	£6.30	£2.50	£2.50	£38.40
Zone 1 to 2	£6.30	£3.20	£2.60	£38.40
Zone 1 to 3	£6.30	£3.60	£2.90	£45.20
Zone 1 to 4	£6.30	£4.30	£3.10	£55.50
Zone 1 to 5	£6.30	£5.00	£3.50	£65.70
Zone 1 to 6	£6.30	£5.50	£3.50	£70.30
Zone 1 to 7	£7.30	£6.00	£4.40	
Zone 1 to 8	£9.00	£7.40	£4.40	
Zone 1 to 9	£9.30	£7.50	£4.40	

Night tube and London Overground operate on Friday and Saturday nights

▬▬▬	Central line
▬▬▬	Jubilee line
▬▬▬	Victoria line
▬▬▬	London Overground

○ 갈아타는 곳
♿ 튜브 안까지 휠체어 이동 가능
♿ 플랫폼까지 휠체어 이동 가능
✕ East Acton역 야간 폐쇄

Tube Lines Timetable

B	C	D	E	H	M	N	P	W	L	D

WORKING DAYS & SATURDAYS

0 to 5h	5 to 23h	23h

SUNDAYS

0 to 7h	7 to 22h	23h

C	J	V

MONDAYS TO FRIDAY

0 to 5h	5 to 24 h

SAT & PUBLIC HOLIDAYS

0 to 24 h

SUNDAYS

0 to 23 h	23h

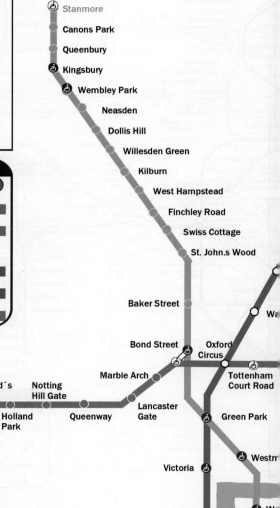

♿ Stanmore
Canons Park
Queenbury
♿ Kingsbury
♿ Wembley Park
Neasden
Dollis Hill
Willesden Green
Kilburn
West Hampstead
Finchley Road
Swiss Cottage
St. John.s Wood
Baker Street
Wa
Bond Street
Oxford Circus
Marble Arch
Tottenham Court Road
West Acton
East Acton
Shepherd´s Bush
Notting Hill Gate
Lancaster Gate
♿ Green Park
Ealing Broadway
North Acton
White City
Holland Park
Queenway
♿ Westm
Victoria ♿
♿ Wa
Pimlico
♿ Vauxhall
Stoc

Loughton

Buckhurst Hill

Woodford

South
Woodford

Hainault

Fairlop

Snaresbrook

Barkingside

Newbury Park

Seven
Sisters

Tottenham
Hale

Walthamstow
Central

Redbridge

Blackhorse
Road

Wandstead

Gants Hill

Finsbury Park

Leytonsone

Highbury &
Istinton

Canonbury

Leyton

Cross
cras

Stratford

Dalston Junction

Haggerston

Hoxton

Liverpool
Street

Bethnal
Green

Mile
End

West Ham

ancery
ne

Bank

Shoreditch High Street

St.Paul´s

Whitechapel

Shadwell

Canning Town

Wapping

RIVER THAMES

Bermondsey

Canary
Wharf

London
Bridge

Canada
Water

North
Greenwich

Surrey Quays

New Cross Gate

© www.londontubemap.org

목차
Contents

PART 1
런던 여행 준비 권역별 런던 이해하기부터 일정별 추천 코스까지

PART 2
런던 하이라이트 런던을 특별하게 여행하는 방법 24가지

PART 3
사우스 뱅크 South Bank

PART 4
시티오브런던과 쇼디치 City of London & Shoreditch

PART 5
웨스트민스터 & 첼시 Westminster & Chelsea

PART 6

코벤트 가든 & 블룸스버리 Covent garden & Bloomsbury

PART 7

소호 & 메이페어 Soho & Mayfair

PART 8

캠든 & 메릴본 Camden & Marylebone

PART 9
노팅힐 & 켄싱턴 Notting Hill & Kensington

PART 10
런던 근교 Around London

PART 1

런던 여행 준비

여행 전에 알아야 할 필수 정보 11가지
런던을 권역별로 안내하는 '런던 한눈에 보기'부터 월
별 날씨와 기온, 공항 교통편과 시내 교통편, 여행자가
꼭 알아야 할 상식과 에티켓, 일정에 따른 다양한 추천
코스까지 필수 정보를 모두 담았습니다.

런던 한눈에 보기

1 사우스뱅크
#타워브리지 #런던아이 #더 샤드 #테이트모던 #밀레니엄브리지 #버로우마켓

런던아이, 더 샤드, 테이트모던, 밀레니엄브리지…. 2000년대 밀레니엄 사업으로 탄생한 랜드마크가 모여있는 지역이다. 타워 브리지부터 런던아이까지 템스강을 따라 약 3.5km 를 산책하듯 걸으면 사우스뱅크의 명소를 대부분 만날 수 있다.

2 시티오브런던 & 쇼디치
#세인트폴 대성당 #모뉴먼트 #타워 오브 런던 #힙스터의 성지

런던의 역사가 시작된 지역이다. 세인트폴 대성당과 타워 오브 런던 등 역사가 깃든 관광지와 로이드, 골드만삭스 등 금융기관의 고층빌딩을 동시에 볼 수 있 다. 직장인과 관광객이 공존하는 시티오브런던을 보고 싶다면 평일 방문 추천! 쇼디치에선 런던의 소울을 느낄 수 있다. 길거리 예술가, 그라피티, 주말의 푸드코트, 길거리 마켓 등 볼거리가 풍성하다. '불금'과 '불토'를 즐기기 좋다.

6
**캠든·메릴본
Camden & Marylebone**

소호·
So

7
**노팅힐·켄싱턴
Notting Hill & Kensington**

3
**웨스트민스터·첼시
Westminster & Chelsea**

3 웨스트민스터 & 첼시
#국회의사당&빅벤 #버킹엄궁전 #웨스트민스터사원 #근위병 교대식 #킹스 로드

웨스트민스터 지역은 국회와 왕실이 있는 정치 중심지이다. 버킹엄궁과 호스 가즈 퍼레이드 의 근위병 교대식은 영국 왕실의 위엄을 느끼게 해준다. 런던의 최고 부촌 첼시에선 킹스 로 드를 필두로 다양한 맛집과 쇼핑 스폿을 찾아볼 수 있다.

4 코벤트가든 & 블룸스버리

#코벤트 가든 #서머셋하우스 #대영박물관 #찰스 디킨스 생가

런던의 세련된 문화와 감성, 품격을 느낄 수 있는 곳이다. 코벤트 가든 지역은 세련된 상점·뮤지컬·오페라를 즐길 수 있고, 서머셋하우스에서 문화 감성을 충전할 수 있다. 대영박물관, 찰스 디킨스 생가가 있는 블룸스버리는 '살아있는 생생한 지식'을 선물한다.

5 소호 & 메이페어

#내셔널갤러리 #피카딜리 서커스 #리젠트 스트리트
#카나비 스트리트 #뮤지컬 #쇼핑 #차이나타운

웨스트엔드의 중심지로 여행객이 많이 모인다. 쇼핑, 맛집, 뮤지컬 등 즐길거리가 많은 상업 문화 중심지이다. 쇼핑을 원한다면 옥스퍼드 서커스 근처의 리젠트 스트리트과 카나비 스트리트로, 맛집을 고르고 싶다면 차이나타운으로 가면 된다.

4
!트가든·
!스버리
nt Garden
oomsbury

2
시티오브런던·쇼디치
City of London & Shoreditch

1
사우스뱅크
South Bank

6 캠든 & 메릴본

#리젠트파크 #셜록 홈스
#메릴본 스트리트 #명품 #갤러리 #캠든마켓

메릴본과 메이페어 지역에서는 본드 스트리트와 메릴본 하이 스트리트을 필두로 다양한 명품과 부티크 상점이 몰려 있다. 작은 갤러리도 많아 쇼핑과 예술 감상을 더불어 할 수 있다. 캠든 지구의 캠든 마켓은 시장의 진수를 보여준다.

7 노팅힐 & 켄싱턴

#하이드 파크 #켄싱턴 가든 #포토벨로 마켓
#자연사 박물관 #여유 #카페 #앤티크

런던에서 차분한 시간을 보내기 좋은 지역이다. 런던의 대표 공원 하이드 파크와 켄싱턴 가든에선 산책과 힐링의 시간을 보낼 수 있다. 포토벨로 마켓이 있는 노팅힐에서는 숨어있는 카페와 숍을 찾아다니며 여유와 낭만을 만끽하기 좋다.

영국과 런던 기본정보

여행 전에 알아두면 좋을 기본정보를 소개한다. 화폐, 시차, 서머타임, 전압, 물가 등
영국과 런던의 일반 정보와 주요 축제, 날씨와 기온, 런던의 주요 관광 안내소를 안내한다.
꼼꼼하게 챙기면 런던 여행이 더 즐거울 것이다.

영국

공식 국가명 그레이트브리튼 및 북아일랜드 연합왕국United Kingdom
수도 런던
국기 유니언 잭 🏴󠁧󠁢󠁥󠁮󠁧󠁿 잉글랜드, 스코틀랜드, 북아일랜드 국기를 합쳐 만들었다.
정치체제 입헌군주제
왕실문장 🦁
면적 242,495km2 (대한민국의 2.4배)
인구 6870만(2024년 1월 기준)
1인당 GDP 49,761 USD(2022년 기준, 대한민국 34,944USD)
주요 휴일 새해 첫날(1월 1일), 부활절 월요일,
　　　　　뱅크홀리데이(5월 첫 번째 월요일), 크리스마스 연휴,
　　　　　박싱데이(12월 26일) 등
비자 대한민국 국민 180일 무비자

런던

위치 영국 잉글랜드 내 그레이트런던 주
면적 1,572 km²(서울의 2.5배)
인구 954만 명(서울의 0.9배)
언어 영어
화폐 영국 파운드(£). 1파운드는 약 1,600원 내외(2023년 12월 기준)
시차 9시간. 우리보다 9시간 느리다
서머 타임 4~10월. 서머타임 기간엔 8시간이 느리다.
전압 240V. 240V를 사용하며 결합 방식이 달라 별도 어댑터를 가져가야 한다.
최저 최고 기온 1월 -4~13℃, 5월 3~25℃, 7월 9~30℃, 10월 2~20℃
물가 외식비, 집값(숙박비) 모두 우리나라보다 비싼 편이다. 특히 외식비의 경우 서울 대비 약 2배이다. 그러나 장보기 물가는 서울 대비 30% 저렴한 편이다. 여행 계획 수립 시 이를 고려한 예산을 책정하는 것이 좋다.
(출처 : numbeo.com)

런던의 주요 축제

새해 불꽃 축제와 퍼레이드(1월 1일)
런던 마라톤(4월 말)
트루핑 더 컬러(왕실의 생일 기념, 6월 중 토요일 하루)
윔블던 테니스 대회(6월 말~7월 10일 전후)
노팅힐 카니발(8월 말)
런던 필름 페스티벌(10월 중)
런던 크리스마스 마켓(11월 중순~1월 초)
런던관광청 www.visitlondon.com

런던의 주요 관광안내소

런던 여행 정보는 공항, 기차역, 언더그라운드 역에 있는 관광안내소에서 얻을 수 있다. 오이스터 카드, 트래블 카드 등 교통 관련 패스도 구매할 수 있다. 교통 파업이나 대형사고 등에 대비할 수 있는 유용한 정보도 확인할 수 있다. 아래에 소개한 세 곳 외에 세인트폴 대성당 옆, 개트윅 공항, 언더그라운드 리버풀스트리트역, 패딩턴 기차역, 빅토리아 기차역 등에서도 찾아볼 수 있다.

❶ 히스로 공항 관광안내소
찾아가기 언더그라운드 피커딜리 라인의 히스로 터미널 2&3역Heathrow Terminals 2&3 내 운영시간 09:00~16:30(일요일 휴무)

❷ 피카딜리 서커스역 관광안내소
찾아가기 언더그라운드 피카딜리, 베이컬루 라인의 피카딜리 서커스역Picadilly circus 내 운영시간 목요일~토요일 09:00~16:30

❸ 킹스크로스 & 세인트판크라스역 관광안내소
찾아가기 세인트판크라스 기차역에서 언더그라운드 킹스크로스 & 세인트판크라스King's Cross St. Pancras역으로 넘어가는 입구 지하에 위치
운영시간 09:00~16:30

런던의 날씨와 기온

전형적인 해양성 기후로 1년 내내 여행하기 좋은 날씨를 자랑한다. 겨울은 우리나라보다 온화한 편이며 여름도 크게 습하지 않아 여행하기 매우 적합하다. 다만, 바람이 많이 불고 예상치 않은 비가 내려 체감 온도가 낮은 편이다. 한여름이 아니라면 항상 얇은 바람막이 외투나 우산을 챙기길 권한다.

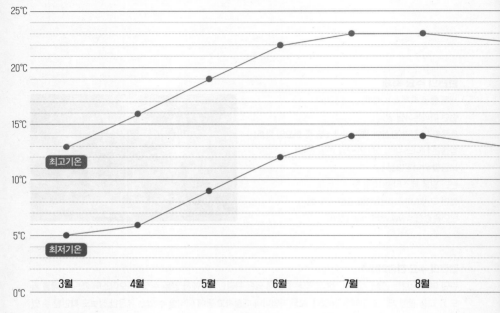

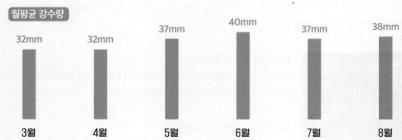

런던의 계절별 날씨와 기온

봄 3~5월

런던의 봄은 생각보다 따뜻하지 않다. 비 오는 날과 바람 부는 날이 많기 때문이다. 평균 기온은 최저 6℃~최고 18℃ 정도이다. 봄에 여행할 계획이라면 얇은 자켓을 입거나, 옷을 여러 벌 겹쳐서 입는 것이 좋다.

여름 6~8월

비가 적어지며 햇볕이 따뜻해 여행하기 좋은 최적의 시기이다. 습도도 높지 않아 불쾌지수 또한 낮은 편이다. 다만 저녁 시간에는 일교차가 큰 편으로 추위에 민감한 사람이라면 긴 소매 옷을 챙기는 게 좋다.

런던의 월별 기온과 강수량

	최저기온(℃)	최고기온(℃)	평균강수량(mm)		최저기온(℃)	최고기온(℃)	평균강수량(mm)
1월	4℃	9℃	45mm	7월	14℃	23℃	37mm
2월	4℃	10℃	36mm	8월	14℃	23℃	38mm
3월	5℃	13℃	32mm	9월	11℃	21℃	42mm
4월	6℃	16℃	32mm	10월	8℃	17℃	54mm
5월	9℃	19℃	37mm	11월	5℃	13℃	53mm
6월	12℃	22℃	40mm	12월	4℃	10℃	50mm

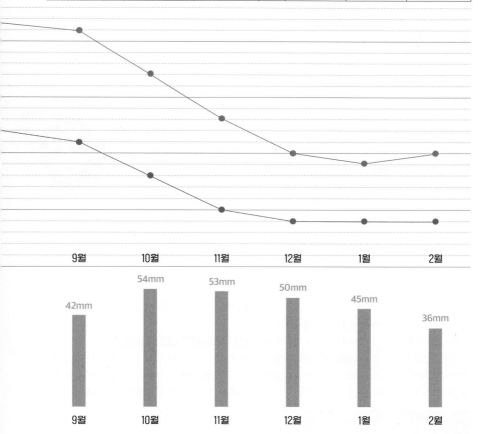

가을 9~12월

9월까지는 따뜻한 날씨가 이어지다가, 10월부터 기온이 조금씩 낮아지고 흐린 날이 많아지기 시작한다. 1년 중 런던에서 비가 가장 많은 시기이므로 우산이나 우의를 꼭 챙기자.

겨울 1~2월

런던의 겨울은 해양성 기후의 영향으로 생각보다는 춥지 않다. 다만 일조량이 적고 바람이 많이 불어 체감 온도는 상당히 낮은 편이다. 모자, 장갑, 목도리는 필수품!

10문 10답, 여행 전에 꼭 알아야 할 런던 Q&A

런던 여행의 최적 시기, 런던의 치안과 화장실 이용법, 소매치기와 여권 분실 시 대처법까지 여행 전에 꼭
알아두어야 할 정보를 10문 10답으로 풀었다. 필자가 들려주는 '이것만은 꼭 해라' 항목도 주목하자.

최적 여행 시기는 언제인가?

해양성 기후 덕분에 1년 내내 여행하기 좋지만, 굳이 꼽
자면 5월 중순에서 9월이 좋다. 습도가 높지 않아 불
쾌지수도 낮은 편이고 해도 길어서 밤늦게까지 런던의
매력을 고스란히 느낄 수 있다. 다만, 여름철에도 저녁
에는 일교차가 크므로 긴 소매 옷 하나쯤은 챙기는 것
이 좋다.

며칠 일정이 좋을까요?

근교까지 포함하여 일주일 꽉 찬 일정을 추천한다. 그
만큼 런던에는 볼거리, 먹거리, 즐길 거리가 많다. 다른
도시와 묶어보고 싶다면 유로스타를 활용해 파리와 함
께 일주일 코스를 짜는 것도 좋다. 런던만 있고 싶다면
최소 3일 추천!

이것만은 꼭 해라, 세 가지만 꼽는다면?

❶ 마켓과 루프톱 바는 꼭 가자

마켓과 루프톱 바는 런던의 감성을 느끼기 좋다. 생동감
넘치는 런더너의 일상이 고스란히 담겨있는 마켓이 시
내 곳곳에 있고, 다른 유럽 대도시와는 달리 마천루들의
향연이 펼쳐지는 런던 시내의 파노라마 뷰를 보고 있자
면 런던의 매력에 흠뻑 취하게 될 것이다.

❷ 축구와 뮤지컬은 꼭 보자

런던은 축구와 뮤지컬의 발상지이다. 그래서 축구 경기
와 뮤지컬 관람은 빼놓을 수 없는 버킷리스트이다. 취
향에 맞는 뮤지컬을 고르고, 좋아하는 프
로팀의 축구 경기를 현지인들과
즐긴다면 런던 여행의 재미가
한껏 올라갈 것이다. 축구 티
켓을 구하기 어렵다면, 펍에
서라도 맥주 한 잔 곁들이며
꼭 관람하자.

❸ 이름난 맛집은 꼭 예약하자

입소문을 탄 맛집을 예약 없이 입장하기란 하늘에서 별
따기와도 같다. 특히 <특별하게 런던>에서 소개하는
음식점은 대부분 현지인, 관광객 모두에게 사랑받는 식
당이다. 오픈테이블Open table 어플이나 식당 홈페이지
에서 예약하고 가는 것을 추천한다.

런던 날씨 정말 변화가 심한가?

런던 날씨는 유럽 어느 도시보다 변화무쌍하다. 오전에
해가 쨍쨍하다가도 오후엔 비가 쏟아질 때가 많다. 런던
시민들은 익숙한 날씨라 비온다고 꼭 우산을 쓰고 다니
지는 않지만, 그래도 우리는 익숙하지 않으니 우산이나
우의를 반드시 챙기자.

런던 치안은 어때요?

런던 시내 치안은 굉장히 안전한 편이다. 특별히 밤늦
게 인적이 드문 공원, 골목길에만 가지 않는다면 크게
걱정하지 않아도 된다. 유명 관광지 근처에 투숙한다면
더욱 걱정할 필요 없다.

런던 물가 그렇게 비싼가요?

우리나라보다 상대적으로 비싼 것이 사실이다. 웬만한 식당에서 식사한다면 1인당 £8 이상은 지급해야 한다. 특히 교통비가 우리나라보다 비싸다.

돈과 시간 아끼는 여행법이 궁금해요

런던은 택시, 우버 비용이 꽤 비싸다. 오이스터카드를 구매해 대중교통을 타고 다니길 추천한다. 그도 부담이라면 웬만한 거리는 걸어 다녀도 좋다. 효율적인 코스는 다음에 소개할 일정별 추천 코스를 따라 해보자.

급하게 화장실을 이용하고 싶으면?

런던에는 공중화장실이 많지 않다. 급하게 화장실을 가야 한다면 근처 관광지를 찾거나 스타벅스, 맥도날드와 같은 프랜차이즈 브랜드를 이용하자.

유심칩 구매는 어디서 하는 게 유리해요?

공항 혹은 통신사 가게 어디든 크게 유리하거나 불리한 건 없다. 그렇기에 공항에 도착하면 편리한 여행을 위해 바로 유심칩을 구매하길 추천한다.

런던에도 무료 와이파이가 있나요?

한국과 마찬가지로 커피숍, 호텔, 프랜차이즈 카페 등등 많은 장소에서 무료 와이파이를 사용할 수 있다. 다만 언더그라운드, 버스 등 대중교통에서는 사용할 수 없다.

소매치기 대처법

여행지에서는 소매치기를 당하고 나서 뒤늦게 알아차리는 경우가 대부분이다. 하지만, 이러한 사고를 방지하기 위한 최선책은 귀중품을 넣은 가방을 앞으로 메거나 바지 앞주머니에 소지하는 것이다. 옆 혹은 뒤로 맨 가방은 소매치기들의 표적이 되기 매우 쉽다. 대부분 소매치기를 당한 사실조차 알아차리기 힘들다. 런던의 치안은 상대적으로 안전한 편이지만, 유동인구가 많은 관광 명소에서는 조심 또 조심해야 한다.

휴대전화·신용카드 분실 시 대처법

여행지에서 물건을 잃어버리면 런던 경찰국 긴급전화 999번으로 전화를 걸자. 가까운 경찰서를 안내해 줄 것이다. 경찰서에 방문하여 도난신고서를 작성해야 한다. 신용카드는 카드사에 전화하여 사용 정지를 요청해놓아야 2차 피해를 방지할 수 있다. 스마트폰은 통신사에 연락하여 사용 정지 요청하는 게 좋다. 귀국 후 보험사에 도난신고서 및 여행자 보험 가입 증빙서를 제출하면 보상 금액을 받을 수 있다. 가입한 여행자 보험의 옵션에 따라 보상 금액은 다를 수 있다.

여권 분실 시 대처법

여권의 경우 주영 대한민국 대사관에 가서 분실신고서를 작성해야 한다. 여권용 사진 2매, 여권사본이 필요하다. 정해진 수수료를 내면 여권을 재발급받을 수 있다.

주영 대한민국 대사관

주소 60 Buckingham Gate, London SW1E 6AJ
전화 +44) 020 7227 5500, +44) 078 7650 6895
업무시간 09:00~12:00/13:30~17:30(월~금)
홈페이지 http://overseas.mofa.go.kr/gb-ko/index.do

런던 여행자가 꼭 알아야 할 상식과 에티켓

로마에 가면 로마의 법을 따라야 하듯 런던에 가면 런던의 상식과 예의범절을 지켜야 한다.
대중교통, 레스토랑, 펍을 이용할 때 여행자가 알아야 할 상식과 에티켓을 소개한다.
코로나 등 안전한 해외여행을 위한 필수 정보도 챙겨보자.

❶ 이름난 맛집은 꼭 예약하자

<특별하게 런던>에서 소개하는 현지인들에게 인기 많은 식당들은 예약없이 방문하게 되면 대기를 해야 할 확률이 높다. 가급적 오픈테이블Open table 어플이나 식당 홈페이지에서 사전 예약하고 방문하길 추천한다.

❷ 팁이 필수는 아니다

런던의 레스토랑 대부분은 가격에 서비스 차지가 포함되어 있으므로 굳이 팁을 주지 않아도 된다. 만약 고급 레스토랑에 방문했거나 서비스가 마음에 든다면 전체 금액의 10~15% 정도를 주는 것이 일반적이다.

❸ 영국 음식은 맛이 없다는 소문의 진실

반은 맞고 반은 틀리다. 미식의 나라 프랑스, 이탈리아는 같은 음식이라도 종류가 다양하다. 파스타만 보아도 그 종류가 다양하여 입맛에 맞춰 골라 먹을 수 있다. 반면 영국의 대표 음식인 피시앤칩스, 잉글리시 브랙퍼스트 등은 종류가 다양하지 않고, 음식점마다 대부분 정해진 재료를 사용해 만들어 맛도 크게 차이가 없다. 다

시 말해 영국 음식은 메뉴가 다양하지 않을 뿐 맛 자체는 프랑스, 이탈리아의 음식에 뒤지지 않는다.

❹ 대중교통 에티켓

언더그라운드 에스컬레이터 탑승 시 오른쪽에 서서 대기하는 것이 일반적이다. 언더그라운드 하차 시에는 승차 시 태그했던 교통카드를 써야 하므로 미리 준비해놓지 않는다면 뒤따라오는 사람들의 눈초리를 받기 쉽다.

❺ 우산은 꼭 챙기자

런던 날씨는 유럽 어느 도시보다 변화무쌍하다. 오전에 해가 쨍쨍하다가도 오후엔 비가 쏟아질 때가 많다. 런던 시민들은 익숙한 날씨라 비온다고 꼭 우산을 쓰고 다니지는 않지만, 그래도 우리는 익숙하지 않으니 우산이나 우의를 반드시 챙기자.

❻ 수돗물은 그냥 마셔도 된다

서유럽 국가들은 수돗물에 석회질이 많은 편이다. 반면 영국은 그나마 수질이 깨끗하여 수돗물을 그냥 마셔도 큰 문제가 없다. 식당에서 물을 주문할 때 탭 워터Tap water를 달라고 말해야 별도 금액이 청구되지 않는다.

❼ 현금이 필요한가? 유로화 사용은 가능한가?

영국은 아직도 카드 계산이 되지 않는 가게가 있기에 현금이 꼭 필요하다. 또한, 영국 고유 화폐 파운드(£)를 사용하므로 일부 기념품 가게를 제외하고는 유로 사용이 불가능하다. 비상시 사용할 현금은 미리 환전하는 것을 잊지 말자.

❽ V자를 취할 때 유의할 것

흔히 사진을 찍을 때 V자를 취하는 경우가 많다. 다만, 상대방에게 손등을 보이며 V자를 취하는 것은 영국에선 큰 결례이므로 조심해야 한다.

❾ 식당(레스토랑) 에티켓

첫째, 종업원이 안내해주기 전에 먼저 자리를 찾아 들어가지 말아야 한다. 둘째, 식사를 마치면 카운터에 직접 가서 계산하는 것이 아니라 계산서를 달라고 요청해야 한다. 셋째, 종업원을 부를 땐 큰 소리로 부르지 말고 조용히 손을 드는 것이 좋다.

❿ 펍 에티켓

펍 에티켓은 레스토랑과 다르다. 더치페이가 일상화된 펍의 문화는 마시고 싶은 맥주나 주류를 카운터에서 결제한 후 각자 받아오는 방식이다. 만약 주류와 식사를 같이 주문했다면 결제를 카운터에서 미리 진행하고, 테이블 번호 혹은 위치를 종업원에게 알려주면 된다. 이때 주류는 먼저 받아와 마시고 있으면 된다. 펍 내에서는 절대 금연이다.

⓫ 주류 에티켓

런던에서는 야외 음주를 금지하는 규제는 없다. 단, 공공장소에서 술을 마시다가 다른 사람에게 피해를 주거나 불편을 주는 행위는 제재를 받을 수 있다. 제제를 거부하거나 무시하면 문제가 될 수 있으니 주의하자. 공공장소보다는 아예 공원이나 펍에서 마시는 것이 심리적으로 더 편하다.

안전한 여행을 위한 필수 정보

출발 전 필수 체크 사항

❶ 세계적으로 출·입국에 대한 규제가 완화되었지만, 각국 방문 시 최신으로 업데이트된 입국조건과 외교부 여행경보 발령 현황 등을 항상 확인하여 입국 및 안전 관련 정보 사전 숙지 필요하다.

※ 외교부 해외안전여행 홈페이지(www.0404.go.kr) 내 최신안전소식-안전공지-공지 참조

❷ 유사시를 대비 해외여행자 보험에 가입 후 출국할 것을 추천한다.

여행 중 필수 체크 사항

❶ 외교부와 재외 공관 홈페이지 내 안전공지와 사건 사고 사례 등을 참고. 현지 법령과 제도를 준수하고 문화를 존중하면서 해외여행을 안전하고 쾌적하게 진행하자.

※ 외교부 해외안전여행 홈페이지(www.0404.go.kr), 각 재외 공관별 홈페이지 참고

❷ 현지 사건·사고 발생 시 <외교부 영사콜센터(82-2-3210-0404)> 등을 활용하여 도움을 요청하자.

※ 해외안전여행 앱 및 영사콜센터 무료전화 앱도 활용 가능

❸ 영사콜센터 접수사례 예시

여행 중 여권 분실, 가방 분실, 현지인과 다툼 후 경찰서 구금, 언어문제로 도움 요청, 여행 중 자녀가 아파 병원에 왔는데 언어소통이 어려움

❹ 귀국 시점의 방역지침을 잘 숙지하여, 국내 입국 시 문제가 없도록 반드시 체크

런던 미리 알기 1 | 런던을 이해하는 5가지 키워드

거리, 시장, 건축물 등 런던이 보여주는 텍스트뿐만 아니라 그 안에 담긴 역사와 이야기를 알면
여행이 더 풍부해질 것이다. 다섯 가지 키워드로 런던을 설명한다. 런던 속으로 한 걸음 더 들어가 보자.

고대 로마의 도시 '론디니움'에서 출발하다

런던에 사람이 살기 시작한 것은 6000년 전이지만,
본격적인 역사는 고대 로마제국이 약 2천 년 전 론디
니움Londinium이라는 도시를 세우며 시작되었다. AD
43년부터 5세기까지 300년이 넘는 기간 동안 로마
인들은 론디니움을 적을 방어하는 요새이자 무역 항
구로 활용했다. 론디니움은 라틴어로 '습지의 요새'
라는 뜻이다. 도시 이름 런던은 '론디니움'에 뿌리를
두고 있다. 로마인들이 떠난 뒤에는 지금의 덴마크
지역에서 게르만의 일족인 앵글로색슨족이 들어와
도시의 골격을 다졌다. 잉글랜드의 '잉글'은 앵글로
색슨족의 '앵글'에서 따온 것이다.

런던은 지금의 프랑스 땅 노르망디의 공작이었던 윌리엄이 영국을 정복한 뒤 잉글랜드 노르만 왕조1066년~1154년의
수도로 지정하면서 본격적인 자치 도시의 틀을 다졌다. 이후 여러 왕조왕조의 이름은 다르지만, 지금까지 영국의 모든 왕은 노
르만 왕조의 정복왕 윌리엄 1세의 후손들이다.를 거치며 14세기의 흑사병, 런던 대역병1665~1666, 런던 대화재1666, 두 차례의
세계대전1914~1918, 1939~1945을 극복하고 오늘날 세계를 대표하는 정치, 경제, 문화 중심지로 성장했다.

대화재 그리고 벽돌의 도시

런던을 일컫는 또 다른 별칭 중 하나가 바로 '벽돌의 도시'다. 1666년 도시 전체를 삼킬만한 거대한 화재가 발생했
다. 1666년 9월 2일 자정 무렵, 시티오브런던의 푸딩 레인이라는 작은 거리 제과점에서 불이 났다. 때마침 불어온
바람이 화재를 키웠다. 불은 바람에 힘을 얻어 세차게 서쪽으로 뻗어 나갔다. 불은 목요일까지 이어지며 읍성런던 월
이 둘러싸고 있던 시티오브런던의 대부분을 덮쳤다. 이 화재로 주택 13,200채, 교회 87채, 세인트폴대성당 등이 화
마를 입었다. 주민 8만 명 중에서 피해를 입은 사람이 7만 명이었다.
런던 대화재는 런던의 건축을 바꾸어 놓았다. 화재 이전 런던의 주택은 대부분 목조 건축이었다. 하지만 대화재를
겪은 뒤에는 목재 대신 벽돌로 집과 가게, 사무실을 지었다. 지금도 런던의 오래된 건축물은 대부분 벽돌 건축물이
다. 화재가 런던의 건축 재료를 바꾼 셈이다.

대영제국의 중심지

'해가 지지 않는 나라'. 영국의 과거 전성기를 정확하게 묘사한 문구 중 하나다. 14세기부터 18세기 중반까지, 영국
은 무적함대 스페인을 능가하는 해군력을 바탕으로 수많은 식민지를 개척했다. 영국은 당시 인도, 아메리카 대륙,
홍콩에까지 영향력을 미치며 세계 육지 면적의 1/4, 세계 인구의 1/5을 지배했다. 심지어 인도 지배는 20세기 중반
까지 이어졌다. 런던은 이와 같은 강력한 대영제국의 심장부였다. 당시 영광의 흔적을 대영박물관, 빅토리아 & 앨
버트박물관 등에서 확인할 수 있다.

대영제국의 전성기 영토

산업혁명과 민주주의의 발상지

런던은 서구 세계에 급격한 발전을 안겨준 산업혁명과 국민의 권리를 찾기 위한 첫 움직임인 민주주의가 시작된 도시다. 왕의 권한을 제한한 대헌장 마그나카르타1215, 의회제정법인 권리장전1689, 나아가 영국 의회 민주주의의 시발점 명예혁명1688 등을 통해 왕이 아닌 부르주아와 시민이 나라의 주인공이 되기 위한 노력을 끊임없이 해왔다. 정치적 진보는 경제에도 영향을 줘 영국을 세계에서 가장 먼저 산업혁명1760~1820이 시작된 나라로 만들었다. '해가 지지 않는 대영제국'과 '세계에서 가장 먼저 지하철을 만든 나라'라는 영예는 런던에서 시작된 정치, 경제의 혁신과 발전이 있었기에 가능했다.

영향력 세계 3대 도시

영국United Kingdom은 잉글랜드, 스코틀랜드, 웨일스, 북아일랜드까지 모두 4개의 나라가 연합해 형성한 국가이다. 2019년 미국 경제 전문지 비즈니스 인사이더Business insider는 런던을 뉴욕, 파리와 함께 세계에서 가장 영향력 있는 3대 도시로 선정했다. 2018년 글로벌 시장조사기관 유로모니터Euromonitor 조사에서는 세계 도시 입국자 순위 3위를 기록약 2,070만 명했다. 이렇듯 런던은 영국의 수도를 넘어 정치, 경제, 산업, 문화, 관광 등 다양한 분야에서 세계적인 영향력을 끼치고 있다.

런던 미리 알기 2 문화와 예술로 런던 이해하기

런던은 축구와 뮤지컬의 발상지이다. 따라서 런던에서 꼭 해야 할 버킷리스트에 축구와 뮤지컬 관람을 빼놓을 수 없다. 런던 여행을 계획 중이라면 영국의 소울이 담긴 브릿팝에 대한 이해도 필요하다. 미국 팝보다 기타 소리가 많이 들어가고 경쾌하고 낙천적인 리듬이지만, 가사에는 영국 특유의 우울과 분노가 시적으로 표현되어 지성미가 느껴진다.

축구, 손흥민, 별들의 전쟁

영국은 현대 축구의 종주국이다. 축구의 다양한 규칙과 클럽팀이라는 개념이 영국에서 처음 만들어졌다. 프리미어리그는 영국의 프로축구 1부 리그로, 스페인의 프리메라리가, 이탈리아의 세리에A, 독일의 분데스리가와 함께 세계 4대 축구리그로 꼽힌다. 매년 20개 팀이 EPL에서 자웅을 겨루며, 우승을 향해 푸른 잔디밭에서 전쟁을 벌인다. 손흥민의 소속팀 토트넘을 비롯하여 아스널, 첼시, 웨스트햄, 크리스탈팰리스, 브렌트포드, 풀럼까지 모두 7개의 구단 2023~2024시즌 기준이 런던 혹은 런던 근교에 연고를 두고 있다. 경기 관람은 물론 스타디움 투어, 공식 숍

방문, 펍 응원 등을 통해 EPL의 재미를 100% 만끽할 수 있다.

본고장에서 즐기는 뮤지컬

뮤지컬은 연극, 춤, 노래가 혼합된 예술 장르로 19세기 런던에서 처음 등장했다. <라이온킹>,<오페라의 유령>,<맘마미아>, <레미제라블>이 뮤지컬의 본고장 런던의 4대 뮤지컬로 꼽힌다. 런던에서의 뮤지컬 관람은 빅벤이나 런던아이를 여행 일정에 넣는 것만큼이나 당연한 일이다. <오페라의 유령>은 1986년 런던에서의 첫 공연 이후 1988년 뉴욕 브로드웨이에 진출하였으며, 런던과 뉴욕에서 각각 1만 회가 넘게 공연이 이루어졌다. 최근에는 젊은 여행자를 중심으로 <위키드>와 <해리포터와 저주받은 아이> 등의 작품도 많은 사랑을 받고 있다. 뮤지컬 공연은 단

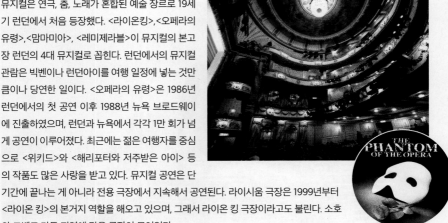

기간에 끝나는 게 아니라 전용 극장에서 지속해서 공연된다. 라이시움 극장은 1999년부터 <라이온 킹>의 본거지 역할을 해오고 있으며, 그래서 라이온 킹 극장이라고도 불린다. 소호와 코벤트 가든 지역에 많은 극장이 모여있다.

지성미가 흐르는 브릿팝 Brit Pop

런던을 이야기하면서 브릿팝 이야기를 빼놓을 수 없다.
브리티시 록British Rock이라고도 불리는데, 좀 더 자세히
얘기하자면 1990년대 영국 록 음악을 대표하는 음악
적 운동으로 이해하면 된다. 퀸Queen과 비틀즈Beatles가
1960~70년대 '브리티시 인베이젼'British Invasion이라는
이름으로 브릿팝의 씨앗을 뿌리며 세계적인 열풍을 일
으키기도 했다. 1990년대 들어 그들이 남긴 씨앗을 바탕
으로 등장한 오아시스, 라디오 헤드, 콜드플레이 등의 밴
드가 브릿팝을 본격적으로 유행시켰다.

오아시스 Oasis 1990년대 영국에서 가장 성공한 밴드
로 유명하다. 맨체스터에서 결성되었으며, 1997년 그들
의 3집 앨범 <Be Here Now>가 발매 첫날 50만 장 이상
판매량을 기록하며 영국의 음원 역사를 새로이 썼다. 런
던 소호 지역의 버윅 스트리트 마켓Berwick Street Market
에 가면 그들의 2집 앨범 자켓에 실린 거리 모습을 실제
로 찾아볼 수 있다.

라디오헤드Radiohead <Creep>이라는 데뷔곡을 통
해 전 세계적인 인기를 얻게 된 6인조 락 밴드이다. 2000
년대 중반에는 음반 잡지 롤링스톤이 뽑은 '역사상 가장
위대한 음악가들' 리스트에 오르기도 했다. 트랜드에 맞
는 새로운 도전과 시도를 통해 브리티쉬 락과 브릿팝 정
신을 끊임없이 전 세계에 알리고 있다.

콜드플레이Coldplay 런던대학교에서 결성된 엘리
트 4인조 밴드로 현재까지도 왕성하게 활동하고 있다.
<Yellow>, <A Sky Full of Star>, <The Scientist> 등 주
옥같은 명곡이 많은 팬의 사랑을 받고 있다. 2017년 내
한공연 때 국내 팬들의 엄청난 열광을 자아냈다. 콜드플레이의 인기에 힘입어 2020년 1월에는 콜드플레이의 사운
드를 실제처럼 구현해내는 헌정 밴드 얼티밋 콜드플레이Ultimate Coldplay의 내한공연이 이루어지기도 했다. <Viva
La Vida>, <Something just like this> 등 우리에게 친숙한 곡들이 많다.

영국 역사 산책　왕조로 알아보는 영국의 역사

영국은 아직도 왕이나 여왕이라는 군주가 존재하는 입헌군주제 국가이다.
길고 긴 영국 왕조의 역사 속에서, 주요 왕들을 아는 것만으로도 런던 여행의
재미가 한껏 커질 수 있다. 런던의 역사적인 명소와 박물관, 갤러리 곳곳에서
그들의 이야기를 만나면 영국을 더욱 깊이 이해하게 된다.

① 노르만 왕조 1066~1154

잉글랜드에 봉건제가 확립된 시기이다. 1066년 프랑스 노르망디 가문의 윌리엄 공작이 영국을 정복하고 노르만 왕조를 열었다. 웨스트민스터사원에서 윌리엄 1세재위 1066~1087로 추대되면서 노르만 왕조가 시작되었다. 그의 외손자인 스티븐 1세재위 1135~1154 때까지를 노르만 왕조라 부른다. 이때부터 잉글랜드의 왕은 한 나라의 왕이면서 프랑스 왕의 신하이기도 한 기묘한 상황이 이어진다. 잉글랜드를 정복하기 전 노르망디 공작이 프랑스 왕의 신하였던 까닭이다.

정복왕 윌리엄 1세

윌리엄 1세William The Conqueror는 프랑스 북서쪽에 있던 노르망디 공국의 공작 출신으로, 전쟁을 일으켜 앵글로-색슨의 왕 해럴드를 물리치고 노르만 왕조를 세웠다. 그로 인해 정복왕이라는 칭호도 얻었다. 현재 런던 시내에서 만날 수 있는 런던타워를 지은 인물로도 유명하다. 그의 뒤를 이은 윌리엄 2세재위 1087~1100와 헨리 1세1100~1135는 모두 그의 아들들이다. 이후 전개될 모든 왕조의 왕들은 윌리엄 1세의 자손이다. 현재의 윈저 왕조의 엘리자베스 여왕도 윌리엄 1세의 후손이다.

② 플랜태저넷 왕조 1154~1485

노르만 왕조 헨리 1세재위 1100~1135, 윌리엄 1세의 셋째 아들의 딸 마틸다가 앙주 백작 조프루아 플랜태저넷과 혼인하여 낳은 아들이 왕위에 올랐는데, 그가 헨리 2세재위 1154~1184이다. 이때부터 플랜태저넷 왕조가 시작되었다. 플랜태저넷 왕조 시기에는 몇 개의 왕가가 등장하는데, 앙주가·랭커스터가·요크가 등이다. 이름은 다르지만 모두 한 가문의 자손들이기 때문에 영국 역사 속에서는 이 왕조들을 모두 합쳐 플랜태저넷 왕조라 한다.

앙주가家

헨리 2세부터 리처드 1세재위 1189~1199를 거쳐 존 왕재위 1199~1216까지를 앙주 왕가라 하는데, 이 시기는 잉글랜드는 물론 프랑스 서부에서 피레네산맥에 이르는 방대한 영토를 자랑하던 때여서 앙주 제국이라 부르기도 했다. 지금으로 치면 잉글랜드와 프랑스 땅 30%가 영국의 영토였다. 리처드 1세는 잉글랜드 역사에서 가장 용맹스러운 왕으로, 십자군 원정에서 사자와 같은 용맹스러움을 보여줘 '사자왕'이라는 별명을 얻기도 했다. 웨스트민스터 국회의사당 앞에 가면 지금도 그의 용맹스러운 모습을 담은 동상을 볼 수 있다. 하지만 존 왕에 이르러 프랑스의 필리프 2세에게 프랑스 서부 대부분을 잃고 만다. 존 왕은 귀족들의 강권으로 대헌장에 서명한 바로 그 왕이다.

플랜태저넷가家

잉글랜드 영토를 기반으로 하는 플랜태저넷가는 존 왕의 아들 헨리 3세재위 1216~1272부터 시작된다. 이후 에드워드 1세재위 1272~1307, 에드워드 2세재위 1307~1327, 에드워드 3세재위 1327~1377가 각각 왕이었던 아버지로부터 왕위를 물려받아 순리대로 왕조를 이어갔다. 그런데 에드워드 3세는 아들을 8명이나 두었는데, 장남인 흑태자 에드워드가 일찍 사망하여 그의 아들인 리처드 2세재위 1377~1399가 할아버지 에드워드 3세의 뒤를 이어 왕위에 오르게 된다. 이 시기는 잉글랜드가 프랑스와의 백년 전쟁1337~1453이 진행된 혼란기이기도 하다.

백년전쟁, 누가 프랑스 왕이 될 것인가?

백년전쟁1337~1453은 프랑스의 왕위계승권을 둘러싸고 영국과 프랑스 사이에 116년 동안 이어진 전쟁이다. 영국 왕 에드워드 3세재위 1327~1377의 어머니는 프랑스 카페 왕조 샤를 4세재위 1322~1328의 여동생이었다. 프랑스의 샤를 4세가 직계 자손 없이 사망하자 4촌 형 필리프 6세가 뒤를 이어 왕이 되었다. 이에 에드워드 3세는 자신이 카페 왕조의 더 가까운 후손이므로 프랑스의 왕위를 계승해야 한다고 주장했다. 왕위계승권에서 시작된 전쟁은 모직물 산업의 중심지 플랑드르, 포도주 산업의 중심지 아키텐지금의 보르도를 비롯한 프랑스 남서부 지방의 영토 쟁탈전으로 확대되었다. 이름은 백년전쟁이지만 싸움이 지속해서 이어진 것은 아니다. 전쟁은 대부분 프랑스에서 이루어졌다. 초기와 중기에는 영국이 우세했으나 말기에는 프랑스가 영토 대부분을 차지하면서 끝이 났다.

잔 다르크: 프랑스에선 성녀, 영국에선 마녀

백년전쟁 시기에 프랑스에선 천사의 계시를 받았다는 오를레앙의 소녀 잔 다르크1412~ 1431가 나타났다. 그는 백년전쟁에 참전하여 거듭 승리를 거두었지만 결국 잉글랜드 편에 섰던 부르고뉴 군대에 잡혀 잉글랜드에 넘겨졌다. 잔 다르크는 프랑스에선 영웅이었으나, 영국에선 악녀였다. 그리고 프랑스 왕 샤를 7세와 그를 지지하는 귀족에게는 계륵이었다. 프랑스 민중의 관심이 왕과 귀족이 아니라 잔 다르크에게 집중되었기 때문이다. 마치 임진왜란 때 이순신 장군을 대하는 선조의 모습을 보는 것 같아 마음이 씁쓸하다. 그를 왕으로 만들어 주었으나, 샤를 7세는 런던으로 잡혀간 잔 다르크를 구할 생각이 전혀 없었다. 결국, 잔 다르크는 화형대의 이슬로 사라졌다.

랭커스터가家

에드워드 3세의 여러 아들 가운데 4남은 랭커스터 지역을 하사받고 제1대 랭커스터 공작이 되었고, 5남은 요크 지역을 하사받고 제1대 요크 공작이 된다. 1399년 랭커스터 제1대 공작의 아들인 헨리 4세재위 1399~1413가 사촌 동생 리처드 2세를 몰아내고 왕위에 오르면서 랭커스터가의 통치가 시작되지만, 훗날 집권한 랭커스터가의 헨리 6세가 장미전쟁1455~1485. 영국의 랭커스터가와 요크가 사이에서 벌어진 왕위 쟁탈 내전. 랭커스터 가문의 문장은 붉은 장미이고, 요크 가문의 문장은 백장미였기에 장미전쟁이라고 부른다. 당시 요크 가문에 패배하며 권력을 내주게 된다.

요크가家

백년전쟁이 끝나자 요크 가문의 에드워드 4세재위 1461~1470, 1471~1483가 장미전쟁1455~1485을 일으켜 정신병에 시달리던 헨리 6세재위 1422~1461, 1470~1471를 몰아내고 왕위에 오르면서 요크가의 통치가 시작되었다. 에드워드 4세의 12살 아들인 에드워드 5세재위 1483가 왕위에 올랐지만, 대관식도 치르기 전 동생과 함께 런던타워에서 실종되는 비운을 겪는다. 그들의 삼촌 리처드 3세재위 1483~1485가 왕권을 위해 에드워드 5세와 그 동생을 살해했다는 소문 속에, 요크가家의 마지막 왕이 된다.

③ 튜더 왕조 1485~1603

영국 역사상 최강의 절대 왕권을 구가하던 시기이다. 드라마틱한 일생을 살다간 왕가의 인물들이 많아 영화나 드라마 소재로도 자주 등장한다. 왕위를 차지하기 위해 벌어진 장미전쟁으로 플랜태저넷 왕조 자손들이 대부분 목숨을 잃자, 랭커스터 왕가 방계 혈통인 에드먼드 튜더의 아들이 요크 왕조의 리처드 3세를 죽이고 장미전쟁에 종지부를 찍으며 왕위에 올랐는데, 그가 헨리 7세재위 1485~1509이다.

헨리 8세

헨리 7세 때부터 영국 역사상 가장 활발하고 역동적인 튜더 왕조가 시작되었고, 헨리 7세를 포함하여 모두 5명이 왕위에 올랐다. 이들 가운데 가장 문제적 인물은 헨리 7세의 아들인 헨리 8세재위 1509~1547이다. 그는 로마 교황과의 연을 끊고 현재 영국의 국교인 성공회를 세운 인물로 유명하다. 재위 기간 중 여섯 번 결혼했으며 그중 2명의 왕비를 처형시키고, 2명과는 이혼할 정도로 비정한 인물이었다. 하지만 대외 정책에서는 영국이 열강의 반열에 오르는 데 기틀을 만든 인물로 평가받고 있다. 런던 근교 리치먼드의 햄프턴 코트 궁전에 가면 그의 흔적을 자세히 살펴볼 수 있다.

에드워드 6세와 메리 1세

헨리 8세 이후 그의 아들과 딸 세 명이 왕 위에 올랐는데, 에드워드 6세, 메리 1세, 엘리자베스 1세이다. 에드워드 6세재위 1547~1553은 어린 시절 누구나 읽은 동화 <왕자와 거지>에 등장하는 왕자의 실제 인물로도 유명하다. 아버지와 달리 마음이 유약하고, 게다가 병약해서 16세에 사망하고 만다. 이에 헨리 8세와 첫 번째 부인 캐서린 사이에서 태어난 메리가 왕위 계승자로 떠올랐지만, 그녀는 어머니 영향으로 가톨릭 신자였기에 왕위 계승권을 박탈당하고, 헨리 8세 여동생의 손녀인 제인 그레이재위 1554가 왕으로 선출되기에 이른다. 하지만 제인 그레이는 공식적으로 왕위에 오르지 못한 영국 역사에서 가장 불운한 여인이자 동정의 대상으로 평가받는다. 귀족 간의 암투로 왕이 된 지 9일 만에 다시 메리에게 왕위를 빼앗기고 16살의 꽃다운 나이에 처형당해 '9일 여왕'이라 불린다. 메리 1세재위 1554~1558는 물론 왕위에 올라 성공회와 개신교를 탄압하는 정책을 펼쳤다.

엘리자베스 1세

엘리자베스 1세재위 1558~1603는 헨리 8세와 런던타워에서 처형당한 두 번째 왕비 앤 불린 사이에 태어난 딸이다. 25살의 나이로 여왕에 즉위했다. 당시 '무적함대'라 불리며 유럽 대륙을 호령하던 스페인을 물리치고 잉글랜드를 세계에서 으뜸가는 강대국으로 만드는 데 일조했다. 이 시기에 윌리엄 셰익스피어, 프랜시스 베이컨 등이 등장하여 영국의 예술과 문화가 꽃피웠다. 하지만 평생 독신으로 후사를 남기지 못해, 튜더 왕조는 그녀 이후로 막을 내리게 된다.

4 **스튜어트 왕조** 1603~1714

튜더 왕조가 강력한 왕권으로 열강의 반열에 올라 경제적으로 성장한 시기였다면, 스튜어트 왕조는 왕권과 의회의 대립을 겪으며 정치적으로 성장하여, 영국 의회 정치가 태동한 시기이다. 엘리자베스 1세가 후사 없이 죽자 그녀의 먼 친척이자 잉글랜드 왕위 계승권자인 스코틀랜드의 왕 제임스 6세가 잉글랜드의 왕 제임스 1세로 즉위하면서 스튜어트 왕조가 시작되었다.

찰스 1세

제임스 1세의 아들인 찰스 1세재위 1625~1649는 영국 역사에서 유일하게 목이 잘린 왕으로 유명하다. '왕이 곧 신'이라는 왕권신수설을 내세우며 의회와의 갈등을 지속했고, 이후 두 차례 잉글랜드 내전청교도 혁명, 1640~1660 때 단두대의 이슬로 사라졌다. 찰스 1세 이후 영국 역사에서 10년간의 짧은 기간 동안 공화정이 시작됐으며, 당시 공화정을 책임지던 호국경이 바로 그 유명한 올리버 크롬웰1599~1658이다.

메리 2세 & 윌리엄 3세 부부

크롬웰이 죽은 지 2년 뒤인 1660년 다시 왕정으로 돌아갔다. 찰스 1세의 아들인 찰스 2세재위 1660~1685와 제임스 2세재위 1685~1688가 각각 왕위에 올랐으나 의회와의 갈등은 피하지 못했다. 1688년 영국의 시민혁명인 명예혁명으로 제임스 2세가 물러나고 메리 2세재위 1689~1694, 제임스 2세의 딸와 윌리엄 3세재위 1689~1702, 네덜란드의 오라녜 가문 부부가 의회의 지지를 받으며 왕위에 올랐다. 이들이 왕위에 오른 뒤 바로 영국 의회는 인민의 권리를 보장한다는 권리장전1689을 발표해 의회 정치를 확립하고 절대주의 왕권을 종식했다. 이들 부부의 뒤를 이어 메리 2세의 여동생 앤1702~1714이 왕위에 올라 잉글랜드와 스코틀랜드를 통합하여 그레이트 브리튼을 확립했지만, 후사가 없어 스튜어트 왕조는 계속되지 못했다.

5 **하노버 왕조** 1714~1901

앤 여왕이 후사 없이 사망하여 스튜어트 왕조가 단절되자, 앤 여왕의 6촌이자 독일 하노버의 선제후이던 조지 1세 재위 1714~1727가 왕위에 올라 하노버 왕조가 시작된다. 독일에서 온 그는 영국의 왕이 되었지만, 영어를 전혀 못 해 의회에 모든 정치를 일임하여 내각책임제가 발달하게 되었다. 이후 그의 아들과 자손들 조지 2세, 조지 3세, 조지 4세, 윌리엄 4세 등이 왕위에 올라 하노버 왕조를 이어갔다.

빅토리아 여왕

하노버 왕조의 전성기를 이룬 사람은 빅토리아 여왕재위 1837~1901이다. 그는 스코틀랜드·웨일스·북아일랜드 연합왕국인 그레이트 브리튼Great Britain 시절이 시작된 후 가장 유명한 왕이다. 그는 조지 3세의 손녀로 영토를 확장하여 영국의 군주이면서 인도 황제의 자리에 올랐다. 끊임없는 영토 확장을 통해 영국이 '해가 지지 않는 나라'라는 별명을 얻는 데 일조하면서 영국의 전성기를 이룬 왕으로 등극하기도 했다. 남편 앨버트 공작과의 사이에서 낳은 9명의 자녀는 러시아, 스웨덴, 스페인 등 유럽 여러 나라 왕실의 배우자가 되었으며, 이러한 이유로 그녀는 '유럽의 할머니Grandmother of Europe'라는 별명을 갖게 되었다. 하지만 그는 혈우병 보인자였다. 이 유전자가 유럽의 왕가로 퍼져 마지막에는 러시아 왕가의 몰락을 불렀다.

빅토리아 여왕의 남편 에드워드 앨버트는 독일의 작센 코부르크 고타 왕가의 공자였다. 이들 부부의 아들 에드워드 7세재위 1901~1910가 빅토리아 여왕의 뒤를 이어 왕위에 오르면서 작센 코부르크 고타 왕가에서 처음으로 영국 왕이 탄생하게 되었다. 1차 세계대전을 계기로 왕가 이름을 윈저로 바꾸었다.

조지 5세
윈저 왕조가 시작된 것은 에드워드 7세의 아들 조지 5세재위 1910~1936 때부터이다. 조지 5세 재위 당시는 1차 세계대전1914~1918이 발발하여 독일에 대한 영국인들의 감정이 좋지 않은 시기였다. 이에 조지 5세는 작센 코부르크 고타 왕조 이름에 담겨있는 독일의 흔적을 지우기 위해, 영국 왕실의 별장이자 주거 공간으로 사용되던 윈저성에서 따다 왕조 이름을 윈저로 지었다. 조지 5세는 영국 역사상 가장 넓은 영토를 차지한 왕으로도 유명하다. 그레이트 브리튼 아일랜드 연합왕국의 왕이었으며 인도의 황제이기도 했다.

에드워드 8세와 조지 6세
조지 5세의 뒤를 이어 에드워드 8세재위 1936가 왕위에 올랐지만, 그는 왕위에 오른 지 10여 개월 만에, 두 번의 이혼 경험이 있는 미국의 여성 심슨과 결혼하기 위해 왕위를 포기하고, 윈저공이라 불리며 평생을 살았다. 덕분에 세기의 로맨스의 주인공이 되어 대중적인 인기를 얻기도 했다. 에드워드 8세가 왕위에서 물러나자 평소 왕이 될 생각이 없었던 그의 동생 조지 6세재위 1936~1952가 왕위를 이어받았다. 그는 사람들 앞에 서면 말을 더듬고, 눈물이 많았다. 게다가 그의 재위 시기는 2차 세계대전1939~1945이 발발하여 여러 가지로 어려웠던 시기이다. 이 모든 어려움을 극복하기 위해 부단히 노력한 것으로 전해진다.

엘리자베스 2세
조지 6세의 뒤를 이어 왕위에 오른 사람이 그의 딸이자 22년 9월 서거한 엘리자베스 2세재위 1952~2022이다. 그녀는 현재 입헌군주제를 유지하고 있는 국가의 군주 중에서 가장 오랜 재위 기간을 보유했던 왕으로 영국 왕실의 상징과도 같았다. 70년 214일을 재위한 엘리자베스 2세에 이어 그의 장남 찰스 3세가 73세의 나이로 왕위를 이어받았다.

찰스 3세
엘리자베스 여왕이 2022년 세상을 떠난 후 찰스 3세가 왕위에 올랐다. 엘리자베스 여왕이 70년 넘게 집권한 이유로, 영국 역사상 가장 오랜 기간 왕세자의 자리에 올랐던 인물이자 최고령 나이로 즉위한 국왕이다. 고 다이애나 왕세자비와 결혼하여 낳은 윌리엄, 해리 두 왕세자를 아들로 두고 있지만, 내연녀와의 불륜으로 고 다이애나 왕세자비와 이혼했다. 고 다이애나 왕세자비는 1997년 비운의 사고로 세상을 떠났으며, 해리 왕자는 왕실에서 독립을 선언하고 모든 왕실의 특권을 내려놓아 큰 화제가 되었다.

여행 준비 정보

1 여권 만들기

여권은 해외에서 신분증 역할을 한다. 출국 시 유효기간이 6개월 이상 남아 있으면 된다.
영국에선 여행이 목적이라면 여권만 있으면 90일 동안 무비자로 머물 수 있다. 유효기간
이 6개월 이내면 다시 발급받아야 한다. 6개월 이내 촬영한 여권용 사진 1매, 주민등록증
이나 운전면허증을 소지하고 거주지의 구청이나 시청, 도청에 신청하면 된다.

25세~37세 병역 대상자 남자는 병무청에서 국외여행허가서를 발급받아 여권 발급 서류와 함께
제출해야 한다. 지방병무청에 직접 방문하여 발급받아도 되고, 병무청 홈페이지 전자민원창구에서 신청해도 된
다. 전자민원은 2~3일 뒤 허가서가 나온다. 출력해서 제출하면 된다. 병역을 마친 남자 여행자는 예전엔 주민등
록초본이나 병적증명서를 제출해야 했으나, 마이데이터 도입으로 2022년 3월 3일부터는 제출하지 않아도 된다.

우리나라 여권 파워는 세계 3위

헨리엔드 파트너스에 따르면 2023년 기준 우리나라 여권 파워는 싱가포르, 일본에 이어 프랑스, 독일 등과 함
께 공동 3위이다. 덕분에 대한민국 여권은 여행지 내에서 소매치기의 표적이 되기 쉽다. 신분증 역할을 하니
언제나 지니고 다니되, 분실하지 않도록 잘 보관해야 한다. 분실 등 만약의 상황에 대비해 사진 포함 중요 사
항이 기재된 페이지를 미리 복사하여 챙겨가면 도움이 될 수 있다.

2 항공권 구매

언제, 어디서 구매하는 게 유리한가?

런던 여행의 극성수기는 7~8월로, 이때는 항공권이 비싼 편이다. 일정이 정해졌다면 최대한 일찍적어도 3개월 전에
구매하는 것이 좋다. 하지만 할인된 항공권의 경우 출발일 변경이나 취소 시 10만 원 안팎의 수수료를 내야 하므
로 신중하게 결정하는 것이 좋다. 만약 유럽 여러 나라를 여행할 계획이라면 런던에서 귀국하는 것은 되도록 피하
자. 공항세가 너무 비싸기 때문이다. 주요 항공권 구매 사이트를 활용하면 한 눈에 최저가 항공권을 찾아볼 수 있다.

주요 항공권 비교 사이트

스카이스캐너 https://www.skyscanner.co.kr

카약 https://www.kayak.co.kr

3 숙소 예약

숙소 형태 정하기

본인의 예산에 따라 숙소의 형태를 정하자. 1박 당 £20부터 £400 이상
의 금액대까지 선택지가 다양하다. 호스텔, 에어비앤비, 이코노미 브랜
드 호텔 등 수많은 형태의 숙소가 있으므로, 예산을 먼저 파악하는 것
이 중요하다.

어느 지역에 머물까?

시티오브런던, 사우스뱅크 지역을 추천한다. 다양한 숙소가 골고루 분포되어 있고, 특히 두 지역은 힐튼, 메리어트 등 고급 브랜드 호텔들이 있어서 치안도 안전한 편이다.

숙소 예약하기

숙소 가격 비교 사이트를 이용하는 것이 가장 편리하다. 다만, 일부 이코노미 브랜드 호텔이나 부티크 호텔은 조회가 안 되는 경우가 있으므로, 이럴 땐 각 브랜드의 홈페이지에 직접 접속해서 날짜 조회 후 예약해야 한다.

숙소 예약사이트 **호텔스컴바인(가격비교 사이트)** https://www.hotelscombined.co.uk/
이코노미 브랜드 호텔 **트레블롯지(Travelodge)** https://www.travelodge.co.uk
프리미어인(Premier inn) https://www.premierinn.com
이지호텔(Easy Hotel) https://easyhotel.com/

4 여행 일정과 예산 짜기

런던만 방문할 것인지, 프랑스 및 이탈리아 등 다른 서유럽 국가도 방문할 것인지 먼저 결정한다. 런던만 해도 볼 것이 많아 적어도 3일 이상은 잡는 것이 좋으며, 연중 여행하기 좋은 최적의 시기는 5월 중순부터 9월까지다.

5 여행자 보험 가입하기

패키지여행의 경우 상품 안에 여행자 보험이 가입되어 있지만, 자유 여행을 준비한다면 여행자 보험에 직접 가입해야 한다. 보험료는 보상 범위에 따라 크게 다르지만 통상 1~5만원 정도이다. 최근에는 일부 신용카드로 항공권 구매 시 무료 여행자 보험 혜택을 주는 경우도 많으니 확인해보는 것이 좋다. 여행 중 현지에서 문제 발생 시 병원에서는 진단서 및 영수증을, 도난 및 분실물은 관할 경찰서에서 증명서를 받아와야 보상받을 수 있다. 공항에서 가입하는 여행자 보험료는 상대적으로 비싼 편이니 미리 가입하는 게 좋다.

6 환전하기

이익이 되는 환전법

국내 주거래 은행에서 환전하는 게 가장 유리하다. 최근에는 대부분 명소와 레스토랑에서 신용카드나 해외 결제 가능한 직불체크카드 등으로 결제가 가능해졌다. 소매치기 등의 사고를 방지하기 위해서라도 너무 많은 현금은 들고 다니지 않는 것이 좋다. 파운드화 지폐는 £5, £10, £20, £50짜리로 나뉘고, 동전은 £2, £1, 50·20·10·5·2펜스pence, 1페니penny짜리로 나뉜다. £1가 100펜스이다. 50파운드 지폐는 너무 큰 금액이라 갖고 다니기 부담스러울 수 있으니, 되도록 £20, £10짜리 중심으로 환전하는 게 좋다. 환율은 2023년 12월 기준 £1당 약 1,600원이다.

이익이 되는 신용카드 사용법

런던 내 주요 명소와 대부분 식당에서 카드 결제가 가능하다. 해외에서 이용할 수 있고, ATM기 인출 수수료가 면제되거나 캐시백이 되는 신용카드나 직불카드를 만들어 가면 된다. 현금이 필요하면 현지 은행 HSBC나 Barclays 등의 지점에 있는 ATM기를 이용하자. 카드 복제와 같은 사고를 방지할 수 있다. 다만, ATM기 이용 시 한 회 인출당 약 £5 남짓한 수수료를 지급해야 한다. 비상금현금은 되도록 한국에서 미리미리 환전해가는 게 좋다.

7 짐 싸기

무게 줄이는 법

짐은 꼭 필요한 물건만 체크리스트를 만들어 하나하나 점검하면서 싸는 게 좋다. 특히 항공사 수하물 무게 규정을 초과하는 경우 추가 비용을 지불해야 하기에, 아래 소개하는 필수 준비물 중심으로 챙기고 더 필요한 건 런던 현지에서 구매하는 것도 괜찮다. 또한, 기내에 반입 가능한 물품과 수하물로 부쳐야 하는 용품을 꼭 구분해야 한다.

짐 싸기 체크리스트

품목	비고	품목	비고
여권	유효기간 6개월 이상	속옷, 양말	겨울철 방문 시 내복 및 레깅스 준비
여권 사본	여권 분실 시 필요	선글라스	여름 방문 시 필수
증명사진 2매	여권 분실 시 필요	슬리퍼	호스텔, 한인 민박 등에서 유용
국제운전면허증	렌터카 이용 시 필요	샤워용품, 세면도구, 드라이기, 화장품	100ml 초과 시 기내반입 불가, 수하물로 부칠 것
국제학생증	호스텔, 관광지, 교통수단 할인	자외선 차단제	여름에 필수
신용, 체크카드	해외 결제 가능용	휴대폰, 카메라, 보조배터리 등	-
현금	파운드(비상용으로 일 20파운드 내외)	여행용 어댑터	런던 전압 240V, 50Hz라 꼭 필요
유레일패스	유럽 여러 나라 여행 시 필요	심카드	유럽 전체에서 사용할 수 있는 심카드는 현지에서 구매하는 것이 편리
지퍼백	기내에서 사용할 소량 액체류 물품 반입 시 필요	우산·우의	변화무쌍한 런던 날씨에 대비
겉옷	계절에 맞게 준비	멀티탭	장기 여행자 필수품. 핸드폰과 카메라 동시 충전 시 유용
책/노트/필기구	장거리 비행 시	상비약	현지에서도 구매할 수 있으나, 평소 복용 약이 있다면 미리 챙겨두자.

* **제한적 기내반입 가능 품목** 소량의 액체류개별 용기당 100ml 이하, 1개 이하의 라이타 및 성냥
* **기내반입 금지품목** 날카로운 물품과도, 칼, 스포츠용품야구 배트, 골프채 등은 기내에 가지고 탈 수 없으며, 수하물로 부쳐야 한다.
* **위탁 수하물 금지품목** 휴대용 보조배터리는 수하물로 부칠 수 없고 기내에 가지고 타야 한다.

8 출국하기

도심공항터미널 이용법

서울역도심공항터미널에 가면 일부 항공사 탑승객으로 한정되지만, 탑승 수속절차·수하물 부치기·출국 심사까지 사전에 처리하고, 공항철도를 타고 인천공항으로 바로 이동할 수 있어서 매우 편리하다. 붐빌 것을 대비해 비행기 탑승 최소 3시간 전에는 수속절차를 마치는 게 좋다.

도심공항터미널에서 탑승 수속 가능한 항공사

인천공항 제1터미널 아시아나항공, 제주항공, 티웨이항공, 에어서울, 에어부산
인천공항 제2터미널 대한항공, 진에어
이용가능시간
탑승 수속 05:20~19:00
탑승 수속 마감 항공기 출발 3시간 전(터미널1), 3시간 20분 전(터미널2)
출국 심사 07:00~19:00
홈페이지(서울역도심공항터미널) www.arex.or.kr

출발 2시간 전 도착

늦어도 출국 2시간 전에는 공항에 도착해서 체크인 수속을 밟는 게 좋다.

인천공항 안내-제1, 제2터미널

인천공항은 제1여객터미널, 제2여객터미널이 운영되고 있다. 대한항공, KLM, 에어프랑스, 러시아항공 등 스카이팀 소속 항공사는 제2여객터미널을, 그 외 항공사는 기존의 제 1여객터미널을 사용한다. 런던발 직항편의 경우 아시아나는 제1여객터미널에서, 대한항공은 제2여객터미널에서 탑승할 수 있다. 설령 원하는 터미널에 도착하지 못했더라도 걱정하지 말자. 무료 공항 셔틀버스로 어렵지 않게 이동할 수 있다.

인천공항 터미널 간 셔틀버스 운행 정보

제1여객터미널에서는 3층 중앙 8번 승차장에서, 제2여객터미널에서는 3층 중앙 4~5번 승차장 사이에서 탑승한다. 제1여객터미널의 셔틀버스 첫차는 오전 05시 54분, 막차는 20시 35분에 출발한다. 제2여객터미널의 첫 셔틀버스는 오전 04시 28분, 막차는 00시 08분에 출발한다. 터미널 간 이동 시간은 약 25분이다.
셔틀버스 운영사무실 032-741-3217

탑승 수속과 짐 부치기

예매한 항공사 부스로 가 탑승 수속을 진행하며 짐을 부치면 된다. 항공사별 수하물 규정을 지켜야 하고, 추가 시에는 짐을 덜거나 추가 비용을 내야 한다. 미리 집에서 수하물 무게를 재보고 출발하길 권장한다.
또한, 유럽 내 기타 도시에서 이지젯, 라이언에어와 같은 저가항공을 탑승할 경우 위탁 수하물 운송은 모두 유료로 별도 지급해야 한다. 보통 작은 휴대용 배낭 혹은 소형 캐리어 1개만을 가지고 기내에 탑승할 수 있다. 짐이 많은 여행자는 항공권 구매 시 위탁 수하물 추가 비용을 사전에 지급하는 게 편리하다.

런던 행 항공편 기내반입 및 위탁 수하물 규정

항공사	기내반입 수하물	위탁 수하물
아시아나항공	**이코노미 클래스** 총 1개, 10kg 이하, 삼변의 합 115cm 이내 **비즈니스 클래스** 총 2개, 각각 10kg 이하, 삼변의 합 115cm 이내	**이코노미 클래스** 23kg 이내 캐리어 1개 **비즈니스 클래스** 32kg 이내 캐리어 2개
대한항공	**이코노미 클래스** 총 1개, 10kg 이하, 삼변의 합이 115cm 이내 **프레스티지석, 일등석** 총 2개, 총 18kg 이하, 각각 삼변의 합이 각 115cm 이내	**이코노미 클래스** 23kg 이내 캐리어 1개 **프레스티지석** 32kg 이내 캐리어 2개 **일등석** 32kg 이내 캐리어 3개
이지젯	가로*세로*높이가 45*36*20cm인 가방 1개	위탁 수하물 추가 £10부터 무게 제한 없음(무게에 따라 운송료 상이)
라이언에어	가로*세로*높이가 40*20*25cm인 가방 1개	위탁 수하물 추가 £10부터 (무게에 따라 운송료 상이)

빠른 출국을 위한 유용한 팁 : 패스트트랙 이용법

국내 각 공항이나 지정된 장소에 설치된 기계를 통해, 출입국 심사 소요시간을 상당히 줄일 수 있다. 출국 전 혹은 출국 당일 아래 장소에 방문해 자동출국 등록하면 된다. 등록 시간은 대기 인원이 없다는 가정하에 약 5분 정도 소요된다.

자동출국 등록장소

인천공항 제1여객터미널 3층 H 카운터 앞, 제2여객터미널 일반지역 2층 정부종합행정센터 내, 서울역 공항철도 지하 2층의 서울역 출장소

홈페이지 http://www.ses.go.kr

여행 실전 정보

1 런던 공항에 도착해서 할 일

입국 심사받기
대한민국 국민은 영국에서 무비자로 180일까지 머물 수 있다. 2019년 5월부터는 별도의 입국 신고서 작성 없이 입국이 가능한 자동입국심사 E-Passport Gate 제도가 대한민국 여권 소지자를 대상으로 적용되고 있다. 런던 내 주요 공항과 유로스타 기차역 등에 자동입국심사 부스가 설치되어 있다.

수하물 찾기
본인이 탑승한 항공편의 편명을 확인하면 수하물을 어디서 찾는지 금세 파악할 수 있다. 최종 목적지가 런던이라면 런던에서, 런던을 경유해서 다른 곳으로 여행 계획이 있다면 최종 목적지에서 수하물을 찾으면 된다.

유심칩 구매하기
한국에서 와이파이 에그나 유심칩을 미리 준비해 가도 되고, 만일 작동하지 않으면 현지에서 심카드를 구매하면 된다. 런던 시내에 있는 보다폰Vodafone, EE, O2 등 각 통신사 지점 외에 테스코Tesco, 세인즈버리Sainsbury 등 일반 슈퍼마켓에서도 구매할 수 있다.
다양한 통신사 유심 옵션 중에서 '사용 시간 제약이 없는'Unlimited minutes & texts 심카드를 구매하는 게 편리하다. 통신사 옵션에 따라 다르지만 보통 £10파운드 정도의 심카드를 구매하면 2GB의 데이터를 사용할 수 있다.

공항에서 환전하기
런던 여행에서 어느 정도의 현금은 필수다. 공항에서 환전하면 별도의 환율 우대를 받을 수 없어서 한국에서 해오는 것을 추천하지만, 불가피할 경우 공항 내 환전소나 현금카드를 활용해 ATM에서 직접 현지 통화로 인출하면 된다.

2 공항에서 시내 가는 방법

히스로공항Heathrow Airport에서 런던 시내 가기
인천국제공항에서 출발하는 직항편 이용 시 도착하는 공항이다. 런던을 대표하는 국제공항으로 런던 시내에서 서쪽으로 약 25km가량 떨어져 있다. 터미널이 모두 5개인데, 아시아나항공은 터미널 2, 대한항공은 터미널 4를 이용한다. 터미널 2와 3은 도보 10분 거리에 있고, 터미널 4와 5는 멀리 떨어져 있다. 터미널 4나 5에서 터미널 2와 3으로 이동하려면 공항 내 무료 셔틀 열차나 셔틀버스를 이용해야 한다.

교통편에 따라 다르지만, 시내까지 약 30분~50분 정도 소요되며 히스로 익스프레스기차, 언더그라운드튜브, 버스 등을 이용할 수 있다. 교통비는 언더그라운드와 내셔널 익스프레스 버스가 가장 저렴하고, 가장 비싼 히스로 익스프레스가 가장 빠르게 시내에 도착한다.

홈페이지 https://www.heathrow.com

① 언더그라운드 Underground/Tube

히스로공항에서 시내까지 가는 대표적인 교통수단이다. 피커딜리 라인과 엘리자베스 라인이 운행하고 있다. 공항 안 역은 모두 3개이다. 히스로터미널 2&3역Heathrow Terminals 2&3, 히스로터미널 4역, 히스로터미널 5역이 있다. 피커딜리 라인 탑승 후 사우스 켄싱턴역South Kensington에서 디스트릭트 라인으로 환승하여 빅토리아역이나 웨스트민스터역 등에 하차하여 시내 중심부로 갈 수 있다. 2022년 6월 엘리자베스 라인이 새로 개통하여 여행객의 편의성이 더욱 증대됐다. 엘리자베스 라인을 타고 시내 중심부의 패딩턴역이나 리버풀스트리트역으로 한 번에 이동할 수 있다. 히스로공항에서 시내까지 튜브로 약 45분 소요된다.

가격 £6.30(오이스터 카드 이용 시 £3.50, 평일 06:30~09:30에는 £5.50)
운행간격 약 5분 간격으로 운행
운행시간 **첫차** 05:02 **막차** 23:45(금·토요일은 2·3·5터미널까지 24시간 운행)

② 히스로 익스프레스 & TfL Heathrow Express & TfL Rail

터미널의 기차역에서 런던 시내 패딩턴 기차역까지 직행으로 운행하는 열차들이다. 터미널5 기차역에서 출발하는 히스로 익스프레스는 터미널 2&3 기차역에서 한 번 정차한 뒤 15분 만에 런던에 도착한다. 고속철로 편리하긴 하지만 가격이 좀 비싼 편이다. 터미널 4에서 히드로 익스프레스를 타려면 공항 셔틀 열차를 타고 터미널 2&3 기차역으로 이동하면 된다.

TfL 열차는 터미널 2&3 기차역에서 탈 수 있다. 터미널5와 터미널 4에서는 무료 셔틀 열차 및 셔틀버스로 터미널 2&3까지 이동해서 타면 된다. 시내까지 약 35분가량 소요된다.

가격 **히스로 익스프레스 편도** £25.00 **왕복** £37.00(3개월 이전 온라인 사전 구매시 편도 £5.50) TfL 편도 £10.80
운행시간 24시간(히스로 익스프레스 15분 간격, TfL 30분 간격으로 운행)
홈페이지 https://www.heathrowexpress.com

③ 버스 Bus

내셔널 익스프레스에서 히스로공항에서 런던의 빅토리아 코치스테이션까지 직행버스를 운행한다. 비행기에서 내려, 짐을 찾은 후 센트럴 버스 터미널Central Bus Terminal 표시를 따라가면 버스 타는 곳이 나온다. 약 50분 소요된다.

가격 £6.00~£10.00 운행시간 24시간(30분 간격으로 운행) 홈페이지 https://www.nationalexpress.com/en

④ 택시Taxi 또는 우버

런던은 택시 요금이 꽤 높은 곳이다. 가장 비싼 방법이지만 그만큼 편하게 이동하기 좋다. 우버를 이용하면 택시 요금의 절반 가격으로 이동할 수 있다. 시내까지 약 30분 소요된다.

가격 £55~£60

개트윅공항Gatwick Airport에서 런던 시내 가기

개트윅공항은 런던에서 남쪽으로 45km가량 떨어진 곳에 있는 제2의 국제선 허브 공항이다. 우리나라에서는 카타르, 터키항공, 유럽 항공사의 비행기 탑승 시 몇몇 도시를 경유한 후 개트윅공항에 도착하게 된다. 개트윅공항에는 두 개의 터미널North Termnal, South Terminal이 있는데, 북 터미널은 국제선 항공기가, 남 터미널은 저가 항공기가 이용한다. 두 터미널 간의 이동은 무료 셔틀 모노레일을 이용하면 된다.

홈페이지 https://www.gatwickairport.com

① 개트윅 익스프레스 Gatwick Express

개트윅공항에서 런던 시내까지 논스톱으로 가장 빠르게 이동할 수 있는 열차이다. 남 터미널에서 도보 4분 거리에 있는 개트윅 에어포트 기차역Gatwick Airport Station에서 타면 된다. 15분 간격으로 운행하며 온라인에서 사전 구매 시 10% 할인 혜택도 받을 수 있다. 런던 시내 빅토리아 기차역까지 30분 정도 소요되며 오이스터 카드로도 이용할 수 있다.

가격 £ 21.90 (온라인 사전 구매 시 £ 19.50)

운행시간 05:40~23:10(15분 간격 운행)

홈페이지 https://www.gatwickexpress.com

② 서던Southern & 템스링크Thameslink

공항과 시내를 오가는 국영 철도 서던과 템스링크로도 런던 시내까지 갈 수 있다. 서던 열차는 개트윅 에어포트 기차역에서 출발하여 빅토리아 기차역, 런던 브리지 기차역, 세인트 판크라스 기차역, 블랙 프라이어스 기차역 등에 정차하는 노선을 운행 중이다. 템스링크 열차는 런던 브리지 기차역, 세인트 판크라스 기차역 등에 정차하는 노선을 운행 중이다. 숙소 위치에 따라 기차 편을 골라 타기 편리하다. 역에 따라 약 30분~1시간 소요된다.

가격 £ 12.10~ £ 19.90

운행시간 24시간(약 20분 간격으로 운행)

홈페이지 http://www.nationalrail.co.uk

③ 버스Bus

이지 버스와 내셔널 익스프레스 버스로 런던 시내에 갈 수 있다. 개트윅공항 남 터미널에서는 빅토리아 코치스테이션까지 운행하는 이지 버스와 워털루역까지 운행하는 이지 버스에 승차할 수 있다. 북 터미널의 이지 버스는 남 터미널에 정차하여 승객을 태운 뒤 사우스 켄싱턴 지역의 Earl's Court/West Brompton까지 운행한다. 내셔널 익스프레스 또한 개트윅공항에서 런던의 빅토리아 코치스테이션까지 버스를 운행한다. 승차권은 공항의 티켓 오피스나 온라인으로 구매할 수 있다. 약 1시간 35분 소요된다. 버스는 가격이 저렴하지만, 도로가 정체되면 시간이 더 걸릴 수도 있다.

가격 £ 8.00~ £ 10.00

운행시간 24시간

홈페이지 **내셔널 익스프레스** http://www.nationalexpress.com/en **이지 버스** https://www.easybus.com

루턴공항Luton Airport에서 런던 시내 가기

루턴공항은 저가항공 이지젯의 가장 큰 허브 공항이자 본사가 위치한 곳이다. 유럽의 주요 저가항공들이 이곳으로 취항하며, 런던에서 북쪽으로 약 55km 거리에 있다. 주로 런던에서 유럽의 다른 도시로 이동하거나, 유럽의 다른 도시에서 런던으로 이동할 때 많이 이용한다. 루턴공항에서 런던 시내로 이동하려면 버스와 기차로 이동해야 한다. 기차는 공항터미널 빌딩의 플랫폼 T에서 셔틀버스편도 £2.40에 탑승하여 루턴 에어포트 파크웨이Luton Airport Parkway 기차역으로 약 6분 정도 추가 이동을 해야 승차할 수 있다.

시내까지는 버스로 이동하는 게 좀 더 편리하다. 내셔널 익스프레스, 그린 라인, 이지 버스에서 운행한다. 내셔널 익스프레스는 루턴공항의 코치 스테이션Luton Airport Coach Station에서 런던 시내의 빅토리아 코치 스테이션, 마블 아치, 패딩턴, 베이커 스트리트 등까지 버스를 운행한다. 그린 라인은 루턴공항의 버스 정류장 에어포트Airport부터 빅토리아 코치스테이션까지 가는 직행버스 757번을 운행한다. 그 밖에 이지 버스도 있다. 런던 시내까지 약 50분 정도 소요된다.

가격 £11~£12 운행시간 24시간
홈페이지 **루턴 공항** https://www.london-luton.co.uk **내셔널 익스프레스** https://www.nationalexpress.com/en
그린 라인 https://www.arrivabus.co.uk/greenline **이지 버스** https://www.easybus.com

스탠스테드공항Stansted Airport에서 런던 시내 가기

루턴공항과 마찬가지로 수많은 저가 항공사특히 라이언에어가 이곳에 취항한다. 런던에서 북동쪽으로 50km 거리에 자리하고 있다. 최근 에미레이트항공이 두바이에서 직항 노선을 취항하기 시작하는 등 점차 규모가 커지고 있다. 시내까지의 이동은 스탠스테드 익스프레스 열차와 버스를 이용하면 된다.

홈페이지 https://www.stanstedairport.com

① 스탠스테드 익스프레스Stansted Express

런던 시내의 리버풀 스트리트Liverpool Street 기차역까지 47분 만에 도착하는 고속 열차이다. 스탠스테드 익스프레스 표지판을 따라가 승차하면 된다. 15분 간격으로 운행되며, 스탠스테드공항에서 시내로 이동하는데 매우 편리하다.

정차역 토트넘 헤일Tottenham Hale 기차역, 리버풀 스트리트Liverpool Street 기차역, 스트랫포드Stratford 기차역
가격 **편도** £20.70 **왕복** £32.70(온라인에서 사전 구매 시 할인)
운행시간 05:30~00:30 홈페이지 https://www.stanstedexpress.com

② 버스Bus

내셔널 익스프레스에서 스탠스테드공항부터 런던 빅토리아 코치 스테이션까지 버스를 운행한다. 약 1시간 45분 소요된다. 이지 버스는 베이커 스트리트까지 연결되는 노선을 운행하며 약 75분 정도 소요된다.

가격 £15.00 운행시간 24시간
홈페이지 **내셔널 익스프레스** https://www.nationalexpress.com/en **이지 버스** https://www.easybus.com

런던시티공항London City Airport에서 런던 시내 가기

런던시티공항은 런던에서 동쪽으로 약 10km 거리에 있는 공항으로, 시내와 가장 가까운 거리에 있다. 비싼 티켓 가격과 한정된 활주로 운영으로 가까운 유럽 도시에서 사업차 방문하는 승객들이 주로 이용한다. 런던 시내로 진입하려면 런던 동부 지역을 다니는 경전철 DLRDocklands Light Railway을 이용하면 된다, 공항 남쪽에 있는 런던 시티 에어포트역London City Airport에서 런던 시내 뱅크역Bank까지 20분 정도 소요된다. 오이스터 카드로도 탑승할 수 있다.

가격 £2.80(평일 07:30~10:00 제외)
운행시간 첫차 05:37 **막차** 00:10

사우스엔드공항Southend Airport에서 런던 시내 가기

사우스엔드공항은 유럽 저가항공사이지젯 등가 주로 취항하지만, 그 편수가 적어 여행객들에게 거의 알려지지 않은 공항이다. 런던 중심부에서 동쪽으로 약 60km 떨어져 있다. 런던 시내까지는 주로 기차로 이동한다. 기차는 공항에서 동쪽으로 도보 10분 거리에 있는 사우스엔드 에어포트 기차역에서 시내 리버풀 스트리트Liverpool Street 기차역까지 운행되며 약 53분 소요된다.
가격 £13.6~£16.7(편도 기준)
운행시간 06:00~23:00

이지 버스Easy Bus 승차권, 홈페이지에서 구매하면 더 싸요!

개트윅, 루턴, 스탠스테드공항에서 런던 시내까지 이동하려는 여행객이라면 저가항공 이지젯Easyjet에서 운영하는 이지 버스 홈페이지를 이용해보자. 유로라인, 그린라인, 내셔널익스프레스 등 대형 버스 회사의 승차권을 한번에, 그리고 더 저렴하게 구매할 수 있다. 일주일 전에 예매하면 버스 사이트에서 직접 예매하는 것보다 훨씬 저렴한 가격에 구매할 수 있다. 단 버스를 이용하면 러시아워에는 도착 예정 시간보다 지체될 수도 있다.
홈페이지 https://www.easybus.com

3 런던 시내 교통편

런던은 대중교통 시스템이 잘 갖춘 도시이다. 튜브언더그라운드, 오버그라운드, DLR경전철, 버스 등을 활용하여 런던 곳곳을 돌아볼 수 있다. 기차나 버스를 이용하면 런던 근교는 물론 파리나 암스테르담 등도 편리하게 이동할 수 있다. 교통비는 비싼 편이다. 런던의 주 교통카드인 오이스터 카드 외에도 콘택트리스 기능Contactless, 비접촉 결제 기능이 있는 신용카드나 체크카드를 사용하면 훨씬 저렴하다.

❶ 언더그라운드 Underground

우리에겐 지하철Subway, 미국 및 기타 유럽에서는 메트로Metro에 해당하는 교통수단이다. 영국인들은 언더그라운드 혹은 튜브라고 부른다. 런던 지하철은 150년의 역사를 가지고 있다. 시설이 낙후해 핸드폰 데이터가 터지지 않는 불편함이 아직 존재하지만, 런던의 가장 보편적인 교통수단이다. 런던 시내 중심부를 기준으로 1존~9존중심부 1·2존으로 나누어 운행하며, 각 존 이동 거리에 맞춰 차감 금액이 달라진다. 노선은 모두 11개이며, 운행 시간은 05:30분부터 00:30까지다. 센트럴·주빌리·피커딜리 라인 등 일부 노선은 금요일과 토요일 저녁 한정 24시간 나이트 튜브Night tube를 운행한다. 튜브를 탈 일이 많다면 1회권보다 오이스터 카드나 트래블 카드를 구매하는 게 좋다.
요금 £6.70부터(오이스터 카드, 신용카드, 체크카드 이용 시 £2.70부터) 홈페이지 https://tfl.gov.uk/

❷ 오버그라운드와 DLR Overground & Docklands Light Railway

오버그라운드와 DLR은 주로 지상 노선을 다니는 열차이다. 런던 근교 리치먼드, 그리니치, 해리포터 스튜디오 등을 갈 때 이용하기 좋다. 언더그라운드와 같은 방식으로 탑승하면 된다. 하이버리 & 이즐링턴역Highbury & Islington, 혹스턴역Hoxton, 캐나다 워터역Canada Water 등 오버그라운드 일부 노선은 언더그라운드와 마찬가지로 금요일과 토요일 저녁 한정 24시간 운행된다.(운행 시간 05:30~00:30)
홈페이지 https://tfl.gov.uk/
요금 £6.70부터(오이스터 카드, 신용카드, 체크카드 이용 시 £2.70부터)

Tip 대중교통 탑승 시 유의하세요!
언더그라운드나 오버그라운드, DLR 탑승 시엔 승차할 때 사용했던 교통카드나 신용카드를 도착지에서도 꼭 찍고 나가야 한다. 같은 카드를 사용하지 않으면 추가 요금이 부과되므로 유의하자. 다만, 버스는 탑승 시에만 카드를 찍으면 된다.

❸ 버스 Bus

런던 배경의 영화, 드라마에서 많이 본 바로 이층 버스이다. 지상으로 다니는 대표적인 교통수단이다. 2층에 자리를 잡으면 런던 시내를 둘러보기도 좋다. 튜브나 오버그라운드, DLR에서 버스로 환승 할 때는 할인 혜택 없이 별도의 요금을 내야 한다. 버스 앞에 'N'이 붙어있다면 24시간 운행 버스이다. 버스는 노선이 100여 개가 넘어 복잡하다. 이용 시 구글맵 혹은 런던 버스 어플리케이션 'Bus Times London'을 활용하는 것이 좋다. 러시아워 땐 많이 막힌다. 참고하자.
요금 오이스터 카드, 신용카드, 체크카드 £1.75(탑승 후 1시간 유효, 하루 최대 £5.25 차감 이후 무료 탑승, 현금 이용 불가)

❹ 리버 버스 River Bus
템스강을 배를 타고 둘러보며 이동하는 방법으로, 템스클리퍼Thamesclipper라고도 불린다. 대중교통으로 분류되어 투어 회사가 운영하는 선박들과는 다르다. 모두 8개 노선인데, 노선에 따라 운행 시간도 제각각이다. 관광객들이 가장 많이 이용하는 노선은 RB1호의 웨스트민스터↔그리니치 구간이다. 오이스터 카드로 탑승할 수 있다.
요금 £5.40부터(1일 무제한 이용권 티켓 £21.20)
홈페이지 https://www.thamesclippers.com

❺ 산탄데르 자전거 Santander Cycles
런던 시내에서 간편하게 이용할 수 있는 공유 자전거로, 1만여 대 이상이며 도킹 스테이션 750여 개가 설치되어 있다. 대여할 때 £2를 지급하고 30분을 초과할 때마다 £2씩 초과금이 청구된다. 다만, 30분에 한 번씩 다른 사이클 도킹 스테이션에 반납했다가 5분 후 다시 시간을 리셋해 탑승하면 처음에 낸 대여금 £2만으로 24시간 이용할 수 있다. 스마트폰으로 구글에서 'Santander Cycles' 앱을 다운로드 하면 근처에 있는 산탄데르 사이클 도킹 스테이션이나 대여 가능한 자전거 숫자 등을 확인할 수 있다.
홈페이지 https://tfl.gov.uk/modes/cycling/santander-cycles

자전거 대여 및 결제 방법

❶ 산탄데르 사이클스 스마트폰 애플리케이션으로 근처 도킹 스테이션에서 이용 가능한 자전거 확인

❷ 도킹 스테이션 도착 후 대여 비용 기계 통해 결제(£2)

❸ 기계에서 출력된 종이에서 번호 확인 후, 해당 번호 눌러 홀더 풀고 자전거 반출

❹ 30분에 한 번씩 반납하는 조건으로 24시간 동안 이용

❻ 투어버스와 크루즈로 이동하기

투어버스나 크루즈를 이용하면 여러 교통수단을 갈아타며 이동하는 수고를 덜 수 있다. 다양한 업체가 여러 형태의 프로그램을 운영한다. 투어버스와 명소 티켓 콤보 상품, 투어버스와 크루즈 콤보 상품 등이 있어서 취향에 맞게 선택하기 좋다.

홉온홉오프 버스 hop-on-hop-off-bus

홉온홉오프 버스란 원하는 곳에서 자유롭게 승하차하며 여행을 즐길 수 있는 시스템의 투어 버스를 말한다. 원하는 명소에 내린 후 둘러보고 다음 버스를 다시 탈 수 있는 시스템이다. 세인트폴 대성당, 더 샤드, 버킹엄 궁전 등 런던 내 주요 명소를 천장이 없는 이층 버스에 앉아 오디오 가이드 안내를 받으며 여행하기 좋다. 대표적인 업체로 Original London Hop on Hop off, Golden Tour Hop on Hop off, Big Bus Hop on Hop off 등이 있다. 1일권, 2일권, 3일권 등으로 나누어 구매할 수 있다. 홉온홉오프 버스 승차권에 마담투소 박물관과 더 샤드 등의 입장권이나 크루즈 승차권이 콤보를 이룬 상품도 있다. 야경을 즐기기 좋은 나이트 투어버스도 있으며, 정류장은 주요 명소들 근처에 자리하고 있다. 운영시간 08:00~17:30 요금 1일권 £28.75부터~ (온라인 구매시 £25.87부터) 홈페이지 https://www.hop-on-hop-off-bus.com

크루즈

대중교통인 템스클리퍼리버 버스와는 다른 일종의 관광 유람선이다. 대표적인 업체로 시티 크루즈, 템스 리버 서비스, 런던 아이 리버 크루즈, 서큘러 크루즈 웨스트민스터 등이 있다. 시티 크루즈는 국회의사당과 빅벤부터 그리니치까지 페리를 운영하는 업체로 재즈 공연, 식사, 애프터눈 티 등을 곁들이며 런던 시내를 둘러보기 좋다. 업체에 따라 단순하게 이동만 하느냐, 프로그램을 병행하느냐에 따라 가격 차이가 크다. 홈페이지에서 확인 후 취향에 맞는 티켓을 구매하면 된다.

시티 크루즈 운영시간 10:00~19:20 요금 **24시간 이동권** £21.00 **식사 병행된 크루즈** £43.00부터
홈페이지 https://www.citycruises.com/ 템스 리버 서비스 홈페이지 https://www.thamesriverservice.co.uk 런던아이 리버 크루즈 홈페이지 https://www.londoneye.com 서큘러 크루즈 웨스트민스터 홈페이지 https://www.circularcruise.com

2층 버스에서 런던의 크리스마스 라이트 즐기기

런던을 겨울에 방문하는 이유는 쇼핑, 프리미어리그 축구 관람 등 다양하게 있지만, 길거리 곳곳에 펼쳐진 화려한 조명을 즐기는 재미도 한몫한다. 2층 투어버스를 통해 런던 시내 곳곳에 밝혀진 노랑색 조명들을 감상하다 보면 어느새 동화 속에 들어온 것 같은 착각마저 든다. 크리스마스 & 연말에만 밝히는 화려한 조명을 2층 버스 안에서 만끽해보자. 가격 £22~£27 (성인 기준, 버스 층수에 따라 가격 상이) 출발 위치 런던아이, 언더그라운드 빅토리아역, 그린파크역 홈페이지 https://www.goldentours.com/ 접속 후 'Christmas lights' 검색

영국의 운전석은 왜 오른쪽에 있을까?

영국은 일본, 남아공, 호주 등과 함께 자동차 운전석이 오른쪽에 있는 몇 안 되는 국가다. 런던에서 렌터카를 빌려 여행하려는 관광객들에겐 익숙지 않은 것이 사실이다. 자동차 운전석이 오른쪽에 있는 이유는, 옛날 마차를 운행할 당시 마부들이 주로 말을 통제하는 채찍을 오른손으로 휘둘렀기 때문이라고 한다. 이로 말미암아 영국의 영향을 받은 여러 나라도 오른쪽에 운전석을 두게 되었다고 전해진다.

4 런던에서 유용한 스마트폰 애플리케이션

이제 스마트폰 없는 여행은 상상할 수도 없는 시대가 되었다. 하지만 사용 정보를 제대로 알아야 도움을 받을 수 있다. 여행에서 스마트폰을 유용하게 활용하면 여행의 만족도 또한 높아진다. 런던 여행이 더욱 즐거워지는 스마트폰 애플리케이션을 소개한다.

❶ 구글맵 Google Maps

명실상부 해외여행을 위한 최고의 애플리케이션이다. 지도를 따로 구매하지 않아도 스마트폰으로 편리하게 위치를 찾도록 도와준다. 미리 오프라인 지도를 다운받아 놓으면 별도의 인터넷 접속 없이도 지도를 이용할 수 있다.

❷ 구글 번역기

현지 언어를 몰라도 의사소통할 수 있도록 도와주는 번역기다. 언어를 선택한 후 글자 혹은 말로 입력하면 번역해준다. 완벽하진 않지만, 의사소통되지 않는 경우 요긴하게 사용할 수 있다.

❸ 오픈테이블 Opentable

런던에서 인기 좋은 식당들은 예약하는 것이 대기 시간을 줄일 수 있는 가장 좋은 방법이다. 오픈테이블 애플리케이션에는 런던 시내의 대부분 레스토랑이 제휴되어 있어 편리하게 방문 전 예약을 진행할 수 있다. 별도의 예약비도 없다는 것이 큰 장점!

❹ 웨더스푼 Wetherspoon

런던을 대표하는 펍, 호텔 프랜차이즈 브랜드로 상대적으로 저렴한 가격에 펍과 호텔을 이용할 수 있다. 웨더스푼 애플리케이션에서 주변에 있는 웨더스푼 가맹 식당과 호텔을 검색할 수 있으니 유용하게 활용해 여행의 가성비를 높여보자.

❺ 버스 타임스 런던 Bus Times London

구글맵에서 정확하게 잡아주지 못하는 버스 노선과 도착하는 시간까지 조회할 수 있는 애플리케이션이다. 언더그라운드가 아닌 버스로 이동하는 경우 이 애플리케이션을 활용해보자.

❻ 티피엘 고 TfL Go

버스는 물론 튜브, 기차 등 실시간 런던 교통 정보를 조회할 수 있는 애플리케이션이다. 구글맵, 버스 타임스 런던과 함께 이용한다면 최적의 이동 경로를 파악해 효율적인 여행을 이어갈 수 있다.

❼ 커렌시 컨버터 플러스 Currency Converter Plus

매일 업데이트 되는 환율 정보를 조회할 수 있는 애플리케이션이다. 환전소에서 긴급하게 환전 시 받아야 할 금액을 파악하는 데에 유용하다.

❽ 우버 Uber

런던의 택시 블랙캡의 요금은 꽤 비싸다. 우버가 생긴 이후 택시 요금이 많이 저렴해지긴 했지만, 우버와 비교하면 아직 비싼 편이다. 우버 애플리케이션은 촉박하게 공항에 가야 하거나 급히 택시 이동이 필요할 때 사용하기 좋다.

❾ 민다 Minda

약 90개 가까운 런던의 한인 민박을 비교해보고 예약할 수 있는 애플리케이션이다. 한인 민박에서는 집밥 생각나게 만드는 따뜻한 한식으로 아침 식사할 수 있고, 한국 여행자들로부터 따끈따끈한 여행 정보도 구하기 좋다.

❿ 마이리얼트립 Myrealtrip

현지에서 급하게 투어를 예약하고 싶을 때 이용하기 좋은 애플리케이션이다. 특히 코츠월드, 세븐 시스터스 등 혼자 가기 막막할 수도 있는 런던 근교를 방문할 때 유용하다.

⓫ 산탄데르 사이클스 Santander Cycles

런던 시티 자전거 산탄데르를 이용할 때 유용한 애플리케이션이다. 주변의 산탄데르 자전거 도킹스테이션 위치와 사용할 수 있는 자전거 숫자를 확인할 수 있다.

5 편리한 런던 교통카드 정보

❶ 오이스터 & 비지터 오이스터 카드 Oyster & Visitor Oyster Card

오이스터 카드는 런던 여행에서 가장 널리 활용할 수 있는 충전식 교통카드이다. 런던의 언더그라운드, 버스, DLR, 리버버스 등에서 모두 사용할 수 있다. 교통수단 간 환승 혜택은 없지만, 구역별 일일 총 차감 금액이 제한되어 있어프라이스 캡핑 제도, Price capping, 1존 내 하루 최대 £8.10 차감 큰 부담 없이 사용하기 좋다. 카드는 현지에서 직접 구매 후 활용 가능한 오이스터 카드와 외국인들을 위한 비지터 오이스터 카드로 나누어져 있다. 두 카드의 큰 차이점은 없지만, 비지터 오이스터 카드는 레스토랑이나 명소런던아이, 더 샤드 등의 기프트 숍에서 할인 혜택을 받을 수 있다. 오이스터 카드는 £7를 보증금(비지터오이스터 카드 £5)으로 내고 구매해야 하며, 2022년 9월 4일 이후 구매한 일반 오이스터 카드는 나중에 카드 반납 후 잔액만 환급받고 보증금은 돌려받을 수 없다. 두 오이스터 카드는 공항 내 여행자센터에서 구매 및 충전할 수 있다. 일반 오이스터의 경우 각 언더그라운드역 발매기에서도 구매 가능하나, 비지터 오이스터 카드는 불가하다. 비지터 오이스터 카드는 시내의 발매기에서는 구매하거나 충전할 수 없다.

발매기에서 오이스터 카드 구입·충전하기

오이스터 카드 구입 및 충전은 시내 언더그라운드, 오버그라운드 역에 설치된 기계에서 쉽게 진행할 수 있다.

오이스터 카드를 구매하면서 충전할 때

❶ 기기 첫 화면에서 'Buy New Oyster Card'를 선택한다.

❷ 다음 화면에서 'Pay As You Go'를 선택한다.

❸ 다음 화면에서 충전할 금액을 선택한다.

❹ 지폐 투입구에 현금을 넣거나 오른쪽 아랫부분 카드 인식기에 카드를 대고 결제하여 선택한 금액을 충전한다. 이때 카드 보증금 £7도 같이 결제되며, 카드 결제에는 비밀번호가 필요하다.

❺ 노란색 카드 인식기에 오이스터 카드를 재접촉하여 최종 충전 금액을 확인한다.(가장 중요하다!)

이미 구매한 카드에 충전할 때

❶ 기계 앞에 서서 오른쪽 아랫부분의 노란색 카드 인식기에 오이스터 카드를 접촉한다.

❷ 현재 잔액이 나오면 확인한 뒤 'Top Up Pay As You Go'를 선택한다.

❸ 다음 화면에서 충전하고자 하는 금액을 선택한다.

❹ 지폐 투입구에 현금을 넣거나 오른쪽 아랫부분 카드 인식기에 카드를 대고 결제하여 선택한 금액을 충전한다. 카드는 비밀번호가 필요하다.

❺ 카드가 나오면 노란색 카드 인식기에 오이스터 카드를 재접촉하여 최종 충전 금액을 확인한다.

❷ 트래블 카드 Travel Cards

런던 시내 대중교통을 일정 기간 내 무제한으로 이용할 수 있는 종이 티켓이다. 1일권과 7일권이 있는데, 1일권은 비싼 편이다. 런던 여행 기간이 7일 정도 되는 장기 여행자나 1존 내에서만 대중교통을 여러 번 탈 계획이 있는 여행자에게 추천한다. 공항, 여행자센터, 언더그라운드 역에서 구매할 수 있다.

가격 1일권 £15.20, 7일권 £58.50(런던 시내 1~4존 기준)

❸ 컨택트리스Contactless 기능을 내재한 신용카드 & 체크카드

2014년 말부터 여행객들의 편의를 위해 컨택트리스 기능 단말기에 갖다 대면 바로 결제되는 기능이 있는 개인 신용카드나 체크카드로도 런던의 언더그라운드, 버스 등의 교통수단 이용이 가능해졌다. 오이스터 카드 충전, 비지터 패스 구매 등이 귀찮은 여행객이라면 그냥 마음 편히 본인이 사용하는 카드, 핸드폰 중 컨택트리스 기능이 있는 수단으로 결제하면 된다. 애플 페이, 구글 페이, 삼성 페이 내에 탑재된 신용카드로 결제가 가능하며, 탑승 방법은 일반 교통카드와 같다. 탑승 전후 본인 카드를 기계에 찍으면 된다.

❹ 언더그라운드 티켓별 1회 탑승 요금(1~4존 내)

	싱글 티켓	오이스터카드	트래블 카드	신용/체크카드 (컨택트리스)
1존 내	£6.70	£2.70(피크 타임 £2.80)	£15.20	£2.70(피크 타임 £2.80)
1~2존	£6.70	£2.80 (피크 타임 £3.40)		£2.80(피크 타임 £3.40)
일 최대 차감	제한 없음	£8.10		£8.10

* 피크 타임 : 평일 06:30~09:30, 16:00~19:00
* 버스의 경우 모두 1회 탑승에 £1.75(1일 최대 차감 £5.25)

❺ 런던 패스 London Pass

런던에서 여행할 때 유일무이하게 관광지에서 활용할 수 있는 패스이다. 1~7, 10일 무제한 이용권으로 나누어져 있다. 사람이 붐비는 런던의 거의 모든 관광지에서 줄을 서지 않고 빨리 입장할 수 있다는 것이 가장 큰 장점이다. 1·2일보다는 3일 이상 계획한 여행자에게 추천한다. Go city 어플을 스마트폰에서 다운받은 후, 런던 패스 입장권을 등록하여 모바일로도 활용할 수 있다.

가격(16세 이상 기준)
1일권 £89
2일권 £124
3일권 £137
7일권 £179
10일권 £199

런던 패스 사용 가능한 관광지 런던 타워, 더 샤드, 웨스트민스터 수도원, 타워 브리지 전망대, 세인트폴 대성당, 켄싱턴궁전, 런던 동물원, 아스널 & 첼시 축구장 투어, 윈저성, 큐가든 등
홈페이지 https://www.londonpass.com

6 숙소는 어디가 좋을까?

한인 민박, 호스텔, 에어비앤비, 럭셔리호텔…. 나에게 딱 맞는 숙소를 고르는 것은 여행의 성공을 가르는 중요한 기준이 된다. 런던의 다양한 숙소와 가격대를 소개한다. 위치·가격·형태 등을 고려해 최적의 장소를 선택해 보자.

©shangri-la.com

❶ 한인 민박 (1박·1인 기준 £20~£50)

한국인, 그리고 한국 음식이 있어서 좋다. 유럽 각 도시의 한인 민박을 예약할
수 있는 스마트폰 앱이 있어서 취향과 상황에 맞는 숙소를 선택할 수 있다. 구글
스토어 및 앱스토어에서 다운받으면 된다.
한인 민박 예약 앱 민다(Minda)

❷ 에어비앤비 (1박·1인 기준 £30~£100)

'직접 살아보기' 트렌드에 맞는 숙박 형태다. 현지인의 집을 잠시 빌려 실제 거주하는 형태라 현지인처럼 지낼 수 있
어서 좋다. 구글스토어와 앱스토어에서 '에어비앤비' 어플을 다운받은 후 검색, 예약할 수 있다.
예약 앱 에어비앤비(Airbnb)

❸ B&B, 호스텔 (1박·1인 기준 £20~£50)

숙박비가 높은 런던에서 가장 저렴하게 이용할 수 있는 숙박 형태이다.
B&B는 베드 앤 브랙퍼스트Bed & Breakfast를 줄여서 부르는 말이다. 주
로 개인실을 이용할 수 있는 장점이 있으며, 간단한 서양식 아침 식사가
제공된다. 호스텔은 도미토리 형식의 방을 다른 투숙객과 함께 사용하며
교류할 수 있다. B&B와 호스텔 모두 화장실과 욕실이 공용이다. 가격이
저렴한 만큼 어느 정도 불편함은 감수해야 한다.

추천 숙소
YHA 런던 옥스퍼드 스트리트 호스텔 YHA London Oxford street hostel
시내 최중심부에 있지만, 북적이고 시끄러운 길거리에서 한 블록 살짝 들어가 있는 호스텔이다. 소호, 메이페어,
웨스트민스터 등 어느 지역이라도 관광하기에 어려움이 없는 위치라서 많은 인기를 얻는 곳. 가격도 30~40파운
드 내외로 매우 저렴하다.
주소 14 Noel St, London W1F 8GJ, United Kingdom 홈페이지 https://www.yha.org.uk

❹ 이코노미 브랜드 호텔 (1박 기준 £100~£200)

호스텔, 한인 민박보다는 비싸지만, 좀 더 편안한 잠자리를 보장한다. 트레블롯지 UKTravelodge UK, 프리미어인
Premier Inn, 이지호텔Easyhotel이 런던의 가장 대표적인 이코노미 호텔 브랜드이다. 본인의 여정과 여행지에 따라 합
리적인 이코노미 브랜드 호텔을 이용하는 것도 좋다.
트레블롯지(Travelodge) travelodge.co.uk
프리미어인(Premier inn) www.premierinn.com 이지호텔(Easyhotel) https://www.easyhotel.com/

❺ 중고급 브랜드 & 부티크 호텔 (1박 기준 £100~£300)

힐튼, 메리어트 뿐 아니라 런던에서만 경험할 수 있는 호텔도 있다. 대부분 관광지와 접근성이 좋기에 커플, 가족
과 투숙하기에 가장 적합하다.

추천 숙소
더 타워 호텔 The Tower Hotel
아름다운 타워브리지와 템스강의 전경을 바라보며 투숙할 수 있는 4성
급 호텔이다. 위치, 서비스 모두 중상급이다. 타워브리지 뷰 룸인지 꼭 확
인하고 예약하자.
주소 St Katharine's Way, St Katharine's & Wapping, London E1W 1LD, UK
홈페이지 www.guoman.com 접속 후 The tower hotel 검색

힐튼 런던 타워브리지 Hilton London Tower Bridge
더 샤드, 버로우 마켓, 타워브리지를 도보로 이동할 수 있을 뿐 아니라 런
던브리지 역과도 가까운 4성급 호텔. 1층 1751 디스틸러리 바 & 키친1751
Distillery Bar & Kitchen 레스토랑에서 제공되는 호텔 뷔페 조식이 수준급이다.
주소 5 More London Place, Tooley St, London SE1 2BY, UK
홈페이지 hilton.com에서 Hilton London Tower Bridge 검색

시 컨테이너스 호텔 Sea Containers London
과거 몬드리안 호텔에서 상호와 디자인을 탈바꿈한 호텔이다. 템스강과 세인트폴대성당의 전경을 바라볼 수 있는
식당과 루프톱바가 무엇보다 가장 매력적인 곳이다.
주소 20 Upper Ground, South Bank, London SE1 9PD, UK 홈페이지 seacontainerslondon.com

더블트리 바이 힐튼 하이드 파크 DoubleTree by Hilton Hotel London-Hyde Park
노팅힐 주요 관광지와 켄싱턴 파크가 바로 옆에 붙어있어 여유롭게 여행하고 산책하기 좋은 4성급 모던 호텔. 복
잡한 소호, 웨스트민스터 지역을 벗어나 조용한 분위기에서 휴식과 숙박을 취하고 싶은 여행객에게 추천한다.
주소 150 Bayswater Rd, Bayswater, London W2 4RT, UK
홈페이지 doubletree3.hilton.com에서 DoubleTree by Hilton Hotel London – Hyde Park 검색

❻ 럭셔리 호텔 (1박 기준 £400 이상)
음식, 서비스, 위치 등 모든 요소를 최상급으로 누릴 수 있다. '무슨 말이 더 필요할까?'라는 말이 저절로 나오는 런
던의 대표적인 럭셔리 호텔을 선별하여 소개한다.

사보이 호텔 The Savoy
객실과 레스토랑에서 런던아이, 빅벤 등을 한눈에 바라볼 수 있는 호텔로,
영화 노팅힐에서 줄리아 로버츠가 기자회견을 하며 휴 그랜트와의 사랑
을 확인하는 바로 그 장소다. 코벤트가든, 웨스트민스터, 소호 모두 도보
로 이동할 수 있기에 접근성 또한 최적인 호텔이다.
주소 Strand, London WC2R 0EZ, UK 홈페이지 thesavoylondon.com

더 리츠 런던 The Ritz London
호텔이 아닌 궁전에 들어온 듯한 느낌을 주는 곳으로 찰스 황태자의 피로연이 이곳에서 열렸다. 1906년 문을 연 이
래 영국 귀족들이 애프터눈티를 즐기는 곳으로도 유명하다.
주소 150 Piccadilly, St. James's, London W1J 9BR, UK 홈페이지 theritzlondon.com

샹그릴라 호텔 앳 더 샤드 Shangri-La Hotel At The Shard
신혼여행으로 런던에 왔다면 한 번쯤은 꼭 묵어가길 추천하고 싶은 호텔
이다. 더 샤드 36층~51층 객실에서 런던의 스카이라인을 감상할 수 있다.
52층에 위치한 스카이 풀(Sky pool)에서 런던 야경을 바라보며 즐기는 수
영 역시 최고의 행복감을 선사한다.
주소 31 St Thomas St, London SE1 9QU, UK
홈페이지 shangri-la.com에서 Shangri-La Hotel At The Shard 검색

W 런던 레스터 스퀘어 W London-Leicester Square
접근성을 중요시하는 여행객들에게 가장 추천하고 싶은 숙소. 숙소 바로 앞에 차이나타운, 레스터 스퀘어가 있으
며 소호, 웨스트민스터 지역으로도 도보로 이동이 가능하다. 무엇보다 5성급 호텔임에도 메리어트 브랜드 할인 특
가 시 £200 넘지 않는 가격에 투숙할 수 있는 점도 장점이다.
주소 Leicester Square, 10 Wardour St, London W1D 6QF, UK 홈페이지 marriott.com에서 W London – Leicester Square검색

7 런던 떠나기

공항으로 가는 방법
기존 공항에서 시내로 왔던 방법을 역으로 활용하면 된다. 공항은 대부분 여행객들로 붐비므로, 가급적 탑승 3시간 전에는 공항에 도착해서 탑승 수속 및 짐 부치기를 진행하길 권한다.

탑승 수속과 짐 부치기
본인이 탑승할 항공사의 부스에서 탑승 수속 진행하면 된다. 다만 여행 후 짐이 많아 수하물 규정을 초과하면 추가 비용이 발생한다. 이럴 땐 사전에 무게를 측정한 후 본인이 부담해야 할 초과 비용을 예상해보고 미리 준비하자.

세금 환급받기 폐지 후폭풍
브렉시트(영국이 EU 연합을 탈퇴한 사건) 이후, 영국은 해외 방문자들에 대한 면세 규정을 전면 폐지했다. 이로 인하여, 런던과 영국에서 구매한 상품은 세금 환급이 어려우며 쇼핑을 목적으로 한다면 파리, 밀라노 등 EU 연합의 도시에서 하는 게 유리하다.

ONE MORE

브렉시트(Brexit)란?
2020년 1월 영국이 유럽연합인 EU에서 탈퇴한 사건을 일컫는다. 2015년 당시 총리였던 데이비드 카메론(David Cameron)이 EU 탈퇴 여부를 국민투표 공약으로 내걸면서 화두에 올랐고, 이 국민투표에서 51.9 : 48.1로 EU 탈퇴를 지지해 공식화됐다. 브렉시트뿐만 아니라 코로나 19, 우크라이나 전쟁 등 외부 요인으로 인해 저임금 노동자의 유출이 지속됐고, 물류 운송 대란과 면세 쇼핑 폐지 등으로 외국인 관광객이 급감하여 영국 내의 불안정을 심화시키고 있다.

2일 코스
핵심 명소 압축 여행

DAY 1
1일

10:00
대영박물관

12:00
점심 식사
홈슬라이스 닐스 야드,
더 바바리

13:00
**코벤트가든 마켓 구경
및 쇼핑**

13:00
**런던아이 관람차
탑승**

12:30
**워털루 역 근처
점심 식사**
쿠바나, 고고포차

12:00
**국회의사당 및
빅벤 외부 구경**

11:00
근위병 교대식 관람
하절기 매일,
그 외 월/수/금/일

14:00
**테이트모던 및
밀레니엄 브리지**

16:00
**버로우 마켓 구경
및 간식거리 사먹기**

17:30
더 샤드 전망대

19:00
템스강 따라 산책

14:30

**내셔널 갤러리 및
트래펄가 광장**

16:30

**레스터스퀘어 ~
차이나타운 ~소호
지구 탐방 및 쇼핑**

18:00

저녁 식사
차이나타운 혹은
소호 맛집

19:00

뮤지컬 관람
해당 공연 극장에서

10:30

버킹엄궁전 도착

09:30

**세인트 제임스 파크
혹은 그린파크 산책**

DAY 2
2일

22:00

**소호지구 이동 후 펍
혹은 공연장 즐기기**
론니스코츠, 오닐즈 펍

19:20~20:30

**타워브리지 도착 및
야경 관람 후 다리 건
너 템스강 북쪽 이동**

19:30

**루프톱 바에서
식사 및 칵테일**
세비지 가든
Savage garden LDN

반나절 쇼핑 추천
① 소호 지구 리젠트 & 카나비 스트리트(Regent &
Carnaby Street) ② 코벤트 가든 근처 숍들

야경 맛집 추천
세비지 가든 Savage garden LDN
타워오브런던, 타워브리지, 더 샤드의 야경을 한 번
에 볼 수 있는 루프톱 바

3일 코스
런던 권역별 명소 여행

DAY 1

1일

10:00
대영박물관

12:00
점심 식사
홈슬라이스 닐스 야드,
더 바바리

13:00
코벤트가든 마켓 구경
및 쇼핑

14:00
테이트모던 및
밀레니엄 브리지

13:00
런던아이 관람차
탑승

12:30
워털루 역 근처
점심 식사
쿠바나, 고고포차

12:00
국회의사당 및
빅벤 외부 구경

16:00
버로우 마켓 구경
및 간식거리 사먹기

17:30
더 샤드 전망대

19:00
템스강 따라 산책

19:20~20:30
타워브리지 도착 및
야경 관람 후 다리 건
너 템스강 북쪽 이동

22:00
소호지구 이동 후 펍
혹은 공연장 즐기기
론니스코츠, 오닐즈 펍

18:00
영국 전통 레스토랑에
서의 저녁 식사
더 쉽 타번 The Ship Tavern

반나절 쇼핑 추천
① 소호 지구 리젠트 & 카나비 스트리트
   Regent & Carnaby Street
② 코벤트 가든 근처 샵들

런던 전통 맛집 추천
더 쉽 타번 The Ship Tavern
제대로 된 영국 전통 음식과 펍 문화를 즐기고 싶은
사람들에게 추천

14:30
내셔널 갤러리 및
트래펄가 광장

16:30
레스터스퀘어 ~
차이나타운 ~소호
지구 탐방 및 쇼핑

18:00
저녁 식사
차이나타운 혹은
소호 맛집

19:00
뮤지컬 관람
해당 공연 극장에서

11:00
근위병 교대식 관람
하절기 매일,
그 외 월/수/금/일

10:30
버킹엄궁전 도착

09:30
세인트 제임스 파크
혹은 그린파크 산책

DAY 2
2일

21:00
루프톱 바에서
식사 및 칵테일
세비지 가든
Savage garden LDN

DAY 3
3일

09:00
타워오브런던

11:00
모뉴먼트 기념비
(런던 대화재 기념비)

16:00
세인트 폴 대성당

15:00
원 뉴 체인지 쇼핑 및
옥상 전망대 구경

13:00
길드홀

12:00
리든홀마켓 구경 및
점심 식사

5일 코스
런던 전역 여유롭게 여행하기

DAY 1
1일

10:00
대영박물관

12:00
점심 식사
홈슬라이스 닐스 야드,
더 바바리

13:00
코벤트가든 마켓 구경
및 쇼핑

14:00
테이트모던 및
밀레니엄 브리지

13:00
런던아이 관람차
탑승

12:30
워털루 역 근처
점심 식사
쿠바나, 고고포차

12:00
국회의사당 및
빅벤 외부 구경

16:00
버로우 마켓 구경
및 간식거리 사먹기

17:30
더 샤드 전망대

19:00
템스강 따라 산책

19:20~20:30
타워브리지 도착 및
야경 관람 후 다리 건
너 템스강 북쪽 이동

22:00
소호지구 이동 후 펍
혹은 공연장 즐기기
론니스코츠, 오닐즈 펍

18:00
영국 전통 레스토랑에
서의 저녁 식사
더 쉽 타번 The Ship Tavern

14:30

내셔널 갤러리 및
트래펄가 광장

16:30

레스터스퀘어 ~
차이나타운 ~소호
지구 탐방 및 쇼핑

18:00

저녁 식사
차이나타운 혹은
소호 맛집

19:00

뮤지컬 관람
해당 공연 극장에서

11:00

근위병 교대식 관람
하절기 매일,
그 외 월/수/금/일

10:30

버킹엄궁전 도착

09:30

세인트 제임스 파크
혹은 그린파크 산책

DAY 2

2일

21:00

루프톱 바에서
식사 및 칵테일
세비지 가든
Savage garden LDN

DAY 3

3일

09:00

타워오브런던

11:00

모뉴먼트 기념비
(런던 대화재 기념비)

16:00

세인트 폴 대성당

15:00

원 뉴 체인지 쇼핑 및
옥상 전망대 구경

13:00

길드홀

12:00

리든홀마켓 구경 및
점심 식사

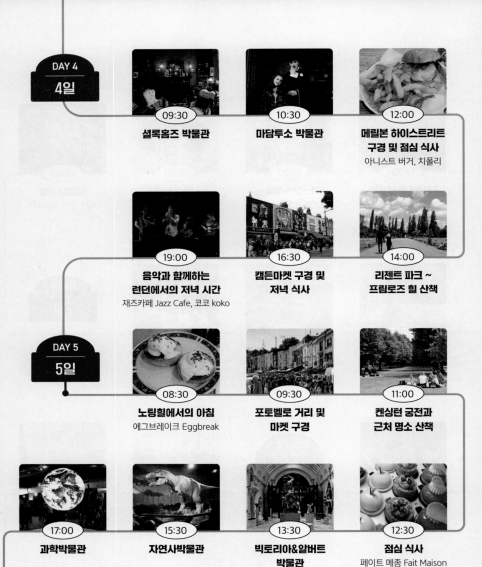

DAY 4
4일

09:30
셜록홈즈 박물관

10:30
마담투소 박물관

12:00
메릴본 하이스트리트
구경 및 점심 식사
아니스트 버거, 치폴리

19:00
음악과 함께하는
런던에서의 저녁 시간
재즈카페 Jazz Cafe, 코코 koko

16:30
캠든마켓 구경 및
저녁 식사

14:00
리젠트 파크 ~
프림로즈 힐 산책

DAY 5
5일

08:30
노팅힐에서의 아침
에그브레이크 Eggbreak

09:30
포토벨로 거리 및
마켓 구경

11:00
켄싱턴 궁전과
근처 명소 산책

17:00
과학박물관

15:30
자연사박물관

13:30
빅토리아&알버트
박물관

12:30
점심 식사
페이트 메종 Fait Maison

18:00
켄싱턴 지구 내
백화점 쇼핑
해러즈 Harrods,
하비니콜스Harvey Nichols

20:00
고든램지 운영 식당에서
근사한 여행 마무리
페트루스 Petrus

7일 코스
런던 전역과 근교 여행

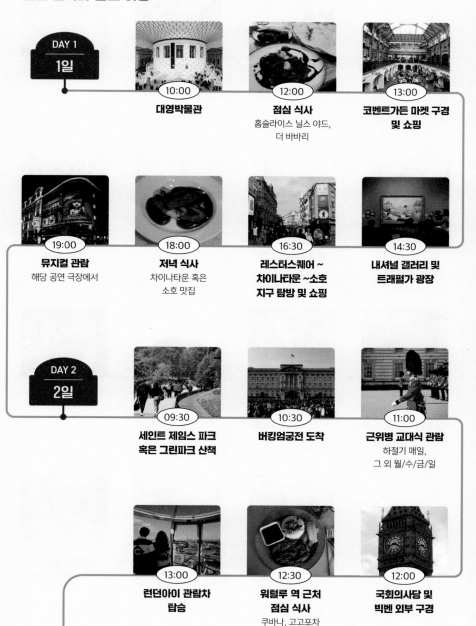

DAY 1
1일

10:00
대영박물관

12:00
점심 식사
홈슬라이스 닐스 야드,
더 바바리

13:00
코벤트가든 마켓 구경
및 쇼핑

19:00
뮤지컬 관람
해당 공연 극장에서

18:00
저녁 식사
차이나타운 혹은
소호 맛집

16:30
레스터스퀘어 ~
차이나타운 ~소호
지구 탐방 및 쇼핑

14:30
내셔널 갤러리 및
트래펄가 광장

DAY 2
2일

09:30
세인트 제임스 파크
혹은 그린파크 산책

10:30
버킹엄궁전 도착

11:00
근위병 교대식 관람
하절기 매일,
그 외 월/수/금/일

13:00
런던아이 관람차
탑승

12:30
워털루 역 근처
점심 식사
쿠바나, 고고포차

12:00
국회의사당 및
빅벤 외부 구경

14:00

테이트모던 및
밀레니엄 브리지

16:00

버로우 마켓 구경
및 간식거리 사먹기

17:30

더 샤드 전망대

16:00

세인트 폴 대성당

15:00

원 뉴 체인지 쇼핑 및
옥상 전망대 구경

13:00

길드홀

12:00

리든홀마켓 구경 및
점심 식사

18:00

영국 전통 레스토랑에
서의 저녁 식사
더 쉽 타번 The Ship Tavern

22:00

소호지구 이동 후 펍
혹은 공연장 즐기기
론니스코츠, 오닐즈 펍

DAY 4
4일

09:30

셜록홈즈 박물관

13:30

빅토리아&알버트
박물관

12:30

점심 식사
페이트 메종 Fait Maison

11:00

켄싱턴 궁전과
근처 명소 산책

19:00

템스강 따라 산책

21:00

**루프톱 바에서
식사 및 칵테일**
세비지 가든
Savage garden LDN

19:20~20:30

**타워브리지 도착 및
야경 관람 후 다리 건
너 템스강 북쪽 이동**

11:00

모뉴먼트 기념비
(런던 대화재 기념비)

09:00

타워오브런던

DAY 3

3일

10:30

마담투소 박물관

12:00

**메릴본 하이스트리트
구경 및 점심 식사**
아니스트 버거, 치폴리

14:00

**리젠트 파크 ~
프림로즈 힐 산책**

16:30

**캠든마켓 구경 및
저녁 식사**

09:30

**포토벨로 거리 및
마켓 구경**

08:30

노팅힐에서의 아침
에그브레이크 Eggbreak

DAY 5

5일

19:00

**음악과 함께하는
런던에서의 저녁 시간**
재즈카페 Jazz Cafe, 코코 koko

15:30	17:00	18:00
자연사박물관	**과학박물관**	**켄싱턴 지구 내 백화점 쇼핑** 해러즈 Harrods, 하비니콜스Harvey Nichols

리치먼드 &
햄튼코트 팔라스

10:00	09:00		16:30
햄튼코트 팔라스 도착	**런던 출발**		**런던 시내 복귀**

그리니치
(반나절)

12:00	13:30	16:00
리치먼드 이동 및 점심식사	**리치먼드 큐가든**	**런던 시내 복귀**

14:00

런던 시내 복귀

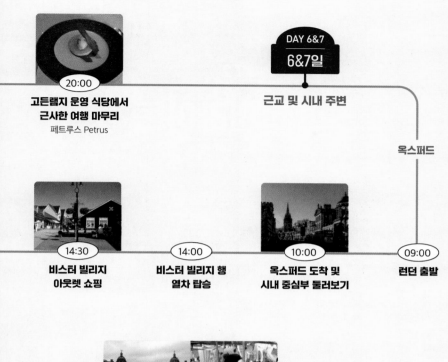

20:00
고든램지 운영 식당에서
근사한 여행 마무리
페트루스 Petrus

근교 및 시내 주변

옥스퍼드

14:30
비스터 빌리지
아웃렛 쇼핑

14:00
비스터 빌리지 행
열차 탑승

10:00
옥스퍼드 도착 및
시내 중심부 둘러보기

09:00
런던 출발

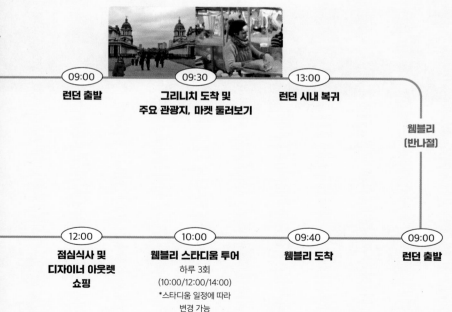

09:00
런던 출발

09:30
그리니치 도착 및
주요 관광지, 마켓 둘러보기

13:00
런던 시내 복귀

웸블리
(반나절)

12:00
점심식사 및
디자이너 아웃렛
쇼핑

10:00
웸블리 스타디움 투어
하루 3회
(10:00/12:00/14:00)
*스타디움 일정에 따라
변경 가능

09:40
웸블리 도착

09:00
런던 출발

런던 하이라이트
Highlights of London

런던을 특별하게 즐기는 방법 25가지
독자의 취향과 일정을 고려하여 런던을 즐기는
다양한 방법을 준비했습니다. 명소, 맛집, 카페, 술집,
문화, 쇼핑 등 6가지 키워드로 25가지 즐길 거리를
안내합니다. 일정과 취향에 따라 당신에게 딱 맞는
프로그램을 선택하세요.

런던의 인기 명소 베스트 10

오롯이 일주일을 머물러도 런던의 명소를 다 여행하기란 쉽지 않다. 그래서 골랐다.
런던의 인기 명소 베스트 10. 전통 명소부터 요즘 한창 인기 높은 핫 스폿까지 세심하게 가려 뽑았다.

① 타워 브리지 Tower Bridge 사우스뱅크 지역 p141
1894년 완공된 런던의 아이콘이다. 템스강의 여러 다리 중 규모
와 아름다움이 단연 으뜸이다. 다리 중앙을 들어 올릴 수 있는 개
폐식 구조이다. 내부에 마련된 타워 브리지 전시관에서 멋진 런던
시내 뷰를 감상할 수 있고, 타워 브리지를 움직이는 엔진룸도 탐
방할 수 있다.

② 버킹엄 궁전 Buckingham Palace 웨스트민스터 지역 p194
영국 왕실을 상징하는 궁전이다. 1703년에 지었는데, 원래는 왕궁
이 아니라 버킹엄 공작 존 셰필드의 저택이었다. 1837년 빅토리아
여왕이 머물면서 정식 궁전이 되었다. 영국하면, 떠오르는 근위병
교대식이 버킹엄 궁전의 명물이다. 넓이는 약 5만 평이며, 현재 엘
리자베스 2세가 살고 있다.

③ 세인트 폴 대성당 St. Paul's Cathedral 시티 오브 런던 지역 p164
영국에서 유일한 돔 형식 성당이다. 1666년 런던 대화재 후 건축
가 크리스토퍼 렌이 1711년 재건했다. 돔 지름은 34m이고, 성당 길
이는 158.1m이다. 세계에서 바티칸의 성 베드로 대성당 다음으로
길다. 139개 계단을 오르면 시내 전경을 조망할 수 있는 스톤-골
든 갤러리가 나온다.

④ 더 샤드 The shard 사우스뱅크 지역 p139
거대한 뿔을 연상시키는 유리로 된 마천루이다. 높이 309m로, 러
시아를 제외한 유럽에서 가장 높은 건물이다. 사무실, 호텔, 레스
토랑 등이 입주해있다. 69층과 72층에 전망대가 있다. 전망대 이
름은 뷰잉 갤러리Viewing gallery이다. 런던에서 가장 높은 전망대로
파노라마와 야경이 차원이 다르다.

⑤ 국회의사당과 빅벤 Houses of Parliament & Big Ben
웨스트민스터 지역 p190
타워 브리지와 더불어 런던의 대표 랜드마크이다. 원래는 왕족이 거
주하던 '웨스트민스터 궁전'이었는데, 지금은 국회의사당으로 사용
하고 있다. 의사당 북쪽에 있는 96m 높이의 시계탑 빅벤의 상층부
는 최근 보수를 끝냈다. 빅벤의 공식 명칭은 '엘리자베스 타워'이다.

⑥ **내셔널갤러리** The National Gallery **소호 지역** p256
소호의 트래펄가 광장 북쪽에 있다. 13세기 초기 르네상스
시대부터 19세기 후반까지의 세계적인 걸작을 전시하고 있
다. 조토부터 세잔까지 서양 미술사를 관통하는 주요 작가
의 작품을 관람할 수 있다. 한국어 오디오 가이드를 유료 대
여하면 편리하게 관람할 수 있다. 입장료는 무료이며, 최소
반나절은 관람 시간으로 잡아야 한다.

⑦ **대영박물관** The British Museum **블룸스버리 지역** p226
바티칸, 루브르와 함께 세계 3대 박물관으로 꼽힌다. 유물과
예술 작품 800만 점을 소장하고 있다. 전시관만 무려 94개
이다. 대표 전시물은 로제타 스톤, 사자의 서, 파르테논 신전
조각, 이집트 벽화와 미라이다. 백자와 불상, 김홍도의 풍속
화 등을 전시하는 한국관도 있다. 입장료는 무료이며, 최소
2~3시간은 관람시간으로 잡아야 한다.

⑧ **코벤트 가든** Covent Garden **코벤트 가든 지역** p232
액세서리 가게, 수공예 숍, 레스토랑, 펍이 들어선 아케이드
이다. 코벤트 가든은 '수도원의 정원'이라는 뜻으로, 13세기
엔 수도원의 텃밭이 있었다. 1974년에 지금 모습을 갖췄다.
365일 내내 축제 분위기가 나 사람들 발길이 끊이지 않는
다. 코벤트 가든 주변 거리에도 명품, 액세서리, 앤티크 숍
이 가득하다.

⑨ **웨스트민스터 사원** Westminster Abbey **웨스트민스터
지역** p202
영국의 국교 성공회 성당으로 영화 <다빈치 코드>의 무대
가 되었다. 크롬웰, 엘리자베스 1세, 아이작 뉴턴, 찰스 다윈
등 영국을 대표하는 위인 3,300명의 영혼이 잠들어 있다.
런던에 몇 남지 않은 오래된 고딕 양식 건축물이다. 영국 왕
의 대관식과 장례식이 이곳에서 열린다.

⑩ **런던아이** The London Eye **사우스뱅크 지역** p130
템즈 강변에 있는 원형 대관람차이다. 영국항공이 2000년
대가 열리는 걸 기념하여 1999년에 만들었다. 유럽의 대관
람차 중 가장 높다. 런던의 최고 랜드마크 가운데 하나로,
32개 대형 캡슐로 구성된 대관람차에 오르면 30분간 런던
시내와 주요 명소를 하늘 위에서 감상할 수 있다.

입장료가 없는
런던 5대 미술관과 박물관

전망대도 그렇지만 런던엔 미술관과 박물관 중에서 입장료가 무료인 곳이 꽤 많다.
게다가 대부분 내셔널갤러리, 대영박물관처럼 손꼽히는 공간들이다.
명성과 여행자 선호도를 기준으로 5곳을 소개한다.

① 내셔널갤러리 The National Gallery
소호 지역 p256

소호의 트래펄가 광장 북쪽에 있다. 조토부터 세잔까지
서양 미술사를 관통하는 주요 작가의 작품을 관람할 수
있다. 한국어 오디오 가이드를 유료 대여하면 편리하
게 관람할 수 있다. 관람 시간은 반나절은 잡아야 한다.

② 대영박물관 The British Museum
블룸스버리 지역 p226

바티칸, 루브르와 함께 세계 3대 박물관으로 꼽힌다. 람
세스 2세 조각상, 로제타 스톤, 사자의 서, 파르테논 신
전 조각, 이집트 벽화와 미라가 대표 소장품이다. 주요
소장품을 관람하는데 2~3시간 소요된다.

③ 국립 초상화 갤러리 National Portrait Gallery
소호 지역 p260

소호의 내셔널갤러리와 같은 장소에 있다. 헨리 8세, 크
롬웰, 셰익스피어, 뉴턴, 엘리자베스 2세, 다이애나비,
찰스 왕세자, 대처, 앤디 워홀까지 연대순으로 역사적
으로 유명한 인물의 초상화를 전시하고 있다.

④ 빅토리아 & 앨버트 박물관 Victoria and Albert
Museum 켄싱턴 지역 p346

세계 최대 장식 미술 공예 박물관이다. 빅토리아 여왕재
위 1837~1901이 부군 앨버트 공을 기리기 위해 세운 것이
다. 대표작은 라파엘로의 '아테네 학당'이다.

⑤ **자연사박물관** National History Musuem
켄싱턴 지역 p350

미국 스미소니언, 뉴욕 자연사 박물관과 더불어 세계 3
대 자연사 박물관이다. 공룡 뼈대와 다양한 생물의 화
석을 구경할 수 있다. 현재 소장하고 있는 동식물 표본
은 모두 8천만여 점이다. 빅토리아 & 앨버트 박물관 서
쪽에 있다.

(**Travel Tip**)

잠시 쉬어가기 좋은 박물관 카페와 레스토랑

런던의 미술관과 박물관엔 관람 후 쉬어가기 좋은 카페나 레스토랑도 제법 많다. 빅토리아 & 앨버트 박물관, 국
립 초상화 갤러리, 테이트 모던 등에서 운영하고 있다. 문화 공간에서 즐기는 커피와 식사가 당신의 여행에 향기
를 불어넣어 줄 것이다.

V&A 카페 V&A Cafe 켄싱턴 지역 p347

빅토리아 & 앨버트 박물관에 있는 카페이자 레스토랑
이다. 세계 최초의 박물관 카페이다. 1800년대 후반 당
대 영국 최고 디자이너 윌리엄 모리스, 제임스 갬블, 에
드워드 포인터가 디자인 한 세 개 공간으로 나누어져
있다. 화려한 장식과 조명으로 꾸며진 '갬블 룸'의 인기
가 가장 좋다.

포트레이트 Portrait 소호 지역 p263

국립 초상화 갤러리 옥상에 있다. 내셔널갤러리, 트래펄
가 광장, 국회의사당 & 빅벤 등을 바라보며 근사한 식사
를 즐길 수 있는 레스토랑이다. 메뉴는 브런치, 애프터
눈 티, 정찬 요리 등 다양하다. 목요일부터 토요일까지
저녁 식사를 예약하면 야경을 감상하며 식사하기 좋다.

더 월리스 The Wallace 메릴본 지역 p321

월리스 컬렉션은 허드포드 가문Marquesses of Hertford의
저택에 들어선 박물관이다. 이곳에 카페이자 레스토랑
더 월리스가 있다. 겉은 바삭하고 속은 촉촉한 스콘 빵
과 따뜻한 밀크티가 인기 메뉴다.

키친 앤 바 Kitchen and Bar 사우스뱅크 지역 p133

런던 현대미술의 성지 테이트 모던 6층에 있는 카페이
자 바Bar이다. 런던의 파노라마 뷰를 즐기며 커피 한 잔
앞에 놓고 여유를 즐기기 좋다. 피시앤칩스, 수제버거
등 간단한 식사 메뉴도 있다.

체험, 삶의 현장!
생기 넘치는 런던 시장 투어

어느 도시든 시장은 생기가 넘친다. 명소는 공간이 주인공이지만, 시장은 공간·사람·물건이 다 주인공이다.
체험, 삶의 현장! 런던 속으로 한 걸음 더 들어가는 여행, 소소하게 물건 사는 재미도 즐겨보자.

① **버로우 마켓** Borough Market(식재료·음식, 매일)
사우스뱅크 지역 p137
런던에서 가장 오래된 시장이다. 현 위치에는 1756년
부터 자리를 잡았다. 치즈, 빵, 과일, 채소, 소스, 기념품
등 없는 게 없다. 신선한 유기농 식재료를 구매할 수 있
고 완제품 음식도 직접 맛볼 수 있다. 런던 브리지와 더
샤드에서 가깝다.

② **캠든 마켓** Camden Market(종합, 매일) **캠든 지역** p306
북적이는 인파, 패션과 소품 숍, 길거리 음식 등 시장의
모든 것을 갖췄다. 캠든 락과 스테이블스 마켓이 함께
있다. 캠든 락에는 소품과 액세서리가, 스테이블스 마켓
에는 음식, 앤티크 소품, 의류가 주를 이룬다. 시장 구경
후 음식을 구매해 바로 옆 리젠트 운하를 바라보며 런
던의 여유를 만끽해보자.

③ **포토벨로 로드 마켓** Portobello Road Market(종합, 매
일) **노팅힐 지역** p334
노팅힐의 대표 명소, 영화 <노팅힐>의 무대가 되었던
곳이다. 포토벨로 로드 마켓의 진짜 매력은 금요일과 토
요일에 느낄 수 있다. 요일마다 문을 여는 상점의 종류
가 다른데, 금요일과 토요일엔 골동품, 음식, 의류, 기념
품 등을 파는 모든 상점이 일제히 문을 연다. 시장 주변
에 들어선 알록달록한 주택들도 볼거리다.

④ **애플 & 주빌리 마켓** Apple & Jubilee Market(액세서
리, 매일) **코벤트 가든 지역** p234
코벤트 가든의 수많은 숍들 사이에 자리를 잡고 있다.
액세서리와 분위기가 앤틱해 선물하기 좋은 공예품을
주로 취급하고 있다. 애플 마켓은 코벤트 가든 아케이
드 입구에, 주빌리 마켓은 아케이드 뒤편의 런던 교통
박물관 바로 옆에 있다. 코벤트 가든에 갔을 때 함께 둘
러보기 좋다.

Hi, There

⑤ **올드 스피탈필즈 마켓** Old Spitalfields Market(종합, 매일) **이스트런던 지역** p174
이스트 런던을 대표하는 마켓이다. 스피탈필즈 마켓 동쪽에 있다. 튼튼한 철골 구조물 아래에 가게가 100여 개 들어서 있다. 항상 사람들로 붐빈다. 목요일엔 앤티크, 금요일엔 의류와 미술작품 상점, 토요일엔 전체 상점이 문을 연다. 토요일에 방문하면 브릭레인 마켓과 함께 둘러보기 좋다.

⑥ **브릭레인 마켓** Brick Lane Market(종합, 토·일) **이스트런던 지역** p175
5개의 분야별 마켓이 합쳐져 구성된 시장이다. 음식을 전문으로 하는 보일러 마켓, 패션과 액세서리를 취급하는 선데이 업마켓 등이 대표적이다. 이스트 런던의 쇼디치 지역과 함께 둘러보는 코스로 일정을 잡으면 좋다.

⑦ **몰트비 스트리트 마켓** Maltby Street Market(음식, 토·일) **사우스뱅크 지역** p142
사우스뱅크의 런던 브리지역 근처 선로 아래에 일렬로 형성된 푸드코트 겸 마켓이다. 빵, 치즈, 음식점이 주를 이룬다. 이곳의 가장 큰 매력은 세계 각국의 다양한 음식들을 먹을 수 있다는 점이다.

⑧ **콜롬비아 로드 플라워 마켓** Columbia Road Flower Market(꽃, 일) **이스트런던 지역** p175
이스트런던의 쇼디치 지역에서 일요일에만 열리는 꽃시장이다. 다양한 꽃을 관찰하고 향기도 즐길 수 있어 여성 관광객이 많이 찾는다. 일요일에 이곳을 시작으로 쇼디치 지역 여행 일정을 잡아보길 추천한다.

런던의 무료 전망 명소 베스트 5

자존심 세고 물가 높기로 유명하지만, 의외로 런던엔 무료로 개방하는
전망 명소가 많다. 공짜라 별로라고 미리 짐작하지 말자. 위치도 좋고,
전망은 더 좋다. 여행자에게 무료로 베푸는 런던의 호의를 제대로 즐겨보자.

©Wikimedia Commons Colin69

① 스카이 가든 Sky Garden **시티 오브 런던 지역** p171
워키토키 빌딩20 펜처치 스트리트 빌딩 꼭대기의 무료 전망대이다. 정원이 꾸며진 35층 높이 전망대에서 360도로 런던 전경을 감상할 수 있다. 강렬한 더 샤드와 어우러진 현대적인 런던 전경이 한눈에 들어온다. 방문 2주 전부터 홈페이지에서 예약해야 입장할 수 있다.

② 프림로즈 힐 Primrose Hill **캠든 지역** p311
런던 시내 전경이 한눈에 들어오는 멋진 공원으로, 리젠트 공원 북쪽에 있다. 나무와 수풀이 우거진 언덕 위에서 런던을 파노라마로 감상하는 느낌이 색다르고 특별하다. 캠든 마켓, 리젠트 공원과 함께 둘러보기 좋다.

③ 테이트 모던 10층 전망대 Tate Modern
 사우스뱅크 지역 p133
테이트 모던 미술관 신관 블라바트니크 빌딩Blavatnik building 10층에 있는 전망대이다. 템스강, 더 샤드, 세인트폴 대성당이 한눈에 들어온다. 10층엔 카페도 함께 있다. 커피와 가벼운 스낵을 즐길 수 있다.

④원 뉴 체인지 One New Change
 시티 오브 런던 지역 p170
세인트폴 대성당 바로 옆 골목에 있는 대형 쇼핑몰로 옥상 테라스가 유명하다. 세인트 폴 대성당과 어우러진 런던 시내 전경을 사진에 담기 좋으며, 세인트 폴 대성당 사진을 가장 아름답게 찍을 수 있는 곳으로 유명하다.

⑤ 더 가든 앳 120 The Garden at 120
 시티 오브 런던 지역 p171
독특한 디자인으로 유명한 오피스 빌딩 원 펜 코트One Fen Court 꼭대기 15층에 있다. 옥상 정원 겸 무료 전망대로 타워 브리지, 더 샤드 등과 어우러진 런던의 모습을 만끽하기 좋다. 바로 옆에 거킨과 워키토키 빌딩이 있다.

걸으면 더 많이 보인다!
도심 산책 코스 셋

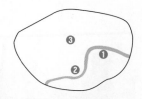

걷기의 매력은 풍경, 공기, 바람, 도시의 표정까지 다 느낄 수 있는 점이다.

런던의 매력을 오롯이 느낄 수 있는 최고의 산책 코스 세 곳을 소개한다.

걷다 보면 어느새 런던이 당신의 마음속에 들어와 있을 것이다.

① **타워 브리지~런던아이**(3.5km) Tower Bridge~London Eye **사우스뱅크 지역**

런던을 대표하는 스폿 타워 브리지에서 서쪽으로 더 샤드, 버로우 마켓, 밀레니엄 브리지, 테이트 모던, 런던아이까지 둘러보는 코스이다. 템스강을 벗 삼아 상쾌한 공기를 마시며 런던의 대표 랜드마크를 두루 둘러볼 수 있다. 반나절 또는 하루 일정으로 런던을 더 깊이, 더 많이 보기에 최적 코스이다. 런던의 매력을 한가득 품는 멋진 시간이 될 것이다.

② **버킹엄 궁전~트래펄가 광장**(1.3km) Buckingham Palace~Trafalgar Square **웨스트민스터 지역**

오전 11시에 버킹엄 궁전의 근위병 교대식을 감상한 후 동쪽으로 더몰The Mall 거리를 따라 세인트 제임스 파크를 지나 트래펄가 광장까지 산책하는 코스다. 걷는 내내 세인트 제임스 파크를 감상할 수 있다. 트래펄가 광장에 도착했다면 내셔널갤러리에서 명작들을 감상하거나, 코벤트 가든으로 이어지는 여행 일정을 잡을 수 있다. 근위병 교대식은 6월~7월엔 매일, 8월~5월엔 월·수·금·일 오전 11시에 열린다. 50~60분 전에 도착해야 좋은 자리에서 구경할 수 있다.

③ **리젠트 파크~프림로즈 힐~캠든 마켓**(1km) The Regent's Park~Camden Market **메릴본·캠든 지역**

런더너의 주말 일상을 그대로 따라 해보는 코스이다. 도심 속 오아시스 리젠트 파크를 시작으로 런던 시내의 파노라마를 한눈에 담을 수 있는 프림로즈 힐에 도착하여 망중한을 즐기기 좋다. 돗자리와 미리 챙겨온 먹거리가 있다면 더욱 좋다. 마음껏 여유를 즐긴 후 도보로 15분 정도만 이동하면 캠든 마켓과 리젠트 운하이다. 시장의 활기와 고즈넉한 운하를 감상하며 산책을 마무리할 수 있다.

런던의 아름다운 공원 BEST 4

영국은 공원과 식물원의 표준을 만든 나라이다. 그 덕에 런던엔 보석 같은
공원이 많다. 하이드 파크, 켄싱턴 가든, 세인트 제임스 공원, 리젠트 파크.
여행에 지친 당신에게 여유와 에너지를 찾게 해줄 멋진 공원을 소개한다.

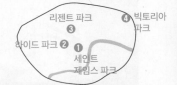

① **세인트 제임스 파크** St James's Park
웨스트민스터 지역 p198
버킹엄 궁전 동쪽에 있는 호수를 품은 공원으로, 꾸준히 왕실의 관리를 받아왔다. 근위병 교대식을 본 뒤 찾기 좋다. 다른 공원에서는 볼 수 없는 동물 '펠리컨'을 구경할 수 있어 관광객들에게 인기가 높다. 호수에서 보는 런던아이 전망이 좋다. 시내 중심부에 있어 빅벤, 트래펄가 광장, 내셔널갤러리 등 명소로 이동하기 편리하다.

② **하이드 파크 & 켄싱턴 가든** Hyde Park & Kensington Garden 켄싱턴 지역 p338,341
뉴욕의 센트럴 파크를 연상시키는 거대한 왕립 공원이다. 왕실의 사냥터를 공원으로 만들었다. 긴 호수를 중심으로 오른쪽이 하이드 파크, 왼쪽이 켄싱턴 가든이다. 두 공원 면적을 합치면 넓이가 약 77만 평이다. 켄싱턴 공원 서쪽 끝에는 다이애나 왕세자비가 살았던 켄싱턴 궁전이 있다.

③ **리젠트 파크** Regent Park
메릴본 지역 p310
세인트 제임스 파크, 하이드 파크와 마찬가지로 왕실에서 관리하는 왕립 공원이다. 배를 빌려 한 바퀴 돌 수 있는 호수, 카페, 동물원 등이 있다. 공원 안의 퀸 메리 정원에선 봄마다 장미꽃이 넘실거리고, 오픈-에어 극장에선 봄부터 가을까지 다양한 공연이 열린다. 공원 북쪽에는 런던의 대표적인 전망 명소 프림로즈 힐이 있다.

④ **빅토리아 파크** Victoria Park
이스트런던의 해크니 지역 p173
1845년 시민을 위해 만든 런던 최초 공원이다. '대중의 공원The people's park'이라 불리며 런더너의 많은 사랑을 받고 있다. 공원 남쪽으로 리젠트 운하가 흐른다. 동쪽으로 도보 20분 거리에 2012년 런던 올림픽이 열렸던 런던 스타디움London stadium이 있다. 프로 축구팀 웨스트햄 유나이티드의 홈구장이다.

🍴 Food 01

런던에서 꼭 먹어야 할 음식 9가지

영국, 하면 떠오르는 음식이 무엇인가?
문화유산도 그렇지만, 음식도 아는 만큼 즐길 수 있다.
독자 여러분의 여행이 더 즐겁기를 바라는 마음에서 준비했다.
런던에서 꼭 먹어야 할 음식 9가지!

① 피시앤칩스 Fish and Chips

대구 등 흰 살 생선튀김을 감자튀김, 콩, 타르타르 소스와 곁들여 먹는 음식이다. 저렴한 가격에 포만감을 줘 19세기 중반부터 공장 노동자들에게 인기를 끌다가 이제는 영국의 아이콘 음식으로 자리 잡았다. 펍이나 길거리 음식점에서 쉽게 맛볼 수 있다.

② 선데이 로스트 Sunday Roast

교회에 가는 일요일에 구운 고기를 감자, 채소, 그레이비 소스 등과 곁들여 먹은 데서 유래했다. 펍이나 영국 전통 음식점에서 쉽게 찾아볼 수 있으며, 육류는 소고기, 돼지고기, 양고기 중에서 선택할 수 있다.

③ 요크셔 푸딩 Yorkshire Pudding

요크셔 푸딩은 선데이 로스트의 사이드 메뉴이다. 고기의 남은 육즙을 밀가루 반죽에 넣고 구워 만든 빵이다. 그레이비 소스에 촉촉하게 찍어 먹으면 된다.

④ 애프터눈 티 Afternoon Tea

1840년대부터 영국 상류층이 오후 4시쯤 간식으로 먹기 시작한 데서 유래했다. 홍차에 스콘, 케이크, 샌드위치 등 다양한 디저트를 곁들여 먹는다. 고급 호텔이나 분위기 좋은 베이커리에서 영국의 귀족 문화를 체험할 수 있다.

⑤ **영국식 파이와 푸딩** British Pie & Pudding

영국식 파이와 푸딩은 우리가 익히 알고 있는 구운 파이나 달콤한 디저트 푸딩이 아니다. 쇠고기, 양파와 각종 채소를 으깬 후 곱게 펼친 밀가루 반죽 안에 넣어 굽거나 쪄서 먹는 영국 전통 요리이다. 반죽을 구우면 파이, 쪄내면 푸딩이다. 내장을 넣으면 키드니 파이, 양고기를 넣으면 셰퍼드 파이라고 한다.

⑥ **풀 잉글리시 브랙퍼스트** Full English Breakfast

한 접시에 여러 음식이 담겨 나와 푸짐한 식사를 즐길 수 있는 영국식 아침 메뉴이다. 달걀, 소시지, 베이컨, 버섯, 베이크드 빈강낭콩을 토마토 소스를 졸인 음식이 한 접시에 제공된다. 우리에게도 친숙한 음식들로 구성되어 있어 입맛에 잘 맞으며 호스텔, 카페 등에서 조식 메뉴로 흔히 접할 수 있다.

⑦ **뱅어즈 앤 매쉬** Bangers and Mash

영국 전통 음식이다. 육즙이 풍부하고 두께가 굵은 영국식 생 소시지와 으깬 감자에 그레이비 소스를 얹어 만든다. 펍에서 맥주 안주로 먹기 제격이다. 슈퍼마켓에서 각각 완성된 재료를 쉽게 구할 수 있어 직접 요리해 먹기에도 어렵지 않다.

⑧ **스카치 에그** Scotch Egg

삶은 달걀을 다진 고기로 감싼 뒤 튀긴 음식이다. 한국의 김밥처럼 영국인들이 간식이나 소풍 음식으로 애용한다. 크로켓 같은 바삭한 식감에 고소한 달걀이 어우러져 가볍게 즐기기 좋다. 주요 시장의 길거리 음식점에서 쉽게 맛볼 수 있다.

**영국인의 사랑을 독차지하는 마력의 소스,
그레이비 Gravy!**

선데이 로스트, 파이 등 영국 전통 요리를 먹을 때 항상 조연처럼 등장하는 소스이다. 미국, 캐나다, 호주 등 영미권 사람들에게도 사랑받고 있다. 소스의 기본 베이스는 고기를 구울 때 생기는 육즙이며, 이를 밀가루 혹은 루Roux, 밀가루에 버터를 넣고 볶아 만든다 등과 섞어 졸여낸다. 평소 먹던 소스가 아니라 익숙하지 않을 수 있지만, 영국 요리에 빠질 수 없는 감초이다. 런던에서 한 번쯤 즐겨보자.

⑨ **플랫 화이트** Flat White

에스프레소 기반 커피로, 1980년 중반 호주와 뉴질랜드에서 시작되었지만, 지금은 영국에서 더 사랑받는다. 에스프레소 더블샷에 카페라테보다 적은 양의 우유와 거품을 넣어 만든다. 진한 원두 맛과 부드러운 우유의 장점만을 추려냈다.

여기가 최고! 런던 맛집 베스트 5

맛있는 음식은 여행을 더 즐겁고 특별하게 만들어 준다.
런던은 세계적인 관광도시답게 지구촌의 다양한 음식을 즐길 수 있다.
독자 여러분의 즐거운 여행을 위해 발로 뛰며 찾아낸 최고 맛집을 소개한다.

Travel Tip

런던의 레스토랑 에티켓

① 예약한 레스토랑이라면 드레스코드가 있는지 확인하는 게 좋다. 인터넷을 통해 메뉴를 미리 알아보고 무얼 먹을지 생각해 두면 주문하기 편해 좋다.
② 식당에 도착하면 종업원이 자리로 안내해줄 때까지 기다린다. 자리가 있다고 그냥 들어가 앉으면 안 된다.
③ 식사와 디저트를 다 먹으면 계산서를 달라고 요청하고, 앉은 자리에서 계산한다. 카운터에 직접 가서 계산하면 안 된다.
④ 종업원을 부를 땐 큰소리로 부르지 말고 조용히 손을 드는 것이 좋다.

① **스완** Swan **사우스뱅크 지역** p147
셰익스피어 글로브 배우들의 단골 식당이다. 잔잔히 흐르는 템스강을 바라보며 식사할 수 있다. 영국 전통 음식 선데이 로스트가 이 집의 대표 메뉴이다. 오전 10시 반부터 늦은 밤까지 영업한다.

② **더 브랙퍼스트 클럽** The Breakfast Club **소호 지역** p289
브런치 맛집으로 유명하다. 소호를 비롯한 런던 전역에 11개 매장을 두고 있다. 에그 베네딕트, 토스트, 펜케이크 등을 추천한다. 오전 9시 이후로는 항상 대기자가 몰리므로 그 전에 방문하는 게 좋다.

③ **바라피나** Barrafina **코벤트 가든 지역** p246
가수 아이유가 런던 여행 중 들러 우리나라 여행자들에게 유명해진 타파스 맛집이다. 오픈 키친이라 셰프들이 요리하는 모습을 직접 보며 식사할 수 있어 재미있다. 메뉴는 해산물, 토티야, 그릴에서 구운 고기 등 다양하게 선택할 수 있다.

④ **디슘** Dishoom **코벤트 가든 지역** p248
'미슐랭 가이드 선정 맛집 7년 연속 선정', '식당 검색 앱 Yelp 선정 2015 & 2016 베스트 레스토랑'이라는 수식어를 얻은 대단한 맛집이다. 인도식 볶음밥 비리야니 Biryani와 치킨커리가 인기 메뉴이다.

⑤ **하몽하몽** Jamon Jamon **코벤트 가든 지역** p250
스페인의 대표 메뉴 파에야를 즐길 수 있는 레스토랑이다. 1인 여행자들을 위한 1인용 파에야도 준비되어 있으며, 일행이 있다면 함께 술 한잔하며 즐길 수 있는 타파스 메뉴도 다양하다.

가성비 '갑'
런던의 유명 프랜차이즈 맛집

런던에서 식사하려면 보통 10파운드 정도는 있어야 한다.
한국 물가에 익숙한 여행객들에게는 조금 부담스러운 가격이다.
그래서 소개한다. 식사와 차를 즐길 수 있는 가성비 '갑' 프랜차이즈 맛집!

웨더스푼 Wetherspoon

1979년 시작된 펍 프랜차이즈이다. 런던 시내를 걷다 보면 웨더스푼 로고를 흔하게 볼 수 있다. £5~10에 메인 음식을 즐길 수 있다. 음료를 곁들인 점심 세트 메뉴도 있다. 다만, 가맹 펍이긴 하나 상호가 제각각이라 헷갈릴 수 있다. 구글 플레이 스토어 혹은 애플 앱스토어에서 웨더스푼 앱을 다운받으면 가맹 펍을 쉽게 찾을 수 있다.

와가마마 Wagamama

런던은 비가 자주 내리고 바람이 많이 부는 등 날씨 변화가 심하다. 따끈한 일본식 라멘과 야키소바가 먹고 싶다면 이 브랜드를 추천한다. 1992년 런던에서 처음 오픈한 후 유럽 각지로 규모를 넓혀가고 있다. 돈부리, 라멘, 데판야키 등이 대표 메뉴이다. 사이드로 주문할 수 있는 가라아게와 퓨전식 번Bun도 인기 메뉴이다.

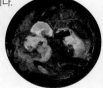

와사비 Wasabi

영국은 다른 유럽 도시보다 일본식 프랜차이즈 식당이 많은 편이다. 와사비는 스시와 벤또가 주력 메뉴인 브랜드이다. 벤또는 스시, 롤, 사시미 등이 다양하게 조합되어 있어 간편하게 한 끼를 즐기기에 안성맞춤이다. 영국에서 먹는 스시지만 맛은 전혀 부족함이 없다. 가성비가 좋다. 서양 요리에 지쳤을 때 가기 좋다.

잇수 itsu

와사비와 마찬가지로 스시와 벤또를 주력으로 하는 일식 프랜차이즈 브랜드이다. 여기에 더해 한국식 컵밥이나 컵 누들과 같은 핫 푸드를 먹을 수 있어서 더 좋다. 와사비와 비슷한 프랜차이즈이지만 한국인 친화적인 메뉴가 있어서 더 반갑다. 한국식 바비큐 치킨과 치킨 데리야키 컵밥으로 한 끼를 든든하게 해결할 수 있다.

난도스 Nando's

남아공에서 시작된 브랜드로, 인기가 많은 프랜차이즈 맛집이다. 닭 요리가 주메뉴로 1/4마리, 1/2마리도 주문할 수 있고, 닭 날개만 따로 주문할 수도 있다. 소스를 발라 그릴에 구운 닭을 감자튀김, 옥수수 등을 곁들여 먹는다. 페리페리Peri-Peri 치킨 소스는 중독성이 강해 대형 슈퍼마켓에서 판매할 정도로 인기가 많다.

고메 버거 키친 Gourmet Burger Kitchen

영국인들은 GBK라 줄여 부르는 수제버거 프랜차이즈이다. 100% 영국 소로 만든 패티를 사용한다. 햄버거가 다양한 편이다. 패티는 기본 미디움으로 구워서 제공된다. 대표 메뉴는 치즈와 베이컨이 함유된 GBK 버거이다. 바삭한 베이컨, 달콤한 바비큐 소스, 고소한 치즈의 조화가 일품이다.

피자 익스프레스 Pizza Express

부담 없는 가격에 맛있는 피자를 맛볼 수 있다. 이탈리아 여행에서 영감을 얻은 피터 보이조Peter boizot 씨가 1965년 오픈하였다. 중국, 인도, 카타르 등 12개국에 매장이 있다. 맛과 가성비를 인정받은 브랜드다. 마르게리타, 디아블로 등 이탈리아식 피자와 카르보나라, 소시지 등 다양한 토핑을 얹은 창의적인 피자도 맛볼 수 있다.

스타 셰프 레스토랑에서
최고의 만찬 즐기기

런던에는 고든 램지, 헤스턴 블루멘탈 등 세계적으로 유명한 셰프가 많다.
이 셰프들이 직접 운영하는 레스토랑에서 미식을 즐기는 건 어떨까?
더 특별한 런던 여행을 위해 스타 셰프의 레스토랑을 소개한다.

① 헤스턴 블루멘탈의 '디너 바이 헤스턴 블루멘탈'

Dinner by Heston Blumenthal **켄싱턴 지역** p353

영국 분자요리의 대가 헤스턴 블루멘탈의 레스토랑이
다. 2012년부터 2014년까지 '세계 최고의 레스토랑
50'에 이름을 올렸다. 현재도 미슐랭 2스타 레스토랑이
다. 하이드 파크 남쪽에 있어 공원의 아름다운 뷰를 즐
기며 식사하기 좋다.

② 고든 램지의 '레스토랑 고든 램지'

Restaurant Gordon Ramsay **첼시 지역** p216

1998년 고든 램지가 본인의 이름을 걸고 처음 문을 연
프렌치 레스토랑이다. 런던을 대표하는 고급 레스토랑
으로 꼽힌다. 미슐랭 최고 등급인 3스타 레스토랑으로
사전 예약해야 하고 드레스 코드도 지켜야 한다. 고품격
프랑스 전통 요리와 디저트를 즐길 수 있다.

③ 고든 램지의 '페트루스 바이 고든램지'

Petrus by Gordon Ramsay **첼시 지역** p217

고급스러운 프랑스 코스 요리로 유명한 곳이다. 미슐
랭 레스토랑 리스트에 이름을 올리고 있으며, 레스토
랑 고든램지와 동일한 드레스 코드가 적용된다. 평일
점심시간12:00~14:30에는 £75에 런치 코스 메뉴를 즐
길 수 있다.

④ 고든 램지의 '고든 램지 바 & 그릴'

Gordon Ramsay Bar & Grill **첼시 지역** p217

고든 램지의 레스토랑 중에 가장 대중적인 분위기의 레
스토랑이다. 첼시의 로열 호스피탈 로드Royal Hospital
Road에 있다. 스테이크가 대표 메뉴지만, 파스타 및 수
제버거도 함께 즐길 수 있어 선택의 폭이 넓다. 레스토
랑 고든 램지에서 도보 1분 거리에 있다.

런던 여행의 또 다른 즐거움, 쿠킹 클래스!

쿠킹 클래스는 대개 태국, 베트남 같은 동남아 국가를 여행할 때 많이 참여한다.
하지만 영국은 제이미 올리버, 고든 램지 등 세계를 대표하는 셰프들을
배출한 나라라 차원 높은 쿠킹 클래스를 즐길 수 있다.

찾아가기 언더그라운드 빅토리아선 하이버리&이슬링턴역Highbury & Is-lington 하차, 도보 5분 주소 160 Holloway Rd, London N7 8DD, Unit-ed Kingdom 전화 +44 208 103 1970 홈페이지 jamieolivercook-eryschool.com 예산 £ 49~£ 85(강의 메뉴에 따라 가격 차이 있음)

② 푸드 앳 52 요리 학교

Food at 52 Cookery School 시티 오브 런던 지역 p116
모로코, 남인도 등의 요리 수업을 진행하는 쿠킹 클래스이다. 5시
간가량 강습이 진행되기에 심도 있고 다양한 조리법을 배우기 좋
다. 3~4가지의 요리를 한 번에 강의하며, 무료로 와인이 제공되어
본인이 만든 요리와 함께 즐길 수도 있다. 수업 일정은 홈페이지
에서 확인하면 된다. 찾아가기 ① 언더그라운드 노던 라인 승차하여
올드 스트리트역Old Street 하차, 도보 10분 ② 언더그라운드 서클, 해머
스미스 & 시티, 메트로폴리탄 라인 승차하여 바비칸역Barbican 하차, 북
쪽으로 도보 12분 홈페이지 https://www.foodat52.co.uk/

③ 스쿨 오브 웍 School of Wok 소호 지역 p266

아시아 음식을 전문적으로 배우기 좋은 쿠킹 클래스이다. 홍콩에
서 건너와 4대째 요리 강의를 이어가는 팡Pang 가문이 진행하고
있다. 웍Wok을 활용한 볶음 요리뿐만 아니라 딤섬, 중국식 만두 바
오, 태국식 커리 등을 직접 만들고 먹어볼 수 있다. 소호의 레스터
스퀘어에서 가까워 여행 일정도 짜기 수월하다.
찾아가기 언더그라운드 베이컬루, 노던 라인 승차하여 차링 크로스역
Charing Cross 하차, 도보 2분 홈페이지 https://schoolofwok.co.uk/

① 제이미 올리버 요리 학교

Jamie Oliver Cookery School 이슬링턴 지역
요리를 한 번도 해보지 않은 여행객도 즐겁게
참여할 수 있다. 제이미 올리버의 수제자들이
세세한 조리법을 알려준다. 영국뿐 아니라 스
페인, 일본, 이탈리아, 베트남 등 다양한 국가
의 요리를 배울 수 있다. 런던에서 가장 인기
있는 쿠킹 클래스라 적어도 1주일 전에는 예
약해야 한다. 런던 북쪽 홀로웨이 지역에 있다.
도보 5분 거리에 있는 프리미어리그 아스널의
홈구장 '에미레이츠 스타디움'을 함께 방문해
보는 것도 추천!

런더너처럼 애프터눈 티 즐기기

티 타임이라는 용어는 영국에서 처음 시작되었다. 애프터눈 티는 홍차와 디저트를
함께 즐기던 영국 귀족의 문화이다. 호텔뿐 아니라 분위기 좋은 베이커리에서도
즐길 수 있다. 애프터눈 티를 즐기며 특별한 나만의 런던 여행 스토리를 만들어보자.

애프터눈 티를 즐기기 전 알아두세요!

① 티 세트는 3단으로 구성되어 있는데, 1단에는 샌드위치류, 2단에는 스콘, 3단에는
케이크와 마카롱 등이 배치된다. 먹는 순서는 제일 아래 단에서부터 시작해 가장 상단의
달콤한 디저트로 마무리하는 것이 일반적이다.

② 홍차와 우유로 밀크티를 만들 때 홍차를 먼저 붓고 우유를 부어야 농도 조절이 편리하다.

③ 스푼을 저을 때는 원형으로, 그리고 위아래로 소리 내지 않게 가볍게 저어주는 것이 매너!

④ 스콘은 햄버거처럼 한입에 넣지 말고 가운데를 분리해 평평한 부분에 크림과 잼을
함께 발라 먹어야 가장 맛있게 즐길 수 있다.

① 다이아몬드 쥬빌리 티 살롱 The Diamond Jubilee
Tea Salon **웨스트민스터 지역** p221
런던을 대표하는 백화점 포트넘 앤 메이슨에서 운영
하는 애프터눈 티 레스토랑으로, 백화점 4층에 있다.
2012년 오픈 행사를 할 때 엘리자베스 2세 여왕이 직
접 참가하였으며, 왕실에서도 그 역사와 전통을 인정하
고 있다. 예약 필수!

② 더 라이브러리 앳 카운티 홀 The Library at County
Hall **사우스뱅크 지역** p151
템스강 변 메리어트 카운티 홀 안에 있는 라운지 겸 레
스토랑이다. 주문 전 티 셀렉션을 통해 직접 차의 향기
를 맡아보고 고를 수 있으며, 스콘과 버터크림이 정말
맛있다. 창밖 템스강 건너편으로 빅벤과 국회의사당이
보여 더욱 좋다.

③ 팜코트 랭함 Palm Court at The Langham
메릴본 지역 p326
최고급 호텔 '랭함 호텔'은 150년 전에 애프터눈 티의
전통을 만들었다. 지금도 이 호텔에 있는 팜코드 랭함
에 가면 애프터눈 티를 즐길 수 있다. 특히 '웨지우드'의
찻잔과 접시에 담겨 나와 조금 더 특별하다. 방문 전 홈
페이지 예약 필수!

④ B 베이커리 & 애프터눈 티 버스 투어 Brigit's Bak-
ery & Afternoon Tea Bus Tour **웨스트민스터 지역** p209
브릿짓 베이커리B Bakery에서 운영하는 에프터눈 티
버스 투어 프로그램이다. 영국을 상징하는 빨간색 이
층 버스를 타고 마블아치 - 버킹엄 궁전 - 트래펄가 광
장 - 빅벤 등 런던 시내 곳곳을 돌아다니며 애프터눈 티
를 즐길 수 있다.

⑤ 스케치 더 갤러리 Sketch the Gallery
소호 지역 p293
프랑스인 셰프가 기존 애프터눈 티보다 더 업그레이드
된 색다른 메뉴를 제공한다. 전식은 캐비어와 튀긴 빵,
달걀이 어우러져 나오고, 디저트는 푸아그라와 파인애
플 타르트 등이 나온다. 인테리어가 멋져 인증 샷을 남
기기 좋다.

여유 즐기기 좋은 카페 베스트 3

여행하다 보면 잠시 여유를 부리며 쉬어가고 싶어질 때가 있다.
그래서 준비했다. 분위기 좋은 카페에서 커피 한 잔과 디저트를 즐겨보자.
런던 여행을 되새겨봐도 좋고, 인증 샷을 남기면 더욱 기억에 남지 않을까?

① 달로웨이 테라스 Dalloway Terrace
블룸스버리 지역 p247

갖가지 꽃과 작은 조명들이 어우러진 야외 테라스에서
고급스러운 브런치와 커피를 즐기기 좋은 카페이다. 브
런치 메뉴는 아사이볼, 신선한 게살 토스트, 팬케이크
등이 다양하게 준비되어 있다. 예쁜 인증 샷을 남기는
것도 잊지 말자.

② 이엘&엔 카페 EL&N cafe 메이페어 지역 p292

영국의 유튜버나 인플루언서들에게 '런던에서 가장 아
름다운 인증 샷을 남길 수 있는 카페'로 유명하다. 핑크
빛 인테리어, 꽃으로 뒤덮인 벽, 먹음직스러운 대형 조
각 케이크는 여성들의 취향을 고스란히 반영해놓고 있
다. 가벼운 식사 메뉴도 있다.

③ 모노클 카페 The Monocle cafe London
메릴본 지역 p326

잡지 & 미디어 브랜드 모노클에서 운영하는 카페다. 관
광지 중심에서 살짝 벗어나 있어 차분한 분위기에서
여유를 만끽하기 좋다. 편안한 소파에서 커피를 마시
며 잡지나 여행 서적을 읽기 좋다. 샌드위치 및 치킨커
리, 스웨덴식 시나몬롤 등을 즐길
수 있다.

런던의 핫한 루프톱 바 베스트 5

루프톱 바. 이 말은 항상 설렘을 동반한다. 런던 전경을 감상하며 마시는
칵테일 한 잔, 여행의 피로를 싹 씻어줄 것만 같다. 런던 여행을 더욱
특별하게 만들어 줄 루프톱 바 5곳을 소개한다.

① 더 루프톱 세인트 제임스 The Rooftop St. James
소호 지역 p265

트래펄가 광장 옆 5성급 세인트 제임스 호텔 7층에 있다.
내셔널갤러리, 런던아이까지 한눈에 들어온다. 시내 중
심부에 있어 접근성이 좋으며 인기가 많아 예약은 필수!

② 에비어리 Aviary
시티 오브 런던 지역 p183

5성급 호텔 몬트캄 로얄 런던 하우스 10층에 있다. 루프톱
바와 정찬을 즐길 수 있는 레스토랑이 함께 연결되어 있
다. 직장인과 기념일을 즐기려는 연인들이 많이 찾는다.

③ 세비지 가든 Savage Garden
시티 오브 런던 지역 p184

더블 트리 바이 힐튼 호텔 런던 12층에 있다. 언더그라
운드 타워힐 역에서 가깝다. 더 샤드, 런던 타워, 타워 브
리지의 멋진 뷰를 볼 수 있는 곳이다.

④ 12th 노트 12th Knot
사우스뱅크 지역 p152

씨 컨테이너스 호텔 12층에 있다. 은은한 조명과 템스강
건너편 아름다운 세인트 폴 대성당 뷰가 어우러져 칵테일
맛이 더욱 감미롭다. 스마트 캐주얼 차림을 갖춰야 한다.

⑤ 더 컬페퍼 The Culpeper
시티 오브 런던 지역 p184

작은 정원이 있는 루프톱 바다. 금융가 고층 빌딩과 정
원이 있는 루프톱 바의 부조화가 오묘한 느낌을 자아낸
다. 1~3층엔 펍, 레스토랑, 숙소가 있다.

런던에서 꼭 가야 할 올드 펍 베스트 4

영국의 밤 문화, 하면 펍이 생각난다. 원래는 퍼블릭 하우스(Public House)인데
줄여서 그냥 펍이라고 부른다. 수백 년 된 펍도 많다. 찰스 디킨스, 코난 도일,
마크 트웨인의 단골집도 있다. 런던에서 꼭 가야 할 이곳 올드 펍을 소개한다.

① 앵커 펍 The Anchor 사우스뱅크 지역 p151

400년이 넘는 유명한 올드 펍이다. 영국의 소설가 찰
스 디킨스의 단골집이었다. 디킨스가 세상을 떠났다는
소식을 듣고 시민과 노동자들이 펍으로 와 "우리의 친
구가 죽었다."라며 슬퍼하며
오열했다고 한다. 피시앤
칩스가 유명하다.

② 예 올드 체셔 치즈 Ye Olde Cheshire Cheese
　시티 오브 런던 지역 p177

비밀 아지트 같은 매력적인 펍이다. 이곳 역시 유명 작
가 찰스 디킨스, 코난 도일, 마크 트웨인의 단골집이었
다. 피시앤칩스, 선데이 로스트에 사무엘
스미스Samuel smith's 같은 유서
깊은 영국 맥주를 즐길 수 있다.

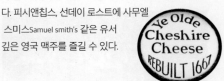

③ 더 쉽 타번 The Ship Tavern 블룸스버리 지역 p249

470년 된 펍이자 레스토랑이다. 목재 인테리어와 책장
의 고서적에서 오랜 세월을 느낄 수 있다. 1층은 펍, 2층
은 식당으로 운영한다. 식당에선 비프 웰링턴, 에일 파
이 등 영국 전통 음식을 맛볼 수 있다.

④ 더 기니 The Guinea 메이페어 지역 p294

런던에서 가장 오래된 펍 중 하나이다. 내부는 레스토
랑과 펍이 구분되어 있다. 펍에서는 런던을 대표하는
맥주 브랜드 영스 브루어리Young's를, 레스토랑에서는
연한 육질과 마블링이 인상적인 스테이크와 전통 파이
를 즐길 수 있다.

런던의 펍 에티켓

❶ 펍 내부에서는 담배를 피울 수 없다.

❷ 영국은 더치페이가 일상화되어 있다.

❸ 마시고 싶은 맥주나 기타 주류를 카운터에서 결제한 후 각자 받아오면 된다. 만약 안주나 식사 메뉴를 같이 주문했다면, 카운터에서 결제한 뒤 테이블 번호를 종업원에게 알려준다. 술을 먼저 받아와 마시고 있으면 음식을 가져다준다.

ONE MORE

펍에서 즐기기 좋은 맥주 세 가지

펍에는 아주 다양한 맥주가 있다. 수십 가지 중에서 마실 맥주를 고르는 일도 고역이다. 독자의 고민을 덜어주기 위해 런더너가 즐겨 마시는 대표 브랜드를 공개한다.

❶ 풀러스Fuller's

1845년부터 오로지 영국식 에일Ale 맥주만 양조하는 브랜드이다. 런던 프라이드, ESB, 디스커버리 등 여러 맥주를 출시한다. 에일 맥주 애호가가 선호한다. 슈퍼마켓에서도 쉽게 구할 수 있다.

❷ 브루도그Brew Dog

스코틀랜드에서 시작되었지만 풀러스 맥주와 함께 런던에서 가장 유명한 브랜드이다. 라거, 흑맥주, IPA 등 다양한 맥주를 생산한다. 세계 맥주 대회에서 수상 경력이 화려하다. 맛도 훌륭하다.

❸ 캠든Camden

20·30대 젊은 층이 선호하는 맥주 브랜드이다. 캠든 근처에 양조장이 있다. 예약하면 양조장 투어 프로그램에도 참여할 수 있다. 최근 들어 슈퍼마켓에 적극적으로 입점하면서 점차 입지를 넓히고 있다.

뮤지컬 본고장에서 즐기는 환상적인 공연!

뮤지컬은 19세기 런던에서 처음 시작됐다. <라이온킹>,<오페라의 유령>,<맘마미아>,
<레미제라블>은 런던 4대 뮤지컬로 꼽힌다. 본고장에서 뮤지컬 감상하며 여행의 품격을 높여 보자.

라이온 킹The Lion King 라이시움 극장(Lyceum Theatre)

디즈니 애니메이션 <라이온 킹>을 뮤지컬로 만들었다. 동물 가면을 쓴
채 뛰어다니는 배우들의 역동성과 세렝게티 초원을 표현한 무대 연출
이 환상적이다. 어린 사자 심바가 고난을 이겨내고 왕이 되기까지의 이
야기를 아름답게 그러나 역동적으로 표현하고 있다. 줄거리, 음악, 등장
인물까지 어느 정도 익숙한 작품이라 영어에 큰 부담을 느끼지 않고 관
람할 수 있다. 음악은 영국을 대표하는 팝 아티스트 엘튼 존이 담당했
다. 공연은 코벤트 가든 부근의 라이시움 극장에서 공연이 진행된다.
라이시움 극장 찾아가기 언더그라운드 피카딜리 라인 승차하여 코벤트 가든역
Covent Garden 하차, 도보 5분

오페라의 유령The Phantom of the Opera 허 마제스티 극장(Her Majesty's Theatre) p272

프랑스 작가 가스통 르루Gaston Leroux, 1868~1927의 소설 〈오페라의 유령〉
을 각색하여 뮤지컬로 제작했다. 1986년 첫 공연 이후 1988년 뉴욕 브
로드웨이에도 진출하여 작품성을 인정받았다. 지금까지 런던과 뉴욕에
서 각각 1만 회가 넘게 공연했으며, 이 기록은 지금도 갱신 중이다. 〈오
페라의 유령〉은 뮤지컬 역사상 가장 성공한 작품으로 꼽힌다. 가면으로
흉물스러운 얼굴을 가리고 파리 오페라 극장에 숨어 사는 '오페라의 유
령'이 오페라 가수 '크리스틴'에게 집착에 가까운 사랑에 빠지며 벌어지
는 내용을 다루고 있다. 주인공과 배우들의 가창력과 연기력이 압권이
다. 내셔널갤러리 서쪽에 있는 허 마제스티 극장Her Majesty's Theatre, 여왕
폐하 극장에서 공연한다.
허 마제스티 극장 찾아가기 언더그라운드 베이컬루, 피카딜리 라인 승차하여
피카딜리 서커스역Piccadilly Circus 하차, 도보 3분

맘마미아Mamma Mia! 노벨로 극장(Novello Theatre)

전설적인 스웨덴 혼성 그룹 아바ABBA의 히트곡들을 기반으로 영국 작
가 캐서린 존슨이 대본을 써서 꾸민 쥬크 박스 뮤지컬이다. 아바의 음악
을 작곡했던 베니 앤더슨과 비욘 울배어스가 뮤지컬 제작하는 내내 함
께했다. 중장년층의 선호도가 매우 높으며 마치 콘서트장에 온 거 같은
느낌을 준다. 무엇보다 커튼콜에 모두 일어서서 흥겨운 아바의 명곡을

배우들과 함께 부르며 다른 곳에서 느낄 수 없는 맘마미아 공연만의 특별한 매력을 만끽할 수 있다. 어른들을 모시고 런던에 방문한 관광객이라면 1순위로 추천하는 뮤지컬 작품! 공연이 열리는 노벨로 극장은 라이시움 극장에서 북동쪽으로 도보 1분 거리에 있다.

노벨로 극장 찾아가기 언더그라운드 피카딜리 라인 승차하여 코벤트 가든역 Covent Garden 하차, 도보 5분

레미제라블Les-Miserables 손드하임 극장(Sondheim Theatre) p272

빅토르 위고의 소설 <레미제라블>을 바탕으로 하여 제작된 뮤지컬이다. 19세기 초 프랑스 사회의 문제점과 민중들의 비참한 삶을 모티브로 삼고 있다. 빵 한 조각을 훔쳐 억울하게 19년 동안 감옥살이를 한 후 새로운 삶을 사는 장발장과 그를 쫓는 자베르 경감 간의 갈등이 하이라이트이다. 화려한 조명과 무대장치 그리고 두 남자 주인공의 카리스마가 관객들을 사로잡는다. 전 세계 40여 개 나라에서 뮤지컬로 제작되었으며, 공연을 더욱 뜨겁게 만들던 노래 'Do you hear the people sing'은 이제 많은 사람이 즐겨 듣는 유명한 노래가 되었다. 소호의 차이나타운 근처에 있는 손드하임 극장구 퀸스 극장에서 공연하고 있다.

손드하임 극장 찾아가기 언더그라운드 베이컬루, 피카딜리 라인 승차하여 피카딜리 서커스역Piccadilly Circus Station 하차, 도보 4분

위키드Wicked 아폴로 빅토리아 극장(Apollo Victoria Theatre) p209

그레고리 맥과이어의 소설 <위키드>가 원작이다. <위키드>는 어린 시절 누구나 한 번쯤 읽어봤을 <오즈의 마법사>의 이전 이야기로, 본편인 <오즈의 마법사>가 성공하자 만들어진 일종의 속편이다. 초록 피부를 가졌지만 선한 마음을 가진 소녀 '엘파바'가 오즈 나라의 부패 정권으로

인해 마녀가 되어가는 이야기를 다루고 있다. 2003년 뉴욕 브로드웨이에서의 초연 이후 엄청난 흥행을 거두었고, 2006년 런던에 진출하여 그 인기를 이어가고 있다. 우리나라에서는 한국어 재연 공연으로 역대 뮤지컬 흥행 신기록을 세웠다. 여성들이 선호하는 뮤지컬로, 웨스트민스터 지역의 아폴로 빅토리아 극장에서 공연하고 있다.

아폴로 빅토리아 극장 찾아가기 언더그라운드 서클, 디스트릭트, 빅토리아 라인 승차하여 빅토리아역Victoria 하차, 도보 1분

해리포터와 저주받은 아이Harry Potter and the Cursed Child Part 1 팰리스 극장(Palace Theatre) p273

책과 영화로 이미 전 세계에 열풍을 불러일으켰던 조앤 롤링의 <해리포터> 이야기를 처음으로 뮤지컬로 제작한 작품으로, 최근 런던 젊은이들의 인기를 독차지하고 있다. <해리포터와 죽음의 성물>로부터 19년이 지난 후 이야기를 다루고 있다. 단, 공연이 두 개 파트로 나누어져 있어 하루에 두 파트를 모두 보기 위해선 수·토·일요일 공연을 관람해야 한다. 소호 지역에 있는 팰리스 극장에서 공연하고 있으며, 뮤지컬 레미제

라블을 공연하는 손드하임 극장에서 도보 3분 거리에 있다.

팰리스 극장 찾아가기 언더그라운드 노던, 피카딜리 라인 승차하여 레스터 스퀘어역Leicester Square 하차, 도보 3분

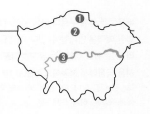

프리미어 리그, 손흥민 보러 가자

런던까지 왔는데 프리미어리그를 체험해보는 건 어떨까?
축구 종주국에서 즐기는 경기는 여행을 더욱 특별하게 만들어 줄 것이다.
일정이 맞지 않아 경기 관람이 어렵다면 스타디움 투어, 공식 숍 방문으로
아쉬움을 달래보자.

프리미어리그 바로 알기

프리미어리그EPL는 잉글랜드에서 주관하는 프로 축구 1부 리그이다. 1992년 시작되었다. 스페인 프리메라리가, 이탈리아 세리에A, 독일 분데스리가와 함께 세계 4대 축구리그로 꼽히며, 매년 20개 팀이 챔피언이 되고자 8월부터 이듬해 5월까지 자웅을 겨룬다. 매년 한 팀이 38회 경기를 치른다. 최다 우승팀은 맨체스터 유나이티드로 13회 우승 기록을 가지고 있다. 박지성은 웨인 루니, 호날두 등과 더불어 맨체스터 유나이티드의 전성기를 이끌었다. 2002년 월드컵 4강 신화를 이룬 이영표, 설기현도 프리미어 리그에서 활약했다. 이청용, 기성용에 이어 손흥민과 황희찬이 프리미어리그를 누비고 있다. 특히 토트넘의 손흥민은 우리나라 선수로는 유일하게 '월드 클래스' 평가를 받고 있다. 런던 혹은 런던 근교 연고의 구단은 2023~2024년 시즌을 기준으로 토트넘, 아스널, 첼시, 웨스트햄, 크리스탈팰리스, 브렌트포드, 풀럼 등 모두 7개 구단이다.

프리미어리그EPL 티켓 구하기

프리미어리그는 구단의 고정 팬 유치 전략과 불법 티켓 근절 대책으로 과거에는 종이 표로만 입장이 가능했지만, 최근에는 모바일 시대에 맞춰 조금씩 변화하고 있다. 가장 저렴하게 표를 구하는 방법은 ①구단 홈페이지에서 팬 클럽에 가입한 후(가입비 있음) 티켓 구매 ②구매 대행 업체 홈페이지를 이용하는 방법이다. ②처럼 구매 대행 업체 홈페이지를 통해 구매한다면, 해당 대행 업체가 구단에서 인증한 공식 티켓을 판매하는 곳인지 먼저 확인하는 게 필수이다. ①구단 홈페이지를 이용하는 것을 필자는 추천한다. 업체를 이용하는 것보다 20~30% 저렴하고, 대행업체보다 안전하다는 장점이 있다.
구매 대행업체 클룩(Klook), 트리플(Triple), 스텁허브(Stubhub) (2023/24 시즌 기준)

런던 연고 구단의 홈구장 투어

❶ 토트넘 홋스퍼 스타디움 Tottenham Hotspur Stadium 토트넘 홋스퍼 홈구장

2019년 4월 새로 문을 연 대형 스타디움으로 웸블리 스타디움, 맨체스터 유나이티드의 올드트래포드에 이어 잉글랜드에서 세 번째로 크다. 약 62,000명을 수용할 수 있다. 현재 우리나라 국가대표 주장 손흥민 선수의 소속팀 토트넘 홋스퍼의 홈구장이다. 과거 이영표도 토트넘 소속이었다. 구장은 런던 중심에서 약 40분 거리로 꽤 떨어져 있지만, 손흥민 선수의 유니폼을 판매하는 숍을 둘러보는 재미가 쏠쏠하다.

찾아가기 런던 오버그라운드 승차하여 화이트 하트 레인역 White Hart Lane 하차, 도보 4분 주소 782 High Rd, London N17 0BX, UK 스타디움 및 박물관 투어 £30(온라인 예약 시 £27) 홈페이지 https://www.tottenhamhotspur.com

❷ 에미레이츠 스타디움 Emirates Stadium 아스널 홈구장

영국에서 네 번째로 큰 규모로 60,000명을 수용할 수 있다. 에미레이츠 항공이 후원사라 에미레이츠 스타디움이라 불리지만, 원래 이름은 애슈버턴 그로브 Ashburton Grove이다. 토트넘 홋스퍼와 함께 런던 북부지역의 라이벌로 꼽히는 아스널 Arsenal이 홈구장으로 사용하고 있다. 아스널은 엘리자베스 2세 여왕이 응원하는 클럽으로 잘 알려져 있다. 특히 2003~2004시즌에는 프리미어리그에서 유일하게 무패 우승을 차지하여 명문 구단의 대열에 올라섰으며, 데니스 베르캄프, 티에리 앙리 등 세계를 뒤흔든 스트라이커들이 몸담았던 구단으로도 유명하다.

찾아가기 언더그라운드 피커딜리 라인 승차하여 아스널역 Arsenal 하차, 도보 5분 주소 Hornsey Rd, London N7 7AJ, UK 스타디움 및 박물관 투어 £30 홈페이지 https://www.arsenal.com

❸ 스탬퍼드 브리지 Stamford Bridge 첼시FC 홈구장

런던 켄싱턴 지역 남쪽의 풀럼 Fulham에 있는 구장으로, 첼시 Chelsea는 창단 이후 지금까지 이곳을 홈구장으로 사용하고 있다. 1877년 처음 문을 연 이래, 150년 가까운 오랜 역사를 이어오고 있으며, 시내에서 가장 가까워 방문하기 좋은 구장으로 하이드 파크에서 남서쪽으로 3km, 버킹엄 궁전에서 남서쪽으로 5km 거리에 있다. 첼시는 삼성, 현대 등 우리나라 굴지의 기업이 스폰서 하며 한국에 잘 알려진 구단이다.

찾아가기 언더그라운드 디스트릭트 라인 승차하여 풀럼 브로드웨이역 Fulham Broadway 하차, 도보 3분

주소 Fulham Rd, Fulham, London SW6 1HS, UK 스타디움 및 박물관 투어 £28 홈페이지 https://www.chelseafc.com/

Culture 03

브릿팝의 전설, 퀸과 비틀스 추억하기

그들은 갔지만, 아직도 그들은 끊임없이 소환되고 있다. 2018년엔 영화 <보헤미안 랩소디>가, 2019년엔 <예스터데이>가 등장하여 그들의 음악이 아직도 우리 가슴에 살아 있음을 확인시켜 주었다. 런던에서 다시 그들을 추억해보자.

퀸Queen, 슬픈 천재를 기억하며 p344

70~80년대 엄청난 영향력을 가졌던 밴드이다. 1970년 중반부터 <Bohemian Rhapsody>, <We will rock you>, <We are the champions> 등 우리에게 익숙한 명곡을 남겼다. 1991년 리드보컬 프레디 머큐리가 사망하여, 완전체 퀸은 볼 수 없지만, 2020년 1월에는 뮤지컬 배우였던 아담 램버트Adam Lambert가 보컬을 담당하여 고척스카이돔에서 내한공연을 하기도 했다.

런던 켄싱턴 지역에 가면 곳곳에서 그들의 흔적을 찾아볼 수 있다. 켄싱턴 가든 주변 리처드 영 갤러리와 임페리얼 칼리지 유니언이 그곳이다. 리처드 영 갤러리는 퀸과 프레디 머큐리의 전속 사진가였던 리처드 영의 작품을 한곳에 모아놓은 갤러리이다. 열창하는 프레디의 생생한 모습을 볼 수 있어 감동이 남다르다. 임페리얼 칼리지 유니언은 퀸이 런던 시민들 앞에서 최초로 공연했던 곳이다. 리처드 영 갤러리에서 남쪽으로 도보 20분 거리에는 프레디 머큐리가 죽기 전까지 살았던 대저택 가든 롯지가 있다. 이젠 전설이 된 록스타를 추모하기 위해 많은 여행객이 가든 롯지를 찾는다.

비틀즈The Beetles, 팝의 모차르트 p316

6억 장! 역사상 가장 많은 음반 판매량을 기록한 밴드, 인류 역사상 가장 성공적인 영향력을 끼친 뮤지션, '브릿팝' 장르가 형성되는 데 결정적 역할을 한 아티스트. 비틀즈는 이미 전성기다. 10년이라는 짧은 기간 동안 활동하다 1970년에 해체했지만, 폴 매카트니와 링고 스타는 꾸준히 음악 활동을 지속하고 있다.

메릴본 지역을 중심으로 그들의 흔적을 찾아볼 수 있다. 리젠트 파크, 프림로즈 힐, 셜록 홈스 박물관 등과 연결해서 돌아보기 좋다. 비틀즈의 향수를 불러일으키는 '비틀즈 스토어'는 셜록 홈스 박물관 바로 옆에 있다. 비틀즈 관련 소품이나 음반을 구매하며 비틀즈를 만끽하기 좋다. 비틀즈 스토어에서 북서쪽으로 도보 25분 거리에 있는 애비 로드는 런던의 평범한 거리 이름이지만, 비틀즈의 마지막 앨범 이름이자 앨범 자켓 사진 촬영지이기도 하다. 여행객들로부터 인증 샷 명소로 사랑받고 있다. 거리 바로 옆에 비틀즈 음악의 대부분을 녹음했던 '애비 로드 스튜디오'와 비틀즈 기념품을 구경하고 살 수도 있는 '애비 로드 숍'이 있다. 비틀즈 스토어에서 남쪽으로 도보 10분 거리엔 '34 몬테규 스퀘어'가 있다. 비틀즈 멤버들이 아이디어를 모으고 창작열을 불태우던 곳으로 링고스타가 대여했던 아파트이다. 나중엔 존 레논과 오노요코가 이곳에서 살기도 했다. 런던에서, 비틀즈의 숨결을 느껴보자.

유명 영화와 드라마 촬영지 여행

스파이더맨, 킹스맨, 드라마 셜록, 해리포터, 노팅힐. 런던은 다양한 영화와 드라마의 촬영지로 유명하다.
해리포터부터 노팅힐까지, 런던을 배경으로 촬영된 대표적인 영화와 드라마 촬영지를 선별하여 소개한다.

① 스파이더-맨 : 파 프롬 홈Spider-Man: Far From Home 촬영지 p144

마블 스튜디오는 아이언맨, 캡틴 아메리카 등 슈퍼 히어로 영화로 세계인의 인기를 한 몸에 얻었다. 그중 〈스파이더맨 : 파 프롬 홈〉은 하이라이트 액션 장면 대부분을 런던에서 촬영했다. 타워 브리지의 어퍼 워크웨이Upper Walkway와 런던 타워의 화이트 타워White Tower가 대표적인 촬영지이다. 타워 브리지의 어퍼 워크웨이는 스파이더맨과 미스테리오가 마지막 혈투를 벌였던 장소이다. 또 스파이더맨 피터의 친구들은 드론을 피해 런던 타워의 화이트 타워로 도망치기도 했다.

② 킹스맨 : 시크릿 에이전트King's Man : The Secret Service 촬영지 p282

〈킹스맨 : 시크릿 에이전트〉는 2015년 개봉한 흥미진진한 스파이 액션 영화이다. 전설의 베테랑 요원 해리 하트의 주선으로 에그시가 국제 비밀 정보 기구 '킹스맨'의 면접에 참여하면서 스토리가 전개된다. 주요 장면 대부분이 런던에서 촬영되었다. 리젠트 스트리트에 가면 영화로 유명해진 양복점 '헌츠맨'을 만날 수 있다. 헌츠맨 양복점은 영화 속에서 킹스맨의 본부이자 무기고로 활용되던 곳이다. 영화 속에 등장한 블랙 프린스 펍과 주인공 해리가 살던 집을 찾아볼 수도 있다. 시내 곳곳에 촬영지가 있어 영화를 추억하며 함께 둘러보기 좋다.

③ 어바웃 타임About time 촬영지 p286

2013년 개봉한 영화로 관객들에게 '인생 로맨스 영화'로 꼽히는 작품이다. 주인공 팀과 메리가 만나 연인이 되기까지, 스토리 대부분이 런던에서 촬영되었다. 카나비 스트리트에 가면 팀과 메리가 처음 만난 장면을 촬영한 브라인드 레스토랑 '당 르 누아'Dans Le Noir를 찾아볼 수 있다. 메리의 집 바로 옆에 있던 골본 델리 카페, 두 연인이 아름다운 배경음악 속에 행복한 모습으로 출근하는 모습이 그려지던 언더그라운드 마이다 베일역 등을 찾아볼 수 있다. 촬영지 곳곳에서 영화 속의 설렘과 두근거림이 그대로 느껴진다.

④ BBC 드라마 셜록Sherlock 촬영지 p314

영국 BBC의 드라마 〈셜록〉은 셜록 홈스 이야기를 21세기에 맞춰 각색해 전 세계에 셜록 홈스 열풍을 부활시켰다. 〈셜록〉에서 주인공 베네딕트 컴버배치는 마블 시리즈 영화 〈닥터 스트레인지〉에서 주인공인 천재 외과 의사로 등장하기도 했다. 런던 곳곳에 셜록의 촬영지가 있는데, 대표적인 곳이 '스피디 카페'이다. 메릴본 지역이나 킹스크로스 지역의 명소와 연결하여 들르기 좋다. 시티 오브 런던 지역의 '성 바르톨로뮤 병원'도 셜록 촬영지로 유명하다. 세인트 폴 대성당과 런던박물관과 연결하여 들르기 좋다.

⑤ 해리포터Harry porter's 촬영지 p309, 360

영국을 넘어 세계인들에게 선풍적인 인기를 끈 시리즈물이다. 특히 '영국=해리포터'라는 등식을 붙여도 전혀 위화감이 없을 만큼, 영국과 런던 곳곳에 촬영지가 있다. 해리포터의 팬들은 잊지 않고 촬영지를 방문한다. 대표적인 곳이 킹스크로스역이다. 이 역은 영화 속에서 해리가 호그와트행 열차를 타기 위해 찾았던 9¾ 플랫폼의 촬영지이다. 이 플랫폼 바로 옆에는 다양한 해리포터 기념품을 살 수 있는 해리포터 기념품 숍도 있다. 더 많은 것을 보고 싶다면 실제로 대부분의 촬영이 이루어졌던 해리포터 스튜디오에 가면 된다. 호그와트의 연회장, 스네이프 교수의 실험실, 그리핀도르 기숙사, 해리가 살던 집 등 영화 속 무대가 그대로 남아있어, 팬들을 흥분하게 만든다.

⑥ 노팅힐Nottinghill 촬영지 p340

런던 노팅힐 지역을 배경으로 촬영된 로맨스 영화이다. 1999년 개봉 당시 각종 영화제를 휩쓸 정도로 인기가 대단했다. 노팅힐 지역을 대표하는 포토벨로 마켓 주변에서 상당한 분량을 촬영해, 이 거리를 거니는 것만으로 노팅힐 영화를 100% 추억할 수 있다. 거리 주변에 남자 주인공 윌리엄휴 그랜트가 살았던 집이 있어서 인증 샷을 남기기 좋다. 아직도 휴 그랜트와 줄리아 로버츠의 아름다운 모습이 그려지는 커피벨로 카페와 노팅힐 책방 또한 자리를 지키고 있어 낭만적인 로맨스가 고스란히 느껴진다.

Culture 05

런던에서 즐기는 현대 건축 여행

런던은 전통 건축과 현대 건축의 조화가 아름다운 도시다. 노먼 포스터,
리처드 로저스 등 세계적으로 유명한 영국 출신 건축가들이 런던 시내에
개성 넘치는 걸작을 세워 놓았다. 도시 자체가 현대 건축의 전시장이다.

©flickr_UserColin

① 옛 런던 시청 Former City Hall
사우스 뱅크 지역 p140
템스강 남쪽 사우스뱅크 지역을 대표하는 랜드마크로,
영국 건축가 노먼 포스터가 설계했다. 타워 브리지, 더
샤드와 함께 멋진 풍경을 담당한다. 생김새가 달걀처럼
생겨 별명이 '유리 달걀'이다. 시청 이전 후에도 대중에
게 개방해 관광 명소로 자리 잡았다. 현재 시청은 런던
시 동쪽 카나리 워프 근처에 있다.

② 밀레니엄 브리지 Millenium Bridge
사우스 뱅크 지역 p135
여행자들의 인생 샷 스폿으로 인기가 많다. 템스강 위
의 유일한 인도교이다. 달걀 모양 옛 런던 시청사를 설
계한 노먼 포스터의 두 번째 대표 건축물이다. 2000년
새로운 밀레니엄 시대를 기념하기 위해 만들었다. 템스
강 북쪽의 세인트 폴 대성당과 남쪽의 테이트 모던을
직선으로 이어준다.

③ 30 세인트 메리 엑스 30 St Mary Axe
시티 오브 런던 지역 p167

노먼 포스터의 세 번째 대표 건축물로 시티 오브 런던 지역에 있다. 세인트 메리 엑스라는 이름보다 '오이지'라는 뜻의 별칭 거킨Gherkin으로 더 많이 불린다. 나선형의 외관이라 템스강 북쪽의 마천루 중 가장 독특하다. 자연광 흡수와 공기 순환도 고려하여 지어 영국 최초의 친환경 빌딩으로도 꼽힌다.

④ 로이드 빌딩 Lloyd's Building
시티 오브 런던 지역 p167

세계 최대 금융 보험사 로이드Lloyd's의 본사 건물이다. 프랑스 파리의 퐁피두 센터를 디자인한 리차드 로저스의 또 다른 걸작이다. 보통 건물에선 급수관, 파이프 등을 바닥이나 벽 안에 숨기는데, 로이드 빌딩은 모두 밖으로 노출하여 실내 면적의 활용도를 극대화했다. 겉에서 보면 사무용 빌딩이 아니라 거대한 공장 건물 같다.

⑤ 리든홀 빌딩 The Leadenhall Building
시티 오브 런던 지역

위로 올라갈수록 얇아지고 뾰족해지는 독특한 건물이다. 높이 225m의 오피스 건물로, 위로 올라가면서 외벽이 약 10도 정도 안으로 기울어진다. 런던의 랜드마크들의 조망권을 침범하지 않으려고 이렇게 설계했다. 튀지 않아서 오히려 주목받는 건축이다. 로이드 빌딩 바로 맞은 편에 있어 함께 둘러보기 좋다.

⑥ 20 펜처치 스트리트 빌딩 20 Fenchurch Street
시티 오브 런던 지역 p171

건물이 무전기 모양이라 '워키토키 빌딩'이라고 불린다. 우크라이나 태생의 미국 건축가 라파엘 비뇰리가 설계했다. 160m 높이에 38층의 규모로 꼭대기 3개 층에는 '스카이 가든'이라는 무료 전망대가 있다. '스카이 가든' 전망대는 예약으로만 입장할 수 있다.

실속 쇼핑을 위한 팁 3가지

런던은 알고 가면 더 알찬 쇼핑을 할 수 있는 곳이다. 왕실이 품질을 보증하는 로열 워런트 인증,
박싱데이, 영국의 의류 및 신발 사이즈 등 쇼핑에 꼭 필요한 실속 정보를 소개한다.

최고의 품질보증서, 로열 워런트 Royal Warrant

영국 왕실에 5년 이상 상품을 납품한 개인이나 기업에
주는 '품질보증서'이다. 왕실에서 인정했으니 최고 품
질이라고 믿어도 된다. 왕실 보증서는 엘리자베스 여
왕, 에든버러 공작, 그리고 찰스 황태자, 이렇게 세 사람
만 부여할 수 있다. 로열 워런트로 인정받게 되면 세 사
람의 공식 문장을 상표, 포장 등에 부착할 수 있으며, 공

By Appointment to
HM The Queen

By Appointment to
HRH The Duke of Edinburgh

By Appointment to
HRH The Prince of Wales

식적으로 'By Appointment To'라는 문구도 사용할 수 있다. 인증 상품 중에서 '엘리자베스 2세 여왕의 공식 인증'
상품이 가장 권위가 높다. 현재 816개의 개인과 기업이 로열 워런트를 인증받았다. 식료품과 음료수, 생활소품, 뷰
티, 액세서리, 패션, TV, 자동차까지 다양하다. 로열 워런트는 5년마다 검증하여 재발급 여부를 결정한다.

박싱데이! 쇼핑하기 가장 좋은 시기 Boxing Day

알찬 쇼핑을 하고 싶으면 박싱데이를 활용하자. 영국에서는 매년 12
월 26일에 거의 모든 상점이 세일을 시작하는데, 이날을 '박싱데이'라
한다. 이날은 미국의 블랙프라이데이에 뒤지지 않는 세일 폭을 자랑한
다. 박싱데이를 시작으로 통상 1월 첫째 주까지 할인이 계속된다. 쇼핑
을 목적으로 런던을 방문한다면 이 시기가 제일 좋다.

영국의 의류 및 신발 사이즈!

영국의 옷과 신발은 미국, 기타 유럽 국가와 다른 사이즈 기준을 갖고
있다. 따라서 쇼핑하기 전에 사이즈 기준을 미리 알고 가는 것이 좋다.
단, 같은 숫자라고 하더라도 브랜드마다 조금씩 다를 수는 있다. 혹시
모르니 불안하다면 직접 입거나 신어보고 사자.

여성 의류

	XS	S	M	L	XL
대한민국	44	55 / 66	77/88		
영국	4-6	8 / 10	12/14	16/18	20/22

남성 의류

	XS	S	M	L	XL
대한민국	90	95	100	105	110
영국		36	38	40	42

여성 신발

대한민국	220	225	230	235	240	245	250	255	260
영국	2.5	3	3.5	4	4.5	5	5.5	6	6.5

남성 신발

대한민국	240	245	250	255	260	265	270	275	280
영국	5.5	6	6.5	7	7.5	8	8.5	9	9.5

ONE MORE

런던의 대표적인 쇼핑 거리

① 리젠트 스트리트 Regent Street 소호 지역 p278
옥스퍼드 서커스 역부터 피카딜리 서커스 역까지 길게 뻗은 거리로, 유명 브랜드 상점이 들어서 있다. 롱샴, 코치, 자라, 마이클 코어스 같은 의류와 잡화 브랜드, 바디용품 브랜드 록시땅L'Occitane, 누구나 다 아는 애플 매장도 있다.

② 카나비 스트리트 Carnaby Street 소호 지역 p284
작은 골목길로 이어진 카나비 스트리트엔 개성 넘치는 상점이 많다. 유명 브랜드보다 아기자기하고 개성 넘치는 숍을 방문하고 싶다면 제격이다. 개성 뽐내는 상점 즐비한 골목길이 런던 여행의 또 다른 매력을 선사한다.

③ 메릴본 하이 스트리트 Marylebone High St 메릴본 지역 p318
17세기부터 메릴본에 거주하는 부자들이 쇼핑과 외식을 즐기던 거리이다. 명품이나 세계적인 브랜드 매장보다 패션, 디자인, 카페, 서점 등 다양한 가게가 모여있다. 셜록 홈스 박물관과 마담투소 박물관과 같이 둘러봐도 좋다.

④ 뉴 & 올드 본드 스트리트 Bond Street 메이페어 지역 p288
명품 쇼핑의 거리로, 뉴 본드 스트리트New Bond Street와 올드 본드 스트리트New Bond Street가 위 아래로 이어져 있다. 멀버리, 루이비통, 펜디, 폴 스미스, 구찌 등의 매장을 찾아볼 수 있다. 1900년대 후반부터 건물 상태와 브랜드 영업 실태를 시의회에서 직접 감독한다.

여행자에게 사랑받는 종류별 기념품 리스트

보는 것, 먹는 것, 그리고 사는 것! 쇼핑이 빠진다면 여행의 즐거움은 단순히 계산해도
70%로 줄어들 것이다. 영국을 상징하는 기념품부터 글로벌 명품까지
여행자에게 사랑받는 쇼핑 리스트를 정리한다.

영국 왕실 기념품

영국 왕실 기념품을 사고 싶다면 버킹엄 궁전의 왕실 기념품 숍을 찾아
보자. 영국 왕실 로고가 합법적으로 새겨진 그릇, 티폿, 초콜릿, 홍
차, 쿠션 등 희소성 높은 기념품을 구매할 수 있다. 퀸스 갤러리의
숍에서도 일부 찾아볼 수 있다. 버킹엄 궁전 근위병 교대식이나
퀸스 갤러리 관람 후 둘러보자.

영국을 상징하는 기념품

빅벤, 런던아이, 이층 버스, 유니언 잭. 영국을 상징하는 기념품은 런던 여행
을 아름답게 추억하게 해줄 것이다. 마그네틱, 조형물, 머그잔, 티셔츠, 홍차
등 영국의 상징이 새겨진 상품이 많다. 시내 기념품 가게와 포토벨로 마켓,
코벤트 가든의 애플 & 주빌리 마켓 등 시장과 기념품 숍은 그나마 흥정이 가
능한 장소이다. 여러 개 구매하면 흥정에 유리하다. 단, 길거리 기념품 가게
에선 신용카드보다 현금으로 결제하는 게 안전하다.

런던, 하면 홍차지!

위타드Whittard는 '맞춤 제조'로 인기를 얻은 런던 대표 홍차 브랜드이다. 코
벤트 가든 아케이드에 숍이 있다. 숍 지하의 아담한 티 바Tea bar에선 애프터
눈 티과 디저트를 차와 함께 즐길 수 있다. 트와이닝Twinings은 1706년 영국
최초로 티룸을 오픈한 브랜드이다. 런던 스트랜드Strand 216번지에서 아직
도 그 명성을 이어오고 있다. 슈퍼마켓에서도 구매할 수 있다. 포트넘 앤 메
이슨 백화점에서 생산하는 포트넘 앤 메이슨Fortnum & Mason도 인기가 좋다.

향수와 코스메틱 용품

가장 인기가 많은 상품은 영국의 대표 향수 브랜드 조말론Jo Marlone이다.
런던에서는 최신 상품과 리미티드 제품 등을 가장 먼저 저렴하게 구매할 수
있다. 영국 왕실의 이발사로 활동했던 윌리엄 헨리 펜할리곤이 만든 펜할리
곤스Penhaligon's의 인기도 좋다. 향수, 바디 워시, 로션도 있다. 친환경 코스메
틱 브랜드 몰튼 브라운Molton Brown은 영국 왕실의 인증을 받은 브랜드이다.
런던 최고급 호텔에서 어메니티로 사용한다. 더 바디샵The Body shop은 우리
나라보다 30~40% 싸게 구매할 수 있다. 소호의 리젠트 스트리트와 옥스퍼
드 스트리트, 그리고 백화점에서 살 수 있다.

패션잡화 및 라이프 스타일

버버리Burberry를 빼고 영국의 패션을 말할 수 없다. 멀버리Mulberry의 가방과 지갑은 여성들에게 특히 인기가 많다. 20~30대가 좋아하는 홉스Hobbs는 우아한 드레스와 트렌치코트로 유명하다. 영국 왕 세손 비 케이트 미들턴이 애용하는 브랜드이다. 폴 스미스Paul Smith는 영국 남성 패션 브랜드의 자존심이다. 올 세인츠All Saints는 정갈하고 트렌디한 컨템포러리Contemporary 브랜드이다. 마돈나, 데이비드 베컴 등이 즐겨 사용해 유명해졌다. 이밖에 테드 베이커Ted Baker, 잭 윌스Jack Wills, 헤켓Hackett, 알록달록한 디자인으로 유명한 캐스 키드슨Cath Kidston도 인기가 많다. 쇼핑 성지인 소호의 리젠트 스트리트와 옥스퍼드 스트리트, 그리고 백화점에서 살 수 있다.

왕실이 인증한 초콜릿

프레스텟Prestat이 대표적인 영국 브랜드이다. 1975년 영국 왕실에 공식적으로 초콜릿을 납품하며 맛과 품질을 인정받았다. 고 다이아나 왕세자빈과 엘리자베스 2세 여왕도 프레스탯 초콜릿을 자주 찾았다고 전해진다. 세계 최초로 제작된 다양한 종류의 트러플 초콜릿이 이 브랜드의 베스트셀러이다.

본차이나 도자기

웨지우드Wedgewood는 영국을 대표하는 최고급 도자기 브랜드이다. 포트메리온Portmerion은 웨지우드 다음으로 알아주는 도자기 브랜드이다. 로열 알버트Royal Albert는 플로럴 패턴과 황금색 테두리가 트레이드 마크이다. 로열 덜튼Royal Doulton은 유명 셰프 고든 램지, 미국의 TV 프로그램 진행자 엘렌 드제너러스 등과 콜라보레이션으로 진행하며 전통과 트렌드의 조화를 지향했다. 이들 네 개 제품은 런던 주요 백화점에서 구매할 수 있다. 포트넘 앤 메이슨Portnum and Mason은 고가 도자기 대안으로 딱 좋다. 포트넘 앤 메이슨을 상징하는 옥색 다기는 없어서 못판다. 포트넘 앤 메이슨 백화점에서 살 수 있다. 모던하고 심플해 우리나라에서도 인기가 많은 덴비Denby는 존 루이스 백화점과 아웃렛에서 구매할 수 있다.

본차이나 도자기란?

'China'를 중국으로 생각하기 쉽지만, 영어로 '자기 그릇'을 'China'라고 한다. 자기 중에서도 동물의 뼛가루와 고령토를 일정 비율 혼합해 만든 도자기를 일컫는다. 차Tea 무역이 성행하던 16세기 이후 영국에서는 차 문화가 본격적으로 발달하였고, 차를 고급스럽게 마실 수 있는 질 좋은 도자기에 관한 연구도 본격적으로 시작되었다. 그리고 1700년대 후반, 마침내 본차이나라는 독자적인 도자기가 영국에서 최초로 생산되었다. 이후 지금까지 강력한 내구성과 가벼움으로 300년 넘는 시간 동안 많은 사랑을 받고 있다. 높은 품질과 명성으로 가격이 높지만, 국내에서 직구하는 것보다 훨씬 저렴하게 런던 주요 백화점과 아웃렛에서 구매할 수 있다.

슈퍼마켓과 드럭스토어에서 사기 좋은 기념품

시장과 기념품 가게, 백화점과 아울렛이 아니더라도 런던 여행을 기념할만한 상품은 많다.
대표적인 곳이 슈퍼마켓과 드럭스토어이다. 초콜릿부터 소스까지, 각종 차부터 화장품까지
슈퍼마켓과 드럭스토어에서 사기 좋은 대표 기념품을 소개한다.

캐드버리 초콜릿 Cadbury Chocolate

영국을 넘어 이제는 세계를 대표하는 초콜릿 브랜드로
성장했다. 영화 <찰리와 초콜릿 공장>의 배경이 되기
도 했다. 현재는 미국 기업이 인수한 상태이다. 한국에
선 만날 수 없는 다양한 맛의 캐드버리 초콜릿을 런던
의 마트에서 구매할 수 있다.

HP 소스

영국 사람들이 가장 즐겨 먹는 브라운 소스로 스테이크,
수제 버거 등 육류 요리에 주로 활용한다. 인기가 많아
펍이나 식당, 마켓 어디에서든 쉽게 찾아볼 수 있다. 왕
실의 인증까지 받은 영국을 대표하는 소스이다.

민트 소스 & 마마이트 잼 Mint sauce & Marmite

한국인에겐 호불호가 갈리는 소스와 잼이지만, 영국인
들에겐 없어선 안 되는 제품이다. 민트 소스는 특유의
향이 고기의 잡내를 잡아줘 주로 양고기와 곁들여 먹는
다. 맥주 이스트를 농축시킨 마마이트 잼은 짠맛이 매
우 강해 빵에 소량을 발라서 먹는다.

E45 화장품

영국의 국민 화장품으로 알려진 브랜드이다. 화장품 대
부분이 하얀색이며 아무 향기도 나지 않는다. 하지만
수분 보충, 알레르기, 피부 흉터 완화 등에 유용하다고
알려져 있다.

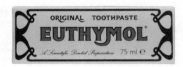

유시몰 치약 Euthymol

영국 국민 치약이라 불리는 브랜드로 100년 넘은 전통
을 자랑한다. 구내염 완화와 충치 방지에 탁월한 효과
가 있는 것으로 알려져 있다.

티저랜드 제품 Tisserand

영국의 대표적인 아로마 테라피 브랜드이다. 라벤더, 아
로마 등 천연 성분이 함유된 에센셜 오일과 미스트 등
을 판매한다.

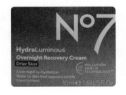

No7 화장품

주름 개선 등 안티 에이징에 효과가 있다고 알려진 영
국산 화장품으로 코스메틱 숍은 물론 면세점에서도 쉽
게 찾아볼 수 있다.

차 Tea

영국은 애프터눈 티라는 고유의 문화를 갖고 있다. 그
래서 홍차에 대한 애정이 강한 편이다. 슈퍼마켓에서
트와이닝, 요크셔티, PG팁스 등 다양한 홍차 제품을 구
매할 수 있다.

여행자들이 많이 찾는 원스톱 쇼핑 명소

런던의 대표적인 쇼핑 거리는 소호의 리젠트 스트리트, 뉴 본드 스트리트와 올드 본드 스트리트이다.
하지만 이들 거리는 개별 매장이 많아 한꺼번에 물건을 사기에는 번거롭다. 그래서 준비했다.
원스톱 쇼핑이 가능한 백화점과 아울렛, 슈퍼마켓과 드럭스토어를 소개한다.

백화점

① **해러즈 백화점** Harrods **켄싱턴 지역** p356
런던의 백화점 중 가장 크고 럭셔리하다. 지금은 카타르 홀딩스가
주인인데, 한때 고 다이애나비와 함께 죽은 도디 알파예드의 아버
지 모하메드 알파예드가 주인이었다. 그래서 지하 1층에 그들을 추
모하는 기념비가 있다. 1층의 대형 푸드코트에서 스테이크, 캐비어
등을 즐길 수 있다.

② **포트넘 앤 메이슨 백화점** Fortnum & Mason **소호 지역** p295
1707년 문을 연 이후 300년이 넘도록 명성을 이어오고 있는 백화점
이다. 여행 기념품을 구매하기 가장 좋은 곳으로 차(Tea), 초콜릿, 캔
디 등 가볍게 살 수 있는 기념품이 많다. 화장품, 와인, 포트넘 앤 메
이슨만의 우아한 디자인이 일품인 주방용품 등도 있다.

③ 하비 니콜즈 백화점 Harvey Nichols 켄싱턴 지역 p356

해러즈 백화점과 가까워 함께 둘러보기 좋다. 패션 분야에 특화된 백화점이라 패션에 일가견이 있는 사람이라면 한 번쯤 둘러봐야 할 곳이다. 테라스와 바가 함께 있는 5층 식품관도 항상 사람이 붐빈다.

④ 셀프리지스 백화점 Selfridges London 메릴본 지역 p327

1909년에 문을 연 런던에서 가장 대중적인 백화점이다. 중저가 브랜드부터 명품까지 만나볼 수 있고, 상품 카테고리도 다양해 부담 없이 둘러보기 좋다. 무엇보다 이곳 상품들은 우리나라에서도 배송비만 지급하면 직배송으로 구매할 수 있다.

⑤ 리버티 백화점 Liberty 소호 지역 p295

화려한 리젠트 거리에 있다. 1875년 지어져 런던에서 가장 오래된 백화점 중 하나로 꼽힌다. 1924년 튜더 양식으로 재건축되었고, 내부는 19세기의 아르누보 양식이라 무척 아름답다. 리젠트 스트리트와 카나비 스트리트와 지근거리라 연계하여 쇼핑하기 편리하다.

아웃렛

① 런던 디자이너 아웃렛 London Designer Outlet 웸블리 지역 p329

웸블리 스타디움 바로 서쪽에 있는 대형 아웃렛이다. 아디다스, 나이키, H&M, GAP, 닥터마틴, 리바이스, 컨버스 등의 매장이 있다. 런던 외곽에 자리 잡고 있지만, 튜브나 기차로 이동이 편리하여 평일에도 많은 사람이 찾는다. 30~70% 저렴한 가격에 70여 개 브랜드 제품을 구매할 수 있으며, 블랙프라이데이나 박싱데이 기간에는 80%까지 할인 폭이 높아진다.

② 비스터 빌리지 Bicester Village 옥스퍼드 부근 p374

한 번에 모든 쇼핑을 저렴하게 끝내고 싶은 사람들이 가기 좋은 아웃렛이다. 옥스퍼드에서 북쪽으로 약 20km 거리에 있다. 명품 브랜드를 가장 저렴하게(정가의 약 60%) 구매할 수 있는 곳으로, 의류·신발·액세서리 등 모두 160개의 숍이 입점해있다. 런던 메릴본 기차역에서 기차를 타거나, 옥스퍼드에서 기차나 버스로 방문하기 좋다.

슈퍼마켓과 드럭스토어

① 테스코 Tesco

영국을 대표하는 대형할인점으로 전 세계의 슈퍼마켓 브랜드 가운데 열 손가락 안에 드는 매출 규모를 자랑한다. 매장 규모에 따라 테스코 메트로Metro, 테스코 익스프레스Express 등으로 구분되며, 영국을 대표하는 소매품 외에도 다양한 PB 제품을 취급한다. 외식비가 부담스러운 런던에서 틈틈이 챙겨 먹을 간식거리를 구매하고 싶을 때 가기 좋다.
코벤트 가든점
찾아가기 언더그라운드 피카딜리 라인 승차하여 코벤트 가든역Covent garden 하차, 도보 4~5분 주소 22-25 Bedford St, Covent Garden, London 영업시간 **월~토** 07:00~22:00 **일** 12:00~18:00

② 부츠 Boots

우리나라에도 입점했었던 영국 대표 드럭스토어로 약 외에도 다양한 종류의 화장품을 판매하고 있다. 런던 시내 곳곳에서 쉽게 찾아볼 수 있고, 공항에도 입점해있어 미처 준비하지 못한 화장품을 구매할 때, 급하게 약이 필요할 때 이용하기 좋다.
리젠트 스트리트점
찾아가기 언더그라운드 베이컬루, 피카딜리 라인 승차하여 피카딜리 서커스역 Picadilly Circus 하차, 도보 1분 주소 44-46 Regent St, Piccadilly Circus, Soho, London 영업시간 **월~금** 08:00~23:00 **토** 09:00~23:00 **일** 12:00~16:00

③ 웨이트로즈 Waitrose

영국의 고급 슈퍼마켓이다. 영국 왕실에 식료품, 주류 등을 납품하여 로열 워런트를 받으면서 프리미엄 이미지를 얻었다. 소매 상품, 드럭스토어 상품을 모두 취급하고 있어 한 번에 다양한 상품을 쇼핑하기에 적합하다.
메릴본 하이 스트리트점
찾아가기 언더그라운드 센트럴, 주빌리 라인 승차하여 본드 스트리트역Bond Street 하차, 도보 7분(메릴본 하이 스트리트Marylebone High St 내에 위치) 주소 98, 101 Marylebone High St, Marylebone, London 영업시간 **월~토** 08:00~22:00 **일** 11:00~17:00

④ 막스 앤 스펜서 Marks & Spencer

의류, 식품, 화장품, 잡화류까지 다양한 상품을 취급하는 영국 대표 소매업 브랜드 슈퍼마켓이다. 무엇보다 가격대가 비싸지 않아 소비층이 넓은 편이다. 매장의 형태와 규모도 다양해 공항, 면세점, 시내 어디에서나 쉽게 찾아볼 수 있다.
빅토리아점
찾아가기 언더그라운드 빅토리아, 서클, 디스트릭트 라인 승차하여 빅토리아역Victoria 하차, 도보 3분 (카디널 플레이스Cardinal place 쇼핑몰 내 위치) 주소 Cardinal Place Victoria Street, London
영업시간 **월~금** 08:00~21:00 **토** 09:00~20:00 **일** 11:00~17:00

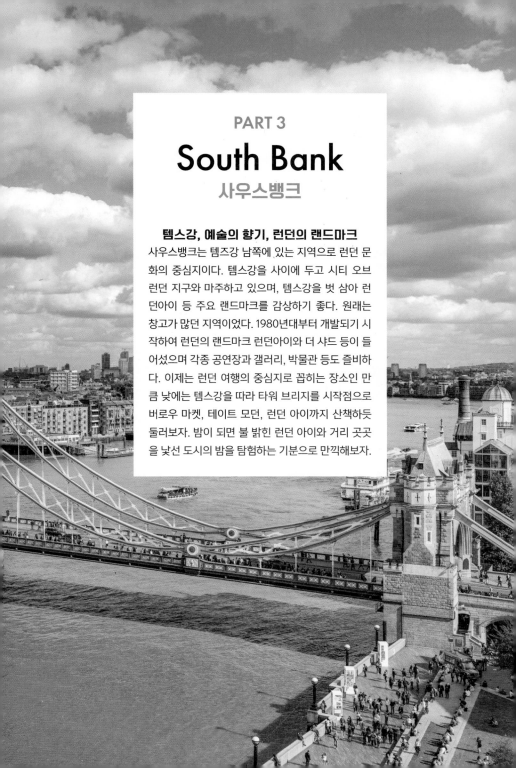

PART 3

South Bank
사우스뱅크

템스강, 예술의 향기, 런던의 랜드마크

사우스뱅크는 템즈강 남쪽에 있는 지역으로 런던 문화의 중심지이다. 템즈강을 사이에 두고 시티 오브 런던 지구와 마주하고 있으며, 템즈강을 벗 삼아 런던아이 등 주요 랜드마크를 감상하기 좋다. 원래는 창고가 많던 지역이었다. 1980년대부터 개발되기 시작하여 런던의 랜드마크 런던아이와 더 샤드 등이 들어섰으며 각종 공연장과 갤러리, 박물관 등도 즐비하다. 이제는 런던 여행의 중심지로 꼽히는 장소인 만큼 낮에는 템스강을 따라 타워 브리지를 시작점으로 버로우 마켓, 테이트 모던, 런던 아이까지 산책하듯 둘러보자. 밤이 되면 불 밝힌 런던 아이와 거리 곳곳을 낯선 도시의 밤을 탐험하는 기분으로 만끽해보자.

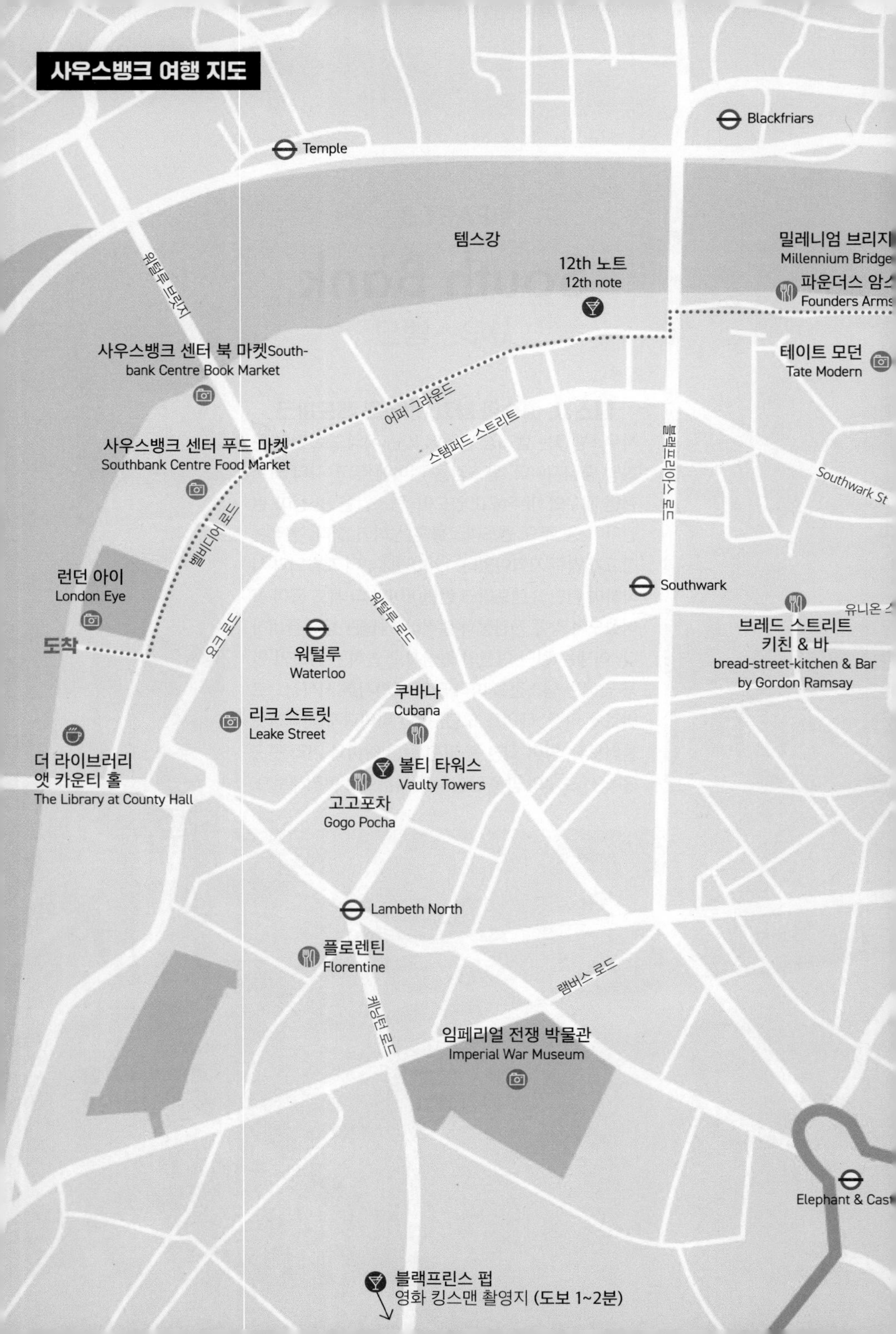

사우스뱅크 여행 지도
Blackfriars
Temple
템스강
밀레니엄 브리지
Millennium Bridge
12th 노트
12th note
파운더스 암스
Founders Arms
워털루 브릿지
사우스뱅크 센터 북 마켓South-bank Centre Book Market
테이트 모던
Tate Modern
어퍼 그라운드
스탬퍼드 스트리트
블랙프라이어스 로드
사우스뱅크 센터 푸드 마켓
Southbank Centre Food Market
Southwark St
벨비디어 로드
런던 아이
London Eye
Southwark
유니온 스
워털루 로드
요크 로드
도착
워털루
Waterloo
브레드 스트리트
키친 & 바
bread-street-kitchen & Bar
by Gordon Ramsay
쿠바나
Cubana
리크 스트릿
Leake Street
더 라이브러리
앳 카운티 홀
The Library at County Hall
볼티 타워스
Vaulty Towers
고고포차
Gogo Pocha
Lambeth North
플로렌틴
Florentine
램버스 로드
케닝턴 로드
임페리얼 전쟁 박물관
Imperial War Museum
Elephant & Cas
블랙프린스 펍
영화 킹스맨 촬영지 (도보 1~2분)

⊖ Mansion House

⊖ Monument

⊖ Cannon Street

⊖ Tower Hill

헤어 글로브
eare's Globe

🍷 앵커 펍
Anchor pub

📷 런던브리지
London Bridge

⊖ London Bridge

🏛 헤이스 갤러리아
Hay's Galleria

타워 브리지
Tower Bridge 📷 출발

버로우 마켓 📷
Borough Market

Southwark St

더 샤드 📷
The shard

옛 런던 시청사 📷
Former City Hall

세인트 토마스 스트리트

Marchalsea Rd

⊖ Borough

몰트비 스트릿 마켓
Maltby Street Market
📷

타워브리지 로드

애비 스트리트

베스트 추천 코스 지도의 빨간 점선 참고

타워 브리지 → 도보 13분 → 런던 브리지 & 더 샤드 →
도보 5분 → 버로우 마켓 → 도보 12분 → 테이트 모던
및 밀레니엄 브리지→ 도보 20분 → 런던 아이 (런던 아
이에서 출발하는 역방향 투어도 가능)

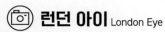
런던 아이 London Eye

🚶 ①언더그라운드 베이커루 라인, 주빌리 라인, 노던 라인, 워털루&시티 라인 승차하여 워털루역Waterloo 하차, 도보 6분
②언더그라운드 주빌리, 서클, 디스트릭트 라인 승차하여 웨스트민스터역Westminster 하차, 도보 7분 ③버스 12, 77, 381번 승차
하여 워털루역 정류장Waterloo Station 하차, 도보 5분 🏠 Lambeth, London SE1 7PB, UK 📞 +44 870 990 8881
🕐 11:00~18:00 (날짜마다 상이, 홈페이지 확인 필수) ☰ https://www.londoneye.com/

©pixabay_rma550ppo

30분 동안 즐기는 런던의 낭만

밀레니엄을 기념하기 위해 만들어져 2000년 3월부터 정식 운행을 시작했다. 웨스트민스터 궁전의 시계탑 빅벤 Big Ben, 타워브리지 등과 함께 런던을 대표하는 인증 샷 명소이다. 현재 유럽에 건축된 대관람차 중 가장 높은 높이를 자랑하고 있지만, 개장 당시에는 국회의사당과 빅벤, 세인트 폴 대성당 등 주변 고풍스러운 건물들과 조화를 이루지 못한다며 '백조 무리 속 오리'라는 혹평을 받기도 했다. 하지만 지금은 무려 매년 400만 명 이상의 여행객이 탑승하는 명실상부 런던의 최고 랜드마크가 되었다. 32개의 캡슐로 구성된 대관람차에 오르면 30분간 런던의 주요 여행지들을 한눈에 담으며 멋진 전경을 감상할 수 있다. 런던 최고 인기 명소인 만큼 현장 티켓 구매 시 최소 30분 이상의 대기는 감수해야 한다. 사전에 티켓을 구매하면 대기 시간을 최소화하고 할인 혜택까지 받을 수 있다.

ONE MORE

런던 아이 티켓 상세 정보

런던 아이를 즐길 수 있는 티켓의 종류는 굉장히 다양하다. 예산 및 일정을 고려하여 티켓을 구매하는 것이 중요하다. 굳이 스케줄에 얽매여 다니는 것을 싫어하는 여행자라면 현장에 마련된 키오스크에서 구매해도 무방하지만, 대기 시간이 살짝 길어질 수 있음은 감수해야 한다.

주요 티켓 종류	설명	가격 (현장 구매)	가격 (사전 온라인 구매)	구분
Standard	일반 입장권	£ 45	£ 25.5~	16세 이상 기준 (3~15세 할인 적용)
Fast track	패스트트랙 입장권	£ 48		
2 TOP london attractions	런던아이 + 기타 여행지 1곳 ⇒ 총 30%까지 할인	£ 46		
3 TOP london attractions	런던아이 + 기타 여행지 2곳 ⇒ 총 40%까지 할인	£ 60		

기타 여행지 리버 크루즈, SEA LIFE수족관, 마담투소 박물관, 런던 던전, 슈렉 어드벤처

테이트 모던 Tate Modern

🚶 ①언더그라운드 서클 라인, 디스트릭트 라인 승차하여 블랙프라이어스역Blackfriars 하차,
밀레니엄 브리지 건너 도보 9분 ②언더그라운드 주빌리 라인 승차하여 사우스워크역South-
wark 하차, 도보 9분 ③버스 40, 63, 388번 탑승하여 블랙프라이어스 스테이션 사우스 엔트
랜스 정류장Blackfriars Station South Entrance 하차, 도보 3분
🏠 Bankside, London SE1 9TG, UK
📞 +44 20 7887 8888 🕐 10:00~18:00
£ 무료 (일부 유료 전시는 기부금 형태로 별도 지급)
≡ https://www.tate.org.uk

런던 현대미술의 성지

금방이라도 연기가 뿜어져 나올 분위기의 공장 같은 외관의 미술관이다. 첫인상만으로 미술관이라고 생각하기는 쉽지 않지만, 이곳은 현재 런던 현대미술의 성지라고 불리는 '테이트 모던'이다. 1980년까지 실제 화력발전소로 활용되던 곳으로, 2000년 영국 정부의 밀레니엄 건축 정책에 따라 8년이라는 공사 기간을 거쳐 현대미술관으로 탈바꿈했다. 관람객은 이곳에서 수많은 현대미술 작품을 무료로 관람할 수 있다. 주기적으로 변화를 주어 기획한 전시 테마로 관람객들의 흥미와 발걸음을 지속해서 이끌고 있다. 테이트 모던은 관객이 직접 참여하며 예술을 느끼고 공감할 기회를 무료로 제공한다. 전시관은 크게 본관과 신관으로 나누어져 있는데, 4층의 연결 다리를 통해 오갈 수 있다. 신관 10층에는 박물관 내 명소로 꼽히는 무료 전망대가 있어 밀레니엄 브리지와 세인트 폴 대성당의 멋진 전경을 볼 수 있다. 미술관 6층엔 카페이자 바 '키친 앤 바'가 있다. 전망이 무척 좋은 카페이다.

ONE MORE

테이트 모던 10층 전망대

10층 무료 전망대에 가보지 않고 테이트 모던에 가봤다고 하지 말자. 전망대는 테이트 모던 신관 블라바트니크 빌딩Blavatnik building 10층에 있다. 템스강, 더 샤드, 세인트 폴 대성당이 한눈에 들어오는 근사한 전망대로, 코로나 때 중단되었다가 다시 개장했다. 내부 카페에서 커피와 음료, 간단한 스낵을 즐길 수 있다. 런던의 스카이라인이 다 보이는 뷰가 너무 멋져 웬만한 유료 전망대 부럽지 않다.

🕐 10:00~17:00

📷 사우스뱅크 센터 푸드 마켓 Southbank Centre Food Market

🚶 언더그라운드 주빌리 라인, 베이컬루 라인, 노던 라인, 워털루&시티 라인 승차하여
워털루역Waterloo 하차, 푸드마켓까지 도보 4분(센터 후문)
🏠 Belvedere Rd, Lambeth, London SE1 8XX, UK
£ 음식 메뉴 £7~£10 내외 🕐 금 12:00~20:00 토 11:00~20:00 일 12:00~18:00
☰ https://www.southbankcentre.co.uk/visit/cafes-restaurants-bars/scfood-market

사우스뱅크의 금토일을 책임진다

사우스뱅크 센터는 미술, 음악 공연 등 복합적인 문화예술을 즐길 수 있는 몇 안 되는 곳이다. 이곳이 더 매력적인 이유는 센터 외부에서 진행되는 푸드 마켓 때문이다. 푸드 마켓은 센터 후문에서 금요일부터 일요일까지 열린다. 세계 각국의 음식을 판매하는 부스들이 길게 장사진을 이루고 들어선다. 입가심용으로 먹기 좋은 에그타르트와 크레페뿐 아니라 바비큐, 피자, 한국식 퓨전 브리또 등 다양한 음식이 맛깔스러운 냄새를 풍기며 발길을 붙잡는다. 금요일에서 일요일 사이에 사우스뱅크 센터를 방문했다면 잊지 말고 들러보자.

ONE MORE

북마켓도 들러보세요!

북마켓은 사우스뱅크 센터 정문 우측 워털루 브리지 아래에서 일 년 내내 열린다. 다양한 장르의 중고 서적들을 자유롭게 둘러볼 수 있다. 큰 규모는 아니지만, 사람들의 손때와 추억이 묻어있는 여러 고서를 보고 있자면 그 세월에 함께 젖어 드는 느낌이 든다.

🚶 튜브 워털루역에서 도보 5분(센터 정문 오른편 워털루 브리지 아래)
🏠 337-338 Belvedere Rd, South Bank, London SE1 9PX, UK
🕐 10:00~17:30

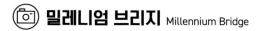

밀레니엄 브리지 Millennium Bridge

🚶 언더그라운드 서클 라인, 디스트릭트 라인 승차하여 블랙프라이어스역Blackfriars이나
맨션 하우스역Mansion House 하차, 도보 6분 🏠 Thames Embankment, London SE1 9JE, UK

템스강 위의 인도교

옛 런던 시청사를 건축한 노먼 포스터Norman Foster의 두 번째 대표 건축물로 길이 370m에 이르는 템스강 위의 다리이다. 이름에서도 알 수 있듯이 2000년 밀레니엄을 기념하기 위해 건축되었다. 템스강의 수많은 다리 중 유일하게 사람들만 통행할 수 있는 인도교로, 주변 경관과의 조화를 고려해 상대적으로 낮은 높이로 건축한 것이 특징이다. 런던의 옛 건축을 대표하는 세인트 폴 대성당과 현대 건축을 대표하는 테이트 모던을 직선으로 이어주는 곳이라 여행자들의 인생샷 스폿으로도 꽤 인기가 많다.

셰익스피어 글로브 Shakespeare's Globe

🚶 ①언더그라운드 서클 라인, 디스트릭트 라인 승차하여 블랙프라이어스역Blackfriars 하차, 도보 10분 ②버스 45, 63, 100번 탑승하여 블랙프라이어스 스테이션 사우스 엔트랜스 정류장Blackfriars Station South Entrance 하차, 도보 3분 🏠 21 New Globe Walk, London SE1 9DT, UK 📞 +44 20 7902 1400 🕐 공연 입장권 예매 월~금 11:00~18:00 토 10:00 ~ 18:00 일 10:00 ~ 17:00 £ 공연 £5~ 가이드투어 £25 🖥 http://www.shakespearesglobe.com/

셰익스피어 작품 전용 극장

윌리엄 셰익스피어는 <로미오와 줄리엣>, <햄릿> 등 손꼽히는 명작을 집필한 영국에서 가장 존경받는 극작가이다. 그는 궁정극단을 이끌며 영국의 문화예술을 부흥시키는 데 크게 일조했다. 1599년 처음 세워진 셰익스피어 글로브는 당시 셰익스피어가 속한 극단의 단원들이 그의 작품을 공연했던 장소로, 지금은 셰익스피어 작품 전용 극장이다. 이곳은 우리가 흔히 사용하는 '박스오피스'Box office라는 용어와 공연 문화를 처음 만들어낸 곳이기도 하다. 두 차례 화재 이후 1997년 현재 모습을 갖게 되었다. 셰익스피어 글로브는 공연이 진행되는 야외극장과 박물관으로 나누어져 있는데, 야외극장에선 로미오와 줄리엣, 맥베스 등 기존 셰익스피어의 작품들 공연을 £5스탠딩 기준의 가격부터 저렴하게 관람할 수 있다. 주로 정오, 오후 2시, 오후 7시 반계절에 따라 일부 상이으로 나눠 공연이 진행된다. 옛 공연 당시 활용됐던 소품, 의상들을 둘러보고 셰익스피어에 대한 더욱 자세한 이야기를 들을 수 있는 개별 가이드 투어도 가능하니 함께 즐겨보는 것도 좋다.

버로우 마켓 Borough Market

🚶 언더그라운드 주빌리 혹은 노던 라인 승차하여 런던 브리지역London bridge 하차, 도보 2분
🏠 8 Southwark St, London SE1 1TL, UK 📞 +44 20 7407 1002
🕐 화~금 10:00~17:00 토 09:00~17:00 일 10:00~16:00(월요일 휴무)
≡ http://boroughmarket.org.uk/

런던에서 가장 오래된 시장

런던 여행을 하며 수많은 마켓을 만날 수 있지만 버로우 마켓은 그 느낌이 유달리 각별하다. 런던에서 가장 오래된 역사를 자랑하는 마켓이기 때문이다. 현재 마켓의 외관과 구조는 1756년에 만들어진 것이다. 하지만 버로우 마켓 이라는 이름으로 영업이 시작된 시기는 1200년대 중반까지 거슬러 올라간다. 약 700년이 넘는 세월 동안 그 명 성을 지켜온 것이다. 천장 구조물을 바치고 있는 초록색 기둥에서는 세월의 더께가 느껴진다. 그 아래 들어선 70 여 개의 상점에서는 다양한 식자재와 곧바로 즐길 수 있는 먹거리로 손님들을 맞이한다. 버로우 마켓이 추구하는 모토는 다양성과 품질Variety & Quality이다. 그래서 유기농으로 재배한 품질이 좋은 식자재들이 이 시장을 끊임없이 사랑받는 장터로 만들고 있다.

런던 브리지 London Bridge

🏃 언더그라운드 주빌리 라인, 노던 라인 승차하여
런던 브리지역London bridge 하차, 도보 2~3분
🏠 London SE1 9RA, UK

오랜 역사를 품고 있는 시민들의 다리

런던에 처음 온 여행자들은 타워 브리지를 런던 브리지로 오인하는 경우가 많다. 하지만 두 다리는 엄연히 다른 느낌과 역사를 갖고 있다. 런던 브리지가 있는 위치에 다리가 처음 건설된 시기는 무려 서기 55년으로 거슬러 올라간다. 목재로 처음 지어졌던 다리는 로마인들이 런던을 처음 점령하러 왔을 때 건축한 것이다. 이후 몇 차례 붕괴와 재건이 반복되었는데, 너무 자주 무너지는 런던 브리지를 두고 'London Bridge is falling down'이라는 민속 동요까지 지어졌다고 전해진다. 이처럼 긴 세월 동안 고난을 겪어온 런던 브리지는 1970년대 들어 콘크리트와 철로로 단단하게 완성되면서 현재의 모습을 갖게 되었다. 북쪽으로는 시티 오브 런던의 금융 중심가, 남쪽으로는 더 샤드와 버로우 마켓 등으로 바로 통하는 요지에 있어 이른 아침부터 저녁 늦은 시간까지 도보로 이동하는 사람들의 행렬이 끊이지 않는다. 돋보이지 않는 디자인과 밋밋한 색깔 등으로 인해 큰 주목은 받지 못하지만, 그 역사와 가치를 알게 되면 좀 더 다른 느낌으로 이 오래된 다리를 바라보게 된다.

📷 더 샤드 The shard

🚶 언더그라운드 주빌리 라인, 노던 라인 승차하여 런던 브리지역London bridge 하차, 도보 4분
🏠 32 London Bridge St, London SE1 9SG, UK 📞 +44 844 499 7111 🕐 **전망대** 날짜에 따라 유동적으로 운영되므로
홈페이지 사전 확인 필수 £ 예약 일자에 따라 상이 (£28.5~£37) ☰ https://www.the-shard.com/

가장 높은 곳에서 런던 전경 감상하기

사우스뱅크 지역을 걷다 보면 마치 하나의 거대한 뿔을 연상시키는 유리로 된 마천루가 어디에서나 눈에 들어온다.
2013년 지어진 이 마천루의 이름은 '더 샤드'로, 러시아를 제외한 유럽 내에서 가장 높은 309m 높이의 건축물이
다. 바로 앞에서 고개를 끝까지 젖혀도 꼭대기가 잘 보이지 않는다. 더 샤드 안에는 사무실, 호텔, 레스토랑, 아파트
등 다양한 시설이 복합적으로 입주해있으며, 일반 관광객들이 주로 드나드는 전망대의 입구는 따로 조성되어 있다.
전망대의 이름은 '뷰잉 갤러리'Viewing gallery이다. 전망대는 69층과 72층에 나누어져 있는데, 입구에 런던의 명소와
유명 인사들의 캐리커처를 아기자기하게 그려놓아 흥미로움을 자아낸다. 전망대의 바Bar에서는 칵테일을 마시며
런던의 파노라마와 야경을 마음껏 즐길 수 있어, 차원이 다른 즐거움을 여행객들에게 선사한다.

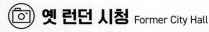

📷 옛 런던 시청 Former City Hall

🚶 언더그라운드 쥬빌리 라인, 노던 라인 승차하여 런던 브리지역London Bridge 하차, 타워 브리지 방향으로 도보 7분
🏠 2nd, The Queen's Walk, London SE1 2AA, UK

런던 현대 건축을 대표하다

영국 건축가 노먼 포스터가 디자인한 건축물 가운데 첫 번째로 꼽히는 대표 건축물이다. 타워 브리지, 더 샤드와 어우러져 멋진 풍경을 선사한다. 템스강 남쪽 사우스뱅크 지역을 대표하는 랜드마크이다. 2021년까지 시청 건물로 사용했다. 2022년 시청은 런던 동쪽 뉴햄 지역으로 이전했다. 현지인들에게 '유리 달걀'로도 불린다. 비스듬하게 층층이 쌓여있는 유리로 된 달걀 모양 외관만 보면 건물의 무게를 어떻게 지탱하고 있는지 신기하다. 유리 벽으로 직사광선을 최대한 받아들여 에너지를 절약하고자 하는 친환경적인 의도가 담겨 있다고 한다. 덕분에 낮에는 조명 없이도 생활이 가능하고, 온도 조절도 자동으로 이루어져 에너지 절감률이 높은 편이다. 런던 시청 이전 후 대중에게 개방중이다. 건물 앞에 서면 타워 브리지와 런던 타워는 물론 템스강 건너편의 멋진 풍경까지 한눈에 들어온다.

타워 브리지 Tower Bridge

🚶 ①언더그라운드 서클, 디스트릭트 라인 승차하여 타워 힐역Tower hill 하차, 도보 8분 ②언더그라운드 주빌리, 노던 라인 승차하여 런던 브리지역London bridge 하차, 도보 10분 ③버스 42, 78번 탑승 후 타워 브리지 정류장Tower bridge 하차, 타워 브리지 전시관까지 도보 1~2분 🏠 Tower Bridge Rd, London SE1 2UP, UK 📞 +44 20 7403 3761
🕐 타워 브리지 전시관 및 전망대 09:30~18:00(매주 셋째 토요일과 1월 1일 오전 10:00 오픈, 12월 24~26일 휴무)
£ £12.3 (주말에만 진행되는 가이드투어 예약시 £27, 5세 이하는 무료) ≡ https://www.towerbridge.org.uk/

©flickr_UserColin

야경이 아름다운 런던의 아이콘

아름다운 조명으로 템스강을 비추는 타워 브리지의 야경을 보고 런던의 매력에 빠지지 않을 여행자가 있을까? 우리나라의 한강을 연결하는 대교들처럼 템스강 역시 시내 북쪽과 남쪽을 연결하는 수많은 대교가 있다. 그중에서도 타워 브리지는 규모와 아름다움 면에서 최고를 자랑하는 런던의 아이콘이다. 1894년 완공된 타워 브리지에는 개폐식으로 다리 중앙을 들어 올릴 수 있는 동력 장치가 있어 대형 선박 승선 시연 800회 이상 가운데가 뻥 뚫린 타워 브리지의 모습을 구경할 수 있다. 다리에 있는 타워 브리지 전시관에 가면 바닥에 설치된 유리와 천장의 거울을 통해 마치 공중에 떠 있는 듯한 아찔한 기분도 느낄 수 있다. 전망대에서 멋진 런던 시내 뷰를 즐기고, 전시관에서 타워 브리지를 움직이는 엔진룸을 탐방하고 나면, 아주 특별한 여행을 즐기는 기분이 든다.

몰트비 스트리트 마켓 Maltby Street Market

🚶 ①언더그라운드 주빌리, 노던 라인 승차하여 런던 브리지역London bridge 하차, 도보 15분
②버스 42, 78, 188번 탑승하여 드루이드 스트리트 정류장Druid Street 하차, 도보 3분 🏠 Maltby St, London SE1 3PA, UK
🕐 금 17:30~21:00 토 10:00~17:00 일 11:00~16:00 £ 음식류 £5~£10 내외 🌐 http://www.maltby.st/

오감을 자극하는 세계 음식의 향연

몰트비 스트리트 마켓은 과거 철도가 다니던 허름한 고가도로 옆 골목에 들어선 마켓이다. '내 여행의 만족도는 음식이 결정한다'고 생각하는 여행자에게 꼭 들러보기를 추천한다. 마켓이 열리는 금요일부터 일요일까지 든든하게 배를 채우기 위해 런던의 젊은이들이 이곳에 운집한다. 이곳의 가장 큰 매력은 다양한 국적의 음식들을 체험해 볼 수 있다는 것이다. 일본, 베트남, 에티오피아, 브라질 등 대륙을 막론하고 다양한 국적의 음식이 냄새와 비주얼로 오감을 자극한다. 본인 취향에 맞는 음식을 담아 삼삼오오 모여 즐기는 런더너들을 보고 있으면, 어떤 음식에 도전해봐야 할지 고민에 빠지게 된다. 길거리 상점은 금요일부터 주말까지 주로 운영되고, 잡화점과 실내 레스토랑은 수요일부터 일요일까지 운영하니 참고하자.

임페리얼 전쟁 박물관 Imperial War Museum

🚶 ① 언더그라운드 베이컬루, 노던 라인 승차하여 엘레펀트 앤 캐슬역Elephant&Castle 하차, 도보 9분
② 버스 344, 360, 381번 승차하여 임페리얼 워 뮤지엄 정류장Imperial War Museum 하차, 도보 2~3분
🏠 Lambeth Rd, London SE1 6HZ, UK 📞 +44 20 7416 5000 🕐 10:00~18:00 £ 무료 입장 ☰ https://www.iwm.org.uk

잔혹했던 세계대전의 기록을 만나다

전 세계 많은 이들에게 상흔을 남긴 두 차례 세계대전1914, 1939은 영국에도 많은 아픔을 안겼다. 특히 연합국의 주축으로 참전해 젊은 나이의 희생자가 많았던 1차 세계대전은 아직도 영국인들이 가장 애도하는 전쟁으로 꼽힌다. 임페리얼 전쟁 박물관은 1차 세계대전 후 전쟁의 참혹함을 알리고 희생자들을 애도하기 위해 1917년 건립됐다. 박물관의 입구에 설치된 큰 포탄은 퀸 엘리자베스 함선에 탑재하여 왕실 해군이 실제 사용하던 것이다. 포탄 한 개의 무게만 100톤이나 되며, 30km의 사정거리를 자랑한다. 박물관은 6개 층으로 나눠 전쟁의 기록을 전시하고 있는데, 세계대전 당시 실제로 사용됐던 전투기, 차량 등도 찾아볼 수 있다. 무엇보다 이곳의 백미는 4층의 대학살Holocaust 전시관이다. 나치의 유대인 학살을 가감 없이 표현해 놓아 7,000여 명의 유대인 시체가 쌓여있는 사진이나, 데스 캠프 입소 후 죽임을 당하기 전까지의 유대인 학살 과정을 자세하게 살펴볼 수 있다. 전쟁에 관한 다양한 전시물과 기록을 통해 평화의 소중함에 대해 되새길 수 있는 시간을 이곳에서 가져보자.

스파이더-맨 : 파 프롬 홈 *Spider-Man: Far From Home*
촬영지 여행

MCUMarvel Cinematic Universe는 스파이더 맨, 아이언 맨 등 마블 스튜디오가 만든 영화나 드라마의 슈퍼 히어로의 세계관을 줄여서 이르는 말이다. 마블 스튜디오는 MCU를 통해 수많은 팬을 열광시켰다. 그중 '스파이더맨 : 파 프롬 홈'의 마지막 액션 장면 대부분이 런던에서 촬영되었다. 다음에 소개하는 촬영 장소들을 둘러보며 최근 스파이더맨 영화의 근사한 액션 장면을 떠올려보자.

1

타워 브리지의 어퍼 워크웨이 *Upper Walkway in Tower Bridge*

스파이더맨과 미스테리오의 혈투

런던을 대표하는 랜드마크인 타워 브리지는 스파이더맨과 미스테리오가 마지막 혈투를 벌였던 곳으로, 브리지 위의 어퍼 워크웨이가 실제 촬영 장소였다. 어퍼 워크웨이는 브리지 위의 북쪽 탑과 남쪽 탑을 이어주는 통로로, 전시관과 전망대가 있는 곳이다. 바닥엔 유리Glass Floor가, 천장엔 거울이 설치되어 있어 유리 아래 혹은 천장의 거울로 다리를 오가는 행인과 자동차를 구경하며 아찔한 공포를 체험할 수 있다. 브리지 내에서의 실제 촬영은 반나절 정도 짧게 진행됐으며, 나머지 전투 장면은 대부분 CG로 다듬었다.

📞 +44 20 7403 3761 🕐 타워 브리지 전시관 및 전망대 09:30~18:00(매주 셋째 토요일과 1월 1일 오전 10:00 오픈, 12월 24~26일 휴무) £ £12.30 (주말에만 진행되는 가이드투어 예약시 £27, 5세 이하는 무료) 🔗 https://www.towerbridge.org.uk/

런던 타워의 화이트 타워
White Tower in Tower of London

스파이더맨의 피신처

스파이더맨 피터의 친구들이 드론을 피
해 도망 온 장소가 시티 오브 런던 지역
에 있는 런던 타워에서 가장 오래된 건물
로 꼽히는 화이트 타워였다. 화이트 타워
는 과거 영국 왕실에서 사용하던 진귀한
갑옷, 무기 등이 전시된 곳이다. 실제 촬
영이 타워에서 진행된 것은 아니다. 타워
내부를 그대로 재현해놓고 촬영했다고 전
해진다. 그 모습을 영화에서 실감 나게 찾
아볼 수 있다.

🚶 언더그라운드 서클, 디스트릭트 라인 승차하여 타워 힐역Tower hill 하차, 도보 1분 🏠 St Katharine's & Wapping, London
EC3N 4AB, UK 📞 +44 844 482 7777 🕐 화~토 09:00~17:30 일·월 10:00~17:30 (단, 절기에 따라 유동적으로 운영함) £
£ 29.90(성수기), £ 28.90(비수기) **오디오 가이드** £ 5 🌐 https://www.hrp.org.uk/tower-of-london/

킹스크로스역 Kings Cross

영화의 첫 영국 로케이션 장소

스파이더맨 피터의 일행이 기차를 타고 영국에 도
착했을 당시 촬영이 진행되었던 역으로 런던을 대
표하는 정류장 중 하나다. 파리 및 브뤼셀로 이동하
는 유로스타 및 영국 내 주요 도시를 오가는 열차를
탈 수 있다. 영화 <해리포터>에서 마법학교 학생들
이 호그와트에 가기 위해 찾았던 9와 4/3 승강장의
배경 무대였던 곳으로도 유명하다.

🚶 언더그라운드 서클, 피커딜리, 노던, 빅토리아 라인 승차하여 킹
스크로스 세인트 판크라스역King's Cross St. Pancras 하차, 북쪽으로 도
보 1분 🏠 Euston Rd, Kings Cross, London N1 9AL, UK

📷 리크 스트리트 Leake Street

🚶 ①언더그라운드 베이컬루, 주빌리, 노던, 워털루 & 시티 라인 승차하여 워털루역Waterloo 하차, 도보 3분
②버스 12, 77, 88, 159, 381번 승차하여 카운티 홀 정류장County Hall 하차, 도보 2분
🏠 Leake St, Lambeth, London SE1 7NN, UK

자유로운 예술 공간이 된 사우스 뱅크 뒷골목

리크 스트리트는 음산한 분위기의 뒷골목 터널이 자유로운 표현의 공간으로 탈바꿈하면서 만들어진 예술의 거리다. 2008년 영국의 유명 그라피티 아티스트 뱅크시Banksy가 기차선로 아래의 터널이던 이곳에서 축제를 연 뒤 유명해지기 시작했다. 이후 리크 스트리트는 보행자 도로가 되었고, 런던시가 이곳에서의 그라피티 연출을 합법화하면서 급격한 변화를 맞게 되었다. 현재는 런던 길거리 아티스트들이 자기만의 색깔을 그라피티로 자유롭게 표현하는 대표적인 장소로 변모했다. 영국인들에겐 리크 스트리트보다 뱅크시 터널로 더욱 잘 알려져 있으며, 현지 자전거 시내 투어에서 꼭 들르는 명소로도 알려져 있다. 런던에 간다면 한 번쯤 들러 사우스뱅크 지역 뒷골목의 색다른 분위기를 느껴보자.

🍴🍵🍷🏠 사우스뱅크의 레스토랑·카페·펍·숍

🍴 스완 Swan at the Globe

템스강을 보며 즐기는 고품격 만찬

잔잔하게 흐르는 템스강을 바라보며 분위기 있는
식사를 즐기기 좋은 곳이다. 셰익스피어 글로브 바
로 옆에 있어 배우들의 단골 식당으로도 유명하다.
실내의 은은한 조명과 벽에 붙은 양 머리 인테리어
는 색다른 분위기를 자아낸다. 창가 쪽에 안락한 소
파 좌석이 준비되어 있다. 영국의 전통 음식 선데이
로스트가 이 집의 대표 메뉴로 요크셔 푸딩과 고기
기름으로 만든 그레이비 소스Gravy sauce를 곁들여
내온다. 식사 메뉴 외에도 에프터눈티, 바Bar의 주
류들도 함께 접할 수 있다.

🚶 ①언더그라운드 주빌리, 노던 라인 승차하여 런던 브리지역London bridge 하차, 도보 9분 ②템스강을 운항하는 리버 버스 페리 1,
2, 6호 승선하여 여객선 터미널 뱅크사이드Bankside에서 하선, 도
보 1분 🏠 21 New Globe Walk, Bankside, London SE1 9DT, UK
📞 +44 20 7928 9444 🕐 월~토 12:00~20:45(일요일은 11:30
부터 운영하며, 브런치는 10:00~11:45) £ 메인 메뉴 £21.5부터
≡ https://www.swanlondon.co.uk/

🚶 언더그라운드 베이컬루 라인 승차하여 렘베스 노스역Lambeth North 하차, 도보 1분 🏠 Hercules House, 6 Hercules
Rd, Lambeth, London SE1 7DP UK 📞 +44 203 146 5800
🕐 17:00~22:00(주말은 12:30부터) £ £14부터 (메인메뉴
기준) ≡ http://florentinerestaurant.co.uk/

🍴 플로렌틴 Florentine

가성비 좋은 호텔 레스토랑

튜브 렘베스 노스역Lambeth North 바로 건너편의 파크
플라자 런던 워털루 호텔 1층에 있는 레스토랑이다. 호
텔 레스토랑답게 아늑한 분위기에서 다양한 메뉴와 고
급 서비스를 즐길 수 있다. 무엇보다 호텔 레스토랑임
에도 가성비가 굉장히 좋은 편이다. 메인 메뉴 가격이
£14~19 정도로 형성되어 있으며, 이탈리아식 피자, 파
스타, 티라미수 같은 디저트 메뉴
도 다양하게 즐길 수 있다.
지갑은 가볍게, 분위기
는 고풍스럽게 식사
를 하고 싶다면 이곳
을 추천한다.

🍴 쿠바나 Cubana

🏃 언더그라운드 베이컬루, 주빌리, 노던, 워털루 & 시티 라인 승차하여 워털루역Waterloo 하차, 도보 3분
🏠 48 Lower Marsh, Lambeth, London SE1 7RG, UK 📞 +44 7474 968275
🕐 월·화 12:00~00:00 수·목 12:00~01:00 금·토 12:00~03:00 일 13:00~00:00
£ £10 내외 (메인메뉴 기준) ☰ https://www.cubana.co.uk

쿠바로의 순간이동

워털루역에서 3분만 걸어가면 쿠바 분위기 물씬 풍기는 식당 하나가 눈에 들어온
다. 쿠바 스타일 식당 간판과 알록달록 화려한 벽화가 흥미를 자극한다. 저녁 시간
에 흥겨운 라틴 음악이 흐르는 이곳에서 쿠바 전통 요리를 맛보며, 형형색색의 벽
지와 쿠바 관련 소품을 구경하는 재미가 쏠쏠하다. 식사 메뉴는 간단히 즐길 수 있는
타파스와 메인 메뉴로 나누어져 있다. 소고기를 얇게 잘라서 말은 로파 비에하Ropa vieja
와 토마토, 고추, 양파를 간 고기와 함께 무친 피카디요Picadillo가 대표 메뉴다. 그밖에 쿠바
사람들이 가장 사랑하는 술 모히토Mojito와 쿠바식 커피도 즐길 수 있다. 특히 금요일과 토요일 저녁 11시부터는 살
사 라이브 공연이 곁들여져 늦은 시간까지 손님이 끊이지 않는다.

🍴 브레드 스트리트 키친 & 바 bread-street-kitchen & Bar by Gordon Ramsay

🏃 언더그라운드 주빌리 라인 승차하여 사우스 워크역Southwark 하차, 도보 3분
🏠 47-51 Great Suffolk St, London SE1 0BS, UK 📞 +44 20 7592 7977
🕐 월~수 11:30~23:00 목~토 11:30~00:00 일 11:30~22:00
💷 £17.5부터 (메인메뉴 기준) ☰ https://www.gordonramsayrestaurants.com/bread-street-kitchen/southwark/

고든 램지의 영국식 레스토랑

런던의 고든 램지 레스토랑 중 그나마 저렴한 가격에 식사할 수 있
는 곳으로, 메뉴는 정통 영국식으로 구성되어 있다. 영국 하면 떠오
르는 전통 요리 비프웰링턴, 와인, 레몬소스를 곁들인 송어구이와 고
든 램지만의 레시피가 가미된 영국식 피시앤칩스, 수제버거 등을 즐길
수 있다. 그뿐만 아니라 드라이에이징 숙성을 거친 스테이크도 준비되어 있어 일행이 여러 명이라면 함께 즐겨도
좋다. 다른 고든 램지 레스토랑들과는 달리 예약 없이 방문할 수 있다는 것도 큰 장점! 테이트 모던에서 남쪽으로
도보 7분 거리에 있다.

🍴 파운더스 암스 Founders Arms

뷰가 멋진 펍 & 레스토랑

바로 앞에 템스강이 있어 세인트 폴 대성당과 밀레니엄 브리지의 멋진 모습을 보며 음식과 맥주를 즐길 수 있다. 모던한 분위기의 영국식 펍으로 테이트 모던, 셰익스피어 글로브 극장과도 가까워 여행객들이 많이 찾는다. 1831년부터 한자리에서 영업해온 덕에 현지인들에겐 꽤 유명하다. 주류 외에 식사 메뉴로 수제버거, 맥 앤 치즈 등 미국식 메뉴가 포함되어 있어 이채롭다. 사우스뱅크 지역을 걸어 다니다가 한 번쯤 들르기 좋다.

🚶 ①언더그라운드 주빌리 라인 승차하여 사우스 워크역Southwark 하차, 도보 9분 ②언더그라운드 서클, 디스트릭트 라인 승차하여 블랙프라이어스역Blackfriars 하차, 도보 7분 ③버스 45, 63, 388번 탑승하여 블랙프라이어스 스테이션 사우스 엔트랜스 정류장Blackfriars Station South Entrance 하차, 도보 3분 🏠 52 Hopton St, London SE1 9JH, UK
📞 +44 20 7928 1899 🕐 월~목 10:00~23:00 금 10:00~00:00 토 09:00~00:00 일 09:00~23:00
£ £ 10부터 ☰ https://www.foundersarms.co.uk/

🍴 고고포차 Gogo Pocha

한국의 포차 그대로인 한식집

매콤하거나 칼칼한 음식이 없는 영국에서 한식 고유의 맛을 원할 때 가기 좋은 곳이다. 호프집을 연상시키는 인테리어와 하얀 조명이 한국식 포장마차에 들어와 있는 듯한 느낌을 준다. 주된 식사 메뉴는 한국인들이 좋아하는 순댓국, 닭똥집, LA갈비 등 다양하다. 고고포차의 따끈한 국물과 해외에서 쉽게 구하기 힘든 막걸리 한 잔이면 여행에서 쌓였던 피로가 한 번에 확 풀린다. 독특한 펍 볼티 타워스에서 도보 1분 거리에 있으며, 리크 스트리트와도 가까운 거리에 있다.

🚶 ①언더그라운드 베이컬루, 주빌리, 노던, 워털루 & 시티 라인 승차하여 워털루역Waterloo 하차, 도보 4분 ②볼티 타워스 펍에서 도보 1분 ③리크 스트리트에서 도보 3분 🏠 30 Lower Marsh, Lambeth, London SE1 7RG, UK
📞 +44 7787 414249 🕐 월~토 12:00~15:30, 17:00~22:30 일 12:00~21:00 £ £ 6부터 ☰ http://www.gogo-pocha.com/

더 라이브러리 앳 카운티 홀 The Library at County Hall

애프터눈 티, 스콘, 버터크림

템스강 변 메리어트 카운티 홀 안에 있는 라운지 겸 레스토랑이다. 1900년대 초까지 국회의사당의 도서관으로 활용되던 곳이다. 지금도 그 흔적이 고스란히 남아있어 옛 목재 책장 안에 가득 찬 서적들을 함께 구경하는 재미가 쏠쏠하다. 에프터눈 티 주문 전 티 셀렉션을 통해 직접 차의 향기를 맡아보고 고를 수 있으며, 스콘과 버터크림이 정말 맛있다. 창밖 템스강 건너편으로 보이는 빅벤과 국회의사당 전망 또한 이곳의 백미이다. 런던아이에서 남쪽으로 도보 3분 거리에 있다. 방문 전 홈페이지 예약은 필수!

🚶 언더그라운드 서클, 디스트릭트, 주빌리 라인 승차하여 웨스트민스터역Westminster 하차, 웨스트민스터 브리지 건너 도보 4분 🏠 Westminster Bridge Rd, Lambeth, London SE1 7PB, UK 📞 +44 20 7902 8000 🕐 12:00~17:00 £ 1인당 £ 70 ☰ https://www.thelibraryatcountyhall.com/

앵커 펍 Anchor pub

400년 역사를 자랑하는 펍

앵커 펍이 특별한 이유는 크게 두 가지다. 첫째는 야외 테라스에서 잔잔한 템스강을 바라보며 음식과 술을 즐길 수 있다는 것이고, 둘째는 영국을 대표하는 작가이자 시인 찰스 디킨스Charles dickens, 1812~1870와 새뮤얼 존슨 Samuel Johnson, 1709~1784이 수많은 명작을 만들어내며 단골로 방문했던 펍이라는 것이다. 안으로 들어가면 1615년 처음 펍 건물이 지어졌을 당시 모습을 재현해놓은 모형과 흑백 사진이 들어 있는 액자들을 찾아볼 수 있어 중후한 분위기와 오랜 역사가 느껴진다. 이곳의 대표 메뉴는 피쉬앤칩스인데, 2층에 '피쉬앤칩스 숍'이 별도로 마련되어 있을 정도로 유명하다. 400년이 넘은 펍 야외 테라스에서 템스강과 세인트폴 대성당을 바라보며 즐기는 피쉬앤칩스와 맥주 한 잔의 여유는 그 어떤 행복과도 비교할 수 없다. 셰익스피어 글로브에서 동쪽으로 도보 4분, 버로우 마켓에서 북쪽으로 도보 4분 거리에 있다.

🚶 언더그라운드 주빌리, 노던 라인 승차하여 런던 브리지역 London Bridge 하차, 버로우 마켓 방향으로 도보 6분
🏠 34 Park St, London SE1 9EF, UK
📞 +44 20 7407 1577
🕐 월~수 11:00~23:00
목~토 11:00~23:30
일 11:00~22:00
£ £13부터(피쉬앤칩스 등 메인메뉴 기준)

12th 노트 12th Knot

🚶 ①언더그라운드 주빌리 라인 승차하여 사우스워크역Southwark 하차, 도보 8분
②언더그라운드 서클, 디스트릭트 라인 승차하여 블랙프라이어스역Blackfriars 하차, 도보 7분
③버스 381번 탑승 후 킹스 리치 빌딩 정류장Kings Reach Building 하차, 도보 4분
🏠 20 Upper Ground, South Bank, London SE1 9PD, UK
🕐 화~토요일 17:00~01:00
£ 칵테일 £15부터 ☰ https://www.seacontainerslondon.com/food-drink/12th-knot/

칵테일 그리고 세인트 폴 대성당의 멋진 뷰

리모델링 후 이름을 바꾼 '씨 컨테이너스 호텔'Sea con-
tainers 12층에 있는 루프톱 바이다. 사우스뱅크 센터에
서 동쪽으로 걸어가면 9분 정도 걸린다. 은은한 조명과
템스강 건너편 아름다운 세인트 폴 대성당 뷰가 어우러
져 칵테일 맛이 더욱더 감미롭다. 푹신한 소파와 넓은 라
운지 또한 고급스러운 분위기를 풍긴다. 별도의 드레스
코드도 있다. 트레이닝 복이나 슬리퍼를 착용한 채로는
입장할 수 없고, 단정한 스마트 캐주얼 복장을 갖춰야 한
다. 수요일엔 라이브 공연, 목~토요일에는 유명 DJ의 공
연이 곁들여져 바Bar의 분위기를 더욱더 흥겹게 만든다.

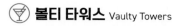
볼티 타워스 Vaulty Towers

평범한 영국식 펍이 지루하다면!

대형 TV에서 상영되는 스포츠 경기를 보며 피쉬앤칩스와 맥주를 즐기는 흔한 영국식 펍이 지루하다면, 볼티 타워스를 추천한다. 입구에 잔뜩 붙어있는 캐릭터 벽지들은 이곳이 독특한 곳임을 짐작하게 한다. 안으로 들어가면 귀신의 집에나 있을 법한 기묘한 소품들과 독특한 인테리어가 눈길을 사로잡는다. 매일 밤 펍에서는 다양한 테마의 이벤트가 진행된다. 상금을 걸고 테이블 단위로 참가하는 퀴즈쇼, 우스꽝스러운 소품들을 입고 진행되는 개그쇼, 일요일마다 진행되는 블루스 라이브 공연 등이 그것이다. 퀴즈쇼는 2파운드, 코미디 공연은 5파운드만 내면 즐길 수 있다. 다양한 칵테일과 아시아 스타일 수제버거도 함께 맛볼 수 있어 인기가 많다.

🚶 언더그라운드 베이컬루, 주빌리, 노던, 워털루 & 시티 라인 승차하여 워털루역Waterloo 하차, 도보 4분
🏠 34 Lower Marsh, Lambeth, London SE1 7RG, UK 📞 +44 20 7928 9042 🕐 월~수 12:00~23:00 목~토 12:00~00:00 일 12:00~22:00 £ 각종 공연 £ 2부터, 식사 £ 8부터 ☰ https://www.vaultytowers.london/

헤이스 갤러리아 Hay's Galleria

템스강 남쪽을 대표하는 아케이드 쇼핑몰

타워 브리지와 런던 브리지를 사이에 두고 걷다 보면 한 번쯤 마주치게 되는 대형 아케이드 쇼핑몰이다. 옛날에 세계 각국에서 차류를 싣고 온 선박이 정박하던 부두 부지에 들어서 있다. 런던에서 소비하던 차의 80% 이상이 이 부두에서 유통되었다고 전해진다. 부두는 1987년부터 아케이드 쇼핑몰로 탈바꿈했다. 오래된 부두 건물에 철골 유리 돔을 덧대 건축하여 분위기가 독특하다. 아케이드 가운데에는 이곳의 역사를 짐작게 만드는 거대한 선박이 조각되어 있고, 선박 조형물 주변으로 작은 액세서리 숍과 식당, 펍 등이 자리하고 있다. 런던 브리지 언더그라운드 역 바로 앞에 있어 다른 지역으로 이동하기 전 쇼핑이나 식사를 하며 잠시 쉬어가기 좋다. 🚶 ①언더그라운드 주빌리, 노던 라인 승차하여 런던 브리지역London bridge 하차, 도보 2분 ②템스강을 운항하는 리버 버스 페리 1, 2, 6호 승선하여 런던 브리지 시티 선착장London Bridge City Pier 하선, 도보 1분 🏠 1 Battle Bridge Ln, London SE1 2HD, UK 📞 +44 20 7403 1041 🕐 월~금 08:00~23:00 토 09:00~23:00 일 09:00~22:30 ☰ https://londonbridgecity.co.uk/properties/hays-galleria

PART 4

City of London & Shoreditch

시티 오브 런던과 쇼디치

런던의 과거와 현재를 한 번에

시티 오브 런던은 런던의 발상지이다. 기원전 1세기 로마군이 첫발을 디디며 로마식 건물과 성벽을 세우며 역사가 시작됐다. 런던 타워, 길드홀 등 런던의 과거를 엿볼 수 있는 명소도 있지만, 바클레이스, 로이드 등 굵직한 금융기관이 입주한 유럽 최대 금융 중심거리 중 하나다. 이와 반대로 런던에서 가장 뒤늦게 개발된 지역 중 하나인 쇼디치는 길거리 예술가, 힙스터들의 성지 같은 곳으로 20~30대가 선호하는 마켓과 술집이 즐비하다. 런던의 역사가 살아 숨 쉬는 시티 오브 런던과 새로운 역사가 만들어지는 쇼디치 지역을 함께 둘러보며 런던의 과거와 현재를 동시에 느껴보자.

시티 오브 런던과 쇼디치 여행 지도

베스트 추천 코스 지도의 빨간 점선 참고
런던 대화재 기념비 → 도보 4분 → 리든홀 마켓 →
도보 15분 → 세인트 폴 대성당 → 도보 5분 →
바비칸 → 도보 7분 → 길드홀 → 도보 15~20분 →
올드스피탈 필드&브릭레인마켓

레버 스트리트
푸드 앳 52 요리학교
Food at 52 Cookery School

올드 스트리트

Old

에비어리
루프톱바
Aviary

Barbican

비치 스트리트

바비칸 센터
Barbican Centre

Moor Gate

Chancery Lane

구 런던 박물관
Museum of London

런던 월

런던

Moor Gate

길드홀
Guildhall

예 올드 체셔 치즈
Ye Olde Cheshire Cheese

그레셤 스트리트

패링던 스트리트

St. Paul's

Fleet St

세인트 폴 대성당
St. Paul's Cathedral

세인트 폴스 처치야드

cheapside

Bank

원 뉴 체인지
One New Change

Mansion House

퀸 빅토리아 스트리트

Blackfriars

Monur

Cannon Street

출발

런던 대화재 기념비(모뉴
Monument to The Gre
of L

London

버버리 아웃렛
Burberry Outlet

빅토리아
파크(3km)
Victoria Park

콜롬비아
로드 플라워 마켓
Columbia Road Flower Market

Hackney Rd

Bethnal Green Rd

Bethnal Green

어반 푸드 페스트
Urban Food Fest

레이디 디나스
캣 엠포리움
Lady Dinah's
Cat Emporium

스모킹 고트
Smoking Goat

박스파크 쇼디치
Boxpark Shoreditch

다크 슈가스
코코아 하우스
Dark Sugar's
Cocoa House

Shoreditch
High Street

브릭레인 빈티지 마켓
Brick Lane Vintage Market

도착

화이트차펠 스테이션
Whitechapel

올드스피탈 필즈 마켓
Old Spitalfields Market

Liverpool Street

Liverpool Street

더 컬페퍼
The Culpeper

Aldgate East

거킨 아이리스 바
Gherkin Iris Bar

30세인트 메리 엑스
30St Mary Axe

Aldgate

리드 빌딩
's Building

리든홀 스트리트

홀 마켓
nhall
t

더 가든 앳 120
The Garden at 120

Shadwell

가든
den

세비지 가든
Savage Garden

케이블 스트리트

페피 스트리트

윌튼스 뮤직홀
Wilton's Music Hall

Tower Hill

더 리버티 바운즈
The Liberty Bounds

Byward St

런던 타워
Tower of London

런던 타워 Tower of London

🏃 언더그라운드 서클 라인, 디스트릭트 라인 승차하여 타워 힐역Tower hill 하차, 도보 1분
🏠 St Katharine's & Wapping, London EC3N 4AB, UK
📞 +44 844 482 7777
🕐 화~토 09:00~17:30 일,월 10:00~17:30 (단, 절기에 따라 유동적으로 운영함)
£ 입장료 £ 33.60 (오디오 가이드 £ 5)
≡ https://www.hrp.org.uk/tower~of~london/

영국 왕실의 숨결을 느끼다

뒤에서 소개할 길드홀이 옛 영국 귀족들의 역사를 품고 있던 곳이라면, 런던 타워는 영국 왕실의 숨결을 가장 잘 간직하고 있는 역사적 명소다. 얼핏 이름만 들어선 높이 솟아있는 빌딩이 떠오를 수도 있다. 하지만 이곳은 북쪽의 노르만족이 런던을 점령한 후인 9세기부터 본격적으로 왕가가 거주했던 궁전이다. 7핵타르0.07km², 21,175평의 면적에 다양한 건물과 13개의 탑이 들어서 있고, 주변은 해자로 둘러싸여 있어 적들로부터의 방어 요새 역할도 수행해왔음을 알 수 있다. 12세기 무렵부터는 감옥이나 사형장으로 사용되기도 했다. '천일의 앤'의 주인공이자 헨리 8세의 두 번째 왕비였던 앤이 처형당한 곳으로도 유명하다. 타워 안에는 에드워드 1세의 침실을 그대로 재현해 놓은 토머스 타워, 2만여 가지의 보석들이 박힌 왕관을 볼 수 있는 쥬얼 하우스Jewel house 등이 있어 볼거리가 풍성하다. 영국 왕가의 역사를 잘 보존한 곳이라 1988년 유네스코 세계문화유산으로 지정되었다.

n Everette Millais

©dynamosquito

요맨 워더스와 함께하는 런던 타워 투어

요맨 워더스Yeoman warders는 1509년부터 이곳에서 공식적으로 왕실을 수호해 온 경비대이자 왕실의 보디가드이다. 지금은 왕가의 보석을 지키며 런던 타워 가이드 임무를 수행하고 있다. 그들의 복장이 특이한데, 이는 튜더 왕조1485~1603 때의 제복이다. 복장의 가슴 부위에 새겨진 붉은 문양은 엘리자베스 2세 여왕을 의미한다. 이들과 함께 하는 가이드 투어는 영어로 30분에 한 번씩 진행되며 1시간가량 소요된다. 런던 타워 입구에서 시작되는 투어는 인산인해를 이룰 만큼 언제나 인기가 좋다. 여름에는 15:30에, 겨울에는 14:30에 마지막 투어가 시작되니 꼭 참여하고 싶다면 시간 조절을 잘하자.

ONE MORE
Tower of London

런던 타워 핵심 관람코스

시간이 맞지 않아 요맨 워더스 투어에 참여하지 못했거나 시간이 부족해서
다 돌아볼 수 없다면 다음과 같은 코스로 돌아보자.

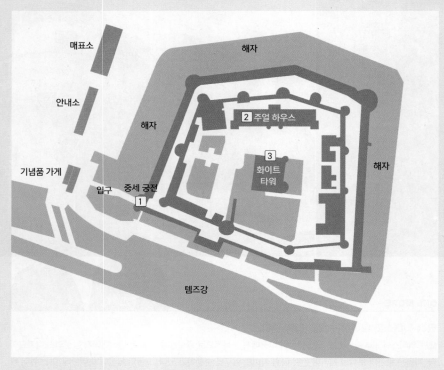

매표소

안내소

기념품 가게

입구

해자

중세 궁전

1

2 주얼 하우스

3
화이트
타워

해자

해자

템즈강

1

중세 궁전

입장 후 오른쪽 대각선 방향에 보이는 작은 계단을 통해 2층으로 올라가 중세 궁전 세인트 토마스 타워에서 13세기의 모습을 그대로 재현해 놓은 에드워드 1세의 침실을 비롯하여 감옥과 요새로 쓰였던 흔적들을 차례대로 둘러보자.

2

주얼 하우스 The Crown Jewels

중세 궁전을 돌아본 후 1층으로 내려와 주얼 하우스로 가자. 12세기부터 영국 왕실에서 소장해 온 세계 최대의 다이아몬드 '아프리카의 별'과 왕관, 검 등을 관람할 수 있다. 엘리자베스 2세 즉위식 때 사용했던 왕관도 있다. 워낙 인기 있는 곳이라 언제나 사람이 넘치지만, 무빙워크가 내부에 설치되어 있어 편하게 관람할 수 있다.

3

화이트 타워

윌리엄 1세1028~1087 때 만든 탑으로 런던 타워의 여러 건물 가운데 최초로 만들어진 오래된 건물이다. 쥬얼 하우스 맞은편의 런던 타워 중앙부에 있다. 3층 높이로 지어졌는데 11세기엔 런던에서 가장 높은 건물이었다고 전해진다. 내부에는 왕들이 착용했던 갑옷, 무기 등이 전시되어 있다.

©Bernard Gagnon

©Padraig

런던 대화재 기념비 Monument to The Great Fire of London

🚶 언더그라운드 서클 라인, 디스트릭트 라인 승차하여 모뉴먼트역Monument 하차
🏠 Fish St Hill, London EC3R 8AH, UK 📞 +44 20 7403 3761
🕐 09:30~13:00, 14:00~18:00 £ £ 6(5세 이하 무료)
≡ http://www.themonument.org.uk

런던 전경을 한눈에 담다

런던 대화재 기념비는 1666년 런던 시내에서 발생했던 대화재를 추모하고 시내 재건을 기념하기 위해 1677년 제작되었다. 시티 오브 런던의 마천루 사이에 숨어있어 언뜻 보기에는 하나의 추모비가 전부일 것 같지만, 기념비 안에 위로 올라갈 수 있는 311개의 계단이 있다. 좁은 계단을 숨 가쁘게 오르고 나면, 시원한 바람을 맞으며 아름다운 런던 시내의 전망을 한 눈에 담을 수 있다. 촘촘한 철조망 사이로 타워 브리지, 시청사, 더 샤드 등 런던 시내 랜드마크들이 장관을 이룬 모습이 보인다. 런던 대화재의 시작점부터 61m 거리에 기념비가 설치되어 있으며, 기념비의 높이도 61m라 그 의미가 더욱 빛난다. 전망대에서 내려오면 방문 인증서도 받아볼 수 있다.

≫ Travel Story 런던 대화재 스토리

시티 오브 런던 중심부에 있던 빵 공장에서 일어난 화재에서 시작되었다. 진압되기까지 3일이나 소요될 정도로 큰 화재였다. 인명피해는 많지 않았으나 벽돌 건물이던 길드홀 등 일부 건물을 제외하고 세인트폴 대성당과 13,000여 채의 런던 시내 목조 주택이 전소되었다. 이후 목재 대신 불이 붙기 어려운 벽돌로 시내 전체를 리모델링했으며, 이후 런던은 '벽돌의 도시'라는 별명을 얻게 되었다.

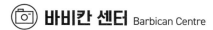

바비칸 센터 Barbican Centre

🚶 언더그라운드 서클, 헤머스미스&시티, 메트로폴리탄 라인 승차하여 바비칸역Barbican에서 하차, 도보 5분
🏠 150 London Wall, London EC2Y 5HN, UK 📞 +44 20 7001 9844
🕐 09:30~23:00(도서관은 17:30 또는 19:30. 일자에 따라 상이)
£ 무료 ≡ https://www.barbican.org.uk/

문화와 예술을 사랑하는 런더너들의 향유 공간

런던을 대표하는 복합 문화예술센터이다. 각종 전시회, 연극, 영화 등 예술에 관한 다양한 프로그램을 운영하며 런던 시민들의 문화 감성을 충전시켜준다. 유럽의 다양한 문화예술센터 중에서도 가장 큰 규모를 자랑한다. 이곳이 더욱 의미 있는 이유는 바로 센터 건축물의 건축 배경 및 운영 방식 때문이다. 바비칸이 위치한 지역 일대는 2차 세계대전 당시 폭격으로 폐허가 됐던 곳이다. 런던시는 이 지역을 재건하며 도시 재생 사업의 일환으로 주거지, 문화센터, 공원, 학교 등이 한 구역 안에 연결되도록 설계했다. 1979년 현재 모습을 갖춘 이래 바비칸 내에는 6,500명의 주민이 거주하고 있다. 예술센터 메인 건물과 주거동 사이에 연결된 야외 테라스는 주민들과 현지 런더너들의 휴식 공간으로 도심 속 오아시스 역할을 담당하고 있다. 야외 테라스에는 레스토랑과 카페도 있어 시민들과 함께 여유를 만끽하기 좋다. 홈페이지에서 바비칸의 공연 및 전시회 일정을 확인할 수 있다.

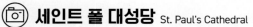

세인트 폴 대성당 St. Paul's Cathedral

🏃 ①언더그라운드 센트럴 라인 승차하여 세인트 폴역St. Paul 하차, 도보 1분 ②서클 라인, 디스트릭트 라인 승차하여 맨션 하우스역Mansion house 하차, 도보 4분 🏠 St. Paul's Churchyard, London EC4M 8AD 📞 +44 20 7246 8350
🕐 08:30~16:00 (수요일은 10:00부터 개방, 다만 성당 행사 일정에 따라 유동적으로 운영)
£ £ 20.50 (트리포리움투어 £ 12.50, 가이드투어 일정은 홈페이지에서 미리 확인) ☰ http://www.stpauls.co.uk

세계에서 두 번째로 큰 성당

영국에서 유일한 돔 형식의 성당으로 런던의 대표 랜드마크 가운데 하나이다. 1666년 대화재 때 소실되자 1711년에 다시 지었다. 설계는 당시 영국을 대표하는 건축가 크리스토퍼 렌Christoper Wren, 1632~1723이 맡았다. 크리스토퍼 렌은 가톨릭 성지 바티칸의 베드로 성당과 같은 돔 형태 성당을 건축하고자 했다. 성공회를 숭상하며 고딕 양식을 고수하고자 했던 영국 왕립위원회는 이를 반대했으나, 렌은 고집과 기술력으로 아름다운 성당을 완공했다. 세인트 폴 대성당의 아름다움은 반대파의 의견을 바꿔놓고도 남을 정도로 충분했다. 규모가 워낙 커서 성당 내부에는 볼거리가 많다. 세인트 폴의 핫 스폿은 성당 지하에 있는 넬슨 제독과 크리스토퍼 렌 등 200여 명의 영국 위인들의 기념비와 납골당, 템스강과 런던 시내 전경을 조망할 수 있는 스톤-골든 갤러리이다. 최근에는 일반 대중에게 공개하지 않던 교회의 측벽, 아치 등 건축 양식을 볼 수 있는 트리포리움 투어도 진행하고 있다. 바티칸 베드로 성당에 이어 세계에서 두 번째로 큰 성당이니, 1시간 이상 잡고 한국어 오디오 가이드를 들으며 꼼꼼히 둘러보시길! 1981년에는 이곳에서 현 찰스 3세 국왕과 고 다이애나비의 결혼식이 열리기도 했다.

푸드 앳 52 요리 학교 Food at 52 Cookery School

🚶 ①언더그라운드 노던 라인 승차하여 올드 스트리트역Old Street 하차, 도보 10분 ②언더그라운드 서클, 해머스미스 & 시티, 메트로폴리탄 라인 승차하여 바비칸역Barbican 하차, 북쪽으로 도보 11분
🏠 96 Central St, London EC1V 8AJ, UK 📞 +44 7814 027067
£ £130 ~ £150 (하프데이, 풀데이 코스에 따라 상이) ☰ http://www.foodat52.co.uk

심도 있는 모로코와 남인도 요리 클래스

모로코, 남인도 등 흔히 접하기 힘든 지역의 요리들을 배워볼 수 있는 쿠킹 클래스이다. 보통의 쿠킹 클래스는 2시간 정도 진행되는데, 이곳은 5시간가량 강습이 진행되어, 해당 지역 요리들에 대한 좀 더 심도 있고 다양한 조리법을 교육받을 수 있다. 3~4가지의 요리를 한 번에 강의하여 클래스 이후의 활용도도 상대적으로 높은 편이다. 무료로 제공되는 와인을 곁들여 본인이 만든 만찬과 함께 즐겨볼 수도 있다. 시티 오브 런던 지역의 바비칸 센터에서 북쪽으로 도보 12분 거리에 있다. 수업 일정은 매달 바뀌므로 홈페이지에서 확인하면 된다.

로이드 빌딩 Lloyd's Building

🚶 언더그라운드 서클 라인, 메트로폴리탄 라인 승차하여
알드게이트역Aldgate 하차, 도보 7분
🏠 London EC3M 7AW, UK

파리엔 퐁피두, 런던엔 로이드

세계 최대 금융 보험사 로이드Lloyd's의 본사 건물이다.
프랑스 파리의 퐁피두 센터를 디자인한 리처드 로저스
의 또 다른 걸작으로도 잘 알려져 있다. '철'이라는 건축
소재를 가장 아름답고 웅장하게 표현한 건물 중 하나로
꼽힌다. 이 건물의 가장 큰 포인트는 퐁피두 센터와 마
찬가지로 보통의 건축물이라면 지하에 숨어있어야 할
급수관, 파이프 등을 외부로 노출 시켜 실내 면적의 활
용도를 극대화한 점이다. 매년 9월 열리는 오픈 하우스
행사 때에는 입장하여 돌아볼 수 있다.

 # 30세인트 메리 엑스

거킨 빌딩 30St Mary Axe

예술과 첨단 과학의 조화

구 런던 시청과 밀레니엄 브리지를 건축한 노먼 포스터
의 세 번째 대표 건축물이다. 세인트 메리 엑스라는 이
름보다 '오이지'라는 뜻의 별칭 '거킨'Gherkin으로 더 알
려져 있다. 건물 외관이 꼿꼿하게 일자로 서 있는 오이
를 닮았기 때문이다. 꼭대기로 올라갈수록 각 층 면적
이 좁아져 오이의 꼭지 부분을 연상시킨다. 거대한 빌
딩에 이 같은 미학적인 외관을 도입하였다는 것만으로
도 찬사받을 만하다. 템스강 북쪽의 마천루 중에서 디자
인이 독특하여 가장 눈에 띈다. 나선형 외관은 자연광
흡수와 공기 순환에도 도움이 되어, 영국 최초의 친환
경 빌딩으로도 그 명성을 떨치고 있다. 반면 햇빛의 양
에 따라 창과 블라인드가 자동 개폐되는 첨단 과학 시
스템도 갖추고 있다.

🚶 언더그라운드 서클 라인, 메트로폴리탄 라인 승차하여 알
드게이트역Aldgate 하차, 도보 7분 🏠 30 St Mary Axe, Lon-
don EC3A 8EP, UK

📷 길드홀 Guildhall

🚶 ①언더그라운드 서클, 해머스미스&시티, 메트로폴리탄, 노던 라인 승차하여 무어게이트역Moorgate 하차, 도보 7분 ②언더그라운드 센트럴 라인, 노던 라인 승차하여 뱅크역Bank 하차, 도보 5분 🏛 Guildhall, Gresham Street London EC2V 7HH, UK 📞 +44 20 7606 3030 🕐 10:30~16:00(마지막 입장 15:45) 🎫 무료. 오후 12:15, 1:15, 폐관 30~45분 전 무료 가이드 투어 진행(월, 수 제외) ☰ https://www.guildhall.cityoflondon.gov.uk/ **아트갤러리 사전 예약 사이트** https://guildhall-art-gallery.myshopify.com/

중세시대 런던의 역사가 깃든 곳

'길드'는 중세 주요 도시의 '상공업자 연합'을 일컫는다. 길드홀은 11세기까지는 런던의 길드 조합원들이 모임을 열던 장소로, 12세기부터는 'The City'지금의 시티 오브 런던 지역의 시청사로 사용되었다. 지금 볼 수 있는 길드홀 건물의 일부는 1411년에 지어진 것인데, 1666년 런던 대화재 속에서도 일부 손상되긴 했으나 살아남았다. 현재 길드홀의 모습은 2차대전1939~1945 때 상당히 손상된 것을 1954년부터 재건하기 시작하여 오늘에 이른 것이다. 길드홀 앞 광장에 서면 건물의 웅장한 분위기에 압도되면서 마치 체스판 위의 말이 된 것 같은 느낌이 든다.

길드홀은 길드들이 계속 왕권에 대항하여 자치권을 얻어내는 데 성공했던 역사의 현장이기도 하다. 14세기 후반에는 강력한 시민권을 바탕으로 이곳에서 시장 선출 및 중요 재판 등이 이루어지기도 했으며, 800년이 지난 오늘도 길드홀은 각종 의회 주최 행사들이 열리는 장소로 활용되고 있다.

ONE MORE
길드홀의 볼거리들

길드홀의 연회장 그레이트 홀Great Hall에 가면 옛날 'The City'를 지배하며 영향력을 행사했던 길드 Top12의 문양이 새겨진 깃발을 볼 수 있다. 또 길드홀에서는 중세시대 지하 묘지인 이스트 크립트East Cript와 웨스트 크립트West Cript, 넬슨 제독과 처칠 수상 기념비를 찾아볼 수 있다. 길드홀을 정면으로 봤을 때 오른쪽에 있는 건물은 아트 갤러리이다. 존 싱글턴 코폴리John Singleton Coply, 1738~1815 같은 유명 화가들의 작품을 찾아볼 수 있다. 또한, 아트 갤러리 건립 때 땅을 파다 AD120년에 만들어진 로마 원형 극장 잔해가 발견되었는데, 지하에 전시장을 만들어 그대로 보존하고 있다.

≫Travel Story
불운의 여인 제인 그레이Jane Grey, 1537~1554

영국 역사에서 가장 불운한 여인 제인 그레이는 길드홀에서 사형을 선고받고, 런던 타워에서 처형당했다. 재위 기간이 고작 9일에 지나지 않아 '9일 여왕'으로도 불린다. 에드워드 6세의 뒤를 이어 여왕으로 선출되었으나, 귀족 간의 암투로 메리 1세에게 왕위를 빼앗기고 16살의 꽃다운 나이에 처형당한 것이다. 그래서 영국 왕실 역사에서 가장 불행한 인물로 꼽히며 동정의 대상이 되고 있다. 1833년 폴 들라로슈Paul Delaroche, 1797~1856가 '레이디 제인의 처형'이라는 작품을 남겼는데, 현재 런던의 내셔널 갤러리가 소장 중이다.

시티 오브 런던의
무료 전망 명소 세 곳

① 원 뉴 체인지 One New Change

쇼핑몰의 옥상 테라스

원 뉴 체인지는 세인트 폴 대성당 바로 옆 골목에 있는 대형 쇼핑몰이다. 쇼핑몰 안의 식당이나 숍보다 옥상에 있는 테라스로 인해 더욱 유명해진 곳이다. 엘리베이터로 옥상 테라스에 오르면 세인트 폴 대성당의 아름다운 모습과 어우러진 런던 시내 전경을 사진에 담기 좋으며, 세인트 폴 대성당 사진 또한 가장 아름답게 찍을 수 있다. 쇼핑몰에서 간식이나 커피를 테이크 아웃하여 여유롭게 뷰를 즐길 수 있어 더욱 좋다.

🚶 언더그라운드 센트럴 라인 승차하여 세인트 폴역St. Paul's 하차, 도보 2분 🏠 1 New Change, London EC4M 9AF, UK 📞 +44 20 07 002 8900 🕐 10:00~18:00(매주 상이하므로 사전 홈페이지 확인) ☰ https://onenewchange.com/

2 스카이 가든 Sky Garden

35층 정원에 있는 무료 전망대

워키토키 빌딩 꼭대기 정원에 있는 무료 전망대이다. 35층 높이에서 360도로 런던 전경을 감상할 수 있어 항상 인기가 많은 곳으로, '런던에서 가장 높은 정원'을 표방하고 있다. 스카이 가든 중앙의 바Sky Pod Bar 주변으로 조성된 초록빛의 풀밭과 허브가 신선한 느낌을 선사한다. 시선을 밖으로 돌리면 강렬한 이미지의 더 샤드와 어우러진 현대적인 런던 전경이 한눈에 들어온다. 방문일 기준 2주 전부터 홈페이지에서 예약할 수 있으며, 별도의 입장료가 없어서 매력적이다. 15분에 한 팀씩 입장한다. 비치 웨어, 스포츠 웨어, 플립플롭을 착용한 사람은 입장할 수 없다. 예약에 실패했다면, 36층에 있는 식당 다윈 브라세리Dawin Brasserie나 35층의 스카이 포드 바Sky Pod Bar를 동일한 홈페이지에서 예약한 후 방문하는 것도 가능하다.

🚶 언더그라운드 서클, 디스트릭트 라인 승차하여 모뉴먼트역Monument 하차, 도보 2분 🏠 20 Fenchurch St, London EC3M 8AF, UK 🕐 월~금 10:00~18:00 주말 11:00~21:00(식당과 바는 00:00까지 운영) ☰ https://skygarden.london/booking

3 더 가든 앳 120 The Garden at 120

거킨, 스카이 가든, 타워 브릿지, 더 샤드까지

런던 마천루의 중심부 펜처치 스트리트Fenchurch St에 디자인이 독특한 빌딩 원 펜 코트One Fen Court가 있는데, 그 꼭대기 15층에 있는 무료 전망대 겸 옥상 정원이다. 2019년 2월부터 개방된 무료 전망대로, 관광객들에게는 많이 알려지지 않아 여유롭게 런던의 파노라마를 감상하기 좋다. 거킨빌딩, 스카이 가든 빌딩 등 마천루를 옆에 끼고 있어, 시티 오브 런던 지역 심장부로 들어온 느낌이 든다. 나무와 식물, 물길이 어우러진 정원 전망대에서 타워 브릿지, 더 샤드 등과 어우러진 런던의 모습을 만끽할 수 있다. 전망대는 별도 예약 없이 방문 가능하며, 바로 아래층에 있는 14Hills 레스토랑에서는 식사를 즐기며 시내 뷰를 감상할 수 있으니 함께 이용해보자.

🚶 ①언더그라운드 서클 라인, 디스트릭트 라인 승차하여 모뉴먼트역Monument 하차, 도보 6분 ②버스 40번 탑승하여 루드 레인 정류장Rood Lane 하차, 도보 1분 🏠 120 Fenchurch St, London EC3M 5BA, UK 🕐 4월~9월(월~금) 10:00~21:00 10월~3월(월~금) 10:00~18:30 토,일 10:00~17:00 ☰ https://www.thegardenat120.com

박스파크 쇼디치 Boxpark Shoreditch

🏃 오버그라운드 승차하여 쇼디치 하이 스트리트역Shoreditch High street 하차, 바로 앞
🏠 2-10 Bethnal Green Rd, London E1 6GY, UK 📞 +44 20 7186 8800
🕐 월~수 11:00~23:00 목~토 11:00~23:45 일 11:00~22:30 ☰ http://boxpark.co.uk

20·30세대의 이스트런던 대표 놀이터

대형 컨테이너를 여럿 이어 붙인듯한 형태의 몰이자, 젊은이들을 위한 복합 문화 공간이다. 쇼디치역 바로 앞에 있
어 쇼핑과 식사를 동시에 즐기기 좋다. 컨테이너 몰은 두 개 층으로 나누어져 있다. 1층에는 소품 숍, 화장품, 의류
등 다양한 테마의 27개 숍이 자리하고 있고, 2층에는 햄버거, 디저트류 등 젊은이들이 좋아할 만한 음식점이 있다.
이와 같은 형태의 세계 최초 컨테이너 몰을 만든 사람은 로저 웨이드Roger wade다. 그는 2011년 처음 박스파크 쇼
디치를 만든 후 2016년에는 크로이돈에, 2018년에는 웸블리에 각각 분점을 오픈하여 그 영역을 점차 넓혀 나가고
있다. 최근에는 몰에서 각종 음악 이벤트와 영화, 프리미어리그 축구 상영 행사 등을 진행하고 있다. 특히 평일 저
녁에는 다양한 콘셉트의 파티가 열린다. 무엇보다 금요일에는 클럽 파티 중심으로 진행돼 젊은 런더너들이 끊임
없이 몰려든다.

빅토리아 파크 Victoria Park

🏃 오버그라운드 승차하여 해크니 위크역Hackney Wick 하차, 도보 6분
🏠 Grove Road Bow London E3 5TB
🕐 07:00~일몰 시

런던 최초의 시민 공원

런던에서 유명한 공원은 왕실이 소유하고 가꿔온 곳이 대부분이다. 대중에게 개방되기
전까진 상류층만 누려왔던 공간이었던 셈이다. 반면 1845년 문을 연 빅토리아 파
크는 런던의 공원 가운데 '시민을 위해 만들어진' 최초의 공원으로 '대중의 공
원'The people's park이라 불리며 많은 사랑을 받고 있다. 공원 동쪽
으로 도보 20분 거리에 2012년 런던 올림픽을 위해 조성
된 경기장 런던 스타디움London stadium이 있어 함께 둘
러보기 좋다.

[1]

리든홀 마켓 Leadenhall Market

'해리포터'에 영감을 준, 마천루 사이 오래된 시장

아찔한 런던의 마천루 사이에 조용히 숨어있는 아케이드 마켓이다. 글라스 스타일 반원형 아케이드가 고풍스럽고 아름다워 동화 속에 들어온 듯한 느낌을 준다. 14세기에 형성되어 버로우 마켓과 함께 런던에서 가장 오래된 마켓 중 하나다. 로마인들이 런던을 지배하던 시기엔 각종 포럼을 개최하던 장소였다. 오랜 리모델링을 거쳐 1800년대 후반 현재 모습을 갖추었다. 무엇보다 이곳이 더욱 유명해진 이유는 영화 해리포터에서 헤그리드와 해리포터가 마법 지팡이를 사기 위해 돌아다니는 다이애건 앨리 상점가를 창조하는 데 영감을 준 장소이기 때문이다. 예쁜 식당과 상점들이 들어서 있으며, 해리포터를 추억하며 인증샷을 남기기 좋다. 주말에는 대부분 가게가 문을 닫는다.

🚶 언더그라운드 서클 라인, 디스트릭트 라인 승차하여 모뉴먼트역Monument 하차, 도보 4분 🏠 Gracechurch St, London EC3V 1LT, UK 🕐 마켓 거리는 24시간 오픈, 주요 숍들은 평일 10:00~19:00 전후 사이에 운영
≡ https://leadenhallmarket.co.uk/

시티 오브 런던 & 이스트 런던 지역 마켓 총집합

[2]

올드 스피탈필즈 마켓
Old Spitalfields Market

2030에게 사랑받는 이스트 런던 대표 마켓

이스트 런던은 이민자들이 살았던 지역이었으나 지금은 런던에서 가장 트렌디한 지역으로 변모하였다. 거대한 벽돌 건물에 140여 개의 숍이 다닥다닥 붙어 있다. 음식, 빈티지 상품, 화장품 등 다양한 상품이 관광객을 맞이한다. 정교하게 설치된 부스에는 트렌디하고 다양한 상품들이 깔끔하게 채워져 있다. 비좁고 지저분한 분위기는 좀처럼 찾아볼 수 없다. 특히 목요일에는 빈티지 의류, 가구, 소품 등을 만날 수 있는 '빈티지 마켓'이 열려, 2030 힙스터와 젊은 런던 예술가들의 발길이 모여든다. 영국 대표 신발 브랜드 닥터마틴, 가수 선미의 시계로 유명세를 탔던 다니엘 웰링턴, 영국 대표 향수 조 말론 등 젊은 층이 선호하는 브랜드 숍이 즐비하니 함께 둘러보자.

🚶 언더그라운드 엘리자베스, 센트럴, 서클, 헤머스미스 & 시티, 메트로폴리탄 라인 승차하여 리버풀 스트리트역Liverpool street 하차, 도보 8분 🏠 16 Horner Square, London E1 6EW, UK 📞 +44 20 7375 2963

🕐 월,화,수,금 10:00~20:00 목 08:00~18:00 토 10:00~18:00 일 10:00~17:00 (내부 식당가는 11시부터 운영 시작) ≡ https://oldspitalfieldsmarket.com/

③

브릭 레인 빈티지 마켓
Brick Lane Vintage Market
이스트 런던의 힙한 분위기는 덤

주말에만 열리는 골목 마켓이다. 음식, 액세서리, 패션, 빈티지 등 분야별 여섯 개의 마켓이 한 골목 안에 밀집해 있다. 주말만 되면 도보 5분 거리에 있는 올드 스피탈필즈 마켓과 브릭 레인 마켓을 방문하려는 관광객과 현지인들로 발 디딜 틈이 없다. 마켓 외부에 줄지어 들어선 음식 노점과 상인들의 열띤 목소리가 여행자들의 눈길을 끈다. 특히 마켓이 위치한 브릭 레인 거리는 '쇼디치 지역의 얼굴'이라고 해도 무방할 정도로 길거리 그라피티와 젊은 감성 충만한 숍이 즐비하다. 주말에 방문한다면 구석구석 둘러보며 이스트 런던의 분위기를 한껏 만끽해보자.

🚶 오버그라운드 라인 승차하여 쇼디치 하이 스트리트역 Shoreditch High Street 하차, 도보 5분
🏠 91 Brick Ln, London E1 6QR, UK 📞 +44 20 7770 6028
🕐 토요일 11:00~17:30 일요일 10:00~17:00(각 마켓에 따라 일부 상이) ☰ http://www.bricklanemarket.com/

Local Markets in City of London & East London

④

콜롬비아 로드 플라워 마켓
Columbia Road Flower Market
은은한 꽃향기가 흐르는

이스트 런던 북쪽 끝자락에 있는 콜롬비아 거리는 평일에는 작은 숍과 레스토랑들이 줄지어 들어선 조용한 거리이다. 하지만 일요일만 되면 꽃시장 콜롬비아 플라워 마켓이 들어서며 여행객이 찾아드는 '핫플레이스'가 된다. 장미, 백합, 해바라기 등 형형색색의 꽃들이 뿜어내는 은은한 향기를 맡고 있으면 꽃을 구매하지 않아도 마음이 평온해지고 기분이 정화된다. 오전 8시부터 열리는 마켓이니 이곳을 일요일 여정의 시작점으로 삼고, 이스트 런던 지역과 시티 오브 런던 주요 관광지들을 함께 둘러보는 코스를 추천한다.

🚶 ①오버그라운드 승차하여 쇼디치 하이 스트리트역 Shoreditch High Street 하차, 도보 12분 ②오버그라운드 승차하여 혹슨역Hoxton 하차, 도보 9분
🏠 Columbia Rd, London E2 7RG, UK
📞 +44 20 7613 0876 🕐 08:00~15:00 (일요일에만 운영)
☰ http://www.columbiaroad.info/

윌튼스 뮤직홀 Wilton's Music Hall

🚶 언더그라운드 서클, 디스트릭트 라인 승차하여 타워 힐역Tower Hill 하차, 도보 10분
🏠 1 Graces Alley, Whitechapel, London E1 8JB, UK
📞 +44 20 7702 2789
🕐 **공연장** 공연에 따라 상이, 일요일 휴관 **레스토랑과 바** 월~토 17:00~23:00
💷 £10~£30(공연 및 좌석에 따라 상이)
☰ https://www.wiltons.org.uk(온라인 예약)

이스트 런던의 숨겨진 보석
인적이 드문 골목길에 있어 '이런 곳에 어떻게 공연장이 있을까?'라는 생각이 절로 든다. 작은 공연장 윌튼스 뮤직홀은, 1800년대 후반부터 오페라, 클래식, 마술쇼 등의 공연을 진행해 온 유서 깊은 소극장이다. 허름하고 규모가 작은 극장이라고 공연의 질까지 떨어질 것이라는 착각은 금물! 현직에서 왕성하게 활동 중인 런던의 수많은 공연 연출가, 안무가들이 재능기부 형식으로 공연 진행을 지원해 그 수준이 매우 높은 편이다. 홈페이지에서 공연에 대한 정보를 사전에 확인할 수 있다. 소극장 안에 레스토랑 겸 바도 운영 중이라 공연 전후 함께 이용하기 좋다.

🍴 예 올드 체셔 치즈 Ye Olde Cheshire Cheese

🚶 ① 언더그라운드 센트럴 라인 승차하여 챈서리 래인역Chancery lane에서 하차, 도보 9분
② 시티 테임스링크City Thameslink 기차역에서 도보 3분
🏠 145 Fleet St, London EC4A 2BU 📞 +44 20 7353 6170
🕐 12:00~23:00 (일요일 22:30까지) £ 단품 메뉴 기준 £11.95부터

디킨스와 코난 도일의 단골 전통 펍

영국 펍 특유의 오래된 향기를 물씬 느낄 수 있는 곳이다. 세인트 폴 대성당에서 서쪽으로 8분 거리에 있다. 내부 구조부터 비밀 아지트로 들어가는 듯하고, 19세기에 사용되던 가구가 그대로 배치되어 있다. 런던 대화재1666 이후 펍은 현재 모습으로 재건되었고, 찰스 디킨스, 코난 도일, 마크 트웨인 등도 이곳을 자주 방문했다고 전해진다. 이곳 역사가 얼마나 오래되었는지 알 수 있다. 3개 층으로 이뤄진 펍에선 피쉬앤칩스, 선데이 로스트 등 전통 음식에 사무엘 스미스Samuel smith's 같은 유서 깊은 영국 맥주를 함께 즐길 수 있다. 영국 펍의 진수를 맛보고 싶은 이에게 추천!

🍴 어반 푸드 페스트 Urban Food Fest

🚶 오버그라운드 승차하여 쇼디치 하이 스트리트역Shoreditch High street에서 하차, 도보 4분
🏠 Euro Car Parks, 162~167 Shoreditch High St, London E1 6HU, UK
🕐 토요일 12:00~00:00 £ £ 5부터
☰ http://www.urbanfoodfest.com

런던 여행자가 꼭 가봐야 할 곳 1위

토요일만 되면 쇼디치 하이 스트리트역 주변에는 흥겨운 음악이 울려 퍼진다. 박스파크 쇼디치에서 북쪽으로 3분 정도 음악 소리를 따라 자연스럽게 걷다 보면 허름한 주차장 부지 안에 가득 들어찬 푸드트럭들을 발견할 수 있는데, 이곳이 어반 푸드 페스트이다. 10여 대 푸드트럭들이 다닥다닥 붙어 수제 핫도그, 피쉬앤칩스 등의 길거리 음식과 다양한 칵테일과 맥주를 함께 판매한다. 어반 푸드 페스트는 영국 데일리 텔레그래프 신문사에서 꼽은 '런던 여행 시 꼭 가봐야 할 곳 1위'로 선정되기도 했다. 최근에는 결혼식, 생일잔치, 주요 파티 등에 직접 찾아가는 서비스를 제공하며 그 명성을 키워나가고 있다.

스모킹 고트 Smoking Goat

쇼디치에서 태국의 향기를

스모킹 고트는 태국 길거리에서나 만날 법한 식당이자 바이다. 박스파크 쇼디치에서 북쪽으로 도보 2분 거리에 있다. 오픈된 주방에서 셰프들이 레몬그라스를 다듬거나 태국식 사테꼬치구이를 굽고 있는 모습을 바라보고 나면 런던에서 태국 요리 맛보기라는 약간 어색한 조화를 인정하게 된다. 태국을 대표하는 꼬치 요리 사테Satay, 우리나라의 빈대떡을 연상시키는 로티Lotti를 색다른 분위기에서 맛볼 수 있다. 특히 돼지고기를 다져서 만든 짭조름한 샐러드 랍무 Northern Thai Style Duck Laab는 우리 입맛에도 딱 맞아 밥 한 공기와 든든한 한 끼 식사를 즐길 수 있다.

🚶 ①오버그라운드 승차하여 쇼디치 하이 스트리트역Shoreditch High Street 하차, 도보 3분 ②버스 26, 48, 67, 149번 탑승 후 쇼디치 하이 스트리트 정류장Shoreditch High St Station(Stop N) 하차, 도보 1분 🏠 64 Shoreditch High St, London E1 6JJ, UK 🕐 월~목 12:00~15:00, 17:00~23:00 금·토 12:00~23:00 일 12:00~22:00 £ 꼬치 £1.6 식사 메뉴 £5.5 ≡ http://www.smokinggoatbar.com

더 리버티 바운즈 The Liberty Bounds

저렴한 가격으로 즐기는 정통 영국식 식사

펍 음식과 호텔 숙박을 저렴한 가격에 제공하는 영국 프랜차이즈 브랜드 위더스푼Wetherspoon에서 운영하는 펍 중 하나로, 런던 타워 바로 건너편에 있다. 잉글리시 브랙퍼스트, 스테이크 파이, 피쉬앤칩스 등 영국 전통 메뉴와 맥주를 다른 펍에 비해 훨씬 저렴한 가격에 즐길 수 있다. 2개 층으로 이뤄진 식당에는 런던 타워, 타워 브리지 등 주변 명소들의 역사와 관련된 인물들을 현판으로 걸어놓아, 전통 펍들과는 살짝 다른 분위기가 연출된다. 아침 일찍부터 저녁 늦게까지 영업하여 언제든 방문해 허기를 달래기도 좋다.

🚶 언더그라운드 서클, 디스트릭트 라인 승차하여 타워 힐 역Tower Hill 하차, 도보 2분 🏠 15 Trinity Square, London EC3N 4AA, UK 📞 +44 20 7481 0513 🕐 08:00~24:00 £ 단품 식사기준 £7.5부터

레이디 디나스 캣 엠포리움 Lady Dinah's Cat Emporium

🏃 오버그라운드 승차하여 쇼디치 하이 스트리트역Shoreditch High street에서 하차, 도보 5분
🏠 152-154, Bethnal Green Rd, London E2 6DG, UK
📞 +44 20 8616 9390 🕐 월~금 11:00~17:00 주말 10:30~18:00 £ 1인당 £ 11부터
≡ https://www.ladydinahs.com/pages/bookings(온라인 예약)

영국 최초의 캣 카페

카페에는 14마리의 고양이가 세상 모르게 낮잠을 자거나, 사람들의 관심에
도 아랑곳하지 않고 본인들만의 시간을 보내고 있다. 마치 우리가 그들
의 휴식처에 방문한 느낌이 든다. 기본 입장료 £11에는 60분의 이용 시
간이 포함되어 있다. 음료나 차류 외에 샐러드, 케이크 등 디저트 메뉴

는 추가 주문해야 한다. 고양이들을 관찰하며 정신없이 놀다 보면 60
분이라는 시간이 금세 흘러간다. 인기 많은 카페여서 예약이 필수다. 홈
페이지를 사전에 꼭 확인하자. 박스파크 쇼디치에서 북동쪽으로 걸어서
6분 정도 걸린다.

🛍️ 다크 슈가스 코코아 하우스 Dark Sugar's Cocoa House

🚶 오버그라운드 승차하여 쇼디치 하이 스트리트역Shoreditch High street 하차, 도보 5분
🏠 141 Brick Ln, Bethnal Green, London E1 6SB, UK 📞 +44 7429 472606
🕙 10:00~20:00 £ 초콜릿 6개 묶음 기준 £ 8부터 ☰ https://www.darksugars.co.uk/

초콜릿 뷔페!

알록달록 진주 모양의 초콜릿은 물론 깊은 맛을 자랑
하는 초콜릿 아이스크림을 맛볼 수 있는 곳이다. 다크
슈가스 창업주는 아프리카 가나의 코코아 농장에서 3
년 동안 거주하며 배운 초콜릿 제조 노하우를 런던으
로 가져와 숍을 차렸다. 아프리카산 코코아로 만든 트러
플, 샴페인 초콜릿 등 20여 가지 맛의 초콜릿이 손님들
을 맞이한다. 마치 초콜릿 뷔페 같다. 초콜릿을 넘어 진
한 초콜릿으로 만든 아이스크림과 핫초코도 맛보며 여
행 에너지를 한껏 충전해보자. 박스파크 쇼디치에서 동
쪽으로 도보 5분 거리에 있다.

버버리 아웃렛 Burberry Outlet

🚶 ①오버그라운드 승차하여 해크니 센트럴역Hackney Central 하차, 도보 8분 ②버스 30, 236, 276, 394 탑승하여 트릴러니 에
스테이트 정류장Trelawney Estate 하차, 도보 3~4분
🏠 29-31 Chatham Pl, London E9 6LP, UK 📞 +44 20 8328 4287 🕐 월~토 10:00~18:00 일 11:00~17:00
☰ 버버리 매장 가이드 https://uk.burberry.com/outlet-stores/
버버리 사이즈 가이드 https://se.burberry.com/customer-service/faqs/size-guide/

특템을 꿈꾸는 당신을 위하여!

버버리는 영국에서 가장 이름난 럭셔리 브랜드 가운데 하나이다. 런던 여행자에게 버버리는 꼭 쇼핑해야 할 품목
중 하나로 꼽힌다. 이스트 런던을 여행하는 버버리의 팬이라면 잠시 짬을 내어 아웃렛 매장을 방문해보자. 버버리
아웃렛은 콜롬비아 로드 플라워 마켓 북쪽의 해크니Hackney 지역에 있다. 아웃렛 매장에서 일반 오프라인 매장이
나 면세점에서 취급하는 따끈따끈한 상품을 구매할 수는 없다. 하지만, 트렌치코트나 지갑 등 버버리를 대표하는
다양한 품목을 시중 가격보다 20% 이상 저렴하게 구매할 수 있다. 이월 상품이나 아웃렛용으로 제작된 제품이 대
부분이다. 아쉽게도 아웃렛 안에 별도 탈의실은 없다. 따라서 의류를 구매할 계획이라면 영국이나 버버리 브랜드
기준에 맞는 본인 사이즈를 미리 알아서 가는 게 좋다. 인기 상품은 조기에 매진되는 경우가 많으므로, 오픈 시간
에 맞춰 방문할 것을 추천한다.

술 한잔하며 런던 야경 즐기기

시티 오브 런던 지역은 칵테일이나 샴페인을 즐기며 런던의 근사한 야경을 감상할 수 있는
루프톱 바가 많이 있다. 런던의 멋진 뷰를 가슴에 담으며 잊지 못할 추억을 남겨보자.

1 에비어리 Aviary

연인과 가기 좋은 분위기의 루프톱

5성급 호텔 몬트캄 로열 런던 하우스Montcalm Royal London
House 10층에 있는 루프톱 바이다. 바비칸 센터에서 걸어
서 북동쪽으로 10분 거리에 있다. 테라스가 있는 분위기
있는 루프톱 바를 찾는다면 이곳이 제격이다. 루프톱 바
와 정찬을 즐길 수 있는 레스토랑이 함께 연결되어 있다.
직장인과 기념일을 즐기려는 연인이 많이 찾는다. 레스
토랑에서는 시그니처 메뉴인 28일 이상 숙성시킨 스테
이크 메뉴를 맛볼 수 있다. 동절기엔 추운 고객들을 위해
테라스에 작은 캡슐을 설치한다.

🚶 ①언더그라운드 노던 라인 승차하여 올드 스트리트역Old
Street 하차, 도보 7분 ②버스 21, 76, 141번 승차하여 핀스
베리 스퀘어 정류장Finsbury Square 하차, 도보 1분 🏠 Royal
London House, 10th Floor Montcalm, 22-25 Finsbury
Square, London EC2A 1DX, UK 🕐 06:30~00:00 (주말은
07:00 오픈, 루프톱 바 실외는 22:00까지)
£ 칵테일 £ 13.5부터 식사 £ 16부터
☰ http://aviarylondon.com

AVIARY
PALM ROOMS

2 세비지 가든 Savage Garden

더 샤드, 런던 타워, 타워 브리지의 완벽한 뷰

더블 트리 바이 힐튼 호텔 런던Double Tree by Hilton Hotel London 12층에 있다. 런던 타워에서 북쪽으로 도보 7분 거리에 있다. 2017년 문을 연 루프톱 바로, 오픈하자마자 금새 입소문을 타 젊은 런더너들의 발길이 끊이지 않는 곳이다. 우측으로는 더 샤드, 좌측으로는 런던 타워와 타워 브리지의 멋진 뷰를 가장 완벽하게 볼 수 있는 곳이다. 가급적이면 방문 전 예약을 하는 것이 좋다. 15파운드의 예약금이 있으며, 드레스코드도 있어 슬리퍼나 너무 편한 복장으로는 입장이 불가하다. 🚶 ①언더그라운드 서클, 디스트릭트 라인 승차하여 타워 힐역Tower Hill 하차, 도보 2분 ②런던 펜처치 스트리트 기차역London Fenchurch Street에서 도보 4분 🏠 floor 12, 7 Pepys St, London EC3N 4AF, UK 🕐 월·수·일 15:00~00:00 목·금요일 15:00~02:00 토요일 12:00~02:00 £ 칵테일 £ 9부터 ☰ http://www.savagegarden.co.uk

3 더 컬페퍼 The Culpeper

금융 중심가의 정원이 있는 루프톱

시티 오브 런던 금융 중심가 마천루 사이 4층짜리 벽돌 건물에 있다. 1층은 펍, 2층은 레스토랑, 3층은 B&B 침실이다. 그리고 4층에 루프톱 바 더 컬페퍼가 있는데, 현지인들에겐 꽤 유명한 단체 모임 장소다. 금융 중심가의 고층 빌딩과 작은 정원이 어우러져 있는 루프톱의 부조화가 오묘한 느낌을 자아낸다. 이곳 정원에서 기른 채소와 과일로 만든 요리와 칵테일을 맛보는 것은 남다른 즐거움이다. 크리스마스나 연말에는 10명 이상의 단체 손님만 예약받는다.

🚶 ①언더그라운드 서클, 디스트릭트, 해머스미스 & 시티 라인 승차하여 알드게이트 이스트역Aldgate East 하차, 도보 2분 ②오버그라운드 승차하여 쇼디치 하이 스트리트역Shoreditch High Street 하차, 도보 10분 🏠 40 Commercial St, London E1 6LP, UK 🕐 12:00~00:00 (월~목), 12:00~01:00(금,토), 12:00~21:00(일)(단, 예약 및 상황에 따라 유동적으로 운영) £ 칵테일 £ 8부터
☰ https://www.theculpeper.com/rooftop/

4 거킨 아이리스 바 Gherkin Iris Bar

시야가 확 트이는 멋진 전망

거킨 타워30 St Mary Axe 꼭대기에 있는 레스토랑 겸 바Bar이다. 헬릭스라는 이름의 레스토랑은 39층에, 아이리스 바는 40층에 나누어 운영 중이다. 까다로운 짐 검사를 마친 후 40층 꼭대기에 오르면 시야가 확 트이는 런던의 멋진 전망을 감상할 수 있다. 세인트 폴 대성당, 타워 브리지 등 템스강 북쪽의 주요 명소들이 한눈에 들어와 칵테일 한잔에도 운치가 흐른다. 주로 오피스로 사용되는 건물이라 홈페이지 예약 후 지정 시간에만 방문할 수 있으니, 사전에 꼭 홈페이지를 확인하자.

🚶 언더그라운드 엘리자베스, 센트럴, 서클, 헤머스미스 & 시티, 메트로폴리탄 라인 승차하여 리버풀 스트리트역Liverpool Street 하차, 도보 5분
🏠 30 St Mary Axe, London EC3A 8EP, UK 📞 +44 330 107 0816
🕐 홈페이지의 예약 가능 시간 참고 £ 샴페인 £15부터, 칵테일 £17부터
🖥 https://searcysatthegherkin.co.uk/

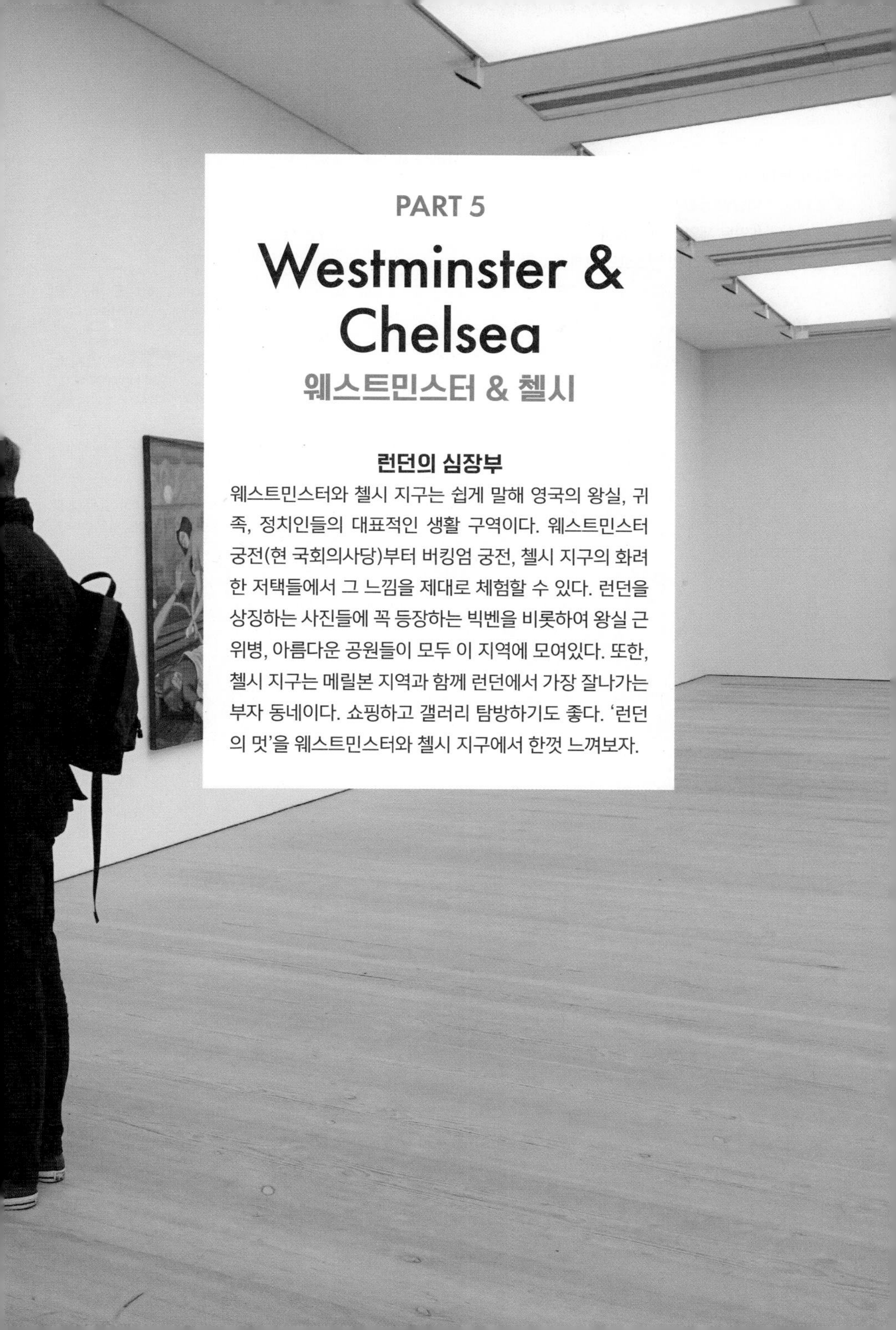

PART 5

Westminster & Chelsea
웨스트민스터 & 첼시

런던의 심장부

웨스트민스터와 첼시 지구는 쉽게 말해 영국의 왕실, 귀족, 정치인들의 대표적인 생활 구역이다. 웨스트민스터 궁전(현 국회의사당)부터 버킹엄 궁전, 첼시 지구의 화려한 저택들에서 그 느낌을 제대로 체험할 수 있다. 런던을 상징하는 사진들에 꼭 등장하는 빅벤을 비롯하여 왕실 근위병, 아름다운 공원들이 모두 이 지역에 모여있다. 또한, 첼시 지구는 메릴본 지역과 함께 런던에서 가장 잘나가는 부자 동네이다. 쇼핑하고 갤러리 탐방하기도 좋다. '런던의 멋'을 웨스트민스터와 첼시 지구에서 한껏 느껴보자.

웨스트민스터 & 첼시 여행 지도

베스트 추천 코스 지도의 빨간 점선 참고

국회의사당과 빅벤 → 도보 2분 → 웨스트민스터 사원 →
도보 15분 → 버킹엄 궁전 및 근위병 교대식 관람 →
도보 2분 → 세인트 제임스 파크 산책 → 언더그라운드로
15분 이동 → 사치갤러리 및 킹스로드 산책 & 쇼핑

하이드 파크
Hyde Park

하이드 파크 코너
Hyde Park Coner

웰링턴 아치
Wellington Arch

하비 니콜즈 백화점

나이트스브리지
Knightsbridge

페트루스 바이 고든램지
Petrus By Gordon Ramsay

해러즈
백화점

슬로안 스트리트

Sloane St.

South Kensington

이턴 스퀘어

에버리 스트리트

BBC 지구 체험
(1.8km)

슬로인 애비뉴

듀크 오브 요크 스퀘어
Duke of York Square

Sloane Square

사치갤러리
Saatchi Gallery

고든램지 바 &
그릴 첼시
Gordon ramsay Bar & Grill
(600m)

스위티 베티
Sweaty Betty

첼시 포터
Chelsea Potter

레토L'ETO

안트로폴로지
Anthropologie

로열 호스피털 로드

첼시 브리지 로드

킹스 로드
King's Road

게일스 베이커리
킹스로드 점
GAIL's Bakery Kings Road

빅 이지
Big Easy

도착

레스토랑 고든 램지
Restaurant Gordon Ramsay

스탬퍼드 브리지
(1.6km)

국회의사당&빅벤 Houses of Parliament & Big Ben

🚶 ①언더그라운드 서클 라인, 디스트릭트 라인, 주빌리 라인 승차하여 웨스트민스터역Westminster 하차
②버스 148, 211번 탑승 후 Westminster Station Bridge Street 정류장 하차
🏠 Palace of Westminster, Westminster, London SW1A 0PW, UK 📞 +44 20 7219 4114
☰ http://www.parliament.uk/visiting

영국 정치의 역사를 담다

언더그라운드 웨스트민스터역 3번 출구의 계단을 오르다 고개를 살짝 들면 진짜 런던에 와 있다는 사실을 실감하게 된다. 런던의 랜드마크 빅벤과 국회의사당 건물이 눈앞에 생생하게 모습을 드러내기 때문이다. 런던에 왔다면 꼭 한 번 기념사진을 남겨야 할 스폿이다.

국회의사당은 과거 버킹엄 궁전이 건축되기 전까지 왕족이 거주하는 '웨스트민스터 궁전'이었다. 웨스트민스터 궁전은 중세 시대 내내 다양한 건물이 지어지며 확장되었다. 화재와 전쟁 속에 대부분 소실되었지만, 그 속에서 살아남아 지금도 볼 수 있는 웨스트민스터 홀국회의사당 서쪽은 노르망디 왕조의 윌리엄 2세재위 1087~1100 때부터 있었던 건물이다. 1834년 화재가 일어나 궁 건물 대부분이 불에 타 버리자 1860년 현재의 모습인 신고딕 양식으로 재건하였다. 현재는 영국 정치의 심장부와 같은 국회의사당으로 사용되고 있으며, 지금도 중요한 정치 사안에 대한 논의가 끊임없이 벌어진다. 15세기 중반 하늘을 찌르는 왕권을 억제하고 의회의 힘을 우뚝 세운 명예혁명의 역사가 아직도 이곳에서 이어지고 있다.

국회의사당 북쪽에는 높이 96m로 우뚝 솟은 빅벤이, 남쪽에는 빅토리아 타워가 자리하고 있다. 빅벤은 런던의 상징인 명물 시계탑이다. 어린 시절 피터 팬 만화에 등장하여 동심을 자극하는 곳으로 기억하는 이가 많을 것이다. 2012년 엘리자베스 2세 즉위 60주년을 맞이하여 이름을 바꿔, 현재 공식 명칭은 '엘리자베스 타워'이다. 런던 풍경 사진에 빠지지 않고 등장하는 명소이다. 보수 공사를 거쳐 2022년 완전한 모습을 다시 볼 수 있게 되었다.

공화정을 알면 영국 역사가 보인다

청교도 혁명이 뭘까?

'공화'는 주권이 한 사람에 의해 행사되지 않고 여러 사람의 합의에 따라 법적 차별 없이 평등하게 행사되는 정치체제를 말한다. 쉽게 말해서 왕정의 반대 개념이다. 영국에서는 1642년부터 1651년까지 3차례에 걸친 왕당파와 의회파의 내전이 벌어져 갈등이 이어지다가, 1649년 왕권신수설을 내세운 찰스 1세를 처단하고 의회파의 크롬웰을 호국경(오늘날의 대통령으로 선출하면서 공화정 체제가 구축됐다. 이를 청교도 혁명이라고 한다.

크롬웰은 누구?

하지만 크롬웰의 통치를 받은 영국인들은 여전히 행복하지 않았다. 크롬웰이 추구한 청교도식 법률 체제는 연극이나 노래 등 각종 문화예술 활동은 물론 축구 같은 스포츠도 금지하였고, 심지어 크리스마스를 기념하는 것도 금지하였다. 오늘날에도 '영국 음식은 맛이 없다.'라는 말이 전해지는데, 이는 당시에 청교도식 금욕주의에 의해 음식 맛을 내려고 노력하는 것조차 금기시하였기 때문이다. 영국인들은 청교도 정신을 강요받는 것을 별로 좋아하지 않았다. 결국 크롬웰이 죽자 찰스 2세(찰스 1세의 아들)가 왕위에 즉위하면서 왕정이 복구되었다.

©National Portrait Gallery

다시 명예혁명!

하지만 1688년 의회파는 제임스 2세찰스 2세의 동생를 몰아내고 윌리엄 3세네덜란드의 왕, 제임스 2세의 사위를 왕으로 추대하면서 주도권을 잡고 진정한 공화정의 기틀을 마련하게 된다. 이를 피 흘리지 않고 이뤄냈다 하여 명예혁명이라고 부른다. 명예혁명은 영국에서 최초로 시민사회가 형성되는 데 크게 기여하였으며, 후에 산업혁명과 더불어 영국이 세계 최초로 근대 시민사회의 첫걸음을 내딛는데 중요한 밑거름이 되었다.

─(Travel Tip)─────────────────────────

국회의사당과 빅벤 투어!
영국 정치사의 생생한 현장 속으로

영국 정치사의 생생한 현장을 가까이서 보고 싶다면, 국회의사당 & 빅벤 투어를 활용해 보자. 국회의사당은 과거 궁전으로 사용되었기에, 회의장과 더불어 왕실 역사를 느낄 수 있는 흔적이 많다. 회의실 좌석은 상원Lords chamber 과 하원Commons chamber으로 구분되어 있다. 붉은색 좌석은 상원을 상징하고, 녹색 좌석은 하원을 상징한다. 여기에 왕실을 상징하는 푸른색 좌석이 어우러져 있다. 그밖에 왕실 가족들의 초상화가 걸린 로열 갤러리, 처칠과 마거릿 대처 등 옛 수상들의 동상 조각이 있는 멤버스 로비를 오디오와 가이드 투어 등을 통해 둘러볼 수 있다. 의회의 회의 일정에 따라 개방일의 변동이 많으므로 홈페이지를 사전 확인 후 방문 계획을 짜자. 입장권은 홈페이지 혹은 웨스트민스터역 3번 출구에서 도보 1분 거리에 있는 부스에서 구매할 수 있다. 빅벤 투어는 11살 이상만 가능하며, 300개가 넘는 계단을 올라 빅벤을 가장 가까이서 볼 수 있는 투어다.
🕐 평일 10:00~16:00 토 08:45~16:45(별도 티켓 구매자만 입장 가능, 의사당 내부 일정에 따라 변동이 잦음) £ 오디오 투어 £ 25 가이드 투어 £ 32 빅벤 투어 £ 25

📷 버킹엄 궁전 Buckingham Palace

🚶 ①언더그라운드 서클 라인, 디스트릭트 라인 승차하여 세인트 제임스 파크역 St. James's Park 하차, 도보 8분
②언더그라운드 주빌리 라인, 피카딜리 라인, 빅토리아 라인 승차하여 그린파크역 Green Park 하차,
공원 내부 통해 도보 9분 🏠 Westminster, London SW1A 1AA, UK
🔗 http://www.royalcollection.org.uk

영국 왕실의 거주지

'해가 지지 않는 나라' 대영제국의 전성기를 함께한 엘리자베스 1세재위 1558~1603와 빅
토리아 여왕재위 1837~1901에 대한 향수 때문일까? 영국인들의 왕실 가족에 대한 애정
과 관심은 우리의 상상을 뛰어넘는다. 1761년 조지 3세는 버킹엄 공작 존 셰필드의 저
택을 인수하였고, 리모델링을 거쳐 1837년 빅토리아 여왕이 이 저택을 정식 궁전으로 선
포하였는데, 이곳이 버킹엄 궁전이다. 이후 버킹엄 궁전은 영국 왕실의 거주지와 사무실
로 사용되며 명실상부 영국 왕실을 상징하는 대명사가 되었다. 현재 영국의 왕인 찰스 3
세는 주로 평일에는 버킹엄 궁전, 주말에는 윈저성에 머문다. 궁에 그가 있을 땐 궁전 위
에 왕실 깃발로열 스탠다드이, 부재 시에는 영국 국기유니언 잭가 게양된다. 버킹엄
궁전 주변에 세인트 제임스 파크, 그린파크 등 왕실 소유 공원이 있어 함
께 둘러보기 좋다. 궁전 앞 광장의 빅토리아 여왕 동상에서 트래펄가 광
장까지 길게 뻗어 있는 더 몰The mall 거리를 산책하는 즐거움도 놓치지
말자. 여름철에만 관광객에게 개방하는 스테이트룸도 꼭 챙겨야 할 버
킹엄 궁전의 볼거리다.

버킹엄 궁전에서 꼭 봐야 할 것들

버킹엄 궁전은 왕실이 오랫동안 거주해온 곳이라 궁전 외에도 둘러볼 만한 곳이 많다. 궁전 관광의 하이라이트 근위병 교대식은 물론 로열 뮤즈, 스테이트룸, 퀸스 갤러리 등도 있다. 방문 시기에 맞춰 일정을 잡아 관람한다면 영국 왕실의 역사와 그 매력에 한 걸음 더 다가갈 수 있다. 오픈 시기가 유동적이므로 홈페이지에서 사전에 꼭 확인 후 방문하자.

① 근위병 교대식

궁전 호위를 담당하는 근위병 교대식은 런던에서 빼놓지 말고 봐야 할 관광 포인트이다. 왕실의 공식행사라 군악대와 경찰도 함께 동원되어 엄숙하게 진행된다. 영국 근위병들의 트레이드 마크인 털모자는 흑곰 가죽으로 만들어서 베어스킨Bearskin이라고 불린다. 털모자를 쓴 채 열을 맞춰 늠름히 걸어가는 병사들에게선 기품과 위엄을 느낄 수 있다. 교대식은 주로 오전 11시부터 45분간 진행되며 행사를 가장 잘 볼 수 있는 명당자리는 빅토리아 여왕 동상 옆, 궁전 중앙 문 옆이다. 행사 시작 50분 전에는 도착해야 자리를 사수할 수 있다.

🕐 11:00~11:45(6~7월 매일, 그 외 기간 월·수·금·일, 연말이나 왕실 주요 행사 시엔 유동적으로 운영되므로 홈페이지 확인 필요) ☰ https://changing-guard.com/

②

퀸스 갤러리 & 로열 뮤즈 Queen's Gallery & Royal Mews

영국 왕실에 관한 좀 더 자세한 이야기가 궁금하다면 방문해야 할 곳이다. 퀸스 갤러리는 2차 세계대전 당시 폐허가 된 왕실 성당 자리에 지어진 전시관이다. 영국 왕실과 연관이 있는 물품이나 직접 수집한 예술 작품을 특별전 형태로 전시하고 있다. 로열 뮤즈는 왕실에서 사용하는 말이나 마차, 자동차 등을 전시하는 곳이다. 왕족들이 주요 행사 시 탑승한 7개의 왕실 마차를 구경할 수 있다. 그중에서 1760년 조지 3세 즉위식을 위해 만들어진 골드 스테이크 코치Gold State Coach는 마차 전체가 금으로 뒤덮여 있는, 이곳의 하이라이트 전시물이다. 두 곳 모두 돌아보려면 2시간~2시간 30분 정도 소요된다.

🚶 버킹엄 궁전에서 궁 뒤편으로 도보 2~3분 🕐 **퀸스 갤러리** 10:00~17:30(화·수 휴관, 7월 말~9월 말 09:30~17:30, 마지막 입장 16:15, 12월 25일·26일 휴관, 다양한 사정으로 휴관할 수 있으니 미리 확인하자.) **로열 뮤즈** 월~토 10:00~16:00(3월 말~10월 10:00~17:00 매일 개관) £ **퀸스 갤러리** £19 **로열 뮤즈** £19 (사전 구매하면 £17/스테이트 룸+퀸스 갤러리+로열 뮤즈 통합 티켓인 Royal Day Out 구매 시 £65.70/사전 구매 시 £61.20)

©wikimedia commons

3 스테이트 룸 The State rooms

버킹엄 궁전 내부에는 775개의 방이 있는데, 현재 왕실 가족과 직원까지 모두 450여 명이 거주 중이다. 수많은 방 중에서도 궁전의 심장부인 스테이트 룸은 매년 3만여 명의 왕실 손님들이 초대되는 곳이다. 여왕의 휴가철인 7월 중순부터 9월 말까지는 관광객들에게 개방되어 또 다른 볼거리를 제공한다. 궁전에서 가장 오래된 장소인 그랜드홀Grand hall, 연회장으로 사용되어 소품 하나하나가 화려한 더 볼 룸The ball room, 빅토리아 여왕이 수집한 조각품을 모아놓은 마블 홀Marvel hall 등에서 영국 왕실의 기품과 화려함을 확인할 수 있다. 버킹엄 궁전 뒤편에 마련된 별도 입구를 통해 스테이트 룸으로 입장하면 된다. 모두 돌아보는데 2시간~2시간 30분 정도 소요된다. 사진 촬영은 할 수 없으며 티켓은 현장에서 구매하거나 홈페이지에서 예약할 수 있다.

🕐 09:30~19:30 (화·수 휴관, 9~10월은 18:30까지 운영, 폐관 2시간 전 마지막 입장) £ £ 35.00 (사전 구매하면 £32/스테이트 룸+퀸스 갤러리+로열 뮤즈 통합 티켓인 Royal Day Out 구매 시 £ 65.70/사전 구매시 £ 61.20)

4 버킹엄 궁전 기념품 숍

버킹엄 궁전 방문 기념품을 사기 좋은 곳이다. 영국 왕실 로고가 박혀있는 티포트, 그릇, 수건, 차, 비스킷 등이 있다. 다른 곳에서는 찾아보기 힘든 영국 특유의 기념품을 구매하고 싶은 여행자에겐 최고의 장소이다.

🚶 버킹엄 궁전 뒤편으로 도보 3분(로열 뮤즈 맞은편)
🕐 10:00~17:30
🔗 http://www.royalcollectionshop.co.uk

세인트 제임스 파크 St James's Park

🏃 언더그라운드 서클 라인, 디스트릭트 라인 승차하여 세인트 제임스 파크역St. James's Park 하차, 도보 2분
🏠 London SW1A 2BJ, UK 📞 +44 300 061 2350 🕐 05:00~00:00
☰ https://www.royalparks.org.uk/parks/st-jamess-park

아름다운 왕실 공원

웨스트민스터 사원, 버킹엄 궁전, 세인트 제임스 궁전 가까이에 있는 왕실 공원이다. 꾸준히 왕실의 관리를
받아 지금까지도 그 아름다움을 그대로 유지해오고 있다. 과거 습지였던 부지를 헨리 8세재위 1509~1547
가 사들여 물을 빼내고 사냥을 즐기던 것이 이 공원의 시작이었다. 이후 엘리자베스 1세재위 1558~1603,
제임스 1세, 찰스 2세 등을 거치며 현재의 아름다운 모습을 갖추었다. 특히 프랑스 왕실 정원
에 큰 인상을 받은 찰스 2세가 현재 모습으로 가꾸는 데 큰 역할을 한 장본인이다. 그는
1664년 러시아 대사가 선물한 펠리컨사다새도 이곳에서 길렀다. 펠리컨은 지금도 다
른 공원에선 찾아볼 수 없는 세인트 제임스 파크만의 명물이다. 지리적으로도 런
던 중심에 자리하고 있어 공원을 기점으로 버킹엄 궁전, 빅벤, 내셔널 갤러리 등으
로 이동하기 편리하다.

📷 호스 가즈 퍼레이드 Horse Guards Parade

🚶 ①언더그라운드 베이커루, 노던 라인 승차하여 차링 크로스역Charing Cross 하차, 도보 6분
②언더그라운드 디스트릭트, 서클 라인 승차하여 세인트 제임스 파크역St James Park 하차, 도보 10분
③언더그라운드 서클 라인, 디스트릭트 라인, 주빌리 라인 승차하여 웨스트민스터역Westminster 하차, 도보 5분
🏠 Horse Guards, London, SW1A 2AX
🕐 호스 가즈 퍼레이드 월·수·금·일 11:00부터 하우스홀드 카발리 박물관 4~10월 10:00~18:00, 11월~3월 10:00~17:00
£ 호스 가즈 퍼레이드 무료 하우스홀드 카발리 박물관 £10
≡ 호스가즈 교대식 정보 및 시간 https://changing-guard.com/queens-life-guard
트루핑 더 컬러 티켓 예매 및 정보 https://changing-guard.com/ceremonial/trooping-the-colour

국왕의 기마병을 만나는 시간

버킹엄 궁전 근위병 교대식을 이미 관람했지만, 좀 더 가까운 위치에서 왕실 행사를 관람하고 싶다면 호스 가즈 퍼레이드를 추천한다. 버킹엄 궁전을 관람하고 더 몰The mall 거리를 산책하듯 14분 정도 걸어가면 과거 영국군의 사령부로 사용되던 화이트홀현재는 런던시 방위 담당 사령관 사무실이 나오는데, 이 건물 앞 공터에서 퍼레이드가 진행된다. 말을 탄 국왕의 근위병들을 아주 가까이서 볼 수 있어 느낌이 색다르다. 기마 근위병은 국왕의 안전을 지키는 중요한 요원들로 킹스 라이프 가드King's life guard와 블루스 앤 로열스Blues & Royals 분대로 나누어져 있다. 48시간 단위로 약 30분간의 교대 행사를 진행한다. 기마 근위병들의 역사를 정리해놓은 하우스홀드 카발리 박물관Household Cavalry Museum도 있어 함께 둘러보기 좋다. 행사장 출구에 있는 기마병들과 인증샷을 남기는 것도 잊지 말자. 매년 6월에는 역대 영국 왕과 왕비의 생일을 축하하기 위해 기마대와 근위병 전체가 모이는 전통 연례행사 '트루핑 더 컬러'Trooping The Color가 열린다. 런던 방문 일정과 겹치면 꼭 챙겨보자.

다우닝가 10번지 10 Downing Street

🏃 언더그라운드 서클 라인, 디스트릭트 라인, 주빌리 라인 승차하여 웨스트민스터역Westminster 하차,
트래펄가 스퀘어 방향으로 도보 2분
🏠 10 Downing St, Westminster, London SW1A 2AA, United Kingdom
≡ https://www.gov.uk/government/history/10-downing-street

영국 총리 관저

트래펄가 스퀘어에서 국회의사당까지 뻗어있는 화이트홀 거리를 걷다 보면 중무장한 경찰들이 삼엄하게 경비를
선 곳을 쉽게 찾아볼 수 있다. 이곳이 영국 총리의 관저이자 집무실이다. 아쉽게도 일반 관광객에게는 개방되지 않
지만, 영국 정치에 연관된 수많은 인물이 출입하는 곳이다. 이 건물은 영국의 호국경 올리버 크롬웰 사후 왕정의 복
고를 위해 나선 상원의원 조지 다우닝George Downing에 의해 17세기 후반에 지어졌다. 두 차례의 세계대전, 대공황,
브렉시트 등 영국 역사에 한 획을 그을만한 굵직한 사건이 이곳에서 논의되었다. 2020년 세계 곳곳에 송출된 브
렉시트 확정 카운트다운 생방송 역시 이곳을 배경으로 진행해 주목받았다. 1985년 이곳에 거주하던 당시의 총리
마거릿 대처는 이곳을 '영국의 유산 중에서 가장 소중한 보배'라고 표현했으며, 지금도 영국의 정치와 건축사에 있
어 굉장히 의미 있는 장소로 꼽힌다.

처칠 전쟁 상황실 Churchill War Rooms

🚶 언더그라운드 서클 라인, 디스트릭트 라인, 주빌리 라인 승차하여 웨스트민스터역West-
minster 하차, 도보 5분 🏠 Clive Steps, King Charles St, Westminster, London SW1A
2AQ, UK 📞 +44 20 7416 5000 🕐 09:30~18:00
£ £27.25 ☰ https://www.iwm.org.uk

2차 세계대전의 흔적을 찾아서

인류 역사상 가장 처참했던 전쟁으로 꼽히는 2차 세계대전은 승전국이었던 영국에게도 반복되어선 안 될 역사로
남아있다. 웨스트민스터 사원 후문에서 트래펄가 광장으로 가다 보면 작아서 쉽게 눈에 띄지 않지만, 처칠의 상황
실 입구가 나온다. 이곳은 2차 세계대전 당시 처칠이 전쟁 비밀 본부로 사용하던 장소로 회의 테이블, 주방, 통신
실, 침대, 처칠의 전투복 등 사용 당시의 흔적이 고스란히 보존되어 있다. 지하에 자리하고 있어 당시 1주일에 20
만 명의 사상자를 낸 나치군의 폭격 속에서도 안전을 도모할 수 있었다고 전해진다. 영국인들의 영웅 윈스터 처칠
1874~1965 수상은 전쟁 총지휘관을 병행하며 다양한 전략 수립과 관련 업무를 이곳에서 수행했다. 상황실 일부 공
간을 개조해 만든 박물관Churchill Museum에서는 다양한 시각 자료를 통해 2차 세계대전의 흐름과 영국인들의 나치
에 대한 항전 과정 등을 살펴볼 수 있다.

웨스트민스터 사원 Westminster Abbey

🚶 언더그라운드 서클, 디스트릭트, 주빌리 라인 승차하여 웨스트민스터역Westminster 하차, 도보 3분
🏠 20 Deans Yd, Westminster, London SW1P 3PA, UK 📞 +44 20 7222 5152 🕐 월~토 09:30 ~ 15:30
일요일은 예배 목적으로만 방문 가능하며, 기타 내부 행사 등으로 인하여 오픈 시간이 유동적으로 운영됨
£ £ 29 (오디오 가이드 포함) ≡ https://www.westminster-abbey.org/

영국의 위인들, 이곳에 잠들다

세인트 폴 대성당과 더불어 런던을 대표하는 명소로, 영국 국교인 성공회 성당이다. 국회의사당 서쪽에 자리하고 있으며, 이름 자체에 '서쪽의 대사원'이라는 뜻이 담겨 있다. 놀랍게도 이곳에는 크롬웰, 엘리자베스 1세, 아이작 뉴턴, 찰스 다윈 등 영국을 대표하는 위인 3,300명의 영혼이 잠들어 있다. 또 다이애나 왕세자비의 장례식이 이곳에서 거행되기도 했다. 국회의사당, 빅벤의 유명세에 가려져 이곳을 그냥 지나치는 관광객들도 많지만, 역사적 가치만큼은 그 어떤 곳보다 크다.

웨스트민스터 사원은 참회왕 에드워드재위 1042~1066에 의해 건축되기 시작하여 그가 사망한 1066년 완공되었다. 이후 수많은 왕과 왕비들이 이곳에서 즉위식을 거행했으며, 서거 후에도 대부분 이곳에 안치되었다. 현재의 모습은 헨리 3세재위 1216~1272 때 지어진 것으로, 건축학적으로 런던에 몇 남지 않은 오래된 고딕 양식 건물 중 하나로 꼽힌다. 동서남북 네 방향에서 바라볼 때 모두 색다른 느낌을 자아내 얼마나 많은 공을 들였는지 짐작할 수 있다. 정교하고 아름다운 황금 중앙제단을 중심으로 하루 4번의 예배가 열리며 성가대의 찬송가가 울려 퍼진다. 엘리자베스 1세와 메리 1세의 무덤은 이곳에서 꼭 봐야 할 하이라이트다. 한국어 오디오 가이드도 준비되어 있어 알차게 관람할 수 있다. 근처에 가톨릭 성당인 웨스트민스터 대성당Westminster Cathedral이 있어 헷갈릴 수 있으니 염두에 두자.

◆─(Travel Tip)─

사원 안에 있어요!
셀라리움 카페 & 테라스

셀라리움은 웨스트민스터 사원 안에 있는 카페 겸 식당이다. 사원을 둘러본 후 쉬어가기 좋다. 14세기부터 식량 창고로 쓰이던 자리에 들어서 있으며, 역사를 그대로 보존하고 있는 고풍스러운 분위기에서 식사를 즐길 수 있다. 영국식 피쉬앤칩스, 스테이크 외에 브런치, 에프터눈 티도 준비되어 있다.

ONE MORE
웨스트민스터 사원에 깃든
위대한 영혼들

셰익스피어   뉴턴

웨스트민스터 사원 내부는 벽면은 물론 바닥까지 그 자체가 많은 역사 속 인물들의 묘비이자 기념비이다. 정문에서 몇 걸음 옮기면 'Remember Winston Churchill'이라 새겨진 처칠의 기념비가 보인다. 이어 아프리카 탐험가 리빙스턴의 묘가 나타나고, 성가대 왼쪽에는 '만유인력'의 과학자 뉴턴의 묘비가 있다. 이곳에서 가장 유명한 곳은 '시인의 코너'이다. 이 코너에는 새뮤얼 존슨, 찰스 디킨스 등이 잠들어 있고, 시인 바이런과 윌리엄 워즈워스, 롱펠로, 엘리엇, 셰익스피어의 기념비도 있다. 영문학의 혼이 그대로 깃든 듯하다. 게다가 시인이나 작가는 아니지만, 음악가 헨델과 영화배우 로렌스 올리비에의 영혼도 이곳에 머물고 있다.

Handel

»Travel Story
독일 음악가 헨델은
어떻게 웨스트민스터 사원에 묻히게 되었을까?
음악의 어머니 헨델은 1685년 독일 할레에서 태어났다. 그의 생가인 헨델 하우스Handel Haus는 현재 그의 생애 및 음악 세계를 정리한 박물관으로 사용되고 있고, 마르크트 광장 한가운데에는 헨델의 동상이 있어, 할레가 헨델의 도시임을 말해준다. 하지만 헨델 기념관이 있는 또 다른 도시가 있는데 그곳이 바로 런던이다. 런던 최대 번화가 옥스퍼드 스트리트 근처의 작은 골목 브루크 스트리트 25번지Brook Street 25에 가면 헨델의 편지와 자필 악보 등이 전시된 기념관 'Handel & Hendrix'를 찾아볼 수 있다. 이곳은 영국인들의 헨델 사랑을 확인할 수 있는 곳으로, 헨델이 38세 1723부터 사망할 때74세, 1759까지 36년간 살았던 집이기도 하다.

헨델은 어떻게 런던에 기념관도 갖고, 또 영국 위인들 영혼의 안식처인 웨스트민스터 사원에 묻히게 되었을까? 헨델은 할레 대성당에서 오르간 주자로 활동하다, 더 깊은 음악을 배우기 위해 이탈리아로 떠난다. 그리고 1712년 런던에 정착하여 오페라 작곡가로 활약하기 시작했다. 당시 영국은 음악 수준이 그리 높은 편이 아니었다. 영국인들은 그들 앞에 나타난 음악 천재 헨델에 열광하며 그의 음악에 심취되었다. 헨델은 브루크 스트리트의 집에 살며 불후의 명곡 '메시아' 등을 작곡하였고, 이는 영국의 자랑이 되었다. 이후 독일에서 온 음악가가 사망하자 영국인들은 자신들의 걸출한 위인들 유해를 안치하는 웨스트민스터 사원에 그를 안장했다. 헨델에 대한 영국인들의 사랑과 존경심에 경의를 표하고 싶어진다.

📷 테이트 브리튼 Tate Britain

🚶 ①언더그라운드 빅토리아 라인 승차하여 핌리코역Pimlico 하차, 템스강 방면으로 도보 9분
②버스 87, 88번 탑승하여 테이트 브리튼 정류장Tate Britain 하차 🏛 Millbank, Westminster, London SW1P 4RG, UK
📞 +44 20 7887 8888 🕐 10:00~18:00 💷 무료(일부 특별 전시 유료) ☰ https://www.tate.org.uk/visit/tate-britain

순수 영국 회화가 궁금하다면

내셔널 갤러리와 대영박물관은 세계적으로 이름난 회화 작품과 유물이 한자리에 모인 곳이다. 이에 반해 테이트 브리튼은 영국 국적의 예술 작품과 대표적인 화가에 대한 정보를 만날 수 있는 곳이다. 설립자 헨리 테이트의 이름을 본 따 1897년 개관했다. 모두 3개 층에 걸쳐 16세기부터 19세기까지 영국 출신 예술가들의 다양한 회화, 조각 작품들을 전시하고 있다. 특히 라파엘 전파Pre-Raphaelite Brotherhood와 조지프 말로드 윌리엄 터너Joseph Mallord William Turner의 작품들은 테이트 브리튼만의 자랑거리이다. 라파엘 전파는 19세기에 '르네상스 이전 시대의 화풍으로 돌아가자'라는 주장을 펴며 강한 색감과 풍부한 디테일을 중요시했던 화가들이다. 윌리엄 터너는 영국을 대표하는 예술가들 가운데 항상 1순위로 꼽히는 화가이다.

테이트 브리튼에서 꼭 봐야 할 대표 작품들

1540년부터 1960년대까지 근대와 현대를 넘나드는 다양한 영국의 회화 작품들을 모두 둘러보면 좋겠지만, 시간이 없는 여행객들이라면 아래 소개하는 대표작만큼은 꼭 챙겨서 감상해보자. 아쉽지만 테이트 재단에서 운영하는 영국의 4개 갤러리와 해외 전시관에 대여하는 경우가 많아 이 작품들을 한 번에 모두 관람하기 어려울 수도 있다.

1	2	3
카네이션, 백합, 장미	**오필리아**	**터너의 자화상**
존 싱어 사전트, 1885~1886년 작품	존 에버렛 밀레, 1852년 작품	윌리엄 터너, 1799년 작품

영국계 미국인 화가 존 싱어 사전트의 작품으로, 친구의 딸들이 등불을 켜는 모습을 아름다운 햇살과 함께 담았다. 햇빛의 미세한 차이를 정확히 표현하기 위해 무려 1년을 공들여 이 작품을 완성했다.

라파엘 전파를 대표하는 존 에버렛 밀레의 작품으로 셰익스피어의 희곡 〈햄릿〉을 주제로 그렸다. 햄릿이 자신의 아버지를 죽였다는 충격으로 강물에 스스로 몸을 던진 오필리아를 그렸는데, 죽음을 맞은 오필리아의 표정이 너무나도 사실적이라 눈길을 끈다.

영국을 대표하는 풍경화가 윌리엄 터너가 본인을 그린 자화상이다. 터너는 죽기 전 본인의 작품 및 스케치 2만여 점을 국가에 기증할 정도로 애국심이 깊었다. 그의 이름을 딴 터너상Turner prize이 테이트 브리튼에서 매년 제정되고 있다.

샬롯의 아가씨
존 윌리엄 워터하우스, 1889년 작품

라파엘 전파 화가 존 윌리엄 워터하우스의 작품으로 중세 영국의 아서왕 이야기를 모티브로 그렸다. '집 밖의 세계는 오직 거울로만 볼 수 있다'는 저주에 걸린 처녀가, 기사 랜슬럿을 보고 한눈에 반해 죽음을 불사하고 배를 타고 그를 찾아가는 장면을 묘사했다. 배 위에 남은 하나의 촛불은 그녀의 삶이 오래 남지 않았음을 뜻한다.

카르타고 제국의 몰락
윌리엄 터너, 1817년 작품

터너는 배가 침몰하거나 항해하는 풍경을 많이 묘사했는데, 이 작품은 제법 다른 느낌을 준다. 로마와의 긴 전쟁 끝에 멸망한 도시 카르타고를 묘사했는데, 마치 프랑스를 겨냥한 듯 나폴레옹이 몰락한 후 이 그림을 그렸다고 한다. 빛의 미묘한 차이를 세심하게 묘사한 그의 기법을 그대로 엿볼 수 있다.

목초지에서 본 솔즈베리 대성당
존 컨스터블, 1831년 작품

터너와 더불어 영국의 대표 풍경화가로 꼽히는 존 컨스터블의 작품이다. 비가 그친 후 아름다운 모습을 드러낸 무지개와 솔즈베리 대성당이 사실적으로 그려져 있다. 빅토리아 & 앨버트 박물관에 전시된 '주교의 정원에서 본 솔즈베리 대성당'과 함께 존 컨스터블의 대표작으로 꼽힌다.

페르세포네
단테 가브리엘 로세티, 1874년 작품

라파엘 전파 화가 로세티가 그리스 신화에 등장하는 지옥의 왕 하데스에게 잡혀간 페르세포네를 모티브로 그린 작품이다. 로세티는 친구이자 유명 예술가였던 윌리엄 모리스의 아내를 모델 삼아 이 작품을 그리다 그녀와 불륜 관계에 빠지기도 했다. 당시 엄격한 사회 분위기로 인해 불륜 사실이 밝혀진 후 약물 중독으로 세상을 등졌다.

카디널 플레이스 Cardinal Place

🏃 언더그라운드 서클 라인, 디스트릭트 라인, 빅토리아 라인 승차하여 빅토리아역Victoria 하차 후 도보 5분
🏠 100 Victoria St, Westminster, London SW1E 5JD, UK 📞 +44 20 7963 4000
🕐 09:00~22:00(일요일은 11:00부터) 🔗 https://createvictoria.com/

©wikipedia commons_Lewis Clarke

활발하고 현대적인 분위기의 아케이드

런던 근교나 공항으로 가기 가장 편한 교통 허브 빅토리아역 근처에서 다른 지역으로 이동하기 전 시간이 남는다면 둘러보기 좋은 곳이다. 언더그라운드 빅토리아역과 연결된 대형 아케이드로 2005년 개장했다. 수많은 레스토랑과 소품 숍, 카페, 베이커리 등이 들어서 있으며, 식료품 마켓, 사무실도 있다. 의류, 신발, 가정용 잡화 등을 판매하는 막스 앤드 스펜서 매장도 있으며, 아케이드 안을 산책하며 구경하는 재미가 있다. 무엇보다 V자 형태의 거대한 유리 구조물이 건물을 덮고 있는, 현대적인 분위기의 건축물 외관도 인상적이다. 건축비만 2억 파운드약 3,000억 원가 넘게 들었다고 한다. 사무실이 많이 입주해있는 관계로 주말보다 평일에 더욱더 많은 사람이 몰리며, 점심시간 전후로는 직장인들을 위한 길거리 음식 부스들이 운영되어 간단히 식사를 해결하기 좋다. 버킹엄 궁전이나 빅벤, 런던 아이에 가기 전 잠깐 시간이 남는다면 들러 산책이나 쇼핑을 하거나 차를 마시며 런던의 현대적인 모습을 만끽해보자.

©wikipedia commons_Andreas Praefcke

📷 아폴로 빅토리아 극장 Apollo Victoria Theatre

🚶 언더그라운드 서클 라인, 디스트릭트 라인, 빅토리아 라인 승차하여 빅토리아역
Victoria 하차, 도보 1분 🏠 17 Wilton Rd, Pimlico, London SW1V 1LG, UK
📞 +44 844 871 3001 🕐 수·토·일 14:30 화~토 19:30
£ £ 25~ (현장/온라인 예매 기준) ☰ https://www.theapollovictoria.com

뮤지컬 '위키드' 관람하기

카디널 플레이스에서 남서쪽으로 도보 3분 거리에 있는 극장이다. 이곳에
가면 그레고리 맥과이어의 소설 <위키드>Wicked가 원작인 뮤지컬을 관람
할 수 있다. 우리나라에서는 한국어로 재연된 뮤지컬 공연 중 흥행 신기록을
세우기도 했으며, 2030세대들에 가장 인기가 좋은 뮤지컬로 매번 꼽힌다.

📷 애프터눈 티 버스 투어 Afternoon Tea Bus Tour

버스 투어 🚶 출발지 빅토리아 코치 스테이션
🕐 매일 12:00 12:30 13:00 14:30 15:00 15:30 17:00 출발하여 90분간 투어
📞 +44 20 3026 1188 £ £ 45 ☰ 예약 https://b-bakery.com
매장 🚶 언더그라운드 베이컬루 라인, 노던 라인 승차하여 차링 크로스역Charing Cross 하차, 도보 2분
🏠 6-7 Chandos PI, Covent Garden, London WC2N 4HU, UK 📞 +44 20 3026 1188
🕐 10:00~18:00 £ £ 39부터~ ☰ https://b-bakery.com

특별하게 애프터눈 티 즐기기

좀 더 특별하게 애프터눈 티를 즐겨보고 싶은 사람에게 추천하는 투어 프로그램으로 브리짓 베이커리B Bakery에
서 운영한다. 영국을 상징하는 빨간색 이층 버스인 루트마스터Routemaster 버스를 타고 런던 시내 곳곳을 돌아다
니며 애프터눈 티를 즐길 수 있다. 버스에 오르면 여유롭게 차와 디저트를 즐기며 마블아치 - 버킹엄 궁전 - 트래
펄가 광장 - 빅벤 등을 지나게 된다. 시내의 멋진 광경과 달콤한 디저트가 어우러져 런던은 더욱 매력적인 도시로
다가온다. 버스 투어를 원하지 않는다면 브릿짓 베이커리 매장에서 좀 더 저렴하게 애프터눈 티를 즐길 수 있다.

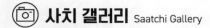

사치 갤러리 Saatchi Gallery

🚶 ①언더그라운드 서클 라인, 디스트릭트 라인 승차하여 슬론 스퀘어역Sloane Square 하차, 도보 4분 ②버스 11, 19, 22, 211번 탑승하여 듀크 오브 요크 스퀘어 정류장Duke of York Square 하차 🏠 Duke of York's HQ, King's Rd, Chelsea, London SW3 4RY, UK 📞 +44 20 7811 3070 🕐 10:00~18:00 £ 무료 🚇 https://www.saatchigallery.com

새로움으로 가득한 현대미술관
사우스뱅크 지역의 테이트모던과 더불어 현대미술 분야에 있어 런던에서 쌍벽을 이루는 미술관이다. 특히 젊은 아티스트들에게 이곳은 이름을 알릴 기회의 장이자 등용문이다. 테이트 모던이 기존의 유명 화가들 작품을 주로 전시하는 반면, 사치갤러리는 영국에서 한 번도 전시를 한 적이 없거나 잘 알려지지 않은 화가들의 작품을 선별해 전시하기 때문이다. 18세 미만 화가들의 작품 중 매년 20여 점 정도를 선별해 학교와 학생 모두에게 장학금연간 £24,000 규모를 수여 하는 등 현대 예술의 발전을 위해 끊임없이 노력하고 있기도 하다. 그만큼 난해하거나 한 번도 보지 못했던 작품이 대다수지만, 창의적이고 트렌디한 현대 미술의 흐름과 향후 방향을 짐작해보는 즐거움이 남다른 곳이다.

사치에서 가까운 첼시 홈구장도 구경하세요!

첼시 FC의 홈구장 스탬퍼드 브리지 Stamford Bridge

드록바, 램퍼드, 에당 아자르의 전설이 서린 곳이다. 런던 연고의 구장들은 대체로 시내에서 거리가 먼 편인데, 첼시의 홈구장은 첼시 지역 동쪽의 풀럼(런던 기준으로는 남서쪽)에 있어 방문하기 편하다. 하이드파크와 켄싱턴 가든에서 남서쪽으로 약 3km, 첼시 지역의 사치 갤러리에서 약 2.7km 정도 거리에 있다. 첼시FC는 선수들이 한때 삼성 로고가 새겨진 축구복을 입고 뛰어 한국인들에게 익히 알려진 구단이다. 첼시 구단의 역사가 궁금하고 트로피나 유니폼을 구경하고 싶으면 스탬퍼드 브리지 가이드 투어에 참여하면 된다.

🚶 언더그라운드 디스트릭트 라인 승차하여 풀럼 브로드웨이역Fulham Broadway 하차, 도보 3분 🏠 Fulham Rd, Fulham, London SW6 1HS, UK £ 스타디움 및 박물관 투어 £28부터 ☰ https://www.chelseafc.com/

📷 BBC 지구 체험 BBC Earth Experience

살아있는 지구를 느끼자

가장 최근에 생겨난 런던의 명소 중 한 곳이다. '살아있는 지구'와 같이 수준 높은 자연 다큐멘터리를 제작한 BBC 방송국에서 오픈한 전시관이다. 전시관은 여러 대륙의 기후와 식생을 다양하게 둘러볼 수 있게 구성돼 있다. 전시관의 음악과 나레이션은 BBC 스튜디오에서 전담으로 연출했다. 전시관의 가장 큰 하이라이트는 '지구방'The Earth Room으로, 실제 지구 이미지를 대형 화면에 노출해 엄청난 웅장함을 자아낸다. 우리가 밟고, 숨 쉬고, 누리고 있는 지구의 지속 가능성에 대해 곰곰이 생각하게 해준다. 자연과 환경, 식생에 관심이 많거나 아이와 함께 온 여행자에겐 꽤 매력적인 장소이다.

🚶 언더그라운드 디스트릭트 라인, 오버그라운드 웨스트 브롬턴역West Brompton 하차 후 도보 2분 🏠 The Daikin Centre, Empress PI, London SW6 1TT, United Kingdom 🕙 10:00~16:00(화~금), 09:00~21:00(토), 10:00~19:00(일), 월요일 휴관 £ £19 (성인 기준), £15(학생 및 4세 이상 어린이), 3세 이하 무료 ☰ http://www.bbcearthexperience.com/

©BBC Earth Experience

©BBC Earth Experience

킹스 로드 King's Road

🚶 언더그라운드 서클 라인, 디스트릭트 라인 승차하여 슬론 스퀘어역Sloane Square 하차, 사치갤러리 방향 출구

첼시 지구를 대표하는 쇼핑 거리

킹스 로드는 첼시 지구를 대표하는 쇼핑 거리로, 언더그라운드 슬론 스퀘어역Sloane square에서 남서쪽으로 4km에 이르는 거리를 말한다. 거리에는 다양한 종류의 숍과 카페들이 가득 들어가 있으며, 부근에 사치 갤러리도 있다. 이름에서 짐작할 수 있듯이 킹스 로드는 1830년대까지 왕실과 그에 연관된 사람들만 왕래할 수 있던 거리였다. 찰스 2세가 리치먼드의 큐Kew 궁전을 오갈 때 이곳을 통해 왕래하여 킹스 로드라 불리게 된 것이다. 20세기 들어 대중에게도 개방되어 첼시 지역 부자들과 시민들이 쇼핑과 티 타임을 즐기는 장소로 거듭나게 되었다. 지금도 관광객보다는 현지인이 많이 찾는 쇼핑 거리로 유명하다.

ONE MORE
Shop & Cafe
in King's Road

킹스 로드의 숍 & 카페

1 듀크 오브 요크 스퀘어
Duke of York Square

첼시 지구 대표 쇼핑몰

킹스 로드 초입에 있는 첼시 지구를 대표하는 쇼핑몰이
다. 식당, 패션, 뷰티 등 다양한 숍이 들어서 있다. 쇼핑
몰이라고 하기엔 살짝 아쉬운 규모이기는 하지만 코스
COS, 자라ZARA, 마시모 듀티Massimo Dutti 등 20대 중반
부터 30대 중반 고객들이 선호하는 글로벌 브랜드 매장
들이 알차게 포진하고 있다. 몰 근처에 카페, 식당, 슈퍼
마켓도 모여있어 원스톱으로 쇼핑과 식사를 함께 해결
하기 좋다. 또 사치갤러리와도 가까워 여행 동선을 짜기
도 편하다. 매주 토요일 오전 10시부터 오후 4시까지는
파인 푸드마켓Fine Food Market이 들어선다. 마켓이 들어
서면 70여 개 길거리 음식 부스가 차려지고 더욱더 많
은 관광객이 모여든다.

🏠 19 Duke of York Square, King's Road, London SW3
4LY 📞 +44 20 7823 5577 🕐 **월~금** 10:00~21:00
토 09:00~20:00 **일** 11:30~18:00
≡ https://www.dukeofyorksquare.com

2 첼시 포터
Chelsea Potter

첼시 지구를 대표하는 스포츠 펍

축구 경기 관람 티켓을 예매하지 못했다면, 첼시 포터에서 열띤 응원을 펼치며 축구 경기를 즐겨보자. 프리미어 리그 경기 시간만 되면 첼시 포터는 축구 팬으로 가득 찬다. 첼시 지구에 있어 첼시 팬이 많은 편이다. 선수들의 플레이 하나하나에 감탄하고 아쉬워하는 현지인들과 함께하다 보면 현장 분위기에 동화되어 더욱더 즐거워진다. 프리미어 리그 외에 영국의 또 다른 인기 스포츠 럭비, 크리켓 등의 중계도 큰 모니터를 통해 관람할 수 있다. 닭 날개, 피쉬앤칩스 등을 즐기며 그들과 함께 신나는 응원전을 만끽해보자. 킹스 로드에 있고, 사치 갤러리와도 가깝다.

🚶 언더그라운드 서클 라인, 디스트릭트 라인 승차하여 슬론 스퀘어역Sloane Square 하차, 도보 10분 🏠 119 Kings Road Chelsea Greater LondonSW3 4PL United Kingdom 📞 +44 20 7352 9479 🕐 월~토 11:00~23:00 일 11:00~22:30 £ 메인 메뉴 £6.99부터 맥주 및 음료 £3.40 부터 ☰ https://www.greeneking-pubs.co.uk/ 에서 chelsea-potter 검색

3 스위티 베티
Sweaty Betty

합리적인 가격의 다양한 운동복

여성용 운동복 브랜드로 1998년 런던 노팅힐에서 처음 문을 열었고, 현재 킹스로드에도 매장이 있다. 브랜드 슬로건이 'Respect your body and planet'과 'Live actively'이다. 여성용 운동복을 통해 건강한 신체와 마음을 동시에 선물하는 것이 스위티 베티의 목표이다. 더욱더 편하게 움직일 수 있도록 도와주는 브라톱과 레깅스 등 다양한 운동복을 합리적인 가격대에 구매할 수 있어 가성비가 좋다는 평을 듣고 있다.

🏠 125 King's Rd, Chelsea, London SW3 4PW, UK 📞 +44 20 7349 7597 🕐 월~토 10:00~19:00 일 12:00~18:00 £ 하의 £65부터, 상의 £40부터 ☰ https://www.sweatybetty.com

4 안트로폴로지
Anthropologie

의류부터 데코레이션 용품까지

1992년 미국에서 처음 문을 연 의류 리테일 브랜드로 액세서리, 신발, 생활용품, 데코레이션 용품까지 다양한 카테고리 상품을 구비하고 있다. 런던에도 몇 개의 매장이 있는데 킹스로드 점 매장이 가장 규모가 큰 편이다. 여유롭게 둘러보며 아이 쇼핑하기도 안성맞춤이다.

🏠 131-141 King's Rd, Chelsea, London SW3 4PW, UK 📞 +44 20 7349 3110 🕐 월~토 10:00~19:00 일 12:00~18:00 ☰ https://www.anthropologie.com

5 레토
L'ETO

브런치, 차, 케이크

입구에서부터 먹음직스러운 빵과 케이크로 손님들을
유혹하는 디저트 & 브런치 카페. 규모는 크지 않지만
차분하고 아늑한 인테리어가 인상적이다. 브런치, 차,
케이크 등의 메뉴는 물론 배를 든든히 채워줄 단품 핫
푸드 요리까지 선택할 수 있다.

🏠 D149 King's Rd, Chelsea, London SW3 5TX, UK
📞 +44 20 7351 7656
🕐 월~금,일 09:00~19:00 토 09:00~20:00
£ 브런치 메뉴 £9.9부터 ≡ https://www.letocaffe.co.uk

6 게일스 베이커리 킹스로드 점
GAIL's Bakery Kings Road

페이스트리에 따뜻한 커피 한잔

2005년에 처음 문을 열었다. 런던에서 소문난 베이커
리 브랜드 중 하나로, 갓 구운 빵과 따끈한 커피를 즐기
려는 시민들로 언제나 이른 아침부터 붐빈다. 빵의 종류
는 30여 가지가 넘는다. 특히 페이스트리는 없어서 못
팔 정도로 인기가 많다.

🏠 209 King's Rd, Chelsea, London SW3 5ED, UK
📞 +44 20 7351 7971 🕐 월~토 06:30~19:30 일 07:00~19:30
£ 빵과 커피 £5 내외 ≡ https://www.gailsbread.co.uk

첼시 지구에서
고든 램지 요리 즐기기

영국인 쉐프 고든 램지Gordon Ramsay는
Hell's kitchen'이라는 리얼리티 요리 프로그램을 통해 그 명성을 알리기
시작하여, 현재는 전 세계에서 가장 유명한 셰프 중 한 사람이다. 2018년에는
우리나라 요리 예능 프로그램과 맥주 CF에도 출연하면서 한국인들에게도 친숙해
졌고 2021년 12월에는 아시아 최초로 '고든램지 버거' 매장을 잠실에 오픈했다. 런던의 첼
시 지구에는 고든 램지가 본인의 이름을 걸고 운영하는 레스토랑들이 포진하고 있다. 가격대는 꽤 높은 편이지만 맛
과 서비스만큼은 최고급을 자랑한다. 그중에서도 대표 레스토랑은 '레스토랑 고든 램지'이다. 최소 2달 전에는 예약해
야 자리를 얻을 수 있다. 고든 램지는 주기적으로 자신의 레스토랑들을 방문하여 레시피 점검과 서비스 코치를 한다
고 전해진다. 운이 좋으면 직접 만나볼 수도 있다. 아래 홈페이지에서 첼시 지구와 그 외 지역의 고든 램지 레스토랑의
정보를 확인할 수 있으며, 예약도 가능하다.

고든 램지 레스토랑 공식 홈페이지 http://www.gordonramsayrestaurants.com

1
레스토랑 고든 램지 Restaurant Gordon Ramsay

미슐랭도 인정한 프렌치 요리

1998년 고든 램지가 본인의 이름을 걸고 처음 문을 연
프렌치 레스토랑으로 명실상부 런던을 대표하는 고급
레스토랑 중 하나다. 미슐랭 최고 등급인 별 3개 레스
토랑으로 사전 예약 시간과 드레스 코드를 지키지 않으
면 입장할 수 없다. 메뉴는 기본 3코스로 제공되며, 고품
격 프랑스 전통 요리와 디저트 등을 함께 즐길 수 있다.

🚶 언더그라운드 서클 라인, 디스트릭트 라인 승차하여 슬론
스퀘어역Sloane Square 하차, 도보 11분
🏠 68 Royal Hospital Rd, Chelsea, London SW3 4HP, UK
📞 +44 20 7352 4441 🕐 화~토 12:00~14:15, 18:00~23:00
£ £ 180부터 (코스 메뉴 기준) ⓘ 드레스 코드 티셔츠, 반바
지, 스포츠 웨어, 찢어진 청바지 등 착용 시 입장 불가

2

페트루스 바이 고든램지 Petrus By Gordon Ramsay
고급스러운 프랑스 코스 요리

레스토랑 고든 램지와 더불어 고급스러운 프랑스 코스 요리로 정평이 난 곳이다. 고든 램지는 이곳에 한 달에 한 번 반드시 방문할 정도로 애착이 있다. 레스토랑 고든 램지와 더불어 미슐랭 레스토랑 리스트에 이름을 올리고 있으며, 동일한 드레스 코드가 적용된다. 메뉴는 기본 3코스로 제공된다. 아보카도에 촉촉한 게살을 섞어 만든 에피타이저Dorset crab와 부드러운 육질이 일품인 스테이크Fillet of Dexter beef가 가장 인기 좋은 메뉴이다. 월요일부터 토요일 점심시간12:00~14:30에는 £75에 제공되는 상대적으로 저렴한 런치 메뉴를 즐길 수 있다. 예약 필수.

🚶 언더그라운드 피카딜리 라인 승차하여 나이츠브리지역Knights-bridge 하차, 도보 6분
🏠 1 Kinnerton St, Belgravia, London SW1X 8EA, UK
📞 +44 20 7592 1609 🕐 화 18:00~23:00 수~토 12:00~14:15, 18:00~23:00 £ 150부터 (코스 메뉴 기준)
ⓘ 드레스 코드 티셔츠, 반바지, 스포츠 웨어, 찢어진 청바지 등 착용 시 입장 불가

3

고든램지 바 & 그릴 첼시 Gordon ramsay Bar & Grill
고든 램지의 대중적인 레스토랑

고든 램지가 운영하는 레스토랑 중에서 가장 대중적인 분위기의 레스토랑이다. 상호에서 짐작할 수 있듯이 스테이크가 이곳 대표 메뉴다. 고급 스테이크 레스토랑과 비교해서 가격대가 크게 비싸지 않은 것이 장점이며, 버거·스시·영국식 브런치 등의 메뉴도 함께 즐길 수 있어 선택의 폭이 넓다. 레스토랑 고든 램지에서 도보 1분 거리에 있다.
🚶 언더그라운드 써클 라인, 디스트릭트 라인, 피카딜리 라인 사우스킹스턴역South Kensington 하차 후 도보 15분
🏠 11 Park Walk, London SW10 0AJ, United King-dom 📞 +44 20 7255 9299 🕐 화~목 17:00~23:00 금 17:00~00:00 토 11:00~00:00 일 11:00~22:00
£ 스테이크 £ 41부터~ 단품 메뉴 £ 19부터~

🍽 카잔 레스토랑 Kazan Restaurant

터키 요리의 정수

터키 여행객들이 웬만한 현지 식당보다 맛있다고 극찬하는 터키 레스토랑이다. 평범한 외관과 달리 내부는 화려한 중동풍 조형물과 인테리어로 꾸며져 있다. 마치 순간적으로 대륙을 넘어 터키에 간 것 같은 착각을 일으킨다. 양고기의 비릿함과 질긴 식감을 없앤 양 갈비 스테이크와 샐러드, 밥이 곁들여진 쿠주 피볼라Kuzu pirzola가 이곳 셰프들이 강력하게 추천하는 베스트 메뉴이다. '터키 요리'하면 흔하게 떠올릴 수 있는 케밥, 고기를 잘게 다져 빵이나 샐러드와 함께 먹는 쾨프테Kofte, 터키식 커피, 요거트 등도 즐길 수 있다. 카디널 플레이스에서 남쪽으로 도보 9분 거리에 있다.

🚶 언더그라운드 서클 라인, 디스트릭트 라인, 빅토리아 라인 승차하여 빅토리아역Victoria 하차, 도보 6분 🏠 93~94 Wilton Rd, Pimlico, London SW1V 1DW, UK 📞 +44 20 7233 7100 🕐 화~토 12:00~22:00 일 12:00~21:00, 월요일 휴무 £ 전식 £ 3부터 메인 메뉴 £ 15부터
☰ http://www.kazan-restaurant.com

🍽 아티스트 레지던스 런던 Artist Residence London

트렌디하고 아지트 같은 레스토랑

시끌벅적한 관광지 주변에서 살짝 벗어나 있다. 현지인들의 아지트 같은 식당에서 건강한 식사를 즐기고 싶다면 이곳을 추천한다. 은은하게 주변을 밝히는 천장 랜턴과 트렌디한 벽걸이 액자 그리고 편안한 의자가 이 식당의 매력을 더욱 배가시킨다. 아침 일찍 오픈해서 오후 3시까지는 팬케이크, 토스트 등 브런치 메뉴 위주로 운영하고 저녁 시간대에는 스테이크, 슈니첼 등 정찬을 즐길 수 있다. 레스토랑의 지하에는 안락의자와 탁구대가 마련되어 있어 식사 전후로 휴식을 취하며 '나만의 아지트' 느낌을 만끽하기도 좋다. 카잔 레스토랑에서 남서쪽으로 도보 6분 거리에 있다.

🚶 언더그라운드 서클, 디스트릭트, 빅토리아 라인 승차하여 빅토리아역Victoria 하차, 남쪽으로 도보 10분 🏠 52 Cambridge St, Pimlico, London SW1V 4QQ, UK
📞 +44 20 3019 8622 🕐 아침식사 08:00~11:45 브런치 12:00~15:00
저녁식사 18:00~21:30(저녁식사는 수~토요일만) £ 아침식사 및 브런치 £ 12내외
☰ https://www.artistresidence.co.uk/london/eat-drink/

🍽 빅 이지 Big Easy

미국식 정통 BBQ!

미국 남부 걸프 연안 대표 음식 크랩쉑Crab shacks과 미국식 BBQ 요리 전문점이다. 코벤트 가든, 카나리 워프에도 지점을 열었다. 90년대부터 2000년대까지 미국에서 유행했던 펑키한 음악들이 흘러나와 흥겨운 분위기를 더한다. 매일 저녁 7:30에는 라이브 밴드의 공연을 즐기며 식사할 수 있다. 평일 12:00~15:00에는 점심 특선으로 £10에 '에피타이저+BBQ+디저트'를 세트로 즐길 수 있으며, 저녁 시간에는 £24.5에 그날의 특선 메뉴BBQ, 튀긴 새우 등를 무제한으로 맛볼 수 있다. BBQ 외에도 랍스터 롤, 맥 앤드 치즈 등 미국 특유의 요리도 즐길 수 있다.

🚶 ①언더그라운드 서클 라인, 디스트릭트 라인 승차하여 슬론 스퀘어역Sloane Square 하차, 도보 10분 ②버스 11, 19, 22, 49, 319번 탑승 후 올드 처치 스트리트 첼시 정류장Old Church Street Chelsea 하차 🏠 332~334 King's Rd, Chelsea, London 📞 +44 20 7352 4071 🕐 월~금 12:00~22:00 토 11:30~22:00 일 11:30~21:30 £ 점심 메뉴 £10부터 바비큐 £16.9부터 ☰ http://www.bigeasy.co.uk

🍽 셀라리움 카페 & 테라스 Cellarium Cafe & Terrace

웨스트민스터 사원 내 레스토랑

셀라리움은 웨스트민스터 사원 안에 있는 카페 겸 식당이다. 사원과 더불어 오랜 역사를 이어오고 있다. 현재 레스토랑이 들어선 자리는 원래 14세기부터 웨스트민스터 사원 내 수도사들과 가난한 백성들을 위한 식량 창고였던 곳이다. 시대의 흐름에 따라 현재는 관광객을 위한 식사 공간으로 탈바꿈했지만, 역사를 그대로 보존하고 있는 고풍스러운 분위기에서 식사를 즐길 수 있다. 영국식 피쉬앤칩스, 스테이크 외에도 브런치 및 에프터눈 티까지 준비되어 있다. 사원은 방문하지 않고 식당만 이용하고 싶다면 사원 측면의 별도 출입구를 통해 짐 검사를 받은 후 입장할 수 있다.

🚶 언더그라운드 서클 라인, 디스트릭트 라인, 주빌리 라인 승차하여 웨스트민스터역Westminster 하차, 도보 3분 🏠 Dean's Yard, Westminster Abbey, London, SW1P 3PA 📞 +44 20 7222 0516 🕐 월~금 08:00~16:00 토 09:00~16:00, 일요일 휴무 £ 브런치 £5.5부터 메인 메뉴 £14부터 ☰ http://www.westminster-abbey.org/visit-us/food-drink

🍴 마켓 홀 빅토리아 Market Hall Victoria

🏃 언더그라운드 서클 라인, 디스트릭트 라인, 빅토리아 라인 승차하여 빅토리아역Victoria 하차, 도보 1분
🏠 191 Victoria St, Westminster, London SW1E 5NE, UK
📞 +44 20 3773 9350
🕐 08:00~22:00(수~토는 23:00까지)
🌐 https://www.markethalls.co.uk

빅토리아역 근처의 푸드 코트

런던 교통의 요지 빅토리아역 근처를 더욱 붐비게 만드는 새로운 명소로, 2018년 11월에 오픈한 푸드 코트이다. 꾸준히 현지인들의 입소문을 타고 금새 유명해진 덕에 항상 방문객이 많다. 루프톱이 있는 3층 건물에 다양한 식당들이 입점하고 있다. 케밥, 중국식 만두, 라멘 등 국적 불문의 다양한 요리를 입맛에 맞게 선택할 수 있다. 2019년 초에 문을 연 루프톱 테라스에선 칵테일, 수제 맥주는 물론 요가 강좌, 라이브 공연 등의 이벤트도 즐길 수 있어 런던 2030세대의 핫플레이스로 자리매김하고 있다.

☕ 다이아몬드 쥬빌리 티 살롱 The Diamond Jubilee Tea Salon

🚶 언더그라운드 주빌리 라인, 피카딜리 라인, 빅토리아 라인 승차하여 그린 파크역Green Park 하차,
동쪽으로 도보 4분(포트넘 앤 메이슨 백화점 4층에 위치)

🏠 4th Floor, Fortnum & Mason, 181 Piccadilly, St. James's, London W1A 1ER, UK

📞 +44 20 7734 8040 🕐 월~목 11:30~20:00 금~토 11:00~20:00 일 11:30~18:00

£ 1인당 £80부터 ☰ https://www.fortnumandmason.com/restaurants/diamond-jubilee-tea-salon

왕실에서도 인정한 차와 달콤한 디저트

런던을 대표하는 백화점 포트넘 앤 메이슨에서 운영하는 애프터눈 티 레스토랑으로, 세인
트 제임스 파크에서 북쪽으로 약 도보 10분 거리에 있는 포트넘 앤 메이슨 백화점 4층에 있
다. 2012년 엘리자베스 2세 여왕의 즉위 60주년을 축하하며 기존 레스토랑을 현재 티 살롱으로 리모델링 했다. 오
픈 행사를 할 때 엘리자베스 2세 여왕이 직접 참가하였으며, 왕실에서도 그 역사와 전통을 인정하고 있다. 왕실 및
귀족 가문도 즐기는 포트넘 앤 메이슨의 차와 달콤한 디저트를 함께 즐길 수 있어 인기 만점이다. 홈페이지에서 사
전 예약은 필수!

PART 6

Covent garden & Bloomsbury
코벤트 가든 & 블룸스버리

런던의 세련된 감성과 문화 즐기기

코벤트 가든 & 블룸스버리 지구는 런던의 세련된 감
성과 품격 있는 문화를 즐기기에 좋은 곳이다. 코벤트
가든에서는 세련된 상점을 구경하고, 수많은 극장들
과 서머셋 하우스 등에서 뮤지컬, 오페라, 전시회를 즐
기며 문화 감성을 충전하자. 바로 옆에 위치한 블룸스
버리는 대영박물관, 존 손 경 박물관, 찰스 디킨스 생
가 등을 중심으로 여행하며 품격 높은 역사, 문화를 체
험하기 제격인 곳이다. 코벤트 가든, 블룸스버리! 런던
의 문화 감성이 바로 이곳에 있다.

코벤트 가든 & 블룸스버리 여행 지도

출발

찰스 디킨스 박물관
Charles Dickens Museum

Grays Inn R

Russell Square

러셀 스퀘어
Russell Square

대영박물관
The British Museum

그켓 러셀 스트리트

High Holborn

멘야 라멘 하우스
Menya Ramen House

Holborn

달로웨이 테라스
Dalloway Terrace

더 쉽 타번
The Ship Tavern

존 손 경 박물관
Sir John Soane's Museum

Tottenham
Court Road

포비든 플래닛
런던 메가스토어
Forbidden Planet
London Megastore

홈슬라이스 닐스 야드
Homeslice Neal's Yard

더 바바리 The Babary
닐스 야드 레메디스
Neal's Yard Remedies

바라피나
Barrafina

킹스웨이

하몽하몽
Jamon Jamon

드루어리 레인

닐스 야드와
세븐 다이얼즈
Neal's Yard & Seven Dials

스탠포즈
Stanfords

로열 오페라 하우스
Royal Opera House

트와이
Twin

Charing Cross Rd

디슘
Dishoom

Covent Garden

도착

노벨로 극장
Novello Theatre

런던 교통 박물관
London Transport Museum

킹스 칼리지 런던

코벤트 가든 마켓
Covent Garden

라이시움 극장
Lyceum Theatre

서머셋 하우스
Somerset House

Leicester Square

룰스 Rules

애플 마켓과 주빌리 마켓
Apple & Jubilee Market

T

Charing Cross Rd

사보이 호텔

내셔널 갤러리

스트랜드 Strand

위타드 Whittard

벤자민 폴락스토이숍 Benjamin Pollock's Toyshop

펜할리곤스 Penhaligon's

워털루
브리지

트래펄가 광장

Charing Cross

Embankment

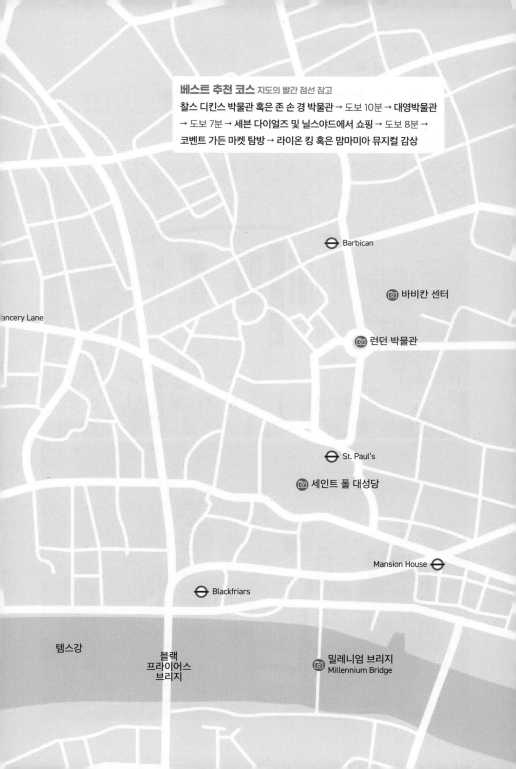

베스트 추천 코스 지도의 빨간 점선 참고
찰스 디킨스 박물관 혹은 존 손 경 박물관 → 도보 10분 → 대영박물관
→ 도보 7분 → 세븐 다이얼즈 및 닐스야드에서 쇼핑 → 도보 8분 →
코벤트 가든 마켓 탐방 → 라이온 킹 혹은 맘마미아 뮤지컬 감상

Barbican

바비칸 센터

ancery Lane

런던 박물관

St. Paul's

세인트 폴 대성당

Mansion House

Blackfriars

템스강

블랙
프라이어스
브리지

밀레니엄 브리지
Millennium Bridge

대영박물관 The British Museum

🚶 ①언더그라운드 엘리자베스 라인, 센트럴 라인, 노던 라인 승차하여 **토트넘 코트 로드역**Tottenham Court Road 하차, 도보 5분
②언더그라운드 센트럴 라인, 피카딜리 라인 승차하여 **홀본역**Holborn 하차, 도보 6분 🏠 Great Russell St, Bloomsbury, London WC1B 3DG, UK 📞 +44 20 7323 8299 🕐 10:00~17:00(16:00분까지 입장, 금요일은 20:30까지 개관, 19:30까지 입장)
£ 무료(언어별 오디오가이드 £4.99) ☰ http://www.britishmuseum.org

박물관에서 즐기는 세계 일주

대영박물관은 바티칸 박물관, 루브르 박물관과 함께 세계 3대 박물관으로 꼽히는 곳으로, 런던에 왔다면 꼭 가봐야 할 명소 중 하나이다. 물리학자이자 수집가였던 한스 슬로언 경Hans Sloane, 1660~1753의 개인 수집품 71,000여 점과 대영제국으로 불리던 영국의 전성기 시절 세계 각지의 식민지에서 가져온 귀중품들을 모아, 1753년 대영박물관을 만들었다. 박물관 건물 전면 모습은 그리스 파르테논 신전을 연상시킨다. '대영박물관에는 경비원과 건물 말고는 영국의 것이 없다'라는 비아냥을 듣는 것도 사실이지만, 연간 680만 명이라는 방문객 수는 이곳의 엄청난 인기를 증명한다. 모두 94개의 전시관이 미로처럼 얽혀 있고, 전시물 수만 8만여 점이 넘어 하루에 모두 꼼꼼히 둘러보기는 불가능하다. 시간이 많지 않은 여행자라면 <특별하게 런던>이 추천하는 관람 코스를 활용해 1시간에서 3시간까지 핵심 수집품 위주로 관람해보자. 다른 박물관과 달리 휴대품 보관소에 짐을 맡기는 데에도 £5 내외의 비용이 들며, 최대한 짐 없이 가벼운 상태로 방문하는 게 좋다. 한 손에 가이드북, 다른 손에 오디오 가이드를 들었다면 관람 준비는 끝난 것이다. 이제 세계 곳곳을 누비는 여행을 시작해보자.

ONE MORE

대영박물관 전시실 구조 이해하기

대영박물관의 전시관은 1층Ground floor과 2층 그리고 지하 1층으로 나뉘어 있고, 작게는 대륙별로 구분되어 있다. 입구에 들어서면 철제 골격이 유리 지붕을 떠받치고 있는 천장 아래로 거대한 실내 광장이 펼쳐진다. 이 실내 광장은 영국의 건축가로 현대 하이테크 건축의 대명사라 칭송받는 노먼 포스터Norman Foster, 1935~가 설계한 것이다. 이 광장 안에는 박물관의 로비인 그레이트 코트가 있다. 중앙에는 거대하고 하얀 원기둥 모양의 열람실 리딩 룸이 있다. 리딩 룸은 간디, 마르크스, 레닌, 오스카 와일드 등 세계적인 지식인들이 열정을 불태우며 공부했던 아지트로 유명하다. 각 층의 전시관들은 서로 미로처럼 얽혀 꽤 복잡하다. 필자의 추천 코스를 따라 이동한다면 짧게는 2시간 길게는 3시간~4시간 이내에 핵심 전시물을 모두 훑어볼 수 있다.

대영박물관 핵심 관람 코스와 주요 전시물

2시간 코스

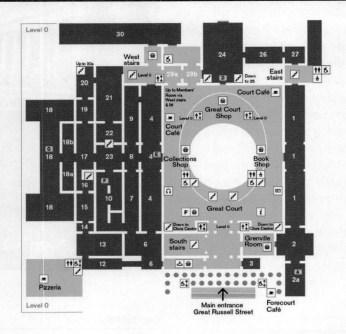

1코스

1층의 그레이트 코트 왼쪽의 4전시실로 입장하여, 6~10번 중동 전시실과 11~23번 고대 그리스 & 로마 전시실을 차례대로 둘러본다. 핵심 전시물은 로제타스톤, 람세스 2세 조각상, 아시리아 사자 사냥 부조, 네레이드 신전, 파르테논 갤러리 등이다.

로제타스톤_4전시실

기원전 196년에 만들어진 유물로, 민중들에게 전하는 말을 이집트 상형문자, 민중문자 그리고 고대 그리스어로 동시에 새겨놓은 것이다. 이 유물은 수백 년간 미스터리에 싸여있던 파피루스와 고대 이집트 상형문자를 해석하는 데 결정적인 역할을 했다. 1799년 이집트 원정을 떠난 프랑스 나폴레옹 군이 최초로 발견했다. 하지만 원정 실패 후 프랑스 군사 포로들의 무사 송환을 조건으로 영국군에게 넘겨주었고, 이어 대영박물관에 옮겨졌다.

람세스 2세 조각상_4전시실

대영박물관에서 가장 큰 이집트 조각상으로, 파라오 람세스 2세의 흉상이다. 람세스 2세는 기원전 13세기 이집트 대표 건축물 아부심벨 신전을 만들고 전성기를 지휘했던 인물이다. 1816년 고고학자 지오반니 벨조니가 룩소르 인근 람세스 신전에서 가져왔으며, 가슴 오른편의 큰 구멍은 프랑스 군인들이 흉상을 옮기기 위해 뚫다가 실패한 흔적이다.

아시리아 사자 사냥 부조_10전시실

아시리아 제국은 기원전 24세기부터 메소포타미아 문명의 근간인 티그리스강 유역 인근을 거점으로 번성했다. 아시리아 대왕이었던 아슈르바니팔기원전 7세기과 그 일행이 권력을 과시하기 위해 사자를 포획하던 모습이 부조 속에 담겨 있다.

네레이드 신전_17전시실

고대 그리스 영토였던 리키아Lycia, 현재는 튀르키예 영토에서 발견된 신전 형태의 무덤이다. 당시 리키아 수도 크산토스Xanthos의 통치자 에르빈나Erbinna의 명으로 만들어졌으며, 신전 이름은 그리스 신화 '물의 신' 네레우스의 딸 네레이드의 이름에서 따다 지었다.

파르테논 갤러리_18전시실 전체

고대 그리스 파르테논 신전 일부와 100여 점이 넘는 조각상을 그대로 옮겨놓았다. 그리스 신화 속에 등장하는 신과 인물들 조각상이 다양하게 전시되어 있다. 이집트 전시관과 함께 지상층에서 꼭 관람해야 할 곳이다. 그리스는 1983년부터 전시품의 일부(일명 '엘긴 마블스')의 반환을 요구하고 있다. 하지만 최근까지 큰 진전이 없다.

2코스

21 전시관 옆 서쪽 계단West stairs을 통해 2층Upper floor으로 올라가 61~65전시실의 미라를 관람하자. 이어 52~59전시실의 중동 유물과 40~51전시실의 유럽 유물들을 차례대로 둘러보자. 핵심 전시물은 미라 전시관, 그리핀 금제 팔찌, 키루스 실린더, 서튼 후 투구 등이다.

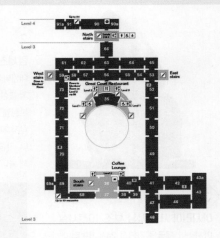

---

① 미라 전시관_62~63전시실 전체

사후 세계를 중요하게 여긴 이집트인들의 의식 세계를 그대로 보여주는 전시관이다. 화려하게 도금된 사람 모양의 미라와 이집트인들이 신으로 모셨던 동물들을 형상화한 미라 모형들도 함께 관람할 수 있다.

② 그리핀 금제 팔찌_52전시실

과거 페르시아 제국에서 가장 번성을 이루었던 아케메네스 왕조기원전 550~331가 남긴 보물Oxus treasure 가운데 하이라이트로 꼽히는 유물이다. 팔찌 위 사자의 몸에 독수리의 머리와 날개를 가진 그리핀 2마리가 아름답게 새겨져 있다.

③ 키루스 실린더_52전시실

점토로 만든 길이 23cm 지름 10cm의 원기둥 모양 조형물에 새겨진 세계 최초의 인권선언문으로, 메소포타미아의 바빌론 유적 중 하나이다. 원형 실린더에는 페르시아의 왕 키루스 2세가 바빌론을 평화롭게 점령한 일화가 새겨져 있다. 키루스 2세의 통치 이념이라고 보면 된다. 실린더의 제작 시기에 대해 의견이 분분하지만, 키루스 왕이 바빌론을 통치하던 기원전 539~530년경이라는 것이 유력하다.

④ 서튼 후 투구_41전시실

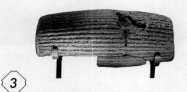

잉글랜드 동쪽 서포크 지역의 서튼 후Sutton hoo 무덤 터에서 발견된 투구이다. 전 세계 앵글로색슨족의 과거 유물 중 가장 귀중한 가치를 지닌 것으로 꼽힌다. 625년경 매장된 것으로 추정되며 1939년 발견된 후 현재의 모습으로 복원시켰다.

3시간 코스

필자가 소개한 2시간 코스를 돌고 시간이 좀 더 있다면, 추가로 아시아 및 아프리카 등 다른 대륙의 대표 전시물도 감상해보자. 더불어 규모는 작은 편이지만 2000년에 처음 문을 연 후 2014년에 재단장한 한국관 67전시실의 전시물도 함께 둘러보자. 2시간 코스에 1시간 정도 추가하면 된다. 핵심 유물은 호아 하카나나이아, 용문 화병, 베닌 브론즈 등이다.

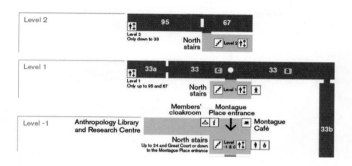

호아 하카나나이아(24전시실)

어떻게 그리고 왜 만들었는지 이유가 아직도 밝혀지지 않은 이스터섬의 모아이 석상 중 하나이다. 1868년 칠레 이스터섬에서 직접 이곳으로 옮겨왔다. 이스터섬 토착민들인 라파누이족에게는 현재도 신처럼 여겨지는 신성한 존재이며, 그에 따른 반환 요청이 끊이지 않는 전시물이다.

용문 화병_33전시실

1400년대 명나라에서 만들어진 도자기이다. 금속에 색상을 내는 유약을 입힌 후 장식하는 '칠보 기법'을 잘 보여주는 전시물이다. 칠보 기법을 활용한 도자기는 그 색감과 모양을 오랫동안 보존할 수 있어 주로 왕실과 사찰 등에서 사용되었다. 대영박물관의 용문 화병 역시 오랜 세월이 흘렀음에도 그 색감을 아주 잘 유지하고 있다.

베닌 브론즈_25전시실

대영박물관의 지하 1층Lower floor에 있는 아프리카 전시관을 대표하는 유물로, 13세기경 제작된 황동 판이다. 나이지리아 베닌 왕국 오바Oba 궁전에 있던 900여 개 황동 판 중 일부를 1897년 아프리카 원정 당시 영국으로 가져온 것이다. 황동 판에 새겨진 모습을 통해 당시 나이지리아 궁전에서의 생활 양식과 의례를 짐작해볼 수 있어 그 가치가 높다는 평가를 받는다.

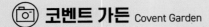

코벤트 가든 Covent Garden

🚶 언더그라운드 피카딜리 라인 승차하여 코벤트 가든역Covent Garden 하차, 도보 2분
🏠 The Market Bldg, 41, London WC2E 8RF, UK 📞 +44 20 7420 5856
🕐 10:00~19:30 (단, 개별 매장마다 운영시간 차이있음)
≡ http://www.coventgarden.london

발길을 사로잡는 쇼핑 아케이드

코벤트 가든은 다양한 테마의 숍과 음식점이 가득한 아케이드이다. 1년 365일 내내 축제 분위기가 이어지며 사람들의 발길이 끊이지 않는다. 특히 코벤트 가든 입구 앞에서 매일 펼쳐지는 다양한 길거리 퍼포먼스는 이곳의 분위기를 더욱더 흥겹게 만든다.

코벤트 가든은 '수도원의 정원'이라는 뜻으로, 현재 코벤트 가든이 들어선 자리는 13세기엔 수도원의 텃밭이 있던 자리였다. 런던 대화재1666 이후인 17세기부터 런던 최대 규모의 청과물 시장이 들어섰다가, 1974년 시장이 교외로 이전하면서 다양한 숍과 마켓, 레스토랑, 펍 등이 모여들어 현재의 모습이 되었다. 지금은 런던 시민과 여행객을 위한 최고의 휴식 장소로 꼽힌다.

철제 구조물이 유리 지붕을 떠받치고 있는 광장 아래에는 애플 마켓이 들어서고, 광장 주변으로는 레스토랑과 펍이 즐비하다. 주빌리 마켓은 아케이드 뒤편에 들어선다. 언제나 많은 사람이 마켓의 각종 액세서리와 수공예품 숍에 가기 위해, 혹은 퇴근 후 펍에서 친구들과 즐겁게 보내기 위해 이곳으로 모여든다. 덕분에 코벤트 가든 주변 거리도 번화가이다. 다양한 명품, 액세서리, 앤티크 숍들이 가득하다. 코벤트 가든 지역의 또 다른 핫 플레이스 닐스 야드와 세븐 다이얼즈 거리Neal's Yard & Seven Dials가 도보 5분 거리에 있어 함께 둘러보기 좋다.

코벤트 가든 아케이드의 숍들

1 애플 마켓과 주빌리 마켓
Apple & Jubilee Market

수공예품과 액세서리

아기자기하고 독창적인 수공예품과 액세서리를 구매할 수 있는 마켓이다. 애플마켓은 코벤트 가든 아케이드 입구에, 주빌리 마켓은 아케이드 뒤편의 런던 교통박물관 바로 옆에 들어선다. 상인들의 땀과 열정이 녹아든 수제 액자, 골동품, 액세서리 등은 코벤트 가든의 독창성과 존재감을 더욱 돋보이게 한다. 꼼꼼히 잘 둘러보며 마음에 드는 제품을 '득템'하는 재미를 누려보자.

🕐 애플 마켓 월~토 10:00~18:00 일 11:00~17:00
주빌리 마켓 월 05:00~17:00 화~금 10:30~19:00
토~일 10:00~18:00

2 위타드
Whittard

런던의 대표 홍차 브랜드

런던을 대표하는 홍차 브랜드 중 하나이다. 1999년 코벤트 가든 아케이드에 입점한 매장이 대성공을 거두며 일약 영국을 대표하는 인기 브랜드에 이름을 올렸다. 소비자들의 기호와 요구에 걸맞은 차Tea를 '맞춤 제조'하며 인기를 끌기 시작한 것이다. 대공황과 세계대전 당시 존폐 위기에 놓이기도 했지만, 지금은 대표 메뉴 홍차 외에 커피, 핫초콜릿도 맛이 좋다는 평이 자자하다. 숍 지하에는 아담한 티 바Tea bar가 있어, 에프터눈 티과 디저트를 위타드의 차와 함께 즐길 수 있다.

📞 +44 20 7240 3532 🕐 월~수 10:00~19:00 목~토
10:00~20:00 일 10:00~18:00 £ 선물용 세트 £7부터 티
바의 에프터눈 티 £30부터 ☰ http://www.whittard.co.uk

3 펜할리곤스
Penhaligon's

왕실의 인증을 받은 향수 브랜드

빅토리아 여왕 집권 시기재위 1837~1901 왕실 이발사로
활동했던 윌리엄 헨리 펜할리곤이 1870년에 만든 향수
브랜드이다. 제품마다 부착된 동물 모양의 뚜껑과 뚜껑
을 감싸고 있는 리본은 펜할리곤스 브랜드만의 특색을
보여주는 아이템이다. 영국 왕실 인증을 두 번이나 받으
며 품질의 우수성도 검증받았다. 개별 향수 제품 외에
선물용 향수 컬렉션과 바디 워시, 로션 등의 상품까지
다양하게 있어 기념품으로 구매하기 좋다.

📞 +44 20 3040 3030
🕐 월~토 10:00~19:00 일 12:00~18:00
£ 향수 선물세트 £38부터
≡ http://www.penhaligons.com

4 벤자민 폴락스 토이숍
Benjamin Pollock's Toyshop

어른들도 좋아하는 페이퍼 토이 숍

종이로 만든 페이퍼 토이를 주로 취급하는 독특한 장난감 가게이다. 좁은 계단을 타고 올라가는 2층에 숍이 있다.
가게는 시끌벅적한 코벤트 가든 아케이드에서 고립된 듯 조용한 분위기이다. <신데렐라>, <로미오의 줄리엣> 등
명작을 모티브로 만들어낸 다양한 페이퍼 토이는 어린이뿐만 아니라 성인들의 관심을 끌기에도 충분하다. 섬세하
게 만들어진 페이퍼 토이의 정교함과 아이디어에 감탄사가 절로 흘러나온다.

📞 +44 20 7379 7866 🕐 월~토 10:30~18:00 일 11:00~18:00 ≡ http://www.pollocks-coventgarden.co.uk

닐스 야드와 세븐 다이얼즈 Neal's Yard & Seven Dials

🚶 언더그라운드 피카딜리 라인 승차하여 코벤트 가든역Covent Garden 하차, 도보 3분(코벤트 가든 아케이드 북서쪽에 위치)
🏠 **닐스 야드** 2 Neal's Yard, London WC2H 9DP, UK
세븐 다이얼즈 45 Seven Dials, London WC2H 9HD, UK

코벤트 가든의 또 다른 핫 플레이스

코벤트 가든 아케이드만 둘러보고 발걸음을 돌린다면 코벤트 가든 지역을 모두 즐겼다고 할 수 없다. 아케이드 북
서쪽에 있는 닐스 야드와 세븐 다이얼즈를 빼놓을 수 없기 때문이다. 세븐 다이얼즈는 7개 거리가 만나는 교차로이
다. 7개 거리가 교차하는 구간을 따라 형성된 레스토랑과 숍을 구경하는 재미가 꽤 쏠쏠하다. 세븐 다이얼즈 정중앙
에는 1694년 제작된 기둥Monument이 랜드마크 역할을 하며 우뚝 솟아 있다. 이 기둥은 실제 작동 중인 해시계로 여
행자들의 시간 알리미 역할을 하고 있다. 해시계 주변은 많은 사람이 약속 장소로 애용하고 있는 만남의 광장이다.

닐스 야드는 세븐 다이얼즈 북쪽의 쇼츠 가든 스트리트와 몬머스 스트리트 사이에 있는
작고 아름다운 골목길이다. 1600년대 후반에 형성되었으며, 이곳을 처음 기획한 토
마스 닐의 이름에서 따다 닐스 야드라 이름 지었다. 알록달록한 건물과 카페, 음식
점이 예쁘게 들어서 있어 여행객들에게 많은 사랑을 받고 있다. 닐스 야드와 세
븐 다이얼즈의 거리 곳곳을 여행하다 보면 시간 가는 것도 잊고 매력에 빠져든다.

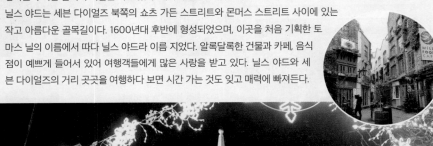

닐스 야드와 세븐 다이얼즈의 맛집 & 숍

 ## 더 바바리
The Babary

런던 100대 레스토랑 중 1위

16세기부터 19세기까지 북아프리카부터 이스라엘 연안 지역을 바바리Barbary라 불렀다. 닐스 야드의 '더 바바리'는 거기서 이름 따다 지은 아프리카 레스토랑이다. 이곳이 식당임을 알리는 마땅한 외부 간판조차 없지만, 식당 내부는 항상 대기하는 사람들로 북적북적 붐빈다. 좁은 원탁에 둘러앉아 식사하는 방식이라 북아프리카 음식의 향과 조리 방식을 실감 나게 감상할 수 있다. 살짝 달콤하면서도 촉촉한 육질이 매력적인 흑돼지 요리 파타네그라 넥 Pata Negra neck은 난과 곁들여 먹기에 안성맞춤인 이곳의 대표 요리다. 여행잡지 <타임아웃>이 선정한 2018년 런던 100대 레스토랑 중 1위를 차지하면서, 그 인기와 만족도는 이미 검증이 끝났다고 보면 된다.

⌂ 16 Neal's Yard, London WC2H 9DP, UK
☎ +44 303 589 3388
🕐 월~금 12:00~15:00, 17:00~23:00
토 12:00~22:00 일 12:00~21:00
£ 에피타이저 £5부터 메인 메뉴 £9.5부터
≡ http://thebarbary.co.uk

② 홈슬라이스 닐스 야드
Homeslice Neal's Yard

지름 50cm의 거대한 화덕 피자

'더 바바리'와 더불어 닐스 야드를 대표하는 맛집이다. 한 판에 지름 50cm를 자랑하는 거대한 화덕 피자를 맛볼 수 있다. 피자집의 정석 메뉴라고 할 수 있는 마르게리타 피자 외에도 네 종류의 치즈에 할라페뇨가 조합된 매콤한 피자, 양고기와 그리스식 요거트로 맛을 낸 피자 등 이곳에서만 만나볼 수 있는 색다른 피자들이 다양하게 준비되어 있다. 한 판이 부담스럽다면 조각으로도 주문할 수 있다. 한 판에 £22라는 가격은 런던의 높은 물가와 피자의 양을 놓고 생각하면 너무 저렴하다.

⌂ 13 Neal's Yard,
London WC2H 9DP, UK
☎ +44 20 3151 7488
🕐 월~수, 일 12:00~22:00
목~토 11:30~23:00
£ 피자 한 판 £ 24부터
☰ http://www.homeslicepizza.co.uk

3 닐스 야드 레메디스
Neal's Yard Remedies

유기농 코스메틱 브랜드

화학 물질, 파라벤, 합성 색소들을 배제한 유기농 화장품을 판매하는 코스메틱 브랜드이다. 1981년 닐스 야드에서 첫 매장 운영을 시작한 이후 현재는 세계 21개국에 진출한 글로벌 브랜드로 자리 잡았다. 각 제품은 안티에이징, 건성, 지성 피부용 카테고리로 나누어져 있다. 화학 첨가물 대신 과거 이집트인들이 피부미용 목적으로 주로 사용했다는 프랑킨센스유향나무, Frankincense와 라벤더, 로즈 등 자연에서 추출해온 천연 원료를 주로 활용하고 있다. 선물용으로 제작된 별도 패키지도 구매할 수 있다.

15 Neal's Yard, Covent Garden, London WC2, UK
+44 20 7379 7222 **월~토**10:00~18:00 일 11:00~18:00 £ **선물패키지** ￡12.5부터 **스킨 케어 상품** ￡13부터
http://www.nealsyardremedies.com

4 포비든 플래닛 런던 메가스토어
Forbidden Planet London Megastore

캐릭터 피규어에서 DVD까지

세븐 다이얼즈 중앙의 해시계Monument에서 북쪽으로 도보 3분 거리에 있는 수집품 숍이다. 캐릭터 피규어와 티셔츠, 만화책, DVD까지! 색다른 아이템 수집을 좋아하거나 해리포터, 마블, DC, 스타워즈 등 영화나 애니메이션에 등장한 다양한 캐릭터를 좋아하는 사람이라면 이곳의 매력에 푹 빠질 수밖에 없다. 영국에서 최신 만화책을 가장 먼저 취급하면서, 최신 영화 캐릭터 피규어를 소비자 트렌드에 맞춰 미리 출시해 많은 사랑을 받고 있다. 홈페이지에서 직접 신제품을 확인하고 쇼핑도 할 수 있다. 영국뿐 아니라 해외 배송도 가능하니 사고 싶은 물건이 많다면 미리 둘러보고 귀국한 후 온라인으로 쇼핑하는 것도 방법이다. 물론 지역에 따라 배송료가 크게 다르므로 사전 문의 필수!

언더그라운드 피카딜리 라인 승차하여 코벤트 가든역Covent Garden 하차, 도보 4분
179 Shaftesbury Ave, London WC2H 8JR, UK
+44 20 7420 3666 **월~수** 10:00~18:00 **목~토** 10:00~19:00 **일** 12:00~18:00 £ 피규어 ￡20~￡520
http://forbiddenplanet.com

로열 오페라 하우스 Royal Opera House

🏃 언더그라운드 피카딜리 라인 승차하여 코벤트 가든역Covent Garden 하차, 도보 2분(코벤트 가든 아케이드 북쪽에 위치)
🏠 Bow St, London WC2E 9DD, UK 📞 +44 20 7304 4000
🕐 월~토 12:00~ 당일 공연 마감시까지(예매 부스, 일요일은 사전 구매 티켓 수령만 가능)
£ 오페라 및 발레 공연 £3부터 (공연과 좌석에 따라 상이) 백스테이지 가이드 투어 £16 🌐 http://www.roh.org.uk

백 스테이지 투어에 참여하자

로열 오페라 하우스는 코벤트 가든 바로 북쪽에 있다. 1732년 처음 문을 열었다. 초기엔 상류층과 왕실을 위한 오페라가 주로 상영되었다. 한동안 침체기를 겪다가, 1946년 지금의 하얀 아치형 건물이 지어지면서 다시 활기를 찾기 시작했다. 런던을 대표하는 '로열 오페라단', '로열 발레단'이 이곳을 주 무대로 활동했으며, 소프라노 가수 조앤 서덜랜드1926~2010와 테너 가수 존 비커스1926~2015 등의 거장들도 이곳에서 명성을 얻었다. 오페라와 발레 공연 티켓은 홈페이지와 현장에서 예매할 수 있다. 꼭 공연 관람을 하지 않더라도 투어를 통해 극장 내부를 돌아볼 수 있다. 백 스테이지 가이드 투어는 하루에 2~3회 진행되며, 배우들의 복장이나 소품 등을 관람하며 준비 과정을 엿볼 수 있다. 공연 정보 및 투어 시간은 유동적으로 운영되므로 사전에 홈페이지를 꼭 확인하자.

런던 교통 박물관 London Transport Museum

🚶 언더그라운드 피카딜리 라인 승차하여 코벤트 가든역Covent Garden 하차, 도보 2분(코벤트 가든 아케이드 동쪽에 위치)
🏠 Covent Garden Piazza, London WC2E 7BB, UK
📞 +44 343 222 5000 🕐 10:00~18:00(마지막 입장 17:00)
£ £ 22 (한 번 구매시 1년간 사용 가능), 17세 미만 무료 ☰ http://www.ltmuseum.co.uk

아이와 함께 가면 더 좋다

세계 최초의 지하철로 불리는 튜브와 런던을 배경으로 만들어진 영화나 드라마에 자주 등장하는 이층 버스는 런던 시민들의 자국 교통수단에 대한 애정과 자부심을 끌어내기 충분한 소재들이다. 코벤트 가든 아케이드 바로 동쪽에 자리 잡은 런던 교통 박물관은 이런 시민들의 자부심을 현실로 투영해낸 곳이다. 1800년대부터 이어져 온 런던 대중교통의 역사를 보여주고, 1920년대부터 실제 운행됐던 운송수단들을 한곳에 모아 전시하고 있다. 실제 크기 이층 버스에 탑승해 직접 핸들을 잡아보거나, 교통수단의 운행 원리를 과학적으로 체험해볼 수도 있다. 성인뿐 아니라 아이들 교육을 위해 함께 방문하기 좋은 박물관이다. 박물관의 숍에서는 조그만 장난감 이층 버스, 언더그라운드 로고 자석 등 런던을 상징하는 아기자기한 기념품도 판매한다.

📷 서머셋 하우스 Somerset House

🏃 ①언더그라운드 서클, 디스트릭트 라인 승차하여 템플역Temple 하차, 도보 3분 ②버스 1, 4, 26, 59, 68번 탑승하여 알드위치 서머셋 하우스 정류장Aldwych Somerset House 하차 🏠 Strand, London WC2R 1LA 📞 +44 20 7845 4600
🕐 **월·화·토·일** 10:00~18:00(마지막 입장 17:00) **수·목·금** 11:00~20:00(마지막 입장 19:00) **가이드 투어** £5 (절기에 따라 시간이 상이하므로 사전 홈페이지 확인 및 예약 필수) £ 전시 및 공연에 따라 상이(홈페이지에서 확인)
≡ http://www.somersethouse.org.uk

고풍스러운 분위기의 예술문화센터

서머셋 하우스는 웬만한 궁전과 견줄만한 아름다운 공공 건축물로, 워털루 브리지 바로 앞 템스 강변에 있다. 바비칸, 사우스뱅크 센터와 더불어 런던을 대표하는 문화예술 공간이다. 미술, 음악, 디자인 등에 관한 전시와 공연이 일년 내내 이어진다. 서머셋 하우스는 1547년에 지은 에드워드 6세재위 1547~1553의 외삼촌 서머셋 공작의 집이었다. 서머셋 공작은 10살에 왕위에 오른 에드워드 6세를 대신해 섭정을 펼치며 당대를 호령하던 최고 권력자였다. 이후 엘리자베스 1세 여왕의 유년 시절 거주지로 쓰이다가 18세기에 현재의 모습으로 리모델링되었고, 1997년부터 대중들을 위한 문화예술 공간으로 완전하게 탈바꿈했다. 여름이 되면 광장 중앙의 분수대에서는 물이 시원하게 뿜어져 나오고, 겨울에는 분수대 주변이 대형 스케이트장으로 변모한다. 매년 9월에는 광장에서 런던 패션 위크가 열려 시민들의 발걸음을 이끈다. 서머셋 하우스 내부 곳곳을 둘러볼 수 있는 가이드 투어도 진행된다.

서머셋 하우스에는 코톨드 갤러리, 허미티지 룸스, 길버트 컬렉션 등 3개의 전시관이 있는데, 이중 하이라이트는 '코톨드 갤러리'이다. 코톨드 갤러리는 다양한 인상주의 회화 작품을 즐길 수 있는 작지만 아름다운 미술관이다.

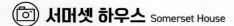

서머셋 하우스의 전시관
코톨드 갤러리

서머셋 하우스에서 고흐를 만나자

예술품 수집가이자 직물업자였던 새뮤얼 코톨드의 이름을 딴 서머셋 하우스 내부의 작은 갤러리로 1932년 처음 문을 열었다. 2018년부터 3년간의 긴 보수 공사를 끝내고 대중들에게 재개장했다. 비록 크지 않지만, 작품들의 가치만큼은 런던 시내 다른 미술관과 비교해 보더라도 전혀 손색이 없다. 이곳의 주된 컬렉션은 주로 인상주의, 후기 인상주의 시기를 대표할만한 회화 작품이다. 반 고흐, 에두아르 마네, 르누아르, 세잔의 작품을 감상할 수 있다. 인상파 화가를 좋아한다면 절대 지나치지 말자. 아래 소개할 '꼭 봐야 할 작품들'은 필자가 이곳의 수많은 작품 중에서 꼭 찍어 추천하는 걸작들이다. 홈페이지에서 미리 티켓을 반드시 예매 후 방문하자.

📞 +44 20 3947 7777 🕐 10:00~18:00 (사전 예약 후 방문 필수)
💷 £10 (주중), £12 (주말) 🌐 https://courtauld.ac.uk/

코톨드 갤러리에서 꼭 봐야할 작품들

1

폴리베르제르의 술집 (1882)
A Bar at the Folies Bergère
에두아르 마네

2

귀를 자른 자화상 (1889)
Self-Portrait with Bandaged Ear
빈센트 반 고흐

3

관람석 (1874)
La Loge(The Theatre Box)
르누아르

새뮤얼 코톨드가 이곳에 전시한 작품 중 가장 비싼 금액을 들여 수집한 작품이다. 마네가 죽기 1년 전에 그린 작품으로, 프랑스 파리 술집에서 일하는 한 여성 바텐더의 모습을 표현했다. 비록 겉으로는 매우 화려하게 치장했지만, 시끌벅적한 도시의 술집 속에서 고단함과 지침을 내면 가득 품고 있는 여인의 모습이 이를 지켜보는 대중에게도 고스란히 느껴지도록 그려냈다.

반 고흐는 가장 친한 친구이자 동료 화가였던 폴 고갱과 크게 다툰 후 본인의 귀를 잘랐다. 이 작품은 고흐가 본인의 귀를 자른 이후 그린 첫 자화상이다. 가장 친한 동료이자 친구를 잃고, 본인의 신체까지 크게 훼손됐음에도 그림에 그려진 선명하고 밝은 색채가 고흐의 고통스러운 심리상태와 크게 대비되는 것 같아 더욱 인상적인 작품이다.

오페라를 감상하고 있는 두 프랑스 남녀를 묘사한 작품으로 르누아르의 초기 대표작이다. 공연에는 크게 관심이 없고 다른 관객들을 관찰하고 있는 남성의 모습과 줄무늬 드레스, 진주 목걸이 등 화려한 치장을 한 여성의 모습에서 당시 귀족들의 생활상을 실감나게 엿볼 수 있다.

존 손 경 박물관 Sir John Soane's Museum

🚶 ①언더그라운드 센트럴 라인, 피커딜리 라인 승차하여 홀본역Holborn 하차, 도보 3분
②버스 1, 59, 68, 91번 탑승하여 킹스웨이 정류장Kingsway 하차, 도보 1분
🏠 13 Lincoln's Inn Fields, London WC2A 3BP, UK
📞 +44 20 7405 2107 🕐 수~일 10:00~17:00 £ 무료 ☰ http://www.soane.org

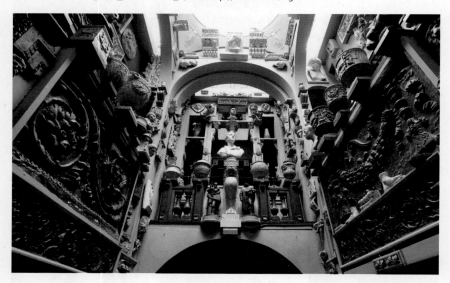

진귀한 보물이 가득!

존 손 경1753~1837은 런던 중앙은행을 건축한 영국의 저명한 건축가이다. 그의 이름을 따 이름 지은 존 손 경 박물관은 그가 생전에 수집하던 물건들을 전시한 곳이다. 겉보기엔 지극히 평범한 주택과 다를 바 없지만, 안으로 들어가면 진귀한 보물이 가득 차 있다. "호기심을 자극하는 최고의 공간을 만들어 사람들에게 무료로 제공하자."라고 외치던 그의 숙원이 생가에서 180년째 이루어지고 있다. 그는 1792년부터 자신의 집이자 사무실이었던 이곳에 로마 유적, 르네상스 시대 조각, 이집트 석관 등 다양한 수집품을 채우기 시작했다. 그 규모는 계속 확장되어 3개 주택, 3개 층이 연결된 현재 모습에 이르게 되었다. 그가 죽기 4년 전인 1833년 영국 의회의 승인으로 박물관으로 인정받았다. 모두 다 진귀한 보물들이지만, 특히 고대 로마 시대의 항아리와 조각 등을 수집해놓은 12번 카타콤Catacombs 방과 이집트의 파라오였던 세티 1세BC 1303~1290 석관이 있는 11번 방은 꼭 관람하자.

찰스 디킨스 박물관 Charles Dickens Museum

🚶 언더그라운드 피카딜리 라인 승차하여 러셀 스퀘어역Russell Square 하차, 도보 6분
🏠 48 Doughty St, London WC1N 2LX, UK 📞 +44 20 7405 2127
🕐 수~일 10:00~17:00(마지막 입장 16:00)
£ 성인 £12.50 ☰ http://dickensmuseum.com

이곳에서 <올리버 트위스트>를 집필했다

찰스 디킨스의 생가에 들어선 박물관이다. 그의 대표작 <올리버 트위스트>Oliver twist, 1838는 영국이 가장 부흥했던 산업혁명 시기 노동자들의 피폐한 삶을 여과 없이 풍자한 소설이자 연재물이다. 이 작품으로 일약 영국 대표 작가가 된 찰스 디킨스의 흔적이 이곳에 고스란히 남아있다. 디킨스는 그의 가족들과 25살부터 3년간1837~1839 이곳에 살며 <피크위크 페이퍼스>, <올리버 트위스트> 등 대표작을 집필했다. 영국에서 그의 흔적이 가장 많이 남아있는 장소라 많은 사람이 찾는다. 지하실까지 모두 5개 층으로 이뤄진 생가에서는 그의 유복함을 느낄 수 있다. 그가 실제로 사용했던 서재Dickens's study의 의자, 책상, 만년필을 비롯하여 그의 소설, 에세이 속 명문들을 박물관 곳곳에서 찾아볼 수 있다.

🍴 # 바라피나 Barrafina

아이유가 찾은 타파스 맛집

가수 아이유가 런던을 여행하면서 들렀던 타파스 맛집이다. 이후 우리나라 여행객들에게 입소문이 나서 유명해졌다. 소호, 코벤트 가든, 킹스크로스에 매장이 있다. 식사 시간 전후로는 사람들의 발길이 끊이지 않는다. 코벤트 가든 점은 로열 오페라 하우스에서 북쪽으로 도보 2분 거리에 있다. 오픈 키친 형식이어서 셰프들이 요리하는 모습을 직접 보면서 식사할 수 있다. 그만큼 믿음직스러운 타파스 요리를 즐길 수 있다. 메뉴는 신선한 해산물, 토르티야, 구운 고기 등 다양하게 선택할 수 있다. 햄과 치즈가 잔뜩 들어간 크로켓이 이곳 대표 메뉴인데, 간편하게 즐길 수 있어 더욱 좋다. 8명 이상의 단체 손님 외에는 예약이 불가하다. 대기 시간을 줄이고 싶다면 오후 12시~1시, 저녁 6시~7시 등 피크 타임은 피하자.

🚶 언더그라운드 피카딜리 라인 승차하여 코벤트 가든역Covent Garden 하차, 도보 3분 🏠 43 Drury Ln, Covent Garden, London WC2B 5AJ, UK 📞 +44 20 7440 1486 🕐 **월** 17:00~23:00 **화~토** 12:00~15:00/17:00~23:00 **일** 12:00~15:00/17:00~22:00
£ **단품 타파스** £ 4부터, **육류와 해산물** £ 14부터 ☰ http://www.barrafina.co.uk

🍽 멘야 라멘 하우스 Menya Ramen House

따끈한 국물이 생각난다면!

대영박물관에서 다양한 전시물을 2시
간 이상 둘러보고 난 뒤 가기 좋은 라
멘 맛집이다. 박물관 정문에서 도보
30초 거리에 있다. 따끈한 일본식
라멘 국물을 입에 넣는 순간 박물관
관람에 지쳐 소진된 에너지가 다시 보
충된다. 식당 내부에는 따뜻한 온기와 일본식
된장 '미소' 냄새가 가득하다. 라멘 메뉴는 크게 8가지로
나뉘며 면의 굵기와 매콤함 정도를 취향에 맞게 선택할
수 있다. 특히 우리 입맛에 딱 맞는 순두부 라멘과 김치
라멘은 한국 여행자들에게 단비 같은 메뉴이다. 라멘마
다 하나씩 제공되는 돼지고기 '차슈'는 전혀 비리지 않고
식감도 부드러워 약방의 감초 같은 역할을 톡톡히 한다.

🚶 ①언더그라운드 엘리자베스 라인, 센트럴 라인, 노던 라인
승차하여 토트넘 코트 로드역Tottenham Court Road 하차, 도
보 5분 ②언더그라운드 센트럴, 피카딜리 라인 승차하여 홀
본역Holborn 하차, 도보 6분 🏠 29 Museum St, London
WC1A 1LH, UK 📞 +44 20 7636 4787 🕐 월~토 12:00~20:00
일 12:00~16:00 £ 라멘 £9.5~£14.5

🍽 달로웨이 테라스 Dalloway Terrace

꽃밭에서 즐기는 브런치

정갈한 브런치 메뉴와 함께 예쁜 SNS 인증샷을 남기기 좋은 브런치 맛집으로 대영박물관 정문에서 서쪽으로 도보
3~4분 거리에 있다. 영국의 인테리어 & 디자인 잡지 월페이퍼가 선정한 '동시대 최고의 호텔, 레스토랑 디자이너' 마틴
브루드니즈키Martin brudnizki가 설계한 곳이다. 갖가지 꽃과 작은 조명들이 어우러진 야외 테라스에서 즐기는 브런치가
꽤 매력적이다. 여기에 친절한 종업원들의 서비스까지 더해져 더욱 만족스럽다. 브런치 메뉴는 하와이 대표 간식 아사
이볼, 신선한 게살이 얹어진 토스트, 팬케이크 등 종류가 다양하다. 브런치보다 좀 더 분위기 있는 식사와 주류를 즐기
고 싶다면 테라스와 바로 연결되어있는 코랄 룸Coral Room을 선택하는 것이 좋다. 주말엔 예약이 많으니 미리 확인하자.

🚶 언더그라운드 센트럴 라인, 노던 라인 승차하여 토트넘 코트 로드역Tottenham Court Road 하차, 도보 2분
🏠 16-22 Great Russell St, Fitzrovia, London WC1B 3NN, UK 📞 +44 20 7347 1221 🕐 12:00~23:30 (주말은 11:00 오픈)
£ 브런치 £4~£13 🔗 http://dallowayterrace.com

🍽 디슘 Dishoom

런던에서 가장 핫한 인도식당

유튜브, 인스타그램 등에서 가장 트렌디한 인도 레스토랑으로 소문난 맛집이다. 세븐 다이얼즈의 해시계Monument에서 남쪽으로 도보 2분 거리에 있다. '미슐랭 가이드 선정 맛집 7년 연속 선정', '식당 검색 앱 Yelp 선정 2015 & 2016 베스트 레스토랑'이라는 수식어만으로도 이곳의 명성과 인기도를 짐작해볼 수 있다. 피크 타임 전후에는 기본 30분 이상 대기해야 한다. 메뉴가 너무 많아 처음 방문한 사람에겐 음식 선택이 여간 어려운 일이 아니다. 가장 추천할만한 메뉴는 쌀, 향신료에 갖가지 재료를 섞어 만든 인도식 볶음밥 비리야니Biryani와 치킨 커리Chicken ruby다. 미슐랭 선정 식당임에도 크게 비싸지 않은 가격과 은은한 조명이 빚어낸 식당 분위기는 이곳의 매력과 음식 맛을 더욱 배가시킨다.

🏃 ①언더그라운드 피카딜리 라인 승차하여 코벤트 가든역Covent Garden 하차, 도보 3분 ②언더그라운드 피카딜리, 노던 라인 승차하여 레스터 스퀘어역Leicester Square 하차, 도보 2분 🏠 12 Upper St Martin's Ln, London WC2H 9FB, UK 📞 +44 20 7420 9320 🕐 월~목 08:00~23:00 금 08:00~00:00 토 09:00~00:00 일 09:00~23:00 £ 커리 £10 안팎 🔗 http://www.dishoom.com

🏃 ①언더그라운드 피카딜리 라인 승차하여 코벤트 가든역Covent Garden 하차, 도보 4분 ②버스 6, 9, 11, 87번 탑승 후 사우샘프턴 스트리트 코벤트 가든 정류장Southampton St Covent Garden 하차 🏠 34-35 Maiden Ln, Covent Garden, London WC2E 7LB, UK 📞 +44 20 7836 5314 🕐 화~토 12:00~00:00 일 12:00~23:30 (월요일 22:00까지) £ 메인 코스 £21.95~£42.50 🔗 http://rules.co.uk

🍽 룰스 Rules

런던에서 가장 오래된 레스토랑

오픈한 지 220년 된 런던에서 가장 오래된 레스토랑이다. 코벤트 가든 아케이드에서 남쪽으로 도보 3분 거리에 있다. 1798년부터 영국 전통 요리들을 꿋꿋이 취급하며 코벤트 가든 지역의 터줏대감 역할을 해오고 있다. 오래된 저택을 식당으로 꾸며놓은 듯한 내부 인테리어는 영화 <007 스펙터>와 드라마 <다운튼 애비>에 배경 무대로 등장하여 고풍스러운 매력을 자아냈다. 등심과 소의 콩팥을 버무린 뒤 구워낸 영국식 파이Steak & Kidney pie와 영국산 양을 구워 맛을 낸 양 갈비 요리 램찹Lamb-Chops 등 오랜 전통이 묻어난 토속 요리를 즐길 수 있다. 처음 접하는 영국 전통 요리가 낯설다면 스테이크나 연어 요리 등을 추천한다.

🍽️ 더 쉽 타번 The Ship Tavern

오랜 역사가 깃든 영국 레스토랑이자 펍

470년 된 펍이자 레스토랑으로, 존 손 경 박물관에서 북서쪽으로 도보 2분 거리에 있다. 목재로 된 인테리어와 의자, 책장을 가득 메운 고서적에서 긴 세월을 느낄 수 있다. 1549년 노동자의 갈증과 스트레스를 해소해주는 술집으로 그 역사를 시작했다. 헨리 8세재위 1509~1547 집권 시기 성공회로 국교가 바뀌면서 박해를 받는 가톨릭 신자들의 피난처이자 기도하는 공간으로 활용되기도 했다. 1993년 증축과 리모델링을 거쳐 현재 모습을 갖추었다. 1층은 펍, 2층은 식당으로 운영되고 있다. 식당에선 비프 웰링턴Beef wellington, 에일 파이Beef & 'Old Peculiar' Ale Pie 등 영국식 전통 메뉴를 다양하게 맛볼 수 있다. 영국의 정통 펍과 전통 요리 둘 다 즐길 수 있는 일석이조의 장소이다.

🚶 언더그라운드 센트럴 라인, 피카딜리 라인 승차하여 홀본역Holborn 하차, 도보 1분
🏠 12 Gate St, London WC2A 3HP, UK 📞 +44 20 7405 1992
🕐 월~토 11:00~23:00 일 12:00~22:30
£ 메인 메뉴 £13~£32 진 & 칵테일 £3.8~£20
☰ http://www.theshiptavern.co.uk

🍴 하몽하몽 Jamon Jamon

스페인의 파에야 그 맛 그대로!

세븐 다이얼즈 중앙의 해시계Monument에서 서쪽으로 도보 4분 거리에 있는 스페인 음식점이다. 2002년에 문을 열었다. 하몽은 스페인어로 햄Ham을 뜻하는데, 우리나라의 김치처럼 스페인 사람들의 식사에서 빼놓을 수 없는 메뉴다. 보통 해외의 스페인 레스토랑은 타파스 위주로 메뉴를 구성하기 마련이다. 하지만 하몽하몽은 타파스 메뉴 외에 스페인 대표 메뉴 파에야가 맛있기로 유명해 그 희소성이 높다. 파에야 중에서도 가장 많은 사랑을 받는 해산물 파에야는 대하, 홍합, 오징어 등 신선한 해산물이 듬뿍 들어가 있어 밥을 씹을 때마다 그윽한 바다 향이 느껴진다. 파에야는 조리 시간이 30분 이상 걸린다. 파에야가 완성될 동안 타파스와 스페인 전통 음료 샹그리아를 곁들여 맛보는 시간을 가져보자.

🚶 언더그라운드 피카딜리 라인, 노던 라인 승차하여 레스터 스퀘어역Leicester Square 하차, 도보 3분
🏠 3 Caxton Walk, London WC2H 8PW, UK 📞 +44 20 7836 6969 🕐 월~목, 일 12:00~23:30 금,토 12:00~00:00
£ 타파스 £ 5.95부터 파에야(1인분 가능) £ 15.95부터 ☰ jamonjamon.uk.com

🚶 ①언더그라운드 서클 라인, 디스트릭트 라인 승차하여 템플역Temple 하차, 도보 2분 ②버스 4, 11, 15, 26, 76번 탑승하여 '더 로열 코트 오브 저스티스' 정류장The Royal Courts of Justice 하차
🏠 216 Strand, Temple, London WC2R 1AP, UK
📞 +44 20 7353 3511 🕐 11:00~18:00(목요일은 11:30~18:30)
£ 기프트 세트 £ 10부터 ☰ http://www.twinings.co.uk

🛍 트와이닝 Twinings

영국의 글로벌 티 브랜드

1706년 창업자 토마스 트와이닝이 런던 스트랜드 216번지에 영국 최초로 티 룸을 오픈했다. 이후 300년이 넘도록 그 자리에서 트와이닝 가문 후손들이 가업을 이어오고 있다. 로고 역시 1787년 만들어진 후 한 번도 바뀌지 않았다. 세계에서 가장 오래된 브랜드 로고이다. 브랜드 유명세에 걸맞게 '홍차' 분야에서 그 명성과 역사를 따라올 곳이 없다. 서머셋 하우스에서 북동쪽으로 5분 정도 걸어가면 매장이 나온다. 매장 안으로 들어서면 양옆으로 길게 진열된 홍차, 커피, 핫초콜릿 제품들이 눈에 띄며 그 종류만 300여 가지가 넘는다. £10 미만짜리부터 £10~£25 사이 가격대의 패키지 세트와 심플한 디자인의 티 포트Tea pot 등은 선물용으로 구매하기 좋다. 런던에서만 구매할 수 있는 '런던 에디션' 제품들도 인기가 많다.

🛍️ 스탠포즈 Stanfords

🏃 언더그라운드 피카딜리 라인 승차하여 코벤트 가든역Covent garden 하차, 도보 1분
🏠 7 Mercer Walk, Covent Garden, London WC2H 9FA, UK 📞 +44 20 7836 1321
🕐 월~수 09:00~18:00 목,금 09:00~19:00 토 10:00~19:00 일 12:00~18:00(단, 일자에 따라 유동적으로 운영)
☰ http://www.stanfords.co.uk

나이팅게일, 셜록 홈즈의 단골 지도 가게

스탠포즈는 150년이 넘은 지도 가게이다. 1853년 지도가게로 첫 운영을 시작하여, 지금은 세계적으로 이름난 지도
와 여행 서적 가게로 성장했다. 세븐 다이얼즈 중앙의 해시계Monument에서 남동쪽으로 도보 2분 거리에 있다. 긴 역
사만큼 그 인지도와 유명세 역시 으뜸이다. 백의의 천사 나이팅게일, 남극 탐험가 로버트 스콧과 어니스트 섀클턴
도 이곳의 단골손님이었다. 코난 도일의 소설 셜록홈스에도 셜록과 왓슨 박사가 추리를 위해 이곳을 방문하는 대목
이 나온다. 이 가게의 하이라이트 상품인 지도, 지구본, 여행 서적 외에도 도난 방지용 자물쇠, 여행용 어댑터 등 여
행자에게 꼭 필요한 소품도 준비되어 있다. 여행애호가라면 누구나 이곳에서 마음껏 설레는 시간을 보내기 좋다.

PART 7

Soho & Mayfair

소호 & 메이페어

런던의 맛과 멋을 느낄 수 있는 핫 스폿

소호는 런던의 맛과 멋을 만끽할 수 있는 최고 스폿이다. 여행하면서 명소를 방문하는 것도 중요하지만, 근사한 레스토랑에서 맛있는 음식을 먹거나 기념품 등을 쇼핑하는 것도 빼놓을 수 없는 즐거움이다. 이름난 맛집과 유명한 쇼핑거리가 곳곳에 포진되어 있다. 사람들로 항상 북적이는 소호에서 진정한 런던의 맛과 멋을 느껴보자.

메이페어는 소호와 하이드 파크 사이 지역이다. 품격 있는 조지아풍 건물이 매력적인 부촌이다. 명품 매장과 부티크 숍, 레스토랑, 전통 펍이 밀집해 있어서 여행객이 많이 몰린다.

소호 & 메이페어 여행 지도

옥스퍼드 스트리트

리버 아
River Isla

Oxford Circus Underground

디즈니스토어
Disney Store

Regent St.

Ted Baker 테드 베이커

Great Marlborou

All Saints 올 세인츠

프리마크(도보 4분)

Bond Street

몰튼 브라운
Molton Brown

리버티 백화점
Liberty

리젠트 스트리트
Regent Street

홉스Hobbs

카나비 스트리트
Carnaby Street

햄리스Hamleys

헤켓Hackett

그로스베너 스트리트

스케치 더 갤러리
Sketch the Gallery

마더매시
MotherMash

킹
Ki

더 기니
The Guinea

도착

본드 스트리트
Bond Street

Savile Row

Bruton Place

헌츠맨 양복점
Huntsman & Sons
(영화 킹스맨 촬영지)

Bond St.

Regent St.

포트넘 앤 메이슨 백화
Fortnum & Ma

다이아몬드 쥬빌
티 살

이엘&엔 카페
EL&N Cafe

커즌 스트리트

Green Park

Piccadilly 피카딜리

하이드 파크
Hyde Park

Piccadilly 피카딜리

그린 파크
Green Park

Tottenham Court Road

벤스 쿠키
Ben's Cookies

더 브렉퍼스트 클럽
The Breakfast Club

버윅 스트리트

레클리스 레코즈
Reckless Records

로니 스코츠
Ronnie Scott's

크로스타운 도넛
Crosstown Soho

케이 트레
Cay Tre Soho

카페 데 나타
Cafe de Nata

팰리스 극장
Palace Theatre

타임 촬영지)

Wardour St

바나나 트리
Banana Tree Soho

버윅 스트리트 마켓
Berwick Street Market

코코 프레시 티 & 쥬스
CoCo Fresh Tea & Juice

손드하임 극장
Sondheim Theatre

Shaftesbury Ave

올레 코리안 바비큐
Olle Korean Barbecue

타오타오 주
Taotao Ju

Leicester Square

오닐스 소호점
O'Neill's Wardour Street

Charing Cross Rd

차이나타운Chinatown

피카딜리 서커스
Picadilly Circus

미사토Misato

M&M 월드
M&M's World

레스터 스퀘어Leicester Square

스쿨 오브 웍
School of Wok

Wardour St

레스터 스퀘어 TKTS 부스

산도스 플레이스

Piccadilly Circus

레고 스토어
LEGO Store

어빙 스트리트

국립 초상화 갤러리
National Portrait Gallery

스트랜드

Piccadilly 피카딜리

오렌지 스트리트

릴리 화이츠Lilly
Whites

TWG 티 스토어
TWG Tea

내셔널 갤러리
The National Gallery

Jermyn St

스탯
tat

Regent Street Saint James's

Haymarket

Charing Cross

허 마제스티 극장
Her Majesty's Theatre

출발

Embankment

트래펄가 광장
Trafalgar Square

콕스퍼 스트리트

더 루프톱 세인트 제임스
The Rooftop St. James

The Mall 더 몰

베스트 추천 코스 지도의 빨간 점선 참고
내셔널 갤러리 & 트래펄가 광장 → 도보 5분 → 레스터스퀘어 →
도보 3분 → 차이나타운 → 도보 5분 → 피카딜리 서커스 → 도보 3분 →
소호 지구 쇼핑 거리(리젠트 스트리트 & 카나비 스트리트) →
메이페어의 본드 스트리트 명품 거리

버킹엄 궁전
(도보 7분)

세인트 제임스 파크
St James Park

내셔널 갤러리 The National Gallery

🚶 ①언더그라운드 베이커루 라인, 노던 라인 승차하여 차링 크로스역Charing Cross 하차, 도보 2분 ②언더그라운드 노던, 피카딜리 라인 승차하여 레스터 스퀘어역Leicester Square 하차, 도보 3분 🏠 Trafalgar Square, London WC2N 5DN, UK 📞 +44 20 7747 2885 🕐 10:00~18:00(금요일은 21:00까지 개관) £ 무료(오디오 가이드 대여 £ 5) ☰ http://www.nationalgallery.org.uk

다빈치, 고흐, 모네의 명작을 한 번에

런던에 방문했다면 꼭 가봐야 할 미술관으로 트래펄가 광장 바로 북쪽에 있다. 13세기 초기 르네상스 시대부터 19세기 후반까지 세계적인 회화 걸작들을 무료로 만나볼 수 있는 영국 최초의 국립 미술관이다. 19세기 초 파리의 루브르와 마드리드의 프라도미술관은 이미 유럽에서 가장 이름난 박물관으로 자리 잡고 있었다. 이에 질세라 영국은 1824년 국가 주도하에 내셔널 갤러리를 개관하였다. 지금의 위치로 이전한 것은 1838년이다. 미술관의 규모가 커지면서 일부 작품은 초상화 갤러리와 테이트 브리튼으로 옮겨 갔다. 라파엘로, 미켈란젤로, 레오나르도 다빈치의 작품은 물론 고흐, 모네, 세잔의 작품까지 감상할 수 있으며, 현재는 '유럽을 넘어 세계를 대표하는 미술관'이라는 명성이 자자하다. 최근에는 오디오 가이드 대신 'Smartify'라는 어플을 통해 관광객들에게 더 편한 관람 환경을 제공한다. 내셔널 갤러리의 소장 작품은 2,300여 점에 이르며, 전체를 둘러보려면 반나절 이상은 잡아야 한다.

(Travel Tip)

스마티파이Smartify **어플 활용법** 내셔널 갤러리에서는 편리한 관람을 위해 Smartify 앱을 통해 소장 작품들에 관한 다양한 정보를 제공한다. 스마트폰과 이어폰만 있다면 관람 걱정은 이제 끝이다. 어플 활용법은 다음과 같다. ①안드로이드/앱스토어에서 Smartify 앱을 미리 다운받는다. ②로그인 후, 'Scan' 버튼을 누른 후 작품 옆에 부착된 QR을 인식한다. ③이어폰으로 해당 작품에 관한 설명과 자세한 비하인트 스토리를 들으며 관람한다.

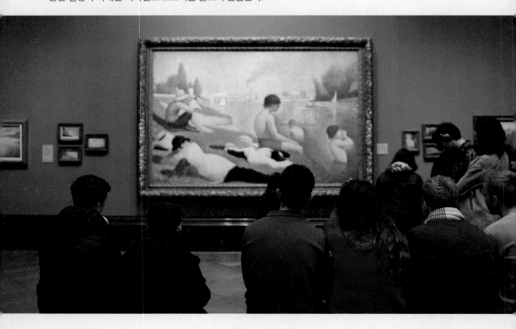

내셔널갤러리의 전시실별 주요 작품 감상하기

내셔널갤러리의 소장 작품 수는 2,300여 점이다. 이 중에서 걸작 대부분은 1층과 3층에 나누어 전시되어 있다. 갤러리의 NG200이라는 프로젝트를 통해, 2024년 5월부터 걸작들의 전시 위치가 조금씩 조정하여, 관람객들의 편의성을 더욱 배가시킬 예정이다. 전시실별로 꼭 봐야 할 하이라이트 작품을 콕콕 집어 소개하고자 한다.

1층 B~G 전시실

보티첼리의 〈비너스와 마르스〉

보티첼리는 이탈리아 피렌체 우피치 미술관의 걸작 〈비너스의 탄생〉, 〈봄〉으로 세계적인 명성을 얻게 된 르네상스 거장이다. 〈비너스와 마르스〉는 보티첼리의 또 다른 작품이다. 그리스 신화에 등장하는 비너스와 마르스를 주인공으로 하고 있다. 사랑을 나눈 후 잠든 마르스를 짓궂게 바라보는 비너스의 표정과 그들 사이에서 눈치를 보며 마르스를 깨우려는 자연의 정령 사티로스들이 귀여워 작품을 감상하는 내내 즐겁다.

피에로의 〈그리스도의 세례〉

초기 르네상스 화가이자 수학자였던 피에로 델라 프렌치스카의 작품이다. 요한에게 세례받는 예수를 원근법과 비례를 활용해 정교하게 표현하고 있다. 세례를 받을 때 항상 등장하는 비둘기, 요단강의 맑은 물 등에서 평화로움과 차분함이 느껴진다.

3층 9~28 전시실

레오나르도 다빈치의 〈암굴의 성모〉

파리 루브르박물관에 전시된 〈암굴의 마돈나〉에 이은 두 번째 작품으로 성모 마리아 왼편에 세례 요한을, 오른편에 아기 예수를 그려 넣었다. 기존 〈암굴의 마돈나〉에서 인물을 구분하기 어렵다는 평이 있어, 〈암굴의 성모〉에서는 세례 요한에는 지팡이를, 아기 예수와 성모 마리아에게는 머리 위 후광을 그려 넣었다. 색과 색 사이를 부드럽게 처리하는 스푸마토 기법이 잘 드러난다. 다빈치가 선구적으로 사용한 이 기법이 가장 잘 드러난 작품이 바로 그 유명한 〈모나리자〉다.

얀 반 에이크의 〈아르놀피니의 약혼〉

네덜란드를 대표하는 거장 반 에이크의 1434년 작품으로 유화 작품 중 가장 오래된 것으로 꼽힌다. 그림 속 화려한 샹들리에와 침대 커튼 등에서 주인공 부부의 부를 짐작할 수 있다. 그림 속 여인은 당시 배 나온 옷을 입는 것이 미인의 상징이었기에 임산부 같은 모습을 하고 있다. 그려진 지 600년이 넘었음에도 색감과 디테일한 묘사가 그대로 살아있는 걸작이다.

라파엘로의 〈율리우스 2세의 초상화〉

르네상스 화가 중에서도 단연 천재라고 평가받는 라파엘로의 작품이다. 율리우스 2세를 실물과 너무나도 똑같이 그려 사람들의 극찬을 받았다. 율리우스 2세는 당시의 유능했던 교황이자 예술의 후원자로, 오늘날 세계에서 가장 큰 성당인 바티칸의 성 베드로 대성당을 짓도록 명하기도 했다.

티치아노의 〈바쿠스와 아리아드네〉

처음엔 라파엘로가 의뢰를 받았으나 그가 37세의 나이에 요절함에 따라 티치아노가 이어받아 완성한 작품이다. 연인에게 버림받은 아리아드네에게 한눈에 반한 바쿠스 신이 마차에서 뛰어내리며 하늘 위 별자리를 선물한다는 신화 내용을 그렸다. 푸른 하늘의 색감이 그림 오른편의 어둠과 대조를 이루며, 별자리를 더욱 빛나 보이게 만든다.

한스 홀바인 2세의 〈대사들〉

헨리 8세 집권 당시 궁정화가였던 독일 출신 화가 한스 홀바인의 작품이다. 런던을 방문한 프랑스 대사(왼쪽)와 그 친구(오른쪽)를 묘사했다. 당시 종교개혁으로 시끄럽던 영국에서 생존을 걱정하던 대사의 마음이 표정에 잘 나타나 있으며, 그림 오른편에 보이는 커다란 해골은 '죽음을 기억하라'라는 의미를 내포하고 있다.

폴 루벤스의 〈삼손과 델릴라〉

성서 속 삼손과 델릴라 이야기를 담은 작품이다. 삼손의 엄청난 힘의 원천이 머리에 있다는 사실을 알아낸 델릴라가 사람들을 불러 삼손의 머리카락을 자르는 장면이 묘사되고 있다. 삼손을 체포하려는 군인들의 모습과 배신당한 것도 모른 채 곤히 잠든 근육질의 삼손이 아이러니한 대비를 이룬다.

3층 30~45 전시실

벨라스케스의 〈비너스의 단장〉

스페인 대표 화가 벨라스케스의 작품으로 누워있는 비너스를 자세하게 묘사했다. 거울 속 비너스의 모델이 된 여인의 얼굴을 희미하게 그린 것은 실수가 아니라 관객들의 시선을 비너스의 몸에 더욱 고정하기 위한 장치였다. 당시 엄격하던 가톨릭 사회에서 여성 모델의 신분을 보호하기 위해서였다고도 한다.

카라바조의 〈엠마오의 저녁 식사〉

빛의 대가로 불리는 화가 카라바조의 작품이다. 제자들이 함께 앉은 예수를 뒤늦게 알아본 후 놀라는 장면을 화폭에 실감 나게 담아냈다. 예수 뒤에서 아직도 상황을 이해하지 못한 태연한 주막 주인 또한 웃음을 자아낸다. 마치 사진을 보는 듯 그림자와 명암이 일품인 작품이다.

반 고흐의 〈해바라기〉

인상파의 전설과도 같은 화가 빈센트 반 고흐의 손꼽히는 대표작이다. 해바라기를 보고 받은 느낌과 인상을 화폭에 밝은 색상으로 담았다. 당시 가장 친한 동료였던 고갱이 온다는 소식을 듣고 그린 그림이라 해바라기에 기쁨이 담겨 있다. 하지만 고갱과 크게 다툰 이후 작품들에선 어두운 느낌의 그림들이 주를 이루게 된다.

폴 들라로슈의 〈제인 그레이의 처형〉

영국 역사에서 가장 불운한 여인으로 꼽히는 제인 그레이가 처형당하는 모습을 담은 작품이다. 실제 처형 장면을 목격하진 못해 상상으로 그린 작품이지만, 귀족들의 권력 다툼과 종교 분쟁으로 왕 위에 오른 지 9일 만에 억울하게 희생당한 17세 소녀 제인 그레이의 슬픔이 화폭에서 그대로 느껴지는 듯하다.

국립 초상화 갤러리 National Portrait Gallery

🚶 ①언더그라운드 베이커루 라인, 노던 라인 승차하여 차링 크로스역Charing Cross 하차, 도보 3분
②언더그라운드 노던 라인, 피카딜리 라인 승차하여 레스터 스퀘어역Leicester Square 하차, 도보 3분
③버스 24, 29, 176번 탑승하여 세인트 마틴 플레이스 정류장St Martin's Place 하차
🏠 St. Martin's Pl, London WC2H 0HE, UK 📞 +44 20 7306 0055
🕐 10:30~18:00(금·토요일 21:00까지) £ 무료 〓 http://www.npg.org.uk

초상화로 훑어보는 영국의 역사

세계적으로 이름난 전시물과 회화 작품이 즐비한 대영박물관과 내셔널 갤러리에서 '진짜 영국의 역사'를 느끼기에
살짝 아쉬웠다면 이곳 국립 초상화 갤러리로 발걸음을 옮겨보자. 내셔널 갤러리의 초상화들만 모아 1856년부터 전
시를 시작한 후, 1896년 내셔널 갤러리 북쪽의 세인트 마틴 광장이 있는 현재 위치로 이전했다. 15세기 튜더왕조를
대표하는 왕 헨리 8세부터 영국을 세계대전 승전국으로 만든 윈스턴 처칠까지, 영국 근현대 역사를 논할 때 빠질
수 없는 위인들의 초상화가 이곳에 자리하고 있다. 하나같이 약속이라도 한 듯 근엄하게 그려진 위인들은 마치 당장
이라도 '나 이런 사람이야'라고 헛기침을 할 것 같은 느낌을 풍긴다. 헨리 8세, 크롬웰, 찰스 1세를 비롯하여 세계적
인 극작가 셰익스피어, 과학자 뉴턴, 엘리자베스 2세, 다이애나비, 찰스 왕세자, 대처, 앤디 워홀까지 15세기부터 20
세기 인물을 연대순으로 전시하고 있어 영국 역사의 흐름을 자연스럽게 터득하도록 돕는다. 10,000여 점 규모의
초상화를 모두 둘러보는 것보다 2층 튜더왕조에서 1층 20세기 인물까지 주요 인물 위주로 관람하기를 추천한다.

ONE MORE
National Portrait Gallery

국립 초상화 갤러리에서 꼭 봐야 할 작품들

헨리 8세 Henry VIII
재위 1509~1547, TUDORS

강력한 왕권을 바탕으로 영국의 종교개혁을 단행해 현재의 영국 성공회를 만든 왕이다. 모두 6명의 부인을 두었으며, 그중 두 명을 사형시킬 정도로 비정한 성격을 지녔다. 날카롭고 부리부리한 눈매에서 강직함을 느낄 수 있다.

앤 불린 Anne Boleyn
1558~1537, TUDORS

헨리 8세의 두 번째 부인으로 아들을 낳지 못했다는 이유로 누명을 쓴 채 형장의 이슬로 사라진 비운의 인물이다. 헨리 8세는 앤 불린과 결혼하기 위해 로마 가톨릭과 결별하고 종교개혁을 단행하여 현재 국교인 영국 성공회를 형성하였다.

올리버 크롬웰 Oliver Cromwell
1599~1658, STUARTS

무소불위의 권력을 행사하던 찰스 1세를 청교도 혁명을 일으켜 처형하고, 영국 정치의 중심을 왕에서 의회로 바꿔버린 결정적인 인물이다. 갑옷을 입은 그의 초상화에서는 강직함과 위엄을 느껴볼 수 있다.

호레이쇼 넬슨 제독 Horatio Nelson
1758~1805, 19세기 관

19세기 유럽 전역을 위협했던 나폴레옹을 물리치고 영국을 구한 영웅이자 해군 제독이다. 트래펄가 해전1805 당시 끝까지 프랑스·스페인 연합군과 싸우다 목숨을 잃었지만, 그의 희생은 아직도 영국 시민들에게 강한 울림으로 남아있다.

5

윌리엄 셰익스피어 William Shakespeare
1564~1616, 3번 방Special Display

엘리자베스 1세 여왕 시기에 활동했던 작가이자 시인이다. 〈햄릿〉, 〈로미오와 줄리엣〉 등 전설적인 희곡을 남겨 세계적인 작가가 되었다. 갤러리 내 여러 인물 초상화 중 그의 초상화만이 유일하게 생전에 그려진 것으로 전해지고 있으며, 갤러리의 첫 번째 소장품으로도 유명하다. 사우스뱅크 지역에 있는 그의 전용 극장 셰익스피어 글로브에서 그의 흔적을 조금 더 느껴볼 수 있다.

엘리자베스 1세 Elizabeth I
1533~1603, TUDORS

헨리 8세와 앤 불린 사이에서 태어나 왕위에 올랐다. 당시 무적함대라 불리던 스페인과의 전쟁을 승리로 이끌어 영국을 일약 강대국으로 만들었다. 평생 독신으로 살아 '처녀 여왕'이라고도 불리는데, 사진 속 길게 늘어뜨린 머리카락이 그것을 상징한다.

Travel Tip

옥상 레스토랑 포트레이트 Portrait

국립 초상화 갤러리 옥상에 있는 레스토랑으로 내셔널 갤러리, 트래펄가 광장, 국회의사당 & 빅벤 등을 바라보며 근사한 식사를 즐길 수 있다. 갤러리 리모델링 전에는 브런치, 애프터눈 티 등을 먹을 수 있는 카페 겸 레스토랑이었으나, 리모델링 후 양식 코스 요리를 제공하는 고급 레스토랑으로 탈바꿈했다. 수요일부터 토요일까지는 밤에도 운영해 런던의 아름다운 야경을 감상하며 근사한 식사를 즐길 수 있다.

🕐 일~화 12:00~17:30 수~토 12:00~22:30

£ 2코스 메뉴 £34 3코스 메뉴 £39

트래펄가 광장 Trafalgar Square

🚶 언더그라운드 베이커루 라인, 노던 라인 승차하여
차링 크로스역Charing Cross 하차, 도보 1분
🏠 Trafalgar Square, London WC2N 5DN, UK

런던 교통의 심장부

내셔널 갤러리 바로 앞에 조성된 대형 광장으로, 런던 중심부에 있어 시내버스 대부분이 이곳을 지나간다. 영국 해군 과 프랑스·스페인 연합군이 벌였던 트래펄가 해전1805에서의 승리를 기념하여 조성된 광장인데, 1845년 영국을 대표 하는 건축가 존 내쉬John Nash가 리모델링하여 현재 모습을 갖추게 되었다. 광장 앞 분수 옆의 거대한 넬슨 제독 기념 탑은 트래펄가 해전의 영웅 넬슨 제독을 기리기 위해 만든 것이다. 기념탑 위의 넬슨 동상이 늠름하게 바라보고 있는 방향이 당시 해전이 발생했던 위치라고 한다. 기념비를 호위하는 듯한 4개의 사자 동상은 관광객들에게 가장 사랑받 는 사진 촬영 장소다. 광장에서 저녁까지 진행되는 다양한 길거리 공연도 구경할 수 있으니, 내셔널 갤러리 관람 후 이 곳에서 잠시 여유로운 시간을 즐겨보자.

더 루프톱 세인트 제임스 The Rooftop St. James

🚶 ①언더그라운드 베이컬루 라인, 노던 라인 승차하여 차링 크로스역Charing Cross 하차, 도보 1분
②트래펄가 광장에서 도보 1분 🏠 7th Floor, 2 Spring Gardens, St. James's, London SW1A 2TS, UK
📞 +44 20 7870 2900 🕐 월·화 12:00~23:00 수·목 12:00~00:00 금 12:00~01:00 토 11:00~01:00 일 11:00~23:00
💷 칵테일 £14부터 식사 메뉴 £10부터(월~목 17:00 이후 최소 실내 주문 금액 1인 기준 £35, 실외는 1인 기준 £50. 금~일은
실내·실외 1인 기준 £50) ☰ https://trafalgarstjames.com/the-rooftop

트래펄가 광장과 내셔널 갤러리를 한 눈에

트래펄가 광장 옆 5성급 세인트 제임스 호텔 7층에 있는 루프톱 바다. 내셔널 갤러리, 트래펄가 광장 그리고 런던아이까지 한눈에 들어온다. 메뉴가 다양하다. 모두 50여 가지가 넘는 칵테일과 샴페인, 와인 등 주류 외에 식사 메뉴까지 준비되어 있다. 시내 중심부에 있어 접근성도 좋으며 남녀노소 누구에게나 인기가 많아 예약은 필수다. 다만, 루프탑 이용시 1인당 최소 결제 비용이 발생할 수 있으니 염두에 두고 방문하자.

📷 스쿨 오브 웍 School of Wok

🚶 언더그라운드 베이컬루 라인, 노던 라인 승차하여 차링 크로스역Charing Cross 하차, 도보 2분
🏠 61 Chandos Pl, Covent Garden, London WC2N 4HG, UK 📞 +44 20 7240 8818 🕐 월~토 10:00~18:00
£ £110~ (강습 내용에 따라 상이) ≡ http://www.schoolofwok.co.uk

아시아 요리 쿠킹 클래스

홍콩에서 건너와 4대째 요리 관련 강의를 이어가는 팡Pang 가문의 쿠킹 클래스로 다
양한 아시아 음식을 전문적으로 배우기 좋은 곳이다. 클래스 이름에서도 알 수 있듯
중화요리에 사용하는 대형 냄비 웍Wok을 활용한 볶음 요리뿐만 아니라 딤섬, 중국식
만두 바오, 태국식 커리 등 우리 입맛에 꽤 친숙한 요리들을 직접 만들고 먹어볼 수 있
다. 여행객을 대상으로 진행하는 쿠킹 클래스 외에도 매년 6만 명의 수강생을 배출하
는 요리 학교라 전문성은 걱정하지 않아도 좋다. 시내 중심에 있어 여행 동선을 짜기
도 수월하다. 언더그라운드 차링 크로스역에서 도보 2분 거리에 있다. 수업 일정은 홈
페이지에서 확인할 수 있다.

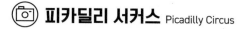

피카딜리 서커스 Picadilly Circus

🚶 언더그라운드 베이컬루 라인, 피카딜리 라인 승차하여 피카딜리 서커스역Piccadilly Circus 하차
🏠 London W1J 9HP, UK

소호 여행의 본격적인 출발점

원형 교차로 피카딜리 서커스는 네온사인이 쉴 새 없이 반짝이고 항상 엄청난 인파가 붐비는 런던 대표 중심지이
자 만남의 광장으로, 뉴욕의 타임스퀘어를 연상시킨다. 지리적으로도 런던 최중심부에 위치하여 동쪽의 레스터 스
퀘어, 북쪽의 옥스퍼드 서커스, 동남쪽의 트래펄가 광장으로의 이동이 편리하다. 런던의 쇼핑 거리 리젠트 스트리
트와 피카딜리 스트리트와도 바로 연결된다. 피카딜리 서커스 중심부의 분수 가운데에 우뚝 솟은 에로스 조각상은
수많은 인파 속에서도 길을 잃지 않게 도와주는 이정표 역할을 하고 있다. 이 조형물은 산업혁명 시기 무분별하게
노동 착취를 당하던 어린이들의 자유와 권리를 찾아주고자 했던 앤서니 애슐리 쿠퍼 경Anthony Ashley-Cooper의 헌
신을 기리고자 세워진 것이다. 분수 위 조각상은 원래 에로스미의 여신 아프로디테의 아들의 동생 안테로스가 모델이나,
사람들에게는 에로스 동상으로 더욱 잘 알려져 있다. 소호 지역 어느 방향으로도 편리하게 이동할 수 있는 위치이
니 이곳을 기점으로 소호 여행을 시작해보자.

레스터 스퀘어 Leicester Square

🚶 언더그라운드 노던 라인, 피카딜리 라인 승차하여 레스터 스퀘어역Leicester Square 하차, 서쪽 출구로 나와 도보 2분
🏠 Leicester Square, London WC2H 7LU, UK

런던을 대표하는 광장

레스터 스퀘어는 소호 지역뿐만 아니라 런던을 대표하는 광장이다. 영화, 뮤지컬을 즐길 수 있는 극장들이 곳곳에 있어 관광객들에겐 '런던의 브로드웨이'라는 별칭으로도 불린다. 원래 17세기 초까지 교회 부지로 사용되던 이곳을 로버트 시드니 레스터Robert Sidney, 2nd Earl of Leicester 백작이 매입하였고, 1900년대 공공 부지로 바뀌면서 재정비를 거쳐 현재의 모습을 갖추게 되었다. 1년 365일 다양한 행위 예술가들의 길거리 공연을 구경할 수 있다. 광장에 조성된 작은 정원에서는 셰익스피어, 뉴턴, 찰리 채플린 등 유명인의 동상도 찾아볼 수 있다. 광장 주변으로는 뮤지컬 티켓 판매 부스인 TKTS를 비롯하여 카페, 레스토랑, 펍, 다양한 숍 등이 즐비하게 들어서 있다. 계획 없이 지나가다 들렀더라도 런던의 분위기와 매력을 물씬 느낄 수 있어 다시 가고 싶은 곳이다.

레스터 스퀘어의 유명 숍들

1 레고 스토어
세계에서 가장 큰 레고 스토어

장난감 벽돌로 어린이 놀이 문화를 변화시킨 브랜드 '레고'에 대한 추억을 누구나 하나쯤 갖고 있을 것이다. 1932년 덴마크에서 처음 시작된 이후 레고의 역사는 지금까지 이어져 오고 있다. 2016년에 들어선 런던 레스터 스퀘어의 레고 매장은 전 세계 레고 스토어 중 가장 큰 규모를 자랑하는 곳이다. 세계 단 하나뿐인 레고를 스스로 만들어 볼 수 있는 '모자이크 메이커' 코너와 조립하는 데만 100일 가까이 걸린다는 빅벤 레고 모형은 이곳의 하이라이트이다. 다양한 종류의 레고 액세서리와 런던 랜드마크를 한데 모아놓은 레고 제품은 기념품으로 구매하기도 좋다. 찾는 이가 너무 많아 입장할 때 줄을 설 수도 있다.

🏠 3 Swiss Ct, London W1D 6AP, UK 📞 +44 20 7839 3480 🕐 월~토 10:00~22:00 일 12:00~18:00
£ £5부터 £100까지 ≡ http://www.lego.com

2 M&M 월드
초콜릿의 모든 것

미국을 대표하는 초콜릿에서 세계를 대표하는 초콜릿으로 발돋움한 브랜드 'M&M'의 런던 매장이다. 4층 규모의 거대한 매장은 레스터 스퀘어에 가득한 인파로 인해 항상 북적인다. 매장 안에는 알록달록 갖가지 색깔의 M&M 초콜릿 마스코트가 곳곳에서 다양한 포즈를 취하며 나름의 매력을 뽐낸다. 런던 고유의 특색이 녹아든 머그잔, 티셔츠, 초콜릿 등 다양한 제품을 구매할 수 있으며, 일요일을 제외하고 밤늦게까지 운영한다.

🏠 Leicester Square, 1 Swiss Ct, London W1D 6AP, UK
📞 +44 20 7025 7171
🕐 월~토 10:00~23:00 일 12:00~18:00 £ 기념품 £3부터
≡ http://www.mymms.co.uk

3 TWG 티 스토어
영국의 프리미엄 차

차Tea 분야에 있어 둘째가라면 서러울 정도로 자부심이 강한 영국에서 당당히 자리 잡은 프리미엄 차류 브랜드 매장이다. 2008년 싱가포르에서 시작한 이후 전 세계로 그 영역을 넓혀가고 있다. 프리미엄 브랜드라 고가 차 상품들이 주를 이루며, 1층은 기념품 숍, 2층은 티 숍으로 구성되어 있다. 2층 티 숍에는 TWG 차와 함께 즐길만한 브런치, 디저트 메뉴들도 다양하게 준비되어 있다. 차, 스콘, 마카롱 등을 함께 즐길 수 있는 포천Fortune 세트는 여성들이 가장 선호하는 메뉴이다.

🏠 48 Leicester Square, London WC2H 7LT, UK
📞 +44 20 3972 0202
🕐 11:00~20:00
£ 선물용 기념품 £15부터
≡ http://twgtea.com

• **Travel Tip**

겨울에 더 아름답다 Christmas in Leicester Square

레스터 스퀘어의 분주함은 계절을 가리지 않는다. 특히 매년 11월부터 1월 초까지 열리는 레스터 스퀘어의 크리스마스 마켓은 추운 날씨에도 사람들의 열기로 후끈 달아오른다. 마켓의 작은 부스에선 음식, 액세서리 등 다양한 상품을 알차게 갖추고 선보인다. 입장료도 없어 부담 없이 둘러보기 좋다. 단, 크리스마스 당일에는 문을 닫으니 참고하시길! 🕐 월~금 12:00~22:00 토·일 10:00~22:00

📷 로니 스코츠 Ronnie Scott's

🚶 언더그라운드 노던 라인, 피카딜리 라인 승차하여 레스터 스퀘어역Leicester Square 하차, 도보 5분 (차이나타운 뒤편)
🏠 47 Frith St, Soho, London W1D 4HT, UK 📞 +44 20 7439 0747 🕐 18:00~03:00(공연 시간 매일 상이)
£ £8~£50(공연에 따라 상이, 홈페이지 사전 예매 시 할인) ☰ http://www.ronniescotts.co.uk(티켓 예매)

소호의 밤은 이곳에서

영국 재즈 역사의 구심점 역할을 하는 재즈바이다. 차이나타운에서 북쪽으로 도보 3분 거리에 있으며, 레스터 스퀘어와 피카딜리 서커스에서는 걸어서 7분쯤 걸린다. 런던을 넘어 전 세계에서 가장 유명한 재즈클럽으로 손꼽힌다. 1959년 색소폰 연주자 로니 스콧1927~1996과 피터 킹과 함께 운영을 시작한 이래, 마일스 데이비스, 쳇 베이커 등 재즈 음악사에 한 획을 그은 거장들이 이곳에서의 공연을 통해 세상에 등장했다. 지금도 신인 재즈 뮤지션의 등용문으로 자리매김하고 있다. 아직도 재즈 팬들에게는 열 아이돌 부럽지 않을 디디 브리지워터가수, 2011년 그래미 어워드 최우수 재즈 보컬 앨범상이나 포플레이Fourplay, 미국 재즈 밴드가 종종 이곳에서 공연을 하는데, 티켓 구하기는 하늘에서 별 따기이다. 공연을 꼭 보고 싶다면 홈페이지에서 티켓을 사전 예매하는 것이 좋다. 현장 예매 부스는 평일 오전 10시 반부터 오후 5시 반까지, 토요일에는 정오부터 오후 5시까지 문을 연다. 공연과 함께 음료, 술, 식사도 즐길 수 있으며 가성비도 좋은 편이다.

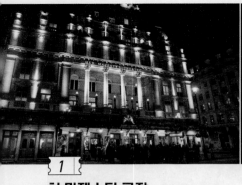

 1

허 마제스티 극장 Her Majesty's Theatre

세계적인 뮤지컬 <오페라의 유령> 공연을 진행하고 있는 극장이다. 뮤지컬 <오페라의 유령>은 프랑스 작가 가스톤 르루의 소설을 각색하여 제작한 작품이다. 1986년 런던에서 첫 공연을 한 후 지금까지 1만 회가 넘는 공연을 이어오고 있다. 이 공연을 볼 수 있는 허 마제스티 극장은 내셔널 갤러리에서 서쪽으로 도보 3분 거리에 있다.

🚶 언더그라운드 베이컬루 라인, 피카딜리 라인 승차하여 피카딜리 서커스역Piccadilly Circus 하차, 도보 3분
🏠 Haymarket, St. James's, London SW1Y 4QL, UK 📞 +44 207 557 7300 ⏰ 공연시간 14:30, 19:30 (일 1회 혹은 2회 공연, 홈페이지에서 일정을 사전 확인할 것) £ 22.50 ☰ http://www.hermajestystheatre.co.uk

레스터 스퀘어의 뮤지컬 극장 투어

레스터 스퀘어 주변은 뮤지컬 극장이 많아, 런던의 브로드웨이라고도 불린다. 극장들 위치가 내셔널 갤러리, 국립 초상화 미술관, 차이나타운과의 연결도 좋아 뮤지컬 관람 전 소호의 특별함을 만끽하기도 좋다.

2

손드하임 극장 Sondheim Theatre

뮤지컬 <레미제라블>을 관람할 수 있는 극장이다. <레미제라블>은 19세기 초 프랑스 사회의 문제점과 민중들의 비참한 삶을 그린 빅토르 위고의 소설을 각색한 뮤지컬이다. 소호의 차이나타운 근처에 있는 손드하임 극장구 퀸스 극장에 가면 이 공연을 볼 수 있다. 손드하임 극장의 예전 이름은 퀸스 극장이었다.

🚶 언더그라운드 베이컬루 라인 피카딜리 라인 승차하여 피카딜리 서커스역Piccadilly Circus Station 하차, 도보 4분
🏠 51 Shaftesbury Ave, Soho, London W1D 6BA, UK
📞 +44 344 482 5151 ⏰ 공연시간 14:30, 19:30 (일 1회 혹은 2회 공연, 홈페이지에서 일정을 사전 확인할 것) £ 37.5부터
☰ https://www.sondheimtheatre.co.uk

3

팰리스 극장 Palace Theatre

손드하임 극장에서 도보 3분 거리에 있는 극장이다. 책과 영화로 이미 전 세계에 열풍을 불러일으켰던 조앤 롤링의 <해리포터> 이야기를 처음으로 뮤지컬로 제작한 작품 <해리포터와 저주받은 아이>를 관람할 수 있다.

🚶 언더그라운드 노던 라인, 피카딜리 라인 승차하여 레스터 스퀘어역Leicester Square 하차, 도보 3분 🏠 113 Shaftesbury Ave, Soho, London W1D 5AY, UK 📞 +44 330 333 4813 🕐 파트 1 수,금,토 14:00, 일 13:00 파트 2 수,금,토 19:00, 일 18:00(단, 주차별로 스케줄 상이하므로 홈페이지 사전 확인) £ £ 50부터 🔗 https://www.harrypottertheplay.com/uk/

◆ Travel Tip

당일 뮤지컬 티켓은 레스터 스퀘어 TKTS 부스에서!

뮤지컬 티켓은 앞에 소개한 극장들의 홈페이지에서 직접 구매하는 것이 가장 안전하지만, 더욱 저렴한 티켓 구매를 위해 대행업체를 이용하는 경우가 많다. 그중 TKTS는 당일 공연의 남은 좌석을 가장 안전하게 게다가 20~50%가량 저렴하게 구매할 수 있는 검증된 제도다. 홈페이지, 스마트폰 어플, 레스터 스퀘어에 있는 TKTS 부스에서 좌석이 남은 뮤지컬을 확인할 수 있다. 무슨 뮤지컬을 볼지 아직 결정하지 못했다면 일단 TKTS 부스로 가자. 현장 부스는 개장시간에 맞춰갈수록 좋은 티

켓을 구할 가능성이 크다. 보고 싶은 뮤지컬은 정했지만, TKTS에서의 티켓 구매에 실패하고 어디서도 티켓을 구하지 못했다면, 극장 오픈 시간을 홈페이지에서 확인한 후 오픈 시간 맞춰 바로 극장으로 가자. 오전 10시부터 극장에서 취소됐거나 남은 좌석을 직접 땡처리로 판매하는 '데이시트'Day seat 제도가 또 다른 대안이 될 수 있다. 늦게 방문하면 데이시트 좌석은 모두 매진일 확률이 매우 높다.

TKTS 부스 🚶 언더그라운드 노던 라인, 피카딜리 라인 승차하여 레스터 스퀘어역Leicester Square 하차, 도보 2분
🏠 The Lodge, Leicester Square, London WC2H 7DE, UK 📞 +44 20 7557 6700
🕐 월~토 10:30~18:00 일 12:00~16:30 🔗 https://www.tkts.co.uk

📷 차이나타운 Chinatown

🚶 언더그라운드 노던 라인, 피카딜리 라인 승차하여 레스터 스퀘어역Leicester Square 하차, 서쪽 출구로 나가 도보 3분
🏠 10 Wardour St, London W1D 6BZ, UK

런던 안의 중국

레스터 스퀘어에서 서쪽으로 한 블록만 걸어가면 동양의 어떤 나라로 순간이동 한 듯한 곳이 나오는데, 이곳이 차이나타운이다. 거대한 중국식 패방중국식 전통 문에 천장을 뒤덮은 등불까지, 현란한 중국풍 장식과 관광객이 어우러져 색다른 분위기를 자아낸다. 소호 지역의 또 다른 볼거리인 차이나타운은 원래 이스트 런던 지구에 있었는데, 2차 세계대전 종료 후 1950년대에 홍콩 사람들의 유입이 늘어나며 현재 위치로 옮겨왔다. 딤섬, 훠궈 등 중국 전통 음식뿐 아니라 대만식 버블티, 홍콩식 와플 등을 파는 가게가 있다. 현지인들도 자주 이곳을 찾는다. 레스터 스퀘어, 코벤트 가든, 옥스퍼드 서커스 등 관광객들이 가장 많이 붐비는 지역 한가운데 자리하고 있어 함께 둘러보기 좋다. 구정 전후 '차이니즈 뉴 이어'Chinese new year 행사 시기에 가면 볼거리가 더욱 풍성해진다.

① 미사토
Misato

저렴한 가격으로 즐기는 돈가스와 스시

차이나타운 초입의 작은 가게로 런던에서 가장 저렴하게 일식을 즐길 수 있는 곳이다. 가격 대비 푸짐한 양으로 스시, 롤, 돈가스 등을 맛볼 수 있다는 것이 이곳의 매력이다. 상대적으로 외식비가 부담스러운 런던에서 저렴하게 즐기는 스시 세트와 치킨카츠 덮밥 등은 여행자들의 부담은 덜어주고 배는 넉넉하게 채워준다. 가성비가 좋아 식사 시간 전후로는 가게가 매우 붐비므로 어느 정도의 대기 시간은 각오해야 한다.

⌂ 11 Wardour St, Soho, London W1D 6PG, UK
☎ +44 20 7734 0808
🕐 12:00~15:45, 17:00~21:45
£ 스시 £2.8부터 우동 및 덮밥류 £8.8부터
≡ http://misato.has.restaurant

② 타오타오 주
Taotao Ju

한국인 입맛에 맞는 중국 요리

차이나타운에 왔다면 중국 음식을 먹어봐야 하는 건 인지상정! 발에 차일 정도로 흔한 차이나타운의 중국 식당 중에서도 타오타오 주는 우리나라 사람들 입맛에도 딱 맞는 중국 요리로 인기가 좋은 곳이다. 마파두부, 고추 잡채 등 쓰촨 지방 요리가 메인이지만, 딤섬, 페킹 덕 등 중국을 대표하는 요리도 다양하게 준비되어 있다. 특히 돼지고기로 만든 'Sweet & Sour pork'는 우리나라 탕수육과 거의 비슷해 추천할만하다. 손님이 꽉 찬 시점에 방문하면 1인당 최소 주문 금액이 발생할 수 있으니, 주문 전 꼭 확인하자.

⌂ 15 Lisle St, London WC2H 7BE, UK ☎ +44 20 7367 0083 🕐 12:00~23:00
£ 딤섬 £5.4부터 메인메뉴 5.6부터 ≡ http://www.taotaoju.co.uk

③ 올레 코리안 바비큐
Olle Korean Barbecue

손흥민 선수의 단골집

축구 국가대표 손흥민 선수와 유명 유튜버 영국남자의 런던 단골 한식당으로, 한국에서 먹는 것과 큰 차이 없는 한식 고유의 맛을 느낄 수 있다. 고기류는 삼겹살, 차돌박이, LA갈비뿐 아니라 우설까지 다양하게 바비큐로 즐기기 좋다. 비빔밥이나 갈비찜같이 한국을 생각나게 하는 메뉴는 외국인들에게도 인기가 많다. 식당 내부의 깔끔한 인테리어와 은은한 조명 역시 음식의 맛을 좋게 해준다. 다양한 종류의 고기, 대하, 채소가 함께 제공되는 3종류의 올레 셀렉션 세트도 입맛에 맞게 선택할 수 있다.

 88 Shaftesbury Ave, London W1D 6NH, UK 📞 +44 20 7287 1979 🕐 월~토 12:00~22:30 일 12:00~22:00
£ 메인 고기 요리 부위별 £ 11.90부터 올레 셀렉션 세트 £ 46.50부터 ☰ http://www.ollelondon.com

④ 코코 프레시 티 & 쥬스
CoCo Fresh Tea & Juice

런던에서 대만의 버블티 즐기기

1997년 대만 수도 타이베이에서 처음 문을 연 이래 현재는 전 세계 2,500개 매장에서 대만 특유의 버블티와 색다른 음료들을 판매하고 있는 카페다. 런던 차이나타운 부근에도 매장이 있어 레스토랑에서 식사하고 나와 가볍게 차 한잔하기 좋다. 손흥민 선수의 단골집인 올레 코리안 바비큐 식당 바로 맞은 편에 있다. 대만의 대표 메뉴 버블티를 제대로 즐기기 좋으며, 쫄깃쫄깃한 타피오카가 잔뜩 들어간 버블티 외에도 우유를 섞지 않은 시원한 홍차, 슬러시, 스무디 등도 즐길 수 있다. 여름에 런던을 여행 중인 여행자에게는 오아시스와도 같은 곳이다.

 Ground Floor, 52-53 Dean Street, Soho, London W1D 5BL, UK 📞 +44 7562 458980
🕐 월~목,일 12:00~22:00 금,토 12:00~22:30
£ 밀크티 £ 3.5부터

버윅 스트리트 마켓 Berwick Street Market

🏃 언더그라운드 베이컬루 라인, 피카딜리 라인 승차하여 피카딜리 서커스역Piccadilly Circus 하차, 도보 6분
🏠 Berwick St, Soho, London W1F 0PH, UK
🕐 월~토 08:00~18:00

소호를 빛내주는 작고 오래된 마켓

소호는 항상 북적이고 복잡한 지역이다. 소호의 버윅 스트리트Berwick St는 미리 알아보고 방문하지 않으면 쉽게 찾기 힘든 골목길인데, 이 골목에는 1778년부터 오랜 세월 자리를 지켜온 마켓 하나가 있다. 바로 버윅 스트리트 마켓이다. 사우스뱅크 지역의 버로우 마켓과 함께 런던에서 가장 오래된 마켓으로 꼽힌다. 평일 점심시간에는 이곳에서 식사를 해결하려는 직장인들과 여행객들로 급격하게 붐비기 시작한다. 마켓 규모는 크지 않지만 좁은 골목에 빼곡하게 늘어선 길거리 음식, 신선한 과일과 채소가 생생한 삶의 현장을 보여줘 더욱이 매력적이다. 또 이곳은 역대 영국 앨범 판매량 3위를 기록했던 영국의 록밴드 오아시스Oasis의 정규 앨범 2집 재킷 사진의 배경이 된 곳으로도 유명하다. 90년대의 열정을 보여줬던 오아시스 밴드를 추억하는 사람들에겐 더욱 의미 있는 공간이 될 것이다.

리젠트 스트리트 Regent Street

🚶 언더그라운드 베이컬루 라인, 센트럴 라인, 빅토리아 라인 승차하여 옥스퍼드 서커스역Oxford Circus 하차

세계적인 유명 브랜드 숍들이 가득

리젠트 스트리트와 카나비 스트리트는 소호를 대표하는 쇼핑 거리이다. 두 거리는 서로 가까이 붙어있지만, 비슷한 듯 서로 다른 매력을 자아낸다. 리젠트 스트리트는 옥스퍼드 서커스역부터 피카딜리 서커스역까지 길게 뻗은 거리로, 큼지막한 2차선 도로 양옆으로 세계적인 유명 브랜드 숍들이 화려한 모습으로 빽빽이 들어서 있다. 영업시간에는 관광객과 현지인이 뒤섞여 시끌벅적한 분위기를 자아낸다. 롱샴Longchamp, 코치Coach, H&M, 코스COS, 리바이스Levi's, 자라Zara, 망고Mango 등의 의류 잡화 브랜드는 물론 바디용품 브랜드 록시땅L'Occitane, 누구나 다 아는 애플Apple 매장까지, 다양한 종류의 숍이 많아 쇼핑은 물론 구경하기도 좋다.

리젠트 스트리트의 'Made in UK' 숍들

 햄리스
Hamleys

왕실의 인증을 받은 장난감 가게

햄리스는 세계에서 가장 오랫동안 장난감을 판매해온 장난감 전문 숍이다. 1760년 처음 그 역사를 시작한 이후, 1881년부터 현 위치에 자리 잡고 있다. 무려 7층 규모 건물에 들어선 숍은 그 규모만으로도 세계 최고를 자랑하며, 두 번이나 영국 왕실의 인증을 받아 그 역사와 전통을 증명하고 있다. 햄리스 브랜드 고유의 귀여운 인형 외에도 마블, 디즈니 캐릭터 장난감과 레고 블록도 함께 찾아볼 수 있다. 어린이들에게는 더할 나위 없는 행복을 제공하는 공간이다.

⌂ 188-196 Regent St, Soho,
London W1B 5BT, UK
☎ +44 371 704 1977
🕐 월~토 10:00~21:00 일 12:00~18:00
≡ http://www.hamleys.com

2 **헤켓**
Hackett

깔끔히 재단된 수트와 바지

남성용 정장과 코트를 전문적으로 취급하는 패션 브랜드 매장으로, 장난감 숍 햄리스 건너편에 있다. 영국 정통 스타일과 이탈리아 원단이 조합되어 영국 남성에게 인기가 높다. 칼로 잰 듯 깔끔히 재단된 수트와 바지는 물론 구두, 니트 등도 함께 조합해 착용해볼 수 있다. 스마트하다는 소리를 듣고 싶은 남성이라면 옷을 구매하지 않더라도 한 번쯤 방문해보자. 자신에게 어울리는 스타일을 찾는 데 도움이 될 것이다.

⌂ 193-197 Regent St, Mayfair, London W1B 4LY, UK
☎ +44 20 7494 4917 🕐 월~토 10:00~21:00 일 12:00~18:00
≡ http://www.hackett.com

3 테드 베이커
Ted Baker

영국 3대 명품 중 하나

버버리Burberry, 폴 스미스Paul Smith와 함께 영국에서 출발한 3대 명품 브랜드로 꼽히는 곳. 매장은 튜브 옥스퍼드 서커스역에서 남쪽으로 도보 2분 거리에 있다. 한국인에게는 살짝 덜 알려진 브랜드지만, 남성 셔츠로 그 역사를 시작하여 지금은 패션은 물론 지갑과 시계에 이르기까지 좋은 품질과 디자인으로 호평을 받고 있다. 최근에는 홍콩, 싱가포르, 호주 등 세계 각지로 영역을 확장해나가며 글로벌 메이커로 자리 잡아가고 있다. 여성 지갑과 원피스 또한 테드 베이커의 매출 상승을 견인하는 최고 인기 품목이다. 함께 둘러보시길!

 245 Regent St, Mayfair, London W1B 2EN, UK
📞 +44 20 7493 6251
🕐 월~토 10:00~20:00 일 12:00~18:00
🌐 http://www.tedbaker.com/uk

4 올 세인츠
All Saints

마돈나와 데이비드 베컴도 즐겨 사용한

2014년 한국에 아시아 최초로 상륙하여 유명해진 패션 브랜드이다. 매장은 튜브 옥스퍼드 서커스역과 장난감 매장 햄리스 사이 가운데쯤에 있다. 특유의 정갈하고 트렌디한 스타일로 인해 '영국을 대표하는 컨템포러리 Contemporary 브랜드'로 손꼽힌다. 그중에서도 올 세인츠의 가죽 재킷과 가방은 마돈나, 데이비드 베컴 등이 즐겨 사용하여 유명해지기도 했다. 매장 곳곳에 전시된 옛 재봉틀은 올 세인츠만의 트레이드 마크이다. 우리나라 오프라인 매장 대비 최대 30%까지 저렴한 가격에 구매할 수 있다.

🏠 240 Regent St, Soho, London W1B 3BR, UK
📞 +44 20 7292 2540
🕐 월~토 10:00~20:00 일 12:00~18:00
🌐 http://www.allsaints.com

5 몰튼 브라운 Molton Brown
친환경 코스메틱 브랜드

런던을 대표하는 코스메틱 브랜드 중 하나로 매장은 태드 베이커에서 남쪽으로 도보 1분 거리에 있다. 향수와 바디용품이 많은 비중을 차지하고 있으며, 무엇보다 식물과 바다에서 나온 천연 추출물을 혼합해서 만들어 친환경적인 느낌을 준다. 2013년에는 영국 왕실의 인증도 받았다. 영국에서는 꽤 인지도 높은 브랜드이며, 런던의 최고급 호텔 어메니티로도 활용되고 있다. 헤어용품, 바디용품, 향수 등이 다양하게 조합된 패키지는 선물용으로 구매하기 좋다.

⌂ 227 Regent St, Mayfair, London W1B 2EF, UK ☎ +44 20 7493 7319
🕐 월~토 10:00~19:00 일 11:00~18:00 £ 향수 £60부터 **바디용품** £10부터
≡ http://www.moltonbrown.co.uk

6 홉스 Hobbs
우아한 드레스와 트렌치코트

중고가 여성 의류 브랜드로 20대 중반에서 30대 후반까지의 직장 여성들이 입기에 적당하다. 매장은 코스메틱 매장 몰튼 브라운에서 도보 1분 거리에 있다. 우아한 느낌의 드레스와 트렌치코트가 가장 인기 많은 상품이다. 영국 왕 세손 비 케이트 미들턴Kate middleton이 애용하는 브랜드로도 유명하다.

⌂ 219 Regent St, Mayfair, London W1B 4NH, UK
☎ +44 20 7437 4418
🕐 월~토 10:00~19:00 일 12:00~18:00
≡ http://www.hobbs.co.uk

영화 '킹스맨 : 시크릿 에이전트' 촬영지 투어

'킹스맨 : 시크릿 에이전트'는 2015년 개봉해 '매너가 사람을 만든다.'Manners maketh man.는 명언을 남겼다. 전설의 베테랑 요원 해리 하트에 의해 에그시가 국제 비밀 정보 기구 '킹스맨'의 면접에 참여하면서 벌어지는 흥미진진한 스파이 액션 영화이다. 영화 내 주요 장면과 배경 대부분이 런던에서 촬영되었으며, 리젠트 스트리트에서는 '킹스맨' 촬영지로 유명해진 양복점 '헌츠맨'을 만날 수 있다. 그밖에 시내 곳곳에 영화를 추억할 수 있는 장소들이 포진되어 있어 함께 둘러보기 좋다.

①
헌츠맨 양복점 Huntsman & Sons

영화 속에서 킹스맨 본부이자 비밀요원들의 무기고로 활용되던 곳이다. 헌츠맨은 1849년 오픈한 양복점인데, 킹스맨의 촬영지가 되면서 세계적으로 화제가 되었다. 당시 촬영했던 흔적들이 내부 곳곳에 사진으로 남아있다. 실제 영업중인 양복점이지만 양해를 구한다면 둘러보는 데에 큰 문제는 없다. 리젠트 스트리트 부근에 있어 소호 지역을 여행하다 함께 돌아보기 좋다.

🚶 ①언더그라운드 베이컬루, 피카딜리 라인 승차하여 피카딜리 서커스역Piccadilly Circus 하차, 도보 6분 ②버스 12, 139번 탑승하여 빅 스트리트 햄리스 토이 스토어Beak Street Hamleys Toy Store 정류장 하차, 도보 1분 🏠 11 Savile Row, Mayfair, London W1S 3PS, UK 🕐 월~금 09:00~17:30 토 10:00~15:00

2

블랙 프린스 펍 Black Prince

해리 하트와 성인이 된 에그시의 인연이 처음 시작되는 펍이다. 실제 촬영도 이곳을 빌려 진행되었다. 당시 해리와 에그시가 앉았던 자리에서 기네스 흑맥주를 한 잔 마셔보는 추억을 만들어 보자. 사우스 뱅크 지역의 명소와 연결하여 돌아보기 좋다.

🚶 ①언더그라운드 노던 라인 승차하여 케닝턴역Kennington 하차, 도보 8분 ②버스 3, 59, 159번 탑승하여 케닝턴 레인 Kennington Lane 정류장 하차 🏠 6 Black Prince Rd, Kennington, London SE11 6HS, UK 🕐 월~목 16:00~00:00 금,토 16:00~01:30 일 12:00~00:00

3

해리의 집 Harry's House

주인공 해리 하트가 살던 집이다. 해리는 킹스맨 최종 발탁 시험에 낙방한 에그시를 무인 자동차를 활용해 자신의 집으로 데려온다. 사우스 켄싱턴 지역 주택가의 평범한 집이기에 내부로 들어가 볼 순 없지만, 그 장면과 느낌을 그대로 추억할 수 있다. 켄싱턴 지역과 연결하여 돌아보기 좋다.

🚶 언더그라운드 서클, 디스트릭트, 피카딜리 라인 승차하여 글로세스터 로드역Gloucester Road 하차, 도보 2분 🏠 Stanhope Mews S South Kensington, London SW7 4TF UK

카나비 스트리트 Carnaby Street

🚶 리젠트 스트리트에서 피카딜리 서커스역 방향으로 걸어가다가 Coach 매장 있는 곳에서 좌회전

통통 튀는 개성을 원한다면!

화려한 리젠트 스트리트와는 달리, 작은 골목길로 이어진 카나비 스트리트 주변은 유명 브랜드 매장보다 개성 넘치는 여러 상점이 들어서 있는 곳이다. 리젠트 스트리트에서 리버티 백화점 지나 코치 매장이 보이는 곳에서 좌회전하면 운치 있고 깔끔한 골목길에 들어선다. 이곳을 중심으로 작은 골목들이 서로 이어지며 개성 있는 쇼핑 골목을 형성하고 있다. 상점마다 제각각인 형형색색 조명이 독특한 분위기를 만들며 조화를 이루고 있어 색다른 느낌을 자아낸다. 우리나라에서도 흔히 봤던 유명 브랜드에 싫증 난 여행객이라면, 이곳의 아기자기하고 개성 넘치는 숍들이 제격이다. 통통 튀며 개성 뽐내는 가게 즐비한 골목길은 런던 쇼핑의 또 다른 매력을 선사한다.

ONE MORE

킹리 코트 Kingly Court
인사동 쌈지길 같은 푸드코트

카나비 스트리트의 비밀 아지트 같은 곳이다. 3층 규모의 직사각형 건물로 둘러싸인 푸드코트로 서울의 인사동 쌈지길을 연상시킨다. 골목 속 골목으로 이어져 다닥다닥 붙어있는 맛집과 카페들을 구경하는 재미가 쏠쏠하다. 피자, 케밥, 라멘 등 국경을 넘나드는 다양한 요리들을 취향에 맞게 골라 맛볼 수 있다. 건물로 둘러싸인 가운데 부분 중정에는 넓게 야외 테이블이 자리하고 있어 항상 손님들로 북적거린다. 평소에는 야외 테이블 위로 지붕이 덮여 있는데, 여름이 되면 지붕이 활짝 개방되어 더욱 운치 있는 분위기 속에서 식사를 즐길 수 있다.

🏠 Kingly St, Soho, London W1B 5PW, UK ⏰ 06:00~23:00 ☰ carnaby.co.uk/kingly-court-info/

Special Tour
About Time
Filming Site

'어바웃 타임' 촬영지 투어

어바웃 타임About time은 많은 관객에게 '인생 로맨스 영화'라는 찬사를 받았던 작품으로 2013년 개봉했다. 모태솔로였던 주인공 팀과 여주인공 메리가 처음 만나 연인이 되기까지의 장면들 대부분이 런던에서 촬영되었다. 특히 카나비 스트리트에 팀과 메리가 처음 만나 사랑에 빠진 블라인드 레스토랑 촬영지가 있어, 쇼핑 후에 들러보기 좋다. 촬영지 곳곳에서 영화 속의 설렘과 두근거림이 그대로 느껴진다.

①

어글리 덤플링 Ugly Dumpling

팀과 메리가 처음 만난 곳은 당 르 누아Dans Le Noir라는 블라인드 레스토랑이었다. 촬영 당시 레스토랑이었던 곳에는 현재 어글리 덤플링Ugly Dumpling이라는 작은 음식점이 자리 잡고 있다. 실제 당 르 누아Dans Le Noir는 다른 곳에 있는데, 간판만 바꿔 달고 이곳에서 촬영했다. 소호의 중심지 카나비 스트리트에 있어, 쇼핑을 즐긴 후 둘러보기 좋다.

🚶 언더그라운드 베이컬루 라인, 센트럴 라인, 빅토리아 라인 승차하여 옥스퍼드 서커스역Oxford Circus 하차, 도보 5분
🏠 1 Newburgh St, Carnaby, London W1F 7RB 🕐 월~수 12:00~22:00 목~토 12:00~23:00 일 12:00~19:00

ESPRESSO BAR AND DELI

② **골본 델리 카페** Golborne Deli

첫 데이트를 마치고 팀이 메리를 집까지 데려다주며 첫 입맞춤을 나누고 서로의 감정을 확인하는 장소다. 메리네 집의 분홍색 대문과 바로 옆에 자리 잡은 카페 골본 델리가 아직 그대로 남아있다. 카페에서 커피 한 잔의 여유를 즐기며 사랑이 시작되는 순간의 기분을 만끽해 보자. 노팅힐 지역의 명소와 연결하여 돌아보기 좋다.

🚶 언더그라운드 서클 라인, 해머스미스&시티 라인 승차하여 래드브로크 그로브역 Ladbroke Grove 하차, 도보 7분
🏠 100~102 Golborne Rd, London W10 5PS, UK ⏰ 월 07:30~19:00 화 07:30~20:00 수~토 07:30~22:00 일 08:30~19:00

③ **언더그라운드 마이다 베일역**

Maida Vale

팀과 메리가 연인이 된 후 함께 출퇴근하던 지하철역이다. 음악과 시간의 흐름에 따라 점점 행복해지는 둘의 관계를 매력적으로 표현했다. 그들이 손을 잡고 함께 오르던 에스컬레이터에 몸을 싣고 사랑스러운 연인의 로맨스를 마음껏 느껴보자.

🚶 언더그라운드 베이컬루 라인 마이다 베일역
Maida Vale

본드 스트리트 Bond Street

🚶 언더그라운드 센트럴 라인, 주빌리 라인 승차하여 본드 스트리트역Bond Street Station 하차, 옥스퍼드 스트리트 따라 옥스퍼드 서커스역Oxford Circus Underground Station 방향으로 걷다가 ZARA 매장 끼고 우회전

런던의 명품은 이곳에 다 모였다!

소호의 서쪽은 메이페어 지역이다. 본드 스트리트는 메이페어 중심부를 가로질러 형성된 세계적인 명품 쇼핑의 거리이다. 뉴 본드 스트리트New bond street와 올드 본드 스트리트Old bond street로 나누어져 있다. 언더그라운드 본드 스트리트역Bond Street Station에서 나와 옥스퍼드 스트리트 따라 동쪽으로 걷다가 자라 매장을 끼고 우회전하여 남쪽으로 접어들면 뉴 본드 스트리트가 시작된다. 650여 미터 거리에 멀버리, 루이뷔통, 펜디, 토리 버치, 샤넬, 카르티에 등 수많은 명품매장이 줄지어 있다. 올드 본드 스트리트는 뉴 본드 스트리트에서 남쪽으로 계속 이어진 거리로, 명품 귀금속매장 티파니부터 피카딜리까지 160여 미터에 이른다. 폴 스미스, 프라다, 구찌, 막스마라 등의 다양한 명품매장을 찾아볼 수 있다. 본드 스트리트의 이미지와 명성을 유지하기 위해 건물 상태와 브랜드 영업 실태를 시의회에서 직접 감독하고 있다. 세계적으로 유명하거나 검증된 브랜드가 아니라면 이곳에 입주 허가조차 받기 어렵다.

마더매시 MotherMash

영국식 매시 요리 전문점

카나비 스트리트의 작은 가게 마더매시는 매시포테이토를 활용한 영국식 전통 요리를 맛볼 수 있는 곳이다. 장난감 숍 햄리스에서도 가깝다. 매시포테이토는 감자를 으깨서 만드는 요리로 우리에게도 익숙한 음식이다. 영국식 전통 요리에 가장 많이 활용되는 사이드 메뉴로, 영국인들은 주로 '매시'Mash라고 부른다. 매시 요리는 육즙 가득한 영국 특유의 전통 소시지를 조합한 뱅어스 & 매시와 바삭한 영국식 파이와 조화를 이루는 파이 & 매시로 나뉜다. 취향에 따라 매시, 소시지와 파이, 소스를 단계별로 고를 수 있다. 신선하게 으깬 매시와 육즙 가득한 소시지는 짭짤하며 감칠맛 나는 영국 전통 그레이비 소스와 어우러져 환상의 조화를 이루며 여행객들의 든든한 한 끼 식사를 책임진다.

🚶 ①언더그라운드 베이컬루 라인, 센트럴 라인, 빅토리아 라인 승차하여 옥스퍼드 서커스역Oxford Circus 하차, 도보 4분 ②버스 12, 88, 94, 159번 탑승 후 햄리스 토이 스토어 정류장Hamleys Toy Store 하차, 도보 1분 🏠 26 Ganton St, Soho, London W1F 7QZ, UK 📞 +44 20 7494 9644 🕐 12:00~22:00 £ 매쉬 £13부터 ≡ http://www.mothermash.co.uk

더 브랙퍼스트 클럽 The Breakfast Club

소호의 아침을 여는 곳

시끌벅적한 저녁 시간을 보내고 아침이 되면 소호 지역에 가득했던 인파들은 약속이라도 한 듯 썰물처럼 빠져나가고 거리는 조용해진다. 그런데 예외인 곳이 한 곳 있는데, 바로 더 브랙퍼스트 클럽이다. '브런치'로 런던에서 가장 유명한 가게이기에 아침 시간이 유독 분주하다. 2005년 이곳 소호 매장을 오픈한 이후 현재 런던에 11개 매장을 두고 있다. 서양식 아침 메뉴이자 브런치로 분류되는 에그 베네딕트, 토스트, 팬케이크 등을 먹을 수 있다. 그중에서도 팬케이크는 신선한 과일과 달콤한 메이플 시럽 등이 조화를 이루고 있으며, 아침의 노곤함을 달콤하게 깨워주는 대표 메뉴다. 아침부터 달콤한 메뉴가 부담스럽다면 샌드위치나 에그 베네딕트를 선택하면 된다. 점심과 저녁 식사시간에는 수제버거와 버팔로윙 등의 메뉴를 추가로 즐길 수 있다. 오전 9시 이후로는 항상 대기 인원이 몰리니 그 전에 방문하는 게 좋다. 리버티 백화점에서 동쪽으로 5분쯤 걸어가면 된다.

🚶 언더그라운드 엘리자베스 라인, 센트럴 라인, 노던 라인 승차하여 토트넘 코트 로드역Tottenham Court Road 하차, 도보 6분 🏠 33 D'Arblay St, Soho, London W1F 8EU, UK 📞 +44 20 7434 2571 🕐 07:30~15:00 £ 샌드위치 및 브런치 £9부터 ≡ http://thebreakfastclubcafes.com

바나나 트리 Banana Tree Soho

동남아시아 음식 총집합!

새콤달콤 매콤한 향신료가 조합된 동남아 음식으로 심심한 입맛에 자극을 주고 싶다면 바나나 트리 소호를 추천한다. 레스터 스퀘어에서 북서쪽으로 도보 6분쯤 거리에 있다. 태국, 베트남, 말레이시아 등 인도차이나반도에 있는 국가들의 다양한 대표 메뉴들을 맛볼 수 있는 곳이다. 소호 점을 비롯하여 현재 런던에 9개의 매장을 운영하고 있다. 태국을 대표하는 팟타이, 베트남을 대표하는 짜조, 말레이시아의 사테 등을 한자리에서 먹는 광경은 마치 음식들의 정상회담을 보는 듯하다. 지점마다 동남아시아 출신 매니저나 셰프가 배치되어 있어 현지에서 먹는 맛과 큰 차이가 없다. 또한, 싱가포르와 태국의 전통 맥주 타이거나 싱하는 물론 라임과 민트가 들어간 칵테일 메뉴도 다양하게 준비되어 있다.

🏃 언더그라운드 베이컬루 라인, 피카딜리 라인 승차하여 피카딜리 서커스역Piccadilly Circus 하차, 도보 6분 🏠 103 Wardour St, Soho, London W1F 0UG, UK 📞 +44 20 7437 1351 🕐 일·월 12:00~22:30 화~목 12:00~23:00 금·토 12:00~00:30 £ 메인 메뉴 £12.95부터 ☰ http://bananatree.co.uk

케이 트레 Cay Tre Soho

따끈한 쌀국수와 새콤달콤한 분짜

은은한 조명과 깔끔한 인테리어가 고급 서양식 레스토랑을 연상시키지만, 맛있는 분짜와 쌀국수를 판매하는 베트남 식당이다. 레스터 스퀘어에서 북쪽으로 5분쯤 걸어가면 나온다. 동남아 음식 전문점 바나나 트리에서는 동쪽으로 도보 2분 거리이다. 베트남에서 넘어온 지 20년이 넘은 현지 출신 셰프가 요리해서 현지에서 먹는 것과 큰 차이가 없다. 메뉴 또한 베트남 현지의 메뉴들로 구성되어 있다. 흐리고 비 내리는 날이 많은 런던에서 먹기 좋은 따끈한 쌀국수Pho와 새콤달콤한 해물 소스에 가는 면발을 적셔 고기와 함께 먹는 분짜는 이곳의 인기 메뉴이다. 분짜 메뉴 중에서는 숯불 향이 그윽하게 올라오는 분짜 하노이를 추천한다. 쌀국수는 다른 식당 대비 고수가 많이 들어가는데, 향에 민감한 사람이라면 '고수 없음'을 뜻하는 '노 코리앤더'no coriander를 주문할 때 말하면 된다.

🏃 언더그라운드 노던 라인, 피카딜리 라인 승차하여 레스터 스퀘어역Leicester Square 하차, 도보 6분 🏠 42~43 Dean St, Soho, London W1D 4PZ, UK 📞 +44 20 7317 9118 🕐 월~목 11:00~22:30 금~토 11:00~23:00 일 11:00~21:30 £ 점심 세트 £14.95 단품 메뉴 £8.5부터 ☰ http://www.caytrerestaurant.co.uk

🍽 벤스 쿠키 Ben's Cookies

토핑이 가득한 영국 대표 쿠키

1983년 옥스퍼드 커버드 마켓 내 작은 매장에서 시작하여 영국을 대표
하는 쿠키 브랜드로 성장한 쿠키 전문점이다. 옥스퍼드 스트릿 한가운
데에 매장이 있다. 보통 쿠키는 칩 형태의 작은 토핑들이 송송 박혀있
는 데 반해, 이 집 쿠키는 초콜릿, 마카다미아, 땅콩 등의 토핑이 덩어리
째 들어가 있다. 그래서 토핑을 씹을 때 묵직한 식감이 느껴지는데, 이
것이 벤스 쿠키에서만 느낄 수 있는 매력 포인트다. 매일 아침 새롭게
구워 영국 전역의 매장으로 배송되므로 오전 시간에 방문하는 여행객
이라면 따끈하게 녹아내리는 초콜릿 쿠키를 맛볼 수 있다. 여러 개 구
매할 경우 틴케이스나 상자 포장도 가능해 지인들에게 선물하기도 안
성맞춤이다.

🚶 언더그라운드 베이컬루, 센트럴, 빅토리아 라인 승차하여
옥스퍼드 서커스역Oxford Circus 하차, 도보 3분
🏠 139 Oxford St, London W1D 2JA, UK
📞 +44 20 3206 2008 🕐 월~토 09:00~21:00
일 11:00~19:00 £ 쿠키 1개당 £1.6부터
☰ http://www.benscookies.com

🍽 크로스타운 도넛 Crosstown Soho

형형색색 달콤한 도넛의 향연

먹어도 먹어도 계속 손이 가는 달콤한 디저트는 먹고 난 후에는 높은 칼로리와 과한 당분 때문에 후회가 남기 마련이
다. 2014년 처음 문을 연 크로스타운 도넛은 이런 걱정을 조금이라도 덜어주고자 '건강하고 신선한 도넛'을 추구하
는 브랜드다. 버윅 스트리트 마켓에서 북동쪽으로 도보 1분 거리에 매장이 있다. 이곳은 도넛을 좀 더 기분 좋게 먹을
수 있도록 도우, 잼, 필링 등을 모두 직접 안전하게 제조한다. 채식주의자들을 위한 비건Vegan 도넛 역시 치아시드, 코
코넛 버터, 무지방 우유 등을 넣어 만든다. 오렌지 블러섬 도넛, 바나나 크림 도넛, 과일 크럼블 도넛 등 다른 프랜차
이즈 매장에서 보기 힘든 도넛들에 도전해보는 재미 역시 쏠쏠하다.

🚶 언더그라운드 엘리자베스 라인, 센트럴 라인, 노던 라인 승차하여 토트넘 코트 로드역Tottenham Court Road 하차, 도보 6분
🏠 4 Broadwick St, Soho, London W1F 0DA, UK 📞 +44 20 7734 8873 🕐 월~목 09:00~20:00 금 09:00~21:00
토 10:00~21:00 일 10:00~20:00 £ 도넛 1개당 £2.50부터 ☰ http://www.crosstowndoughnuts.com

☕ 카페 데 나타 Cafe de Nata

정통 에그타르트를 맛보는 시간

포르투갈 태생 에그타르트는 조그마한 크기라 만들기 쉬워 보이지만, 여러 재료가 완벽한 비율로 혼합되어야만 제대로 된 맛을 낼 수 있는 디저트이다. 런던 소호 중심부에 작은 에그타르트 전문점이 있는데 이름이 '카페 데 나타'이다. 포르투갈에서 에그타르트를 '데 나타'de nata라고 부르는 것에서 따다 이름 지은 것이다. 이곳에선 매일 즉석에서 구운 따뜻하고 달콤한 에그타르트를 맛볼 수 있으며, 딸기, 블루베리, 코코넛, 초콜릿 등 다양한 토핑이 들어간 타르트도 맛볼 수 있어 더욱더 색다르다. 각자 취향에 맞는 타르트를 즐기며 입안 가득 퍼지는 고소함과 달콤함을 마음껏 음미해보자.

매장은 레스터 스퀘어에서 북쪽으로 도보 6분쯤 걸어가면 나온다.

🚶 언더그라운드 노던, 피카딜리 라인 승차하여 레스터 스퀘어 역Leicester Square 하차, 도보 6분 🏠 25 Old Compton St, Soho, London W1D 5JN, UK 📞 +44 20 7734 1279 ⏰ 월~목 10:00~23:00 금,토 10:00~00:00 일 11:00~22:00 £ 타르트 1개당 £1.95 ☰ http://www.cafedenata.com

🚶 언더그라운드 피카딜리 라인 승차하여 하이드 파크 코너 역Hyde Park Corner 하차, 도보 3분 🏠 48 Park Ln, Mayfair, London W1K 1PR, UK 📞 +44 20 7491 8880 ⏰ 07:30~00:00 £ 커피 및 케이크 £5부터 ☰ https://www.elnlondon.co.uk/

☕ 이엘&엔 카페 EL&N Cafe

근사한 핑크빛 인증샷을 원한다면

2017년 오픈해 현재 런던에만 10개 이상의 매장을 운영하는 카페 브랜드이다. 메이페어 매장은 메이페어 지역 서쪽 외곽에 있어, 켄싱턴 지구의 하이드 파크와도 가깝다. 영국의 유튜버나 SNS 인플루언서 사이에선 이미 '런던에서 가장 아름다운 인증샷을 남길 수 있는 카페'로 유명하다. 시선을 단숨에 사로잡는 핑크빛 인테리어와 꽃으로 뒤덮인 벽, 보기만 해도 먹음직스러운 대형 조각 케이크에는 여성들이 좋아하는 취향을 고스란히 반영해놓고 있다. 벨벳 라떼, 블루 사파이어 라떼 등 엘란 카페만의 감성을 담은 다양한 커피를 맛볼 수 있으며, 20가지가 넘는 달콤한 디저트도 있다. 가볍게 배를 채울 수 있는 샐러드 볼, 샌드위치 등도 함께 즐길 수 있다.

🍲 스케치 더 갤러리 Sketch the Gallery

🚶 언더그라운드 베이컬루 라인, 센트럴 라인, 빅토리아 라인 승차하여 옥스퍼드 서커스역Oxford Circus 하차,
피카딜리 서커스 방향으로 도보 4분 🏠 9 Conduit St, Mayfair, London W1S 2XG, UK
📞 +44 20 7659 4500 🕐 에프터눈티 11:30~16:00 저녁식사 18:00~22:00(금,토는 23:00까지)
£ 1인당 £85부터 ☰ https://sketch.london/the-gallery

색다르고 특별한 애프터눈 티

핑크빛으로 가득한 실내 디자인과 아기자기한 인테리어가 여성
들의 눈길을 단숨에 사로잡는 곳이다. 무엇보다 이곳이 특별한 것
은 프랑스인 셰프의 주도하에 기존 애프터눈 티보다 더 업그레이드
된 색다른 메뉴들을 제공하기 때문이다. 전식은 캐비어와 튀긴 빵, 달걀
이 조화를 이루어 나오고, 디저트는 푸아그라, 파인애플 타르트 등이 나온
다. 낯설긴 하지만 오직 이곳에서만 맛볼 수 있는 메뉴다. 다른 곳들과 마찬가지로 홈페이지 사전 예약은 필
수이다. 리버티 백화점에서 서쪽으로 도보 2분 거리에 있다. SNS 인증샷을 남기기엔 더할 나위 없이 좋다.

오닐스 소호점 O'Neill's Wardour Street

차이나타운의 아이리시 펍

축구, 럭비, 레이싱 등 각종 스포츠 경기와 라이브 공연, 식사와 술을 한 번에 즐길 수 있는 올인원All-in-one 프랜차이즈 펍이다. 차이나타운의 중국 음식점 타오타오 주Taotao Ju에서 서쪽으로 도보 2분 거리에 있다. 펍은 스포츠 경기와 음식을 즐길 수 있는 1층과 라이브 밴드 및 디제잉 공연을 즐길 수 있는 2층으로 나누어져 있다. 이벤트에 따라 다르지만 보통 월·화·일요일엔 저녁 9시 전후로, 수요일부터 토요일까지는 저녁 11시 전후로 공연이 진행된다. 별도 입장료도 없어 부담 없이 소호의 밤을 즐기기 좋다.

🚶 언더그라운드 베이컬루 라인, 피카딜리 라인 승차하여 피카딜리 서커스역Piccadilly Circus 하차, 도보 3분(차이나타운 내에 위치) 🏠 33-37 Wardour St, Soho, London W1D 6PU, UK 📞 +44 20 7494 9284 🕐 월~토 12:00~02:00 일 12:00~00:30 £ 단품 메뉴 £7.75부터 ☰ http://www.oneills.co.uk

더 기니 The Guinea

명소로 꼽히는 레스토랑 & 펍

더 기니는 런던에서 가장 오래된 펍 가운데 하나이자 메이페어 지역의 역사적인 명소이다. 현재 펍이 있는 자리는 1423년 최초로 여관이 세워졌던 곳이다. 이 자리는 600년 동안 여관, 펍, 양조장, 레스토랑 등의 다양한 변천사를 겪으며 그 역사를 이어오고 있다. 세월의 더께가 느껴지는 고풍스러운 분위기에서 시간의 흔적을 느낄 수 있다. 기니는 레스토랑과 펍을 구분해 놓고 있다. 펍에는 찰스 3세 국왕이 술을 따르는 사진을 비롯하여 오랜 역사를 체감할 수 있는 사진이 전시되어 있다. 또 런던을 대표하는 에일 맥주 브랜드인 영스 브루어리Young's Brewery의 대표 맥주를 맛볼 수 있다.

더 기니는 런던의 오리지널 스테이크 하우스로도 유명하다. 레스토랑의 베스트 메뉴는 연한 육질과 마블링으로 이름난 스코틀랜드 육우로 만든 스테이크와 전통 영국식 파이Steak & Kidney pie이다. 오랜 역사가 깃든 곳에서 즐기는 스테이크와 맥주 한 잔이 당신의 런던 여행 스토리에 깊은 감성을 더해줄 것이다.

🚶 ①언더그라운드 센트럴 라인, 주빌리 라인 승차하여 본드 스트리트역Bond Street 하차, 도보 8분 ②버스 22번 탑승하여 컨듀잇 스트리트 뉴 본드 스트리트 정류장Conduit Street New Bond Street 하차, 도보 3분 🏠 30 Bruton Pl, Mayfair, London W1J 6NL, UK 📞 +44 20 7409 1728 🕐 11:00~23:00 £ 메인 메뉴 £13.5~£49.00 ☰ https://www.theguinea.co.uk/

🛍 소호 & 메이페어의 유명 백화점 둘

1 포트넘 앤 메이슨 백화점 Fortnum & Mason

300년 된 백화점

1707년 문을 연 이후 300년이 넘도록 명성을 지켜오고 있는 백화점으로, 소호의 피카딜리 서커스에서 남서쪽으로 도보 5분 거리에 있다. 런던에 3개의 매장이 있는데, 이곳이 본점이다. 런던 여행의 기념품을 사기 가장 좋은 곳으로 얼그레이나 잉글리시 브랙퍼스트, 스모키 얼그레이 등의 차Tea는 물론 초콜릿, 캔디 등 가볍게 살 수 있는 기념품이 많다. 그 밖에 화장품, 와인, 포트넘 앤 메이슨만의 우아한 디자인이 일품인 주방용품 등도 있다. 다양한 상품으로 가득 채운 장바구니를 손에 든 여행자를 쉽게 찾아볼 수 있다. 예쁘고 고급스러운 기념품을 원하는 여행자에게 추천한다.

🏃 언더그라운드 베이컬루 라인, 피카딜리 라인 승차하여 피카딜리 서커스역Piccadilly Circus 하차, 도보 4분 🏠 181 Piccadilly, St. James's, London W1A 1ER, UK 🕐 월~목·토 10:00~21:00 금 10:00~20:00 일 12:00~18:00 ☰ http://www.fortnumandmason.com

2

리버티 백화점 Liberty
리젠트 거리의 고풍스러운 백화점

화려한 리젠트 거리를 걷다 보면 독특하고 거대한 목조 건물이 한눈에 들어오는데, 이 고풍스러운 큰 저택 같은 건물이 리버티 백화점이다. 1875년 지어져 런던에서 가장 오래된 백화점 중 하나로 꼽힌다. 1924년 튜더 양식으로 재건축되면서 지금의 모습이 되었으며, 내부는 19세기의 아르누보 양식으로 꾸며져 있어 상당히 아름답다. 다른 백화점보다 인테리어나 디자인 관련 상품이 많은 편이다. 쇼핑의 성지 리젠트 거리와 카나비 스트리트의 다양한 숍과도 어우러져 있어 쇼핑하기 편리하다. 홈페이지에서 세일 중인 상품들이 계속 업데이트되므로 사전에 정보를 훑어보고 가는 게 좋다.

🏃 언더그라운드 베이컬루, 센트럴, 빅토리아 라인 승차하여 옥스퍼드 서커스역Oxford Circus 하차, 도보 3분 🏠 Regent St, Soho, London W1B 5AH, UK 🕐 월~토 10:00~21:00 일 12:00~18:00 ☰ http://www.libertylondon.com

🛍 레클리스 레코즈 Reckless Records

🚶 언더그라운드 엘리자베스, 센트럴, 노던 라인 승차하여 토트넘 코트 로드역Tottenham Court Road 하차, 도보 6분
🏠 30 Berwick St, Soho, London W1F 8RH, UK 📞 +44 20 7437 4271
🕐 10:00~19:00 🌐 http://reckless.co.uk

런던을 대표하는 레코드 가게

시간이 오래 지날수록 그 가치와 희소성이 더욱 높아진다는 뜻의 옛 격언 '술과 친구는 오래될수
록 좋다.'는 말은 레클리스 레코즈에도 적용되는 듯하다. 1984년 소호에 처음 문을 연 이래 지금까
지 런던을 대표하는 레코드 가게인데, 소위 LP 판으로 불리는 바이닐 음반을 수집하여 다시 판
매하는 세컨 핸드 숍이다. 매장을 연 후 30년이 넘는 시간 동안 차곡차곡 쌓아온 LP판과 CD
들은 아날로그 감성을 추억하는 세대들에겐 너무나도 소중한 것들이다. 재즈, 펑크, R&B는 물
론, 비틀스와 마이클 잭슨이 남긴 전설의 명작까지, 장르를 가리지 않고 찾아볼 수 있다. 가게
규모는 크지 않지만, 세월이 흐를수록 이곳의 가치와 소중함은 더욱 커질 것이 분명하다. 버
윅 스트리트 마켓에서 북쪽으로 도보 1분 거리에 있다.

🛍 릴리 화이츠 Lilly Whites

운동 애호가들의 천국

영국을 대표하는 스포츠 리테일 상점으로, 피카딜리 서 커스 광장 한가운데에 있어 항상 많은 사람으로 붐빈다. 모두 7개 층으로 이뤄진 상점은 규모로만 봤을 때도 유 럽 내 스포츠 매장 가운데 최고를 자랑할 만한 수준이 다. 나이키, 아디다스, 퓨마 등 주요 스포츠 브랜드 제품 뿐 아니라 운동하며 사용할 수 있는 보충제, 헤드폰 등 의 소품도 함께 판매하고 있다. 무엇보다 이곳의 하이라 이트는 3층에 있는 축구용품 코너이다. 영국 프리미어 리그뿐 아니라 스페인 프리메라리가, 독일 분데스리가 등 유명 구단 유니폼실제 선수들이 착용하는 유니폼과는 살짝 다 른 어센틱 제품을 시중가 대비 20~30% 저렴하게 구매할 수 있다. 시작이 반이라고 했던가? 한국에선 비싸거나 구하기 힘들었던 유니폼을 이곳에서 구매했다면, 이제 유럽 축구를 더욱 신나게 즐길 일만 남았다.

🚶 언더그라운드 베이컬루 라인, 피카딜리 라인 승차하여 피카 딜리 서커스역Piccadilly Circus 하차, 에로스 동상 앞
🏠 24-36 Regent St, St. James's, London SW1Y 4QF, UK
📞 +44 344 332 5602 🕐 평일 09:30~22:00 토 09:00~22:00
일 12:00~18:00 🖥 http://www.lillywhites.com/london

🛍 리버 아일랜드 River Island

60년 전통의 SPA 패션 브랜드

탑숍과 더불어 런던 의류 SPA의 양대 산맥을 이루고 있는 60년 전통의 브랜드이다. 탑숍 매장에서 동남쪽으로 도보 2분 거리에 있다. 탑숍과 마찬가지로 의류, 액세서리, 신발 등 다양한 품목들을 취급한다. 가격대도 저렴한 편이어서 젊은 층의 많은 사랑을 받고 있다. 카테고리가 다양하지만, 특히 고급스러운 디자인과 품질 대비 저렴한 가격을 자랑 하는 여성용 지갑과 핸드백이 리버 아일랜드의 인기를 견인하는 품목들이다.

🚶 언더그라운드 베이컬루 라인, 센트럴 라인, 빅토리아 라인 승차하여 옥스퍼드 서커스역Oxford Circus 하차, 도보 2분
🏠 207-213 Oxford St, Soho, London W1D 2LF, UK 📞 +44 344 847 2666
🕐 월~토 09:30~21:00 일 12:00~18:00 🖥 http://www.riverisland.com

프레스탯 Prestat

다이애나비가 인정한 초콜릿

1902년부터 시작된 초콜릿 브랜드 프레스탯은 1975년 영국 왕실에 공식적으로 초콜릿을 납품하면서 그 맛과 품질을 인정받은 곳이다. 포트넘 & 메이슨 백화점 옆 작은 아케이드에 프레스탯 플래그십 매장이 있는데, 피카딜리 서커스에서 서남쪽으로 도보 4분 거리이다. 고 다이애나비와 엘리자베스 2세 여왕도 프레스탯 초콜릿을 자주 찾았다고 한다. 핑크 & 블루의 포장 케이스부터 프레스탯 특유의 분위기가 나며, 소녀 감성을 자극하면서 화려한 느낌을 준다. 세계 최초로 만들어진 여러 종류의 트러플 초콜릿이 다양한 상품 중에서도 단연 베스트셀러이다. 셀프리지 백화점과 해러즈 백화점에도 매장이 있다. 🚶언더그라운드 베이컬루 라인, 피카딜리 라인 승차하여 피카딜리 서커스역 Piccadilly Circus 하차, 도보 6분 🏠14 Princes Arcade, St. James's, London SW1Y 6DS, UK 📞+44 20 8961 8555 🕐10:00~17:00 (목~토는 18:00까지) 💷선물패키지 £15부터 ☰http://www.prestat.co.uk

 프리마크 Primark

최고 가성비를 자랑하는 의류 브랜드

프리마크 매장은 가격을 중요시하는 사람들에게 런던 최고의 쇼핑 장소다. 아일랜드에서 처음 사업을 시작한 후 현재 영국에 가장 많은 매장을 운영하고 있다. 의류와 액세서리가 믿기 힘들 정도로 저렴해 지갑이 가벼운 10대~20대 현지인들의 사랑을 독차지하는 브랜드다. 티셔츠나 속옷의 경우 £10, 겉옷들도 £30 넘지 않는 가격에 구매할 수 있다. 의류는 남녀노소 누구나 쇼핑할 수 있도록 준비되어 있으며, 그 외에 문구나 소형 전자기기 등 생활에 유용한 품목들도 £10 내외에 구매할 수 있다. 디자인이 화려하지 않고, 익숙한 명품도 아니지만, 알찬 쇼핑으로 진정한 의미의 '득템'을 꿈꾸기 좋다. 🚶①언더그라운드 센트럴 라인 승차하여 마블 아치역Marble Arch 하차, 도보 2분 ②버스 7, 98번 탑승하여 마블 아치 정류장Marble Arch 하차 🏠499~517 Oxford St, Mayfair, London W1K 7DA, UK 📞+44 20 7495 0420 🕐월~토 08:00~22:00 일 12:00~18:00 💷티셔츠 및 속옷 £5~£10 내외 겉옷 £30 내외 ☰https://www.primark.com

🛍️ 디즈니스토어 Disney Store

🚶 언더그라운드 센트럴 라인, 주빌리 라인 승차하여 본드 스트리트역Bond Street 하차, 도보 1분
🏠 350-352 Oxford St, London W1C 1JH, UK 📞 +44 20 7491 9136
🕐 월~토 09:00~22:00 일 12:00~18:00 ☰ https://www.shopdisney.co.uk

동심으로 돌아가는 시간

미키마우스, 곰돌이 푸, 백설 공주. 월트디즈니사는 1923년 최초 설립한 이래 캐릭
터를 통해 수많은 이들에게 어린 시절의 추억을 선물해왔다. 런던 시내 중심부 본드
스트리트 부근에도 디즈니 스토어가 있는데, 우리의 동심을 다시 불러주는 최고의
장소이다. 디즈니의 본고장 미국을 제외하고 이곳이 첫 해외 디즈니 매장이다. 월트디
즈니가 탄생시킨 수많은 캐릭터 상품들을 만날 수 있다. 누구나 어린 시절로 돌아간 듯
즐거운 표정으로 가게를 둘러본다. 인형, 찻잔, 그릇, 가방 등 디즈니 캐릭터가 새겨진 상품들
을 본인 취향에 맞게 쇼핑할 수 있다. 20~30대 연령층이 선호하는 마블MARVEL 브랜드 상
품 역시 다양하게 준비되어 있다.

PART 8

Camden & Marylebone
캠든 & 메릴본

런던 여행의 조연, 그리고 비틀즈 추억하기

캠든과 메릴본은 소호와 메이페어의 북쪽에 인접해 있다. 캠든은 운하와 시장, 그리고 공원과 전망 명소를 품고 있다. 메릴본은 패션 숍, 레스토랑, 카페가 밀집한 스마트하고 세련된 곳이다. 비틀즈의 흔적도 품은 곳이다. 캠든과 메릴본은 걸출한 랜드마크는 없지만 놓치면 아쉬운 명소를 알차게 품고 있다. 운하 여행을 즐길 수 있는 리틀 베니스, 런던 시장의 모든 것을 품고 있는 캠든 마켓, 런던 시내 전경을 파노라마로 즐길 수 있는 프림로즈 힐, 런던 도심의 왕립공원 리젠트 파크, 비틀즈의 흔적을 품은 숍과 스튜디오, 마담투소 박물관, 셜록 홈스 박물관, 그리고 기록물의 보고 영국도서관까지! 모든 장소를 둘러보기 힘들다면 취향에 맞는 곳을 골라 방문해보자.

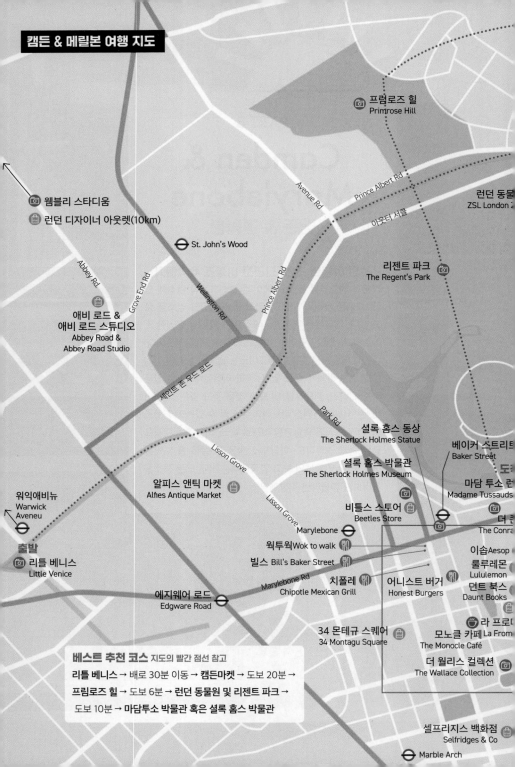

캠든 & 메릴본 여행 지도

프림로즈 힐
Primrose Hill

웸블리 스타디움
런던 디자이너 아웃렛(10km)

런던 동물
ZSL London

St. John's Wood

Avenue Rd

Prince Albert Rd

아웃터 서클

리젠트 파크
The Regent's Park

Abbey Rd.

Grove End Rd

Wellington Rd

Prince Albert Rd

애비 로드 &
애비 로드 스튜디오
Abbey Road &
Abbey Road Studio

세인트 존 우드 로드

셜록 홈스 동상
The Sherlock Holmes Statue

베이커 스트리트
Baker Street

Park Rd

Lisson Grove

셜록 홈스 박물관
The Sherlock Holmes Museum

도

마담 투소 런
Madame Tussauds

알피스 앤틱 마켓
Alfies Antique Market

Lisson Grove

워익애비뉴
Warwick
Aveneu

비틀스 스토어
Beetles Store

더
The Conra

Marylebone

워투웍 Wok to walk

이솝 Aesop

출발
리틀 베니스
Little Venice

빌스 Bill's Baker Street

롤루레몬
Lululemon

치폴레
Chipotle Mexican Grill

어니스트 버거
Honest Burgers

던트 북스
Daunt Books

에지웨어 로드
Edgware Road

Marylebone Rd

34 몬테규 스퀘어
34 Montagu Square

라 프로
La From

모노클 카페
The Monocle Café

더 월리스 컬렉션
The Wallace Collection

베스트 추천 코스 지도의 빨간 점선 참고

리틀 베니스 → 배로 30분 이동 → 캠든마켓 → 도보 20분 →
프림로즈 힐 → 도보 6분 → 런던 동물원 및 리젠트 파크 →
도보 10분 → 마담투소 박물관 혹은 셜록 홈스 박물관

셀프리지스 백화점
Selfridges & Co

Marble Arch

캠든 마켓
mden Market

더 아이스 워프
The Ice Wharf

Camden Town

재즈 카페
Jazz Cafe

Camden St.

Camden High St

Parkway

코코
Koko

Mornington Crescent

에버솔트 스트리트

콜 드롭스 야드
Coal Drops Yard

York Wy

킹스크로스 기차역
King's Cross

Midland Rd

영국도서관
British Library

King's Cross St. Pancras

York Wy

London Euston

Euston Rd.

스피디 카페

Marylebone Rd

one Rd

Regent's Park

워투워
Wok to walk

빌스
Bill's Baker Street

이솝 Aesop

Marylebone High St

더 콘란 숍
The Conran Shop

Devonshire St

치폴레
Chipotle Mexican Grill

룰루레몬
Lululemon

Paddington St

던트 북스
Daunt Books

메릴본 하이 스트리트
Marylebone High St

Weymouth St

리트

어니스트 버거
Honest Burgers

라 프로마제리
La Fromagerie

Portland Place

글로스터 플레이스

베이커 스트리트

34 몬테규 스퀘어
34 Montagu Square

Baker St

팜코트 랭함
Palm Court
The Langham

모노클 카페
The Monocle Café London

존 루이스
John Lewis

스트리트

George St

더 월리스 컬렉션
The Wallace Collection

에미레이츠
스타디움(2km)

토트넘 홋스퍼
스타디움(8.5km)

리틀 베니스 Little Venice

🚶 언더그라운드 베이컬루 라인 승차하여 워윅 애비뉴역Warwick Avenue 하차, 도보 3분
🏠 Blomfield Rd, Little Venice, London W9 2PF, UK
Narrow Boats Information ⏱ 10:00~ (업체별로 보트 운영시간 상이, 4월에서 ~ 11월 초까지 운행)
£ 리틀 베니스~캠든 마켓까지 편도 £15, 왕복 £21 (보트 업체별로 상이)
≡ 주요 보트 업체 **제이슨스 트립** https://www.jasons.co.uk **런던 워터 버스** https://www.londonwaterbus.com/

런던에서 즐기는 운하 여행

런던의 그랜드 유니온 운하Grand Union Canal와 리젠트 운하Regent's Canal가 만나는 곳에 형성된 아름다운 지역이다. 운하의 도시로 유명한 베네치아에서 따다 이름 지어 '리틀 베니스'라 불린다. 산업혁명 이전엔 주로 화물 운송로로 사용되던 허브였다. 하지만 증기 기관차가 등장하면서 쓸모가 없어져, 정비를 통해 런더너와 여행객들이 휴식을 위해 찾는 힐링 명소로 탈바꿈했다. 지금은 고급 주택가와 수상 저택 등이 고즈넉하게 들어서 있다. 4월부터 11월 초까지는 여러 업체에서 운영하는 '내로우 보트'Narrow Boats를 타고 운하로 이동하면서 리젠트 파크, 런던 동물원, 캠든 마켓까지 돌아볼 수 있다. 리틀 베니스부터 캠든 마켓까지 이동하는 데 45분 정도가 소요된다. 편도 비용은 1인당 £15이며, 현금과 카드로 요금을 낼 수 있다. 제이슨스 트립Jason's trip 업체의 보트는 런던 패스로도 이용할 수 있다. 배를 운영하지 않는 겨울에도 운하 주변을 여유 있게 산책하며 리젠트 운하의 잔잔함을 만끽하기 좋다.

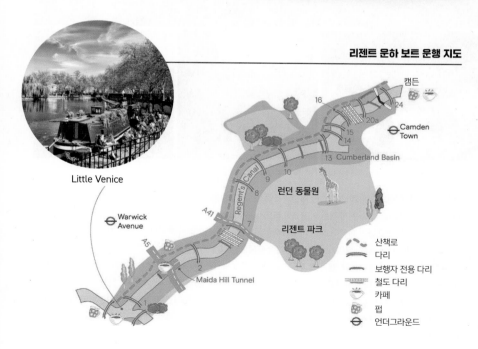

Little Venice

리젠트 운하 보트 운행 지도

캠든

16

20a

15
14

Camden
Town

13 Cumberland Basin

Regent's Canal

10
9

8

런던 동물원

Warwick
Avenue

A41

A5

7

리젠트 파크

2

Maida Hill Tunnel

1

산책로
다리
보행자 전용 다리
철도 다리
카페
펍
언더그라운드

📷 캠든 마켓 Camden Market

🏃 언더그라운드 노던 라인 승차하여 캠든 타운역Camden Town 하차
🏠 Camden Lock Pl, Camden Town, London NW1 8AF, UK
🕙 10:00~ (마감 시간은 상점마다 상이) ≡ https://www.camdenmarket.com

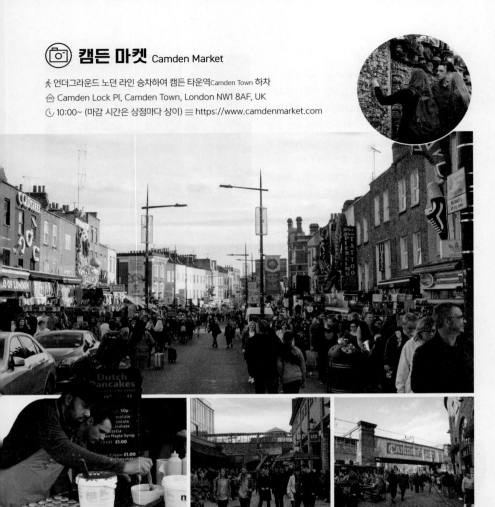

런던 마켓의 정수

캠든 마켓은 북적이는 인파, 아기자기한 패션과 소품 숍, 길거리 음식 등 '마켓' 하면 떠오르는 모든 것을 갖춘 곳이다. 캠든 타운역Camden town에서 캠든 하이 스트리트Camden High St를 따라 북쪽으로 걷다 보면 양옆으로 다양한 시장이 들어서 있는데 이들을 통틀어 캠든 마켓이라 부른다. 캠든 타운역에서 북쪽으로 1분쯤 걸어가면 오른쪽에 벅스트리트 마켓Buck Street Market이 나오고, 다시 계속 북쪽으로 걸어가 리젠트 운하를 건너면 왼쪽에 푸드 코트가 있는 캠든 록Camden lock이 나온다. 캠든 록 바로 북쪽에는 액세서리와 수공예품 상점이 가득한 스테이블스 마켓The Stables Market이 있다. 수많은 숍과 엄청난 인파가 캠든 마켓이 얼마나 핫한 곳인지 알려준다. 현재의 마켓 부지는 옛날 진Gin, 칵테일 진토닉 만들 때 주로 사용이라는 증류주를 유통하는 가게들이 모여있던 곳이다. 1974년부터 다른 분야의 가게들이 차츰 모여들기 시작하여, 천 개 넘는 숍이 들어섰다. 마켓을 둘러본 후 길거리 음식을 구매해 리젠트 운하를 바라보며 여행을 만끽해보자. 캠든 마켓을 완벽하게 즐길 수 있는 100점 만점의 여행법이다.

ONE MORE
Camden Market

캠든에서
즐거운 밤 보내기

1 재즈 카페 Jazz Cafe

캠든의 밤은 이곳에서

캠든은 10대~20대 젊은 런더너들이 즐겨 찾는 지
역이다. 캠든 지역의 밤을 밝혀주는 재즈 카페에서
는 재즈, R&B, 레게음악 등 다양한 장르의 라이브 공
연과 환상적인 클럽 디제잉을 가까이서 즐길 수 있
다. 화요일에서 목요일까지는 수준 높은 밴드들의
라이브 공연이 펼쳐지는 잔잔하고 분위기 있는 곳
이지만, 금요일과 토요일에는 언제 그랬냐는 듯 신
나는 클럽으로 180도 분위기가 반전된다. 치킨이나
수제버거같이 속을 든든하게 채워주는 음식과 다양
한 칵테일을 즐길 수 있는 테이블도 넓게 마련되어
있어 더욱더 편하게 공연을 감상할 수 있다. 홈페이
지에서 티켓을 사전 예매하면 대기 없이 공연장에
입장할 수 있다.

🚶 언더그라운드 노던 라인 승차하여 캠든 타운역Camden Town 하
차, 남쪽으로 도보 1분 🏠 5 Parkway, Camden Town, London
NW1 7PG, UK 📞 +44 20 7839 3480 🕐 공연에 따라 상이(홈
페이지에서 참고) £ 입장료 £10~£25 (공연에 따라 상이) 칵테
일 £5.5~£11.5 식사 메뉴 £4~£27.5 ☰ https://www.the-
jazzcafelondon.com

2 코코 Koko

청춘의 열기를 담은 라이브 공연장

1900년 '캠든 극장'이라는 이름으로 문을 열어 오늘에
이른 라이브 음악 공연장이다. 캠든 하이 스트리트에 있
다. 런던의 공연 및 클럽 문화를 맛보고 싶다면 꼭 가보
길 추천한다. 마돈나, 브루노 마스 등 유명인사들도 이곳
에서 공연을 진행했던 역사가 있으며, 런던에서 가장 범
용적으로 활용되는 극장 중 하나이다. 유명 아티스트의
공연은 조기에 매진될 때가 많다. 홈페이지에서 사전에
예약하길 추천한다.

🚶 언더그라운드 노던 라인 승차하여 모닝톤 크레센트역Morn-
ington Crescent 하차, 역 맞은편에 위치
🏠 1A Camden High St, London NW1 7JE, UK
📞 +44 20 7388 3222
🕐 공연에 따라 상이(홈페이지에서 사전 참고)
☰ https://www.koko.uk.com

📷 영국도서관 British Library

🚶 ①언더그라운드 서클, 해머스미스 & 시티, 노던, 피카딜리, 빅토리아 라인 승차하여 킹스 크로스 세인트 판크라스역King's Cross
St. Pancras 하차, 도보 5분 ②버스 30, 59, 73, 91, 205, 390번 탑승하여 브리티시 라이브러리 정류장British library 하차
🏠 96 Euston Rd, London NW1 2DB, UK 📞 +44 330 333 1144 🕐 월~목 09:30~20:00
금 09:30~18:00 토 09:30~17:00 일 11:00~17:00 £ 무료 ≡ https://www.bl.uk

영국을 대표하는 지식의 보고

세계에서 가장 큰 규모의 국립도서관 중 하나로, 1973년 개관해 1998년 현재의 킹스 크로스 세인트 판크라스역
부근에 자리 잡았다. 대영박물관 일부를 빌려 보관하던 방대한 기록물 1억 5천만여 점을 개관과 함께 모두 옮겨왔
다. 현재는 영국을 대표하는 학습공간이자 시민들의 조용한 휴식처로 거듭나고 있다. 백문이 불여일견이라는 말처
럼 영국도서관이 품고 있는 진귀한 자료들을 직접 눈으로 보고 나면 비로소 영국도서관이 추구하는 '살아있는 지
식'이라는 말이 실감이 난다. 지상 8층에 지하 6층 건물인데, 도서관에 입장하면 곧바로 눈에 들어오는 킹스 라이
브러리King's library는 조지 3세가 소장했던 8만5천여 권의 서적을 6층 높이의 탑처럼 쌓아 만든 거대한 유리 서가
이다. 또한, 2층에 있는 존 리트블랏 경Sir John Ritblat 전시실은 '영국도서관의 보물'이라 불리는 곳이다. 바흐와 모
차르트가 생전에 남긴 악보와 일기, 유럽 최초 활자 인쇄물 구텐베르크 성경, 영국 민주주의의 초석 마그나카르타
사본 등을 찾아볼 수 있다.

킹스크로스 기차역 King's Cross

🚶 언더그라운드 서클, 해머스미스 & 시티, 노던, 피카딜리, 빅토리아 라인 승차하여 킹스 크로스 세인트 판크라스역King's Cross St. Pancras 하차 🏠 Euston Rd, Kings Cross, London N1 9AL

해리포터의 마법 학교로 가는 플랫폼

영국도서관에서 북동쪽으로 걸어서 6~7분 거리에 있다. 킹스 크로스 세인트 판크라스 튜브역에서 북쪽으로 약 도보 1분 거리에 두 개의 기차역이 있는데, 하나는 아름답고 고풍스러운 세인트판크라스역이고 다른 하나는 킹스크로스역이다. 세인트판크라스역은 주로 국제 열차가 오가는 기차역이고, 킹스크로스역에선 파리 및 브뤼셀 등으로 오가는 유로스타와 영국 주요 도시를 오가는 기차가 선다. 몇 년 전 리모델링을 통해 멋진 역으로 재탄생한 킹스크로스역이 여행객들에게 꽤 인기가 높다. 해리포터가 마법 학교 호그와트에 가기 위해 기차를 타려고 찾았던 9와 3/4 플랫폼의 촬영 무대였던 곳이기 때문이다. 실제 촬영했던 곳은 선로 옆 플랫폼이었는데, 지금은 안전을 위해 역로비에 9와 3/4 플랫폼의 모습을 재현해 놓고 있다. 판타지를 주는 근사한 모습은 아니지만, 아직도 해리포터를 추억하고 싶은 여행자에게는 소중한 곳이다.

📷 리젠트 파크 The Regent's Park

🚶 언더그라운드 베이컬루 라인 승차하여 리젠트 파크역Regent's Park 하차
🏠 Chester Rd, London NW1 4NR, UK ⏰ 05:00~21:30
☰ https://www.royalparks.org.uk/parks/the-regents-park

런던 도심의 대표 휴양지

공원에서 취하는 여유 있는 시간과 휴식은 바쁜 여행자들에게 한숨 돌릴 시간을 선사하며 차분한 기분을 만들어준
다. 리젠트 파크도 세인트 제임스 파크, 하이드 파크와 마찬가지로 왕실에서 관리하는 왕립공원이다. 시내 중심부
에 있는 다른 공원들보다 사람이 붐비지 않아 좀 더 조용한 분위기에서 휴식을 취하기 좋다. 공원 안에 배를 빌려
한 바퀴 돌 수 있는 호수와 카페, 동물원 등이 함께 있어 가족 단위로 방문하는 현지인들이 많다. 마음껏 공을 차거
나 뛰어놀 수 있는 운동 공간도 런던의 다른 공원보다 넓은 편이다. 공원 규모가 커서 돌아볼 만한 곳도 다양하게
갖추고 있는데, 장미꽃이 파도처럼 넘실거리는 퀸 메리 정원Queen Mary's Rose Gardens과 5월부터 9월까지 야외에서
연극과 공연을 즐길 수 있는 오픈-에어 극장Open-air theatre 등이 대표적이다.

리젠트 파크에 가면
꼭 함께 둘러 보세요!

1 프림로즈 힐 Primrose Hill

런던의 스카이라인을 한눈에

리젠트 파크를 한 바퀴 둘러본 후 시간 여유가 있다면 공원 북쪽의 프림로즈 힐에 가보자. 광활한 잔디밭이 펼쳐진 아름다운 언덕 프림로즈 힐은 런던의 스카이라인을 한눈에 담을 수 있는 곳이다. 언덕을 오르는 동안 어떤 아름다운 풍경이 나타날지 가슴이 설레며 더욱더 빠른 발걸음을 재촉하게 된다. 언덕 꼭대기에 도착하면 눈 앞에 보이는 푸른 녹음과 어우러진 탁 트인 런던의 파노라마 풍경이 가슴을 벅차게 만들어준다.

🚶 ①언더그라운드 노던 라인 승차하여 초크 팜역Chalk Farm 하차, 도보 8분 ②리젠트 파크 최북단에서 도보 10분
🏠 Primrose Hill Rd, London NW3 3AX, UK

2 런던 동물원 ZSL London Zoo

세계에서 가장 오래된 동물원

세계에서 가장 오래된 동물원 중 하나로 꼽히는 곳으로, 무려 698종류의 동물을 구경할 수 있다. 타워 오브 런던에 가둬 키우던 동물들을 연구 목적으로 이곳으로 옮긴 뒤 1847년부터 대중들에게 개방하여 정식 동물원이 되었다. 대부분 가족 단위 여행객들이 주를 이루며, 아이들은 동물을 가까이서 만날 수 있다는 사실만으로 행복을 느낀다. 펭귄, 호랑이, 캥거루, 낙타 등 동물 생태계에서 이름값 하는 다양한 동물을 한자리에서 만날 수 있어 어른도 동심의 세계로 돌아온 듯 즐겁기는 마찬가지다. 2020년 확장 공사를 진행한 후 명소로서의 가치를 더욱 드높이고 있다. 코로나 종식때까지는 티켓을 온라인으로만 발행하니 꼭 사전에 발권 후 방문하자.

🚶 ①언더그라운드 베이컬루 라인 승차하여 리젠트 파크역Regent's Park 하차, 도보 18분(리젠트 파크 최북단에 위치) ②버스 274번 탑승 후 런던 주 정류장London Zoo 하차 🏠 London NW1 4RY, UK 📞 +44 20 7449 6200 🕐 10:00~18:00 (시기마다 입장 시간이 다르므로 홈페이지 확인 필수) £ 온라인 구매 £27~£33 (방문 시기에 따라 상이함) 🔗 https://www.zsl.org

📷 마담 투소 런던 Madame Tussauds London

🚶 언더그라운드 서클, 베이컬루, 해머스미스 & 시티, 주빌리 라인 승차하여 베이커 스트리트역Baker Street 하차, 도보 3분
🏠 Marylebone Rd, Marylebone, London NW1 5LR, UK 🕐 09:00~15:00(시기에 따라 매일 달라지므로 홈페이지에서
확인 필수) ☰ https://www.madametussauds.com/london/
£ 입장료

주요 티켓 종류	설명	가격 (현장 구매)	가격 (사전 온라인 구매)	구분
Standard	일반 입장권	£ 47~	£ 33~	16세 이상 기준 (3~15세 할인 적용)
Fast track	패스트트랙 입장권	£ 52~		
마담투소 + 런던아이	런던아이 및 기타 관광지는 마담투소 방문 후 90일 이내 방문	£ 50~		
마담투소 + 런던아이 패 스트 트랙		£ 75~		
마담투소 + 런던아이 + 기타 관광지 1곳		£ 60~		
마담투소 + 기타 관광 지 2곳				

기타 관광지 : SEA LIFE 수족관, 런던 던전, 슈렉 어드벤처, 빅 버스 투어

세계 유명인사들의 밀랍 인형이 한곳에

세계적으로 유명한 밀랍 인형 박물관이다. 1835년 프랑스 출신 왁스 모델링 작가 안나 마리아 크로숄츠별명 마담 투소가 런던에 최초로 세웠으며, 지금은 홍콩, 상하이 등에도 박물관이 있다. 밀랍 인형으로 똑같이 재현된 전 세계 유명인사들을 만나볼 수 있다. 표정, 의상, 얼굴의 주름까지 너무나 세세하게 제작되어, 인형과 사람이 같이 서 있어도 쉽게 구분하기 힘들 정도로 정교하다. 스타워즈나 마블, ET 등 영화에 등장하는 캐릭터들을 비롯하여 마를린 먼로, 찰리 채플린, 우사인 볼트, 프레디 머큐리 등 다양한 분야의 실존 인물들과 인증 사진을 남겨보자. 밀랍 인형 관람을 마친 후에는 택시 놀이기구를 타고 출발하는 영국 역사여행과 마블 캐릭터들이 등장해 악당을 물리치는 4D 영화를 꼭 챙겨보자. 패키지 여행객은 물론 일반 여행객도 많이 찾는 곳이라 티켓을 홈페이지에서 사전 구매하면 대기 시간을 최소화할 수 있고, 입장료도 할인받을 수 있다. 티켓을 예매하지 못했다면 오픈 30분 전 혹은 마감 직전에 가는 것이 낫다.

셜록 홈스 박물관 & 동상 The Sherlock Holmes Museum & Statue

🚇 언더그라운드 서클, 베이컬루, 해머스미스 & 시티, 주빌리 라인 승차하여 베이커 스트리트역Baker Street 하차, 도보 3분
🏠 221b Baker St, Marylebone, London NW1 6XE, UK
📞 +44 20 7224 3688 🕐 09:30~18:00 💰 성인 £ 16 16세 이하 £ 11
☰ https://www.sherlock-holmes.co.uk

추리소설 애독자들의 성지

영국 작가 아서 코난 도일1859~1930의 추리소설 시리즈는 <명탐정 코난>, <셜록> 등 단서를 추적해가며 범인을 찾는 추리물의 시초가 된 작품이다. 그의 추리소설 주인공인 셜록 홈스는 100년 넘게 인기를 이어오고 있는 가상 인물인데, 런던 베이커 스트리트에 소설 속 셜록 홈스의 저택을 그대로 재현해 놓은 박물관이 있다. 4개 층으로 구성된 박물관에서는 셜록 홈스와 그의 동료 왓슨 박사가 함께 살며 사용했던 파이프 담배, 만년필, 수사 도구 등을 그대로 제작해 전시하고 있다. 소설에 등장했던 살인자들의 몽타주가 걸려있는 셜록 홈스의 방을 구경하다 보면 그가 마치 실존 인물이라는 착각이 든다. 박물관 관람은 15분마다 약 10명이 입장해 가이드 투어 형태로 진행된다. 1층에서는 셜록 홈스의 다양한 기념품을 구매할 수 있다. 대기 시간을 줄이고 싶다면 오픈 시간에 맞춰가자. 박물관 부근 베이커 스트리트역 앞에는 셜록 홈스 동상이 있다. 1999년에 제작된 것으로, 이 역시 볼거리다.

• Travel Tip •

<셜록> 촬영지 스피디 카페도 들러보세요

BBC 드라마 <셜록>은 21세기형 각색으로 전 세계에
셜록 홈스 열풍을 부활시켰다. 런던 곳곳에 촬영지가
있는데, 스피디 카페Speedy's Sandwich Bar & Cafe는 셜록
촬영지 방문 1순위로 꼽힌다. 셜록의 하숙집 아래층에
있는 카페다. 셜록이 카페에서 식사하는 장면도 드라마
속에 나온다. 촬영 당시의 모습이 담겨 있는 인증 사진
들이 카페 곳곳에 걸려있다. 셜록 홈스 박물관에서 리젠
트 파크 지나 동쪽으로 20분 정도 걸어가면 나온다. 메
릴본 지역이나 킹스크로스 지역의 명소와 연결하여 들
르기 좋다. 시티 오브 런던 지역에 성 바르톨로뮤 병원
St Bartholomew's Hospital도 셜록 촬영지로 유명하다. 무
려 900년의 역사를 품고 있는 병원이다.

🚶 언더그라운드 서클, 해머스미스 & 시티, 메트로폴리탄 라
인 승차하여 유스턴 스퀘어역Euston Square 하차, 도보 5분
🏠 187 N Gower St, Kings Cross, London NW1 2NJ, UK
🕐 월~금 06:00~15:30 토 07:30~13:30(일요일 휴무)

메릴본에서 비틀스 추억하기

셜록 홈스 박물관 바로 옆에는 비틀스의 향수에 젖어 들기 좋은 가게 '비틀스 스토어'가 있다. 비틀스의 모습이 담긴 컵과 셔츠 등을 구매할 수 있으며, 그들을 추억하고픈 이들의 발길이 이어진다. 비틀스 스토어에서 베이커 스트리트를 따라 남쪽으로 도보 10분 정도 이동하면 비틀스 멤버 링고스타가 임대했던 아파트 '34 몬테규 스퀘어'가 나온다. 비틀스는 이곳에서 데모곡을 녹음하거나 아이디어 회의를 진행했다. 비틀스 스토어에서 북서쪽으로 25분 정도 걸어가면 비틀스를 추억하고픈 수많은 여행객의 인증샷 명소 애비 로드가 있고, 이 길 바로 옆에 애비 로드 스튜디오와 숍이 있다.

1

비틀스 스토어 Beatles Store

'음원 역사상 가장 많은 음반을 판매한 밴드', '대중음악사에서 가장 영향력 있는 뮤지션', 1962년 영국에서 탄생한 록 밴드 비틀스의 명성과 위엄을 가장 잘 표현하고 있는 수식어다. 비틀스 스토어는 90년대 세계를 뒤흔들었던 '브릿팝' 장르의 아버지 같은 존재이기도 한 비틀스의 향기를 마음껏 느낄 수 있는 곳이다. 비틀스를 추억하고픈 사람에게 추천한다. 상점 입구에 들어서면 빽빽하게 채운 상품이 마치 골목 시장에 들어온 듯한 느낌을 준다. 비틀스 멤버의 모습이 새겨진 티셔츠, 키링, 머그잔 등의 소품뿐 아니라 옛 추억을 불러일으키는 음반과 포스터도 찾아볼 수 있다. 개인마다 비틀스를 추억하는 방식은 다르겠지만, 가게의 존재만으로도 비틀스가 영국인들에게 받는 사랑만큼은 여전히 변하지 않았음을 확인할 수 있다. 셜록 홈스 박물관 바로 옆에 있다.

🚶 언더그라운드 베이컬루, 서클, 주빌리, 해머스미스 & 시티,
　메트로폴리탄 라인 승차하여 베이커 스트리트역Baker Street 하차, 도보 3분
🏠 231~233 Baker St, Marylebone, London W1U 6XE, UK 📞 +44 20 7935 4464
🕐 10:00~18:30 ≡ https://www.beatlesstorelondon.co.uk

2

애비 로드 & 애비 로드 스튜디오 Abbey Road & Abbey Road Studio

애비 로드는 런던 북서쪽에 있는 평범한 거리이다. 비틀즈가 발매한 마지막 앨범의 자켓 사진을 이곳 횡단보도에서 찍으면서 유명해졌다. 그 앨범의 이름 또한 이 거리의 이름에서 따다 애비 로드라 지었다. 그래서 비틀스의 팬들은 런던에 가면 이곳을 잊지 않고 방문하여, 이곳 횡단보도에서 자켓 앨범의 비틀스 멤버들처럼 줄지어 걸으며 인증샷을 남긴다. 횡단보도에서 인증샷을 남길 때는 차들이 오가는 도로이므로 불의의 사고가 발생하지 않도록 주의하는 것이 좋다. 이 거리 바로 옆에는 실제 비틀스가 녹음을 진행했던 스튜디오가 있다. 그들의 음악 대부분이 이곳에서 녹음되었다고 전해진다. 스튜디오 내부는 일반인이 들어갈 수 없지만, 스튜디오 옆에 비틀스 노래를 모은 LP/바이닐 앨범, 티셔츠, 머그잔 같은 기념품을 구매할 수 있는 애비 로드 숍이 있다. 여기서 다양한 기념품을 구경하거나 인증 샷을 남기며 비틀스를 추억하기 좋다.

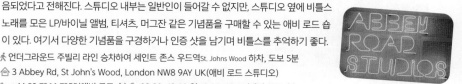

🚶 언더그라운드 주빌리 라인 승차하여 세인트 존스 우드역St. Johns Wood 하차, 도보 5분
🏠 3 Abbey Rd, St John's Wood, London NW8 9AY UK(애비 로드 스튜디오)
📞 +44 20 7266 7355(애비 로드 숍) 🕐 09:30~18:00 일 10:00~18:00(애비 로드 숍)

3

34 몬테규 스퀘어 34 Montagu Square

런던 시민들의 조용한 거주 지역 메릴본에 있는 아파트로 비틀스 멤버 링고 스타Ringo Starr가 최초로 임대했던 곳이다. 폴 매카트니를 비롯하여 비틀스 멤버들은 이곳에서 데모곡을 녹음하거나 아이디어 회의를 진행했다. 이후에는 존 레논과 그의 연인 오노요코가 이곳에서 살았다. 1987년에 영국 국립문화재 2급에 등재되었고, 그 흔적을 자택의 현판에서 확인할 수 있다.

📷 메릴본 하이 스트리트 Marylebone High St

🚶 언더그라운드 서클, 베이컬루, 해머스미스 & 시티, 주빌리 라인 승차하여 베이커 스트리트역Baker Street 하차, 마담투소 박물관 지나 메릴본 로드Marylebone Rd 따라 동쪽으로 걷다가 길 건너 The London Clinic Inspired Care Hospital 바로 서쪽에 있는 골목으로 진입

메릴본 지구를 대표하는 거리

메릴본 하이 스트리트는 17세기부터 부자들의 쇼핑과 외식 장소로 유명했다. 차분하고 조용한 거리이다. '런던 웨스트 앤드 지역의 숨겨진 경이로움', '광란의 도시 한복판의 피난처'라는 수식어가 그 사실을 방증하며 이곳의 매력을 더해준다. 패션, 디자인, 카페, 서점 등 다양한 카테고리의 가게가 모여있어 둘러보는 재미가 있다. 셜록 홈스 박물관과 마담투소 박물관과의 접근성도 좋아 여행 동선 짜기도 무난하다.

메릴본 하이 스트리트의 숍들

1 더 콘란 숍
The Conran Shop
프리미엄 생활용품 숍

가구, 홈데코, 주방용품 등을 취급하는 프리미엄 생활용
품 가게이다. 프랑스, 일본 등에 10개 매장을 운영 중이
다. 유명 디자이너들이 직접 디자인한 가구, 북유럽 못지
않은 실용성을 자랑하는 제품들이 가득하여 많은 여성이
콘란 숍을 찾는다. 가격대는 살짝 높은 편이지만 다양한
종류의 생활용품이 있어 구경하는 재미가 특별하다. 국
내에도 서울 강남과 동탄에 분점을 오픈했다.

⌂ 55 Marylebone High St, Marylebone, London W1U
5HS, UK 📞 +44 20 7723 2223 🕐 **월~토** 10:00~19:00 **일**
12:00~18:00 ☰ https://www.conranshop.com

2 이솝
Aesop
식물성 원료로 만든 스킨 케어 제품

호주의 스킨 케어 브랜드 매장으로 식물성 원료를 활용
해 만든 제품들을 취급하고 있다. 세계 곳곳에 매장이
있는데, 일관된 정책이 아닌 매장별로 현지 콘셉과 이
미지에 맞는 운영 정책을 추구하고 있어 특이하다. 특히
이곳 메릴본 매장의 경우 브랜드 및 제품 홍보에 치중하
기보다는 고객이 직접 제품의 향을 맡아보고 체험할 수
있는 분위기를 제공하고 있어 호감을 끈다.

⌂ 69 Marylebone High St, Marylebone, London W1U
5JJ, UK 📞 +44 20 7935 4249 🕐 **월~토** 10:00~18:00
일 11:00~17:00 £ 스킨 케어 상품 및 선물 패키지 £10~£80
내외 ☰ https://www.aesop.com

3 룰루레몬
Lululemon
할리우드 스타들도 즐겨 입는 요가복

할리우드 스타들의 요가복 브랜드로 알려지며 유명해
진 캐나다 스포츠 의류 브랜드 매장이다. 여성 요가복
의 경우 '요가복의 샤넬'이라는 평가를 듣고 있다. 그밖
에 러닝, 사이클 등을 위한 남녀 트레이닝복, 속옷, 매
트 등도 구매할 수 있다. 기능성과 소재 모두 우수하다
는 평가를 받고 있어 운동에 관심 있는 여행자는 들러
볼 만하다.

⌂ 74~75 Marylebone High St, Marylebone, London
W1U 5JR, UK 📞 +44 20 7935 3105 🕐 **월~토** 10:00~19:00
일 11:00~18:00 £ 요가복 £50~£90 내외 ☰ info.lulu-
lemon.co.uk

4 던트 북스 Daunt Books
아름답고 고풍스러운 서점

런던에 매장 5곳을 두고 있다. 메릴본 매장은 던트 북스
의 역사가 시작된 곳으로, 아름다운 인테리어로 유명하
다. 1912년 목재로 꾸민 인테리어가 고풍스러운 분위기
를 더해준다. 내부는 길게 뻗어 있고, 천장에서 살며시
자연광이 비쳐, 들어가 보고 싶은 충동을 자극한다. 대
륙별 여행책을 비롯하여 역사, 소설 등이 있다. 매년 3
월에는 유명 작가들과 담소를 나누며 차와 음악을 즐기
는 '던트 북스 페스티벌'이 열린다.

⌂ 84 Marylebone High St, Marylebone, London W1U
4QW, UK 📞 +44 20 7224 2295
🕐 월~토 09:00~19:30 일 11:00~18:00
£ 서적 £ 20 내외
≡ https://www.dauntbooks.co.uk

5 라 프로마제리 La Fromagerie
치즈가 가득한 가게

세계 각지에서 들여오거나 직접 가공한 치즈 수십여 종을 만날 수 있는 숍이다. 내부는 마치 재래시장의 축소판 같
은 느낌을 준다. 이곳의 하이라이트는 다양한 종류의 치즈를 차갑게 보관하고 있는 치즈 룸이다. 강한 치즈 향을 맡
으며 세계 각지의 치즈를 구경하는 재미가 쏠쏠하다. 치즈 룸 밖에는 치즈와 함께 먹을 수 있는 와인, 빵, 잼도 있다.
가게 안 작은 카페에서 브런치 메뉴와 이곳 치즈를 직접 녹여 만든 퐁듀도 즐길 수 있다.
⌂ 2-6 Moxon St, Marylebone, London W1U 4EW, UK 📞 +44 20 7935 0341
🕐 월~토 09:00~19:00 일 09:00~17:00 £ 치즈 기프트 패키지 £ 35부터, 브런치 £ 6.5부터,
치즈 퐁듀 £ 18.5 ≡ https://www.lafromagerie.co.uk

더 월리스 컬렉션 The Wallace Collection

🚶 언더그라운드 센트럴, 주빌리 라인 승차하여 본드 스트리트역Bond Street 하차, 도보 6분
🏠 Hertford House, Manchester Square, Marylebone, London W1U 3BN, UK 📞 +44 20 7563 9500
🕐 10:00~17:00 £ 무료 ☰ https://www.wallacecollection.org

허드포드 가문의 방대하고 다양한 소장품

허드포드 가문Marquesses of Hertford의 저택이자 박물관이다. 문에 들어서면 레드카펫이 깔린 화려한 계단과 왕실 궁전에서나 볼 법한 그림들이 여행자를 맞이한다. 첫인상부터 강렬한 이곳에서는 1700년대부터 허드포드 가문 사람들과 허드포드 4세의 사생아 리처드 월리스가 두 세기 가까이 수집해온 조각, 도자기, 회화작품 등을 찾아볼 수 있다. 한 가문이 수집한 것으로 보기엔 그 소장품 규모가 너무 방대해 절로 감탄하게 된다. 전시관은 두 개 층으로 나누어져 있다. 하이라이트는 렘브란트, 루벤스 등 17세기 유명 회화작품을 모아 놓은 더 그레잇 갤러리와 영국 귀족들의 장식용 갑옷을 전시해놓은 유럽의 무기고이다. 1층에 마련된 월리스 카페는 스콘과 밀크티가 맛있기로 유명하니 박물관 관람 후 꼭 함께 들러보자.

(**Travel Tip**)

스콘과 밀크티가 끝내주는 박물관 카페 '더 월리스'

더 월리스는 월리스 컬렉션 내에 있는 카페이자 레스토랑이다. 무엇보다 이곳의 최고 인기 메뉴는 겉은 바삭하고 속은 촉촉한 스콘 빵과 따뜻한 밀크티이다. 허드포드 가문의 근사한 저택과 박물관을 둘러보고 이곳에서 잠시 여행 중 쉼표를 찍어보자.

🕐 10:00~17:00 (마지막 주문 16:30까지) £ **커피 및 디저트** £3.10부터 **아침식사** £5.75부터 **그 외 식사 메뉴** £9.95부터

웸블리 스타디움 Wembley Stadium

🚶 ①언더그라운드 주빌리, 메트로폴리탄 라인 승차하여 웸블리 파크역Wembley Park 하차(베이커 스트리트역에서 20~30분 소요), 도보 15분 ②런던 메릴본 기차역London Marylebone(튜브 메릴본역에서 도보 1분)에서 칠턴 철도Chiltern Railways의 기차 탑승 후 웸블리 스타디움역Wembley Stadium 하차, 도보 7분 🏠 London HA9 0WS, UK
£ 가이드 투어 성인 £15부터 ⊟ https://www.wembleystadium.com(투어 예약 bookings.wembleytours.com)

퀸과 손흥민과 방탄소년단의 숨결이

런던을 넘어 영국을 대표하는 축구장이다. 바르셀로나 캄프 누에 이어 유럽에서 두 번째로 규모가 크며, 무려 9만 명을 수용할 수 있다. 최초의 웸블리 경기장은 1923년에 지어졌으며, 지금 스타디움은 2007년 같은 자리에 새로 지었다. 웸블리 스타디움은 2018년 손흥민의 소속팀 토트넘 홋스퍼가 새 구장 공사 기간에 잠시 홈그라운드로 사용하기도 했다. 손흥민은 웸블리라는 상징적인 곳에서 인상적인 활약을 보여주었고, 영국 축구 팬에게 슈퍼스타로 인정받게 되었다.

이곳에서는 잉글랜드 국가 대표팀 경기와 FA컵 결승전 등 굵직한 축구 경기가 열린다. 또 유명 가수들의 공연이 벌어지기도 한다. 웸블리에서 공연한다는 것은 월드 스타라는 상징성을 갖는다. 퀸, 마이클 잭슨, 엘튼 존, 아바, 아델 등 최고 가수들이 공연했다. 1985년 자선 공연 '라이브 에이드'에서 보여준 퀸의 모습이 잊지 못할 공연으로 남아 있다. 영화 '보헤미안 랩소디'에서 웸블리 공연 장면을 재현했다. 2017년에는 아델이 단일 콘서트 중 가장 많은 관객 동원 기록을 남겼다. 한 회 공연 관객은 98,000여 명이었다. 2019년에는 한국이 낳은 월드 스타 방탄소년단이 우리나라 가수 중 최초로 공연하였다.

공연이나 경기가 없는 날엔 오전 10시부터 오후 3시까지 30분에 한 팀씩 내부 가이드 투어를 할 수 있다. 투어 시간이 유동적이므로 홈페이지에서 사전 체크 후 방문해보자.

ONE MORE

손흥민 팬이라면 토트넘 스타디움으로

토트넘 홋스퍼의 홈구장Tottenham Hotspur Stadium은 런던 중심에서 북쪽으로 40여 분 거리에 있다. 2019년 4월 새로이 개장하여 국내 축구팬들의 인기를 얻고 있다. 토트넘에서 뛰면서 손흥민은 아시아를 넘어 세계적인 축구 스타로 거듭났다. 손흥민 선수의 경기를 관람하고 싶은 이에게는 추천 1순위 여행지이다. 경기를 직접 보지 못했다면 스타디움 투어에 참여하여 아쉬움을 달랠 수 있다. 숍과 박물관 등도 갖추고 있어 축구팬이라면 가볼 만한 가치가 있다.
🏃 오버그라운드 승차하여 화이트 하트 레인역White Hart Lane 하차, 동쪽으로 도보 4분 🏠 782 High Rd, London N17 0BX, UK
£ 스타디움 및 박물관 투어 1인당 £ 30 온라인 사전 예약시 £ 27 ☰ https://www.tottenhamhotspur.com

©Wikimedia Commons_Hzh

©Wikipedia_Bluelight

©Wikimedia Commons_Ian Hughes

🍴 빌스 Bill's Baker Street

가볍게 즐기는 올데이 다이닝

고가 레스토랑은 부담스럽고 패스트푸드는 끌리지 않는 여행자가 방문하기 좋은 식당이다. 아침부터 저녁 식사까지 다양한 올데이 메뉴를 합리적인 가격에 즐길 수 있다. 셜록 홈스 박물관에서 도보 5분, 언더그라운드 베이커 스트리트역에서 도보 2분 거리에 있다. 지하철과 가깝고 아침 일찍부터 문을 열어 마담투소 박물관과 셜록홈스 박물관 방문 전후에 많은 여행객이 찾는다. 인기 메뉴는 달걀프라이, 소시지, 베이컨, 토스트 등이 어우러진 아침 메뉴 빌스 브랙퍼스트와 3겹이나 5겹 중 선택할 수 있는 팬케이크이다. 저녁에는 20파운드 넘지 않는 가격의 스테이크까지 맛볼 수 있다.

🚶 언더그라운드 베이컬루, 서클, 주빌리, 메트로폴리탄, 해머스티스 & 시티 라인 승차하여 베이커 스트리트역Baker Street 하차, 도보 2분 🏠 119-121 Baker St, Marylebone, London W1U 6RY, UK 📞 +44 20 7486 7701 🕐 월~토 08:00~23:00 일 09:00~22:30 £ 메인 메뉴 £ 11.95~£ 19.95 🖥 https://bills-website.co.uk

🍴 어니스트 버거 Honest Burgers

육즙 가득한 수제버거

런던에서 꼭 먹어봐야 할 수제버거 브랜드로, 베이커 스트리트의 식당 빌스에서 남쪽으로 도보 3분 거리에 있다. 빽빽하게 들어선 목재 테이블과 의자는 마치 우리나라 분식집을 연상시킨다. 프랜차이즈 버거에 지친 10대~20대 런더너들이 많이 찾는다. 수제버거의 맛을 좌우하는 패티는 닭고기, 소고기, 채식 패티 중에 선택할 수 있으며, 버거를 주문하면 로즈메리를 뿌린 홈 메이드 감자튀김이 기본으로 제공된다. BBQ 치킨 닭 날개와 어니언링 같은 사이드 메뉴도 인기 메뉴이다. 손님들이 버거와 시원한 수제 레모네이드를 많이 즐기는데, 어니스트 버거에서만 맛볼 수 있는 특색있는 조합이다. 🚶 언더그라운드 베이컬루, 서클, 주빌리, 메트로폴리탄, 해머스티스 & 시티 라인 승차하여 베이커 스트리트역Baker Street 하차, 도보 4분 🏠 31 Paddington St, Marylebone, London W1U 4HD, UK 📞 +44 20 4542 4725 🕐 11:30~22:00(목~토는 22:30까지) £ 버거 £ 10~£ 14.75 🖥 https://www.honestburgers.co.uk

🍴 치폴레 Chipotle Mexican Grill

런던에서 즐기는 멕시코 맛

합리적인 가격에 멕시코 음식을 즐길 수 있는 미국 프랜
차이즈 브랜드이다. 레스토랑 빌스의 베이커 스트리트
점에서 남쪽으로 도보 1분 거리에 있다. 인기 메뉴는 한
입에 넣기 힘든 거대한 브리토와 현지보다 더 맛있고 바
삭하다는 토르티야 칩이다. 주문은 한 가지씩 단계별로
고르는 방식으로 진행하게 된다. 고르기 전 샘플을 조금
씩 맛볼 수 있다. 메뉴브리토, 타코, 볼, 샐러드 중 택일, 고기,
밥, 토핑 및 야채를 취향에 맞게 하나씩 고르면 된다. 밥
에는 고수가 조금 들어가므로, 향에 민감한 사람이라면
주문 시 제외 요청을 하자. 톡 쏘는 살사 소스가 들어간
든든한 브리토는 에너지를 충전시키기에 좋다.

🚶 언더그라운드 베이컬루, 서클, 주빌리, 메트로폴리탄, 해머
스티스 & 시티 라인 승차하여 베이커 스트리트역Baker Street
하차, 도보 3분 🏠 101–103 Baker St, Marylebone, London
W1U 6LN, UK 📞 +44 20 7935 9881 🕐 11:00~23:00
£ 기본 메뉴 £7부터(별도 토핑 추가 시 각 £1.4)
☰ https://www.chipotle.co.uk

🍴 웍투웍 Wok to walk

내가 선택한 재료로 만드는 볶음국수

'빠르고, 신선하고, 맛있게'라는 모토를 내세우며 2004년 네덜란드 암스테르담에서 처음 문을 연 볶음국수 전문점
이다. 현재 21개국에 100여 개 매장을 운영 중이다. 런던에는 6개의 매장이 있으며 메릴본 점은 빌스 레스토랑 옆
에 있다. 신선한 채소와 국수, 소스의 조합이 꽤 매력적인 맛을 자아낸다. 볶음 요리에 사용하는 거대한 냄비 '웍'Wok
을 활용해 뜨거운 불 앞에서 국수를 볶는 셰프를 구경하는 재미 또한 쏠쏠하다. 테이크아웃도 가능해 따끈한 볶음
국수를 간편하게 들고 다니며 먹을 수 있다. 에그 누들, 소고기, 브로콜리, 캐슈너트, 도쿄 소스, 튀긴 양파를 조합한
메뉴가 웍투웍 단골들이 추천하는 베스트셀러이다. 🚶 언더그라운드 베이컬루, 서클, 주빌리, 메트로폴리탄, 해머스티스 &
시티 라인 승차하여 베이커 스트리트역Baker Street 하차, 도보 2분 🏠 129 Baker St, Marylebone, London W1U 6SD, UK 📞
+44 20 7486 9660 🕐 11:00~23:00 £ £8 안팎 ☰ https://www.woktowalk.com

🍵 모노클 카페 The Monocle Café London

도심 속의 작은 휴식처

세계의 정치, 경제 등 각종 이슈를 다루는 잡지 & 미디어 브랜드 모노클에서 운영하는 카페이다. 카페 위치가 언제나 북적이는 메이페어와 메릴본 지구 관광지 중심에서 살짝 벗어나 있어 조용한 분위기에서 시간을 보내기 좋다. 베이글 샌드위치, 뮤즐리 등 간단한 식사 메뉴와 스웨덴 스타일 시나몬 롤 등의 디저트도 있다. 작은 룸도 있어 은은한 조명 아래 편안한 소파에 앉아 모노클의 잡지나 여행 서적들을 읽으며 여유를 만끽하기 좋다. 바쁜 런던 여행의 일정 속에서 나만의 '쉼표' 같은 공간을 찾고 싶을 때 안성맞춤인 곳이다. 더 월리스 컬렉션에서 북쪽으로 도보 4분 거리에 있다.

🚶 언더그라운드 베이컬루, 서클, 주빌리, 메트로폴리탄, 해머스미스 & 시티 라인 승차하여 베이커 스트리트역Baker Street 하차, 셜록 홈스 동상 방향으로 도보 7분
🏠 18 Chiltern St, Marylebone, London W1U 7QA, UK
📞 +44 20 7135 2040 🕐 월~금 07:00~19:00 토~일 08:00~19:00 £ 에스프레소 £ 2.8 베이글 샌드위치 £ 5.0부터
≡ https://www.cafe.monocle.com

☕ 팜코트 랭함 Palm Court at The Langham

호텔에서 즐기는 애프터눈 티

런던 메릴본 지역에 있는 최고급 호텔 '랭함 호텔'은 150년 전에 애프터눈 티의 전통이 만들어진 곳으로 유명하다. 이곳의 팜코트 랭함에서 잔잔한 피아노 연주와 직원들의 친절한 서빙을 즐기며, '최고급 서비스'가 무엇인지 제대로 확인할 수 있다. 특히 영국을 대표하는 최고급 도자기 브랜드 '웨지우드'의 찻잔과 접시에 담겨 나오는 애프터눈 티는 다른 곳보다 조금 더 특별하게 생각된다. 소호 지역의 리버티 백화점과도 가까운 편이다. 북쪽으로 도보 7분 거리에 있다. 방문 전 홈페이지 예약은 필수!

🚶 언더그라운드 베이컬루, 센트럴, 빅토리아 라인 승차하여 옥스퍼드 서커스역Oxford Circus 하차, 도보 5분
🏠 1C Portland Pl, Marylebone, London W1B 1JA, UK 📞 +44 20 7636 1000 🕐 12:30~17:00
£ 1인당 £ 95부터 ≡ https://palm-court.co.uk/

더 아이스 워프 The Ice Wharf

리젠트 운하를 바라보며 맥주 한 잔

'더 아이스 워프'는 캠든 마켓을 둘러보다 맥주 한 잔 곁들이며 쉬고 싶을 때 가기 좋은 곳으로, 프랜차이즈 웨더 스 푼Weatherspoon 가맹점이다. '아이스 워프'란 '얼음 부두'라는 뜻이다. 1800년대 펍 옆에 있는 리젠트 운하를 통해 얼 음이 유통됐던 역사로 말미암아 이런 이름을 갖게 되었다. 펍에서는 다양한 종류의 맥주 외에 치킨, 피쉬앤칩스 등 영국 펍 특유의 메뉴를 즐길 수 있다. 실내에는 옛날 캠든 지역의 사진들이 도배되어있으며, 리젠트 운하를 바라보 며 즐기는 맥주 한 잔은 유독 특별하게 느껴진다.

🚶 언더그라운드 노던 라인 승차하여 캠든 타운역Camden Town 하차, 도보 4분
🏠 28 Jamestown Rd, Camden Town, London NW1 7BY, UK 📞 +44 20 7428 3770
🕐 월~수·일 08:00~23:00 목 08:00~00:30 금·토 08:00~01:30
£ 맥주 및 음료 £4부터 메인 메뉴 £8부터

셀프리지스 백화점 Selfridges & Co

런던의 대중적인 백화점

1909년에 문을 연 런던에서 가장 대중적인 백화점이 다. 규모로는 해러즈 백화점의 뒤를 이어 런던에서 두 번째로 큰 백화점으로 꼽힌다. 존 루이스 백화점에서 서쪽으로 도보 6분 거리에 있다. 중저가 가격대의 브랜 드부터 명품까지 만나볼 수 있고, 상품 카테고리도 다 양해 부담 없이 둘러보기 좋다. 무엇보다 이곳 상품들 은 우리나라에서도 배송비만 지급하면 직배송으로 구 매할 수 있다. 짐이 너무 많아 구매하지 못한 상품이 있 거나, 사고 싶었던 물건이 나중에 생각났다면 한국으로 돌아와서도 구매하기 좋다. 배송료 £25, 영업일 기준 5일 소요.

🚶 언더그라운드 센트럴, 주빌리 라인 승차하여 본드 스트리 트역Bond Street 하차, 도보 2분 🏠 400 Oxford St, Maryle- bone, London W1A 1AB, UK 🕐 월~금 10:00~22:00 토 10:00~21:00 일 11:30~18:00 🔗 https://www.selfridges.com

존 루이스 John Lewis

메이페어 지역의 대표 백화점

메이페어 지구에서부터 소호까지 이어지는 옥스퍼드 스트리트에 있는 메이페어 지역 대표 백화점이다. 이곳에 처음 백화점을 오픈한 이후 영국에만 현재 50곳의 분점을 운영 중이다. 존 루이스는 런던의 다른 백화점들에 비해 여성들의 방문이 압도적으로 많다는 특징을 갖고 있다. 1층엔 다양한 브랜드의 화장품 코너가 있고, 지하엔 주방용품 코너 그리고 3층엔 홈-인테리어 상품들이 많기 때문이다. 백화점이지만 합리적인 가격과 깔끔한 디자인으로 존 루이스가 자체 제작한 생활·가정용품들도 인기가 좋다. 왕실 인증까지 받았을 정도로 그 가치가 높으니 꼭 한 번 둘러보자. 🚶 ① 언더그라운드 센트럴, 주빌리 라인 승차하여 본드 스트리트역Bond Street 하차, 도보 3분 ②언더그라운드 베이컬루, 센트럴, 빅토리아 라인 승차하여 옥스퍼드 서커스역Oxford Circus 하차, 도보 3분 ③버스 94, 139, 159번 탑승하여 뉴 본드 스트리트 정류장New Bond Street 하차, 도보 1분 🏠 300 Oxford St, Marylebone, London W1C 1DX, UK 🕐 월~토 10:00~20:00 일 12:00~18:00 〓 https://www.johnlewis.com

🛍 **알피스 앤틱 마켓** Alfies Antique Market

알피스 앤틱 마켓은 빈티지한 소품과 그림, 그리고 의류를 판매하는 곳이다. 1976년 지어진 4층 건물에 들어선 알피스 앤틱 마켓에는 모두 100여 개의 골동품 상점이 자리하고 있다. 중동 관련 상품 규모로는 영국에서 최고를 자랑한다. '온고지신'이라는 옛말 따라 런던의 유명 디자이너들도 종종 이곳에서 골동품들을 둘러보며 영감을 얻어간다. 알피스 앤틱 마켓 앞에 있는 처치 스트리트 마켓Church Street Market도 함께 둘러보기 좋은 곳이다. 40대 이상 여성들을 위한 의류와 이국적인 액세서리를 함께 만나볼 수 있다. 셜록 홈스 박물관에서 서쪽으로 도보 13분 거리에 있다.

🚶 ①언더그라운드 베이컬루 라인 승차하여 에드웨어 로드역 Edgware Road 하차, 도보 7분 ②메릴본 기차역에서 북쪽으로 도보 7~8분 🏠 13-25 Church St, Marylebone, London NW8 8DT, UK 🕐 **알피스 앤틱 마켓** 화~토 10:00~18:00(일·월 휴무) **처치 스트리트 마켓** 월~토 08:00~18:00(일요일 휴무) 〓 https://www.alfiesantiques.com

🛍 콜 드롭스 야드 Coal Drops Yard

킹스 크로스 지역의 새로운 쇼핑 광장

날개를 펼친 듯한 지붕 디자인이 인상적인 대형 쇼핑
몰이다. 콜 드롭스 야드가 있는 킹스 크로스 지역은 철
도와 운하가 맞닿아 영국 교통의 거점이자 산업혁명 시
기 물자를 옮기는 허브로 활용됐던 곳이다. '콜 드롭 야
드'란 '석탄을 내려놓는 마당'이라는 뜻이다. 현재 쇼핑
몰은 과거 석탄 창고와 클럽으로 활용되던 곳을 리모델
링 했다. 몰 주변을 둘러싼 오래된 벽돌에서 옛 세월의
흔적을 찾아볼 수 있다. 몰에는 유명 브랜드 매장과 런
던에서 새로이 주목받고 있는 숍, 맛집들이 가득하다.
몰 주변의 리젠트 운하와 대형 광장은 쇼핑 후 쉬어가
기 좋다. 몰 바로 옆에서는 음식과 액세서리 위주로 판
매하는 캐노피 마켓Canopy Market이 금, 토, 일요일에 열
리니 함께 꼭 둘러보자.

🚶 언더그라운드 서클, 해머스미스 & 시티, 메트로폴리탄, 노
던, 피카딜리, 빅토리아 라인 승차하여 킹스 크로스 세인트 판
크라스역King's Cross St. Pancras 하차, 도보 9분
🏠 Stable St, Kings Cross, London N1C 4DQ, UK
🕐 콜 드롭스 야드 10:00~23:00
캐노피 마켓 화수 12:00~19:00 목 12:00~21:00
금 12:00~20:00 주말 11:00~18:00
☰ https://www.coaldropsyard.com

🛍 런던 디자이너 아웃렛
London Designer Outlet

웸블리 옆 아울렛 쇼핑몰

웸블리 스타디움 바로 서쪽에 있는 대형 아웃렛 쇼핑
몰이다. 우리나라 사람들이 동대문을 DDM이라 부르듯
이, 런던 현지인들은 이곳을 흔히 LDO로 줄여서 부른
다. 아디다스, 나이키, H&M, GAP, 닥터마틴, 리바이스,
컨버스 등의 매장이 있다. 외곽에 자리 잡고 있지만, 교
통이 편하여 평일에도 쇼핑을 위해 많은 사람이 이곳을
찾는다. 30~70% 저렴한 가격에 70여 개 브랜드 제품
을 구매할 수 있으며, 블랙프라이데이나 박싱데이 기간
에는 80%까지 그 할인 폭이 높아진다.

🏠 Wembley Park Blvd, Wembley HA9 0RX, UK
🕐 월~수 10:00~20:00 목~토 10:00~21:00 일 10:00~
19:00 ☰ https://www.londondesigneroutlet.com/

PART 9

Notting Hill & Kensington
노팅힐 & 켄싱턴

영화 속 주인공이 된 듯한 낭만과 여유

노팅힐과 켄싱턴 지역은 첼시의 북쪽 지역이다. 특히 켄싱턴은 첼시, 메릴본과 함께 런던에서 손꼽히는 부촌이다. 이 지역을 마지막에 소개하는 이유는, 런던의 여러 지역 중에서도 가장 여유 있게 여행을 즐길 수 있는 곳이기 때문이다. 노팅힐 지역의 대표 명소는 포토벨로 마켓이다. 영화 <노팅힐>에서 휴 그랜트와 줄리아 로버츠의 사랑이 피어난 곳으로도 유명하다.

켄싱턴은 영국 왕실의 풍모가 흐르는 곳이다. 왕립 공원 하이드 파크와 켄싱턴 가든, 켄싱턴 궁전, 로열 앨버트홀, 빅토리아 & 앨버트 박물관 등 왕실과 인연이 깊은 명소가 많다. 영국 왕실의 품위를 느끼며 런던 여행을 여유롭게 갈무리하자.

골본 델리 카페
(영화 '어바웃 타임' 촬영지)

포토벨로 로드 마켓
Portobello Road Market
시작

Westbourne Park

Royal Oak

윌리엄의 집
(영화 '노팅힐' 촬영지)

Ladbroke Grove

포케 하우스 Poke House
(영화 '노팅힐' 촬영지)

Poundland 파운드랜드

러프 트레이드 웨스트
Rough Trade West

비스키터스 부티크 & 아이싱 카페
Biscuiteers Boutique and Icing Cafe

노팅힐 책방
(영화 '노팅힐' 촬영지)

허밍버드 베이커리
Hummingbird Bakery-Notting Hill

포토벨로 기프트 숍
Portobello Gifts Shop

Portobello Rd

노팅 힐 게이트
Notting Hill Gate

Queensway

Baywaters Rd

Holland Park

Notting Hill Gate

에그 브레이크
Egg Break

노팅힐 파머스 마켓
Nortinghill Farmer's Market

더 켄싱턴 와인 룸스
The Kensington Wine Rooms

Kensington Church St.

켄싱턴 가든&켄싱턴 궁전
Kensington Garden &
Kensington Palace

웨스트필드 런던
(도보 7분)

리처드 영 갤러리
Richard Young Gallery
(퀸 공연 사진 전시)

티케이 막스
TK Maxx

Kensingto

켄싱턴
Kensington(Olympia)

Kensington High St

홀 푸드 마켓
Whole Foods Market

High Street
Kensington

펫 메종
Fait Maison

베스트 추천 코스 지도의 빨간 점선 참고
포토벨로 로드 마켓 → 버스 15분/도보 20분 →
켄싱턴 가든 및 하이드파크 → 도보 20분 →
빅토리아&앨버트 박물관·자연사 박물관·과학박물관

Cromwell Rd

프레디 머큐리 저택
Freddie Mercury's House

West Cromwell Rd

에지웨어 로드
Edgware Road

Bond Street

Marble Arch

Baywaters Rd

Lancaster Gate

피터팬 동상
Peter Pan Statue

W Carriage Drive

하이드파크
Hyde Park

윈터 원더랜드
Winter Wonderland

서펜타인 갤러리
Serpentine Gallery

하이드 파크 코너
Hyde Park Coner

웰링턴 아치
Wellington Arch

앨버트 메모리얼
The Alvert Memorial

디너 바이 헤스턴 블루멘탈
Dinner by Heston Blumenthal
Knightsbridge

Knightsbridge

하비 니콜스 백화점
Harvey Nichols

버킹엄 궁전

나이츠브리지
Knightsbridge

로열 앨버트 홀
Royal Albert Hall

얼 칼리지 유니언
al College Union
첫 공연 장소)

Exhibition Rd

해러즈 백화점
Harrods

Sloane St

과학박물관
Science Museum

Brompton Rd

빅토리아&앨버트 박물관
Victoria and Albert Museum

자연사 박물관
Natural History
Rd   Museum

도착

다퀴즈
Daquise

해링턴 로드
리의 집
화 '킹스맨' 촬영지)

포토벨로 로드 마켓 Portobello Road Market

🚶 언더그라운드 센트럴, 서클, 디스트릭트 라인 승차하여 노팅힐 게이트역Notting Hill Gate 하차, 포토벨로 로드 마켓 방향 출구
🏠 306 Portobello Rd, London W10 5TA, UK ⏰ 월~토 08:00~19:00(일요일 휴무)
🌐 http://www.portobelloroad.co.uk/

노팅힐의 상징, 런던의 대표 마켓

노팅힐의 대표 명소이다. 포토벨로라는 이름은 1739년 스페인과의 전쟁에서 승리한 후 획득한 파나마의 도시 이름에서 따왔다. 과거엔 농장 지대였다. 1900년대 초부터 음식점, 골동품 상점이 들어서기 시작해, 현재는 약 1천 개 숍이 영업 중이다. 덕분에 언더그라운드 노팅힐 게이트역부터 1km가 넘는 포토벨로 거리 일대가 언제나 들썩인다. 영화 〈노팅힐〉에서 휴 그랜트가 사랑하는 여인을 생각하며 포토벨로 마켓을 배경으로 걸어가는 장면은, 노팅힐을 더욱 여행해보고 싶은 곳으로 만들어 준다. 포토벨로 로드 마켓의 진짜 매력은 토요일에 느낄 수 있다. 골동품, 음식, 의류, 다양한 기념품 등을 판매하는 상점이 일제히 문을 열기 때문이다. 골목마다 다양한 테마의 상점들도 매력적이지만, 시장 주변에 들어선 알록달록한 주택들도 볼거리다. 카리브해 연안 이민자들이 고향의 색을 노팅힐에 입혔다. 동화 속에 들어온 듯한 느낌을 준다. 주중에도 문을 여는 상점이 있지만, 다양한 매력을 느끼려면 토요일에 방문하는 것이 좋다.

ONE MORE
*Portobello
Road Market*

마켓 주변에는 이런 곳도 있어요!

① 비스키터스 부티크 & 아이싱 카페
Biscuiteers Boutique and Icing Cafe

사랑스러운 비스킷에 커피 한 잔

커피에 보기만 해도 사랑스러운 비스킷을 곁들여 즐길 수 있는 카페이다. 포토벨로 로드 서쪽의 켄싱턴 파크 로드에 있다. 피터 래빗 토끼, 패딩턴 곰을 그대로 표현한 캐릭터 쿠키와 각종 기념일에 맞춰 제작한 테마 쿠키는 선물용으로 구매하기도 안성맞춤이다. 비스킷 제조에 있어 런던에서 가장 유명한 곳이라 셀프리지, 포트넘 & 메이슨 등 런던의 대형 백화점에도 별도 납품하고 있다. 노팅힐 게이트역Notting Hill Gate에서 도보 13분쯤 걸린다.

🚶 언더그라운드 센트럴, 서클, 디스트릭트 라인 승차하여 노팅힐 게이트역Notting Hill Gate 하차, 켄싱턴 파크 로드 따라 북서쪽으로 도보 13분 🏠 194 Kensington Park Rd, Notting Hill, London W11 2ES, UK 📞 +44 20 7727 8096 🕐 화~토 10:00~18:00 일 11:00~17:00 £ 선물용 비스킷 £6.95부터 패키지 £35부터 커피 및 케이크 £5 내외 🖥 http://www.biscuiteers.com

② 파운드랜드
Poundland

한국의 천원 숍 같은 곳

우리나라에 천원 숍이나 다이소가 있다면 런던엔 파운드랜드가 있다. 일반 상점에서 3배 이상 지출해야 구매할 수 있는 식료품, 생활용품, 여행자들에게 꼭 필요한 의약품, 어댑터 등을 최소 £1의 저렴한 가격에서부터 구매할 수 있다. 급히 필요한 물품이나 저렴한 기념품을 사고 싶은 여행객에게 추천한다. 비스키터스 부티크 & 아이싱 카페에서 북동쪽으로 도보 2분 거리에 있다. ⌂ 211~213 Portobello Rd, Notting Hill, London W11 1LU, UK ☎ +44 20 3583 6721 ⏰ 월~토 08:00~21:00 일 11:00~17:00 ☰ https://stores.poundland.co.uk

③ 러프 트레이드 웨스트
Rough Trade West

향수를 자극하는 음반

오랜 역사를 지켜오고 있는 포토벨로 골목 분위기와 어울리는 음반 가게이다. 1976년 포토벨로에 처음 문을 연 뒤 이스트 런던의 브릭 레인 지역과 미국 뉴욕에 분점을 내며 점점 영역을 확장해나가고 있다. 재즈, 록, 클래식 등 장르 불문 앨범들을 다양하게 구할 수 있다. 테이프는 물론 CD, LP 등 모두 구할 수 있어 많은 이들의 향수를 자극한다. 비스키터스 부티크 & 아이싱 카페에서 동쪽으로 도보 1분 거리에 있다.

⌂ 130 Talbot Rd, Notting Hill, London W11 1JA, UK
☎ +44 20 7229 8541 ⏰ 월~토 10:00~19:00 일 11:00~17:00
£ CD £ 10 내외 LP £ 20~ £ 30 내외 ☰ http://www.roughtrade.com

④ 허밍버드 베이커리
Hummingbird Bakery-Notting Hill

달콤한 크림이 듬뿍, 컵케이크

컵케이크라는 아이템 하나로 노팅힐 지역을 넘어 런던 전체를 평정한 가게이다. 미국식 레시피로 만든 컵케이크인데, 달콤한 크림이 듬뿍 얹어져 보는 것만으로 군침이 흐른다. 종류도 다양해 방문자들에게 둘러보는 재미를 선사한다. 그중 레드벨벳 컵케이크는 이곳에서 가장 선풍적인 인기를 누리는 상품이다. 가게는 파운더랜드에서 포토벨로 거리 따라 남쪽으로 도보 3분 거리에 있다.

⌂ 133 Portobello Rd, Notting Hill, London W11 2DY, UK
☎ +44 20 7851 1795 ⏰ 10:00~17:30(수~금 18:00, 토는 18:30, 일은 17:00까지 운영) £ 컵케이크 낱개 £ 2.95부터 선물용 패키지 £ 20 내외
☰ http://www.hummingbirdbakery.com

5 포토벨로 기프트 숍
Portobello Gifts Shop

길거리 표지판을 기념품으로

독특한 기념품 숍이다. 런던을 상징할만한 다양한 표지판과 표식들이 가게 외관을 온통 뒤덮고 있다. 런던 여행을 기념해 앤티크 하면서도 색다른 기념품으로 나만의 공간을 꾸미고 싶은 사람들에겐 이곳이 제격이다. 자석, 열쇠고리, 티셔츠 등의 기본적인 기념품 외에도 다른 곳에선 쉽게 찾아보기 힘든 자동차 번호판이나 길거리 표지판 같은 기념품이 인기가 많다. 가게는 허밍버드 베이커리에서 포토벨로 거리 따라 남쪽으로 도보 4분 거리에 있다.

⌂ 80 Portobello Rd, Notting Hill, London W11 3DL, UK 📞 +44 20 7727 3380 🕐 **월~금·일** 09:30~17:30 **토** 08:00~19:00

6 노팅힐 파머스 마켓
Nortinghill Farmer's Market

현지인들이 정성껏 재배한 식자재

포토벨로 마켓의 하이라이트가 펼쳐지는 토요일에 방문하는 여행객들이라면 노팅힐 파머스 마켓도 함께 들러보길 추천한다. 노팅힐 파머스 마켓은 언더그라운드 노팅힐 게이트역 근처 뒷골목에 토요일마다 작은 규모로 펼쳐지는 시장이다. 마치 비밀장소인 듯한 이곳에서 현지인들이 정성껏 재배한 식자재를 만나볼 수 있다. 꿀, 과일, 채소, 어류 등 신선한 식품을 사기 위해 아침부터 분주한 현지인들의 일상도 구경할 수 있어 더욱 재미있다.

🚶 언더그라운드 센트럴, 서클, 디스트릭트 라인 승차하여 노팅힐 게이트역Notting Hill Gate 하차, 포토벨로 마켓 반대 방향으로 도보 2분 ⌂ Kensington Church St, Kensington, London W11 3LQ, UK 📞 +44 20 7833 0338 🕐 토요일 10:00~14:00
≡ https://www.lfm.org.uk/markets/notting-hill/

📷 하이드파크 Hyde Park

🚶 언더그라운드 센트럴 라인 승차하여 랭커스터 게이트역 Lancaster Gate 혹은 마블 아치역Marble Arch 하차
🏠 Hyde Park, London W2 2UH 🕐 05:00~00:00

런더너의 아름답고 소중한 휴식처

오래된 건축과 현대식 고층 빌딩, 그리고 공원. 이 세 단어가 런던 풍경을 잘 꾸며준다. 이 세 이미지가 공존하며 런던을 매력적인 도시로 만들어준다. 하이드 파크는 런던을 빛내주는 도심 공원이다. 1536년 헨리 8세가 이곳 부지를 사들인 후 왕실 사냥터로도 사용했다. 그러나 하이드 파크는 언제나 왕실만을 위한 공간은 아니었다. 흑사병이 돌던 시기엔 시민들의 피난처였다. 또 집회 공간으로 사용되며 런던 역사의 주요 흐름과 함께해 왔다. 리젠트 파크와 더불어 런던에서 가장 큰 공원 중 하나인데 그 평수가 42만 평에 달한다. 잠시 관광지를 벗어나 공원을 산책해보자. 여독에 지친 당신에게 푸른 생기를 넣어줄 것이다.

하이드파크를 빛내주는 명소 둘

1 웰링턴 아치 Wellington Arch
하이드 파크의 아름다운 전망 감상하기

'웰링턴 아치'는 하이드 파크와 남동쪽 버킹엄 궁전 사이에 있는 거대한 건축물이다. 정확하게는 하이드 파크 남동쪽 건너편, 세인트 제임스 파크와 더불어 버킹엄 궁전을 감싸 안고 있는 그린 파크 서쪽 끝에 있다. 1825년 나폴레옹을 물리친 웰링턴 장군의 노고와 영국군의 승리를 기념하기 위해 버킹엄 궁전의 외부 출입문으로 건립되었다가 1880년대에 지금의 위치로 이전됐다. 영국 문화유산으로 지정되어 있으며, 버킹엄 궁전 근위병 교대식이 시작되기 전 기마병들이 통과하는 장소로 알려져 있다. 웰링턴 아치 위에는 웰링턴 장군의 업적을 기리는 작은 박물관과 하이드 파크 전망을 감상할 수 있는 테라스가 있다. 테라스에서는 하이드 파크의 아름다운 모습을 한눈에 담을 수 있다. 아치 꼭대기에 있는 조각상은 '4마리 말이 이끄는 마차를 탄 평화의 천사'를 상징한다.

🚶 언더그라운드 피커딜리 라인 승차하여 하이드 파크 코너역 Hyde Park Corner 하차, 도보 3분
🏠 Apsley Way, London W1J 7JZ, UK
🕐 10:00~17:00 (수~일, 오픈 시기에 따라 운영일 변동있으니 사전 홈페이지 확인 필수!) £ 테라스 입장료 £6.5
☰ https://www.english-heritage.org.uk/visit/places/wellington-arch/

2 윈터 원더랜드 Winter Wonderland
겨울, 6주 동안의 축제

추운 겨울에 공원은 쓸쓸한 느낌만 들어서 갈 필요가 없다고 생각하기 쉽다. 하지만 하이드 파크는 이런 겨울 공원에 대한 편견을 깨주는 장소다. 11월 말부터 단 6주간만 '윈터 원더랜드'가 시민들을 위해 별도의 입장료 없이 개장하기 때문이다. 윈터 원더랜드는 10년째 런던 시민뿐 아니라 전 세계 관광객들의 수많은 발걸음을 이끄는 작은 놀이동산이다. 여행의 재미를 충족시켜주는 다양한 놀이기구, 길거리 푸드코트, 체험 공간 등을 열어 현지인들과 런던 여행객들에게 최고의 놀이터를 제공한다. 윈터 원더랜드의 상세 개장 일정은 홈페이지에서 확인할 수 있다.
☰ https://hydeparkwinterwonderland.com/

포토벨로에서
영화 〈노팅힐〉 만나기

런던 노팅힐 지역을 배경으로 촬영된 로맨스 영화. 1999년 개봉 당시 영화 각 부문의 상을 휩쓸 정도로 인기를 얻었던 영화다. 노팅힐 지역을 대표하는 포토벨로 마켓과 그 주변에서 상당한 분량의 장면이 촬영되었기에, 이곳을 거니는 것만으로 노팅힐 영화를 100% 추억할 수 있다. 추억의 영화를 만나러 포토벨로로 가자.

1 윌리엄의 집

영화의 주인공 윌리엄휴 그랜트이 살았던 집으로, 그가 오가던 파란색 대문이 그대로 남아있다. 실제 사람이 거주하는 공간이니 되도록 피해를 주지 않도록 조용히 인증샷을 남겨보자. 비스키터스 부티크 & 아이싱 카페에서 북쪽으로 도보 2분 거리에 있다.
⌂ 282 Westbourne Park Rd, London W11 1EH, UK

2 포케하우스 Poke House

이곳에서 윌리엄은 애나줄리아 로버츠에게 주스를 쏟았고, 그러면서 본격적인 둘의 인연이 시작되었다. 영화에선 그저 철문이 닫힌 공간으로 등장했지만, 지금은 사람이 붐비는 하와이안 포케 식당이 들어서 있다. 윌리엄의 집에서 동쪽으로 도보 1분 거리에 있다.
⌂ 214 Portobello Rd, London W11 1LA, UK

3 노팅힐 책방

윌리엄이 운영하는 서점의 배경 장소가 되었던 곳으로, 서점은 지금도 그대로 운영 중이다. 실제 내부 촬영은 이곳이 아닌 근처 골동품 가게를 빌려 진행했다. 여행자라면 남녀노소 누구나 노팅힐의 추억을 되새기기 위해 이곳을 찾는다.
⌂ 13 Blenheim Cres, London W11 2EE, UK ⏰ 09:00~19:00

켄싱턴 가든 & 켄싱턴궁전 Kensington Garden & Kensington Palace

🚶 언더그라운드 센트럴 라인 승차하여 퀸스웨이역Queensway 하차, 도보 3분
🏠 Kensington Gardens, London W8 4PX, UK(궁전) 📞 +44 20 3166 6000(궁전)
🕐 공원 05:00~00:00 궁전 10:00~17:00(수~일요일)(홈페이지 사전 예약을 권장하며, 궁전 내 행사 등의 일정에 따라 유동적일 수 있음) £ £ 25.40(성인 기준) ☰ https://www.hrp.org.uk/kensington-palace/

다이애나 왕세자비가 살았던

켄싱턴 가든은 하이드 파크 서쪽에 인접한 아름다운 공원이다. 두 공원은 나란히 있지만 서로 다른 공원으로, 세르펜틴 호수와 작은 다리로 연결되어있다. 켄싱턴 궁전은 원래 노팅햄 백작소유였다. 이름도 원래는 노팅햄 하우스였는데, 템스강 옆에 있는 오래된 궁전이 천식을 앓고 있는 자신에게 좋지 않다고 생각한 윌리엄 3세가 1689년 이 저택을 사들였다. 이후 조지 2세재위 1727~1760의 부인 캐롤라인 왕비가 궁전 주변에 드넓은 공원과 인공 호수를 함께 조성했는데, 이것이 켄싱턴 가든이다.

켄싱턴궁전은 다이애나 왕세자비가 1997년까지 살았던 곳이다. 1997년 치러진 그녀의 장례 행렬이 여기서부터 시작했다. 현재는 찰스 왕세자와 다이애나 왕세자비의 첫째 아들 윌리엄 왕세손과 케이트 미들턴 부부가 살고 있다. 켄싱턴 궁전은 원래 왕이 사는 궁전이었으나 조지 3세가 버킹엄 궁전으로 옮겨가면서 1700년대 후반부터는 왕자나 공주, 왕가의 친척들이 사는 장소가 되었다. 궁전에서 옛 왕실의 흔적을 찾아볼 수 있다. 메리 2세와 앤 여왕의 생활 공간이었던 퀸스 스테이트 아파트먼트The Queen's State Apartments와 다양한 조각과 미술작품을 감상할 수 있는 킹스 갤러리The King's Gallery, 조지 2세와 캐롤라인 왕비의 생활 공간이었던 킹스 스테이트 아파트먼트The King's State Apartments가 그것이다. 흰 대리석으로 만든 빅토리아 여왕 상이 궁전 앞을 빛내고 있다. 그녀는 왕 위에 오르기 전인 1837년까지 이곳에서 살았다.

켄싱턴 가든에 가면 꼭 들러보세요!

1 서펜타인 갤러리 Serpentine Gallery

공원 속의 공공 갤러리

카페로 활용되던 곳을 1970년부터 미술, 건축 작품 등을 감상할 수 있는 공공 갤러리로 만들었다. 데미안 허스트, 앤디 워홀 등 세계적인 작가들의 작품도 전시했다. 분기별로 테마가 바뀌어 전시가 열리므로, 예술에 관심 있는 여행객이라면 홈페이지에 소개된 전시를 확인 후 방문하는 것이 좋다. 켄싱턴 가든 안에 있으며, 앨버트 메모리얼에서 북동쪽으로 도보 4분쯤 걸어가면 나온다.

🏠 Kensington Gardens, London W2 3XA, UK

🕐 화~일 10:00~18:00

2 로열 앨버트 홀 & 앨버트 메모리얼 Royal Albert Hall & The Albert Memorial
런던의 스카이라인을 한눈에

로열 앨버트 홀은 켄싱턴 가든 남쪽에 있는 돔 공연장이다. 빅토리아 여왕재위 1837~1901이 부군 앨버트 공을 기리기 위해 세운 것이다. 앨버트 공은 문화예술에 조예가 깊었다. 공연장 건립을 추진했지만, 완성하지 못하고 사망했다. 빅토리아 여왕은 남편을 뜻을 기리기 위해 로마의 원형극장을 모티브로 하여 로열 앨버트 홀을 지었다. 일 년 내내 오페라, 발레 등 다양한 공연이 펼쳐진다. 특히 매년 7월~9월 초 열리는 클래식 음악 축제 BBC Proms는 음악을 사랑하는 사람들이 꼭 찾는 음악 축제이다. 음악 축제 기간에 런던을 여행한다면 홈페이지에서 예매하여 관람해보자. 공연 관람을 하지 않더라도 가이드 투어를 통해 로열 앨버트 홀 내부를 관람할 수도 있다. 로열 앨버트 홀 맞은편 켄싱턴 공원 안에는 앨버트 메모리얼 동상이 있다. 동상 귀퉁이에는 유럽, 아프리카, 아시아, 아메리카를 각각 상징하는 대리석 조각이 아름답게 장식되어 있으니 함께 챙겨보자.

🚶 언더그라운드 서클, 디스트릭트, 피커딜리 라인 승차하여 사우스 켄싱턴역South Kensington 하차, 북쪽으로 도보 12분
🏠 Kensington Gore, Kensington, London SW7 2AP, UK 🕙 09:00~21:00
가이드 투어 ①성인 £ 18.50 ②공연 일정에 따라 유동적으로 운영되므로, 가이드 투어의 경우 홈페이지 사전 예약 필수!
≡ https://www.royalalberthall.com

3 피터 팬 동상 Peter Pan Statue
어린 시절 동심을 찾아서

켄싱턴 가든에는 피터 팬 동상이 있다. <피터 팬>의 작가 JM 베리가 직접 의뢰해 제작된 것으로 1912년부터 이곳에 자리 잡고 있다. JM 베리는 켄싱턴 가든에서 영감을 받아 동화 <피터 팬>을 구상하고 집필했다. 이후 피터 팬의 탄생 이야기를 다룬 영화 <네버랜드를 찾아서>2004 또한 켄싱턴 가든에서 촬영되었다. 켄싱턴 가든에선 <피터 팬>을 읽던 시절의 동심을 잠시나마 떠올려보자. 앨버트 메모리얼에서 북북으로 도보 9분 정도 걸어가면 나온다.

켄싱턴에서 록스타 '퀸'을 만나다

켄싱턴 가든 주변에는 퀸을 추억할만한 곳이 곳곳에 있다. 켄싱턴 가든의 로열 앨버트 홀 남쪽에 '임페리얼 칼리지 유니언'이라는 대학이 있는데, 이곳은 퀸이 대중들 앞에서 최초로 공연했던 곳이다. 켄싱턴 궁전에서 서쪽으로 도보 10분 정도 거리에는 리차드 영 갤러리가 있다. 리차드 영은 퀸과 프레디 머큐리의 전속 사진사였다. 갤러리에는 리차드 영의 작품이 전시되어 있다. 리차드 영 갤러리에서 남쪽으로 20분 정도 걸어가면 프레디 머큐리가 죽기 전에 살았던 대저택 가든 롯지가 나온다.

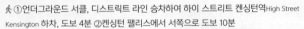

①

리처드 영 갤러리 Richard Young Gallery

퀸과 프레디 머큐리의 전속 사진사로 활동했던 리처드 영의 사진을 한곳에서 볼 수 있는 갤러리이다. 갤러리에서는 프레디 머큐리가 공연 중에 열창하는 모습과 그의 일상이 담긴 사진들을 관람할 수 있다. 액자나 엽서 등의 기념품 구매도 가능하다.

🚶 ①언더그라운드 서클, 디스트릭트 라인 승차하여 하이 스트리트 켄싱턴역High Street Kensington 하차, 도보 4분 ②켄싱턴 팰리스에서 서쪽으로 도보 10분
🏠 4 Holland St, Kensington, London W8 4LT, UK 📞 +44 20 7937 8911
🕐 수~토 11:00~16:00 (일,월,화 휴무) ☰ https://www.richardyounggallery.co.uk

② 임페리얼 칼리지 유니언

Imperial College Union

퀸의 천재 기타리스트 브라이언 메이Brian May가 수학했던 학교이자, 퀸이 런던에서 대중들 앞에서 최초로 공연했던 곳이다. 칼리지 유니언으로 들어가는 입구에서 1970년 7월 18일 그들의 공연이 있었음을 알려주는 현판을 확인할 수 있다. 작은 규모의 학교지만, 학생들이 공부하는 캠퍼스이니 조용히 둘러보는 것이 좋다.

Ⓚ ①언더그라운드 서클, 디스트릭트, 피커딜리 라인 승차하여 사우스 켄싱턴역South Kensington 하차, 북쪽으로 도보 14분 ②로열 앨버트 홀에서 남쪽으로 도보 2분 🏠 Prince Consort Rd, South Kensington, London SW7 2BB, UK

③ 프레디 머큐리 저택 Freddie Mercury's House

프레디 머큐리가 임종을 맞이한 자택이다. 가든 롯지Garden Lodge라고도 불리며, 방이 28개나 있는 대저택이다. 프레디 머큐리는 이 집을 그의 영원한 여자 친구 메리 오스틴에게 물려 주었다. 내부로 들어갈 수 없고 특별한 관람 포인트도 없지만, 그를 추억하기 위해 많은 여행객이 이곳을 찾아와 추모의 시간을 갖는다. 특히 그의 임종 날인 11월 24일 전후에는 집 앞에 수많은 꽃다발과 편지가 놓인다. 그는 생전에 '나는 록스타가 아니라 전설이 될 것이다.'I won't be a rock star, I will be a legend라는 명언을 남겼다. 가든 롯지 앞에 서면 그가 남긴 명언대로 전설이 된 그가 온몸으로 느껴진다.

Ⓚ 언더그라운드 디스트릭트, 피커딜리 라인 승차하여 얼스 코트역Earl's Court 하차, 북서쪽으로 도보 8분
🏠 28 Logan Pl, Kensington, London W8 6QN UK

빅토리아 & 앨버트 박물관 Victoria and Albert Museum

🚶 ①언더그라운드 서클, 디스트릭트, 피커딜리 라인 승차하여 사우스 켄싱턴역South Kensington 하차, 도보 4분
②버스 14, 74, 414번 탑승하여 빅토리아 & 앨버트 박물관 정류장Victoria and Albert Museum 하차
🏠 Cromwell Rd, Knightsbridge, London SW7 2RL, UK 📞 +44 20 7942 2000 🕐 10:00~17:45(금요일은 22:00까지)
£ 무료(일부 특별 전시 유료) ☰ https://www.vam.ac.uk

세계 최대 장식 미술 공예 박물관

1851년 앨버트 공1819~1861, 빅토리아 여왕의 남편이 하이드 파크에서 연 박람회 수익금으로 1852년 디자인을 배우는 학생들을 위해 처음 세웠다. 1899년 빅토리아 여왕1819~1901은 남편의 뜻을 이어 신관을 짓고 미술 작품까지 전시했다. 처음 이름은 켄싱턴 박물관이었으나 1909년 빅토리아 여왕과 앨버트 공을 기념하기 위해 빅토리아 & 앨버트 박물관으로 이름을 바꾸었다. 빅토리아 & 앨버트 박물관은 세계 최대 장식 미술 공예 전문 박물관이다. 시대적으로는 고대에서 현대까지, 지역적으로는 유럽부터 아시아까지의 조각, 공예, 건축, 회화, 장식 미술, 디자인, 유리 공예, 사진 분야 유물과 예술품 약 2백만 점을 소장하고 있다.

만약 대영박물관과 내셔널 갤러리가 런던에 존재하지 않았다면, 빅토리아 & 앨버트 박물관이 런던을 대표하는 박물관으로 꼽혔을 것이다. 전시관은 대영박물관과 유사하게 지역 및 분야별로 상세하게 나뉘어 있으며, 관람객 취향에 맞게 둘러볼 수 있도록 구성되어 있다. 박물관 규모가 어마어마하여 적어도 반나절 이상은 할애해야 한다.

Travel Tip

세계 최초의 박물관 카페 'V&A 카페' V&A Cafe

1868년 세계 최초로 만들어진 박물관 내 카페이자 레스토랑으로, 빅토리아 & 앨버트 박물관에 있다. 실내는 크게 3개의 공간으로 나누어져 있는데, 영국 당대 최고 디자이너인 윌리엄 모리스, 제임스 갬블, 에드워드 포인터가 함께 설계했다. 그중에서도 화려한 장식과 조명이 눈길을 사로잡는 '갬블 룸'Gamble Room이 가장 인기가 많다.

🕐 10:00~17:00 (박물관 운영시간과 동일하게 운영되므로 사전 홈페이지 혹은 구글맵 체크 필수!) £ 케이크 및 음료 £2.80부터 식사류 £7.45부터

©V_A Museum

빅토리아 & 앨버트 박물관에서 꼭 챙겨봐야 할 작품들

빅토리아 & 앨버트 박물관은 체계적으로 둘러보는 것이 불가능할 정도로 복잡하게 구성되어 있다. 시간이 넉넉한 여행자라면 반나절 정도를 잡고 한 층씩 여유롭게 둘러보길 추천하며, 그렇지 않은 여행자를 위해 꼭 봐야 할 9가지 명작을 소개한다.

캐스트 코츠 관
Cast Courts
지상층 46A~B

박물관에서 가장 인기가 많은 전시관으로 1873년 문을 열었다. 이탈리아 르네상스 시대 걸작들을 그대로 복제해 놓았다. 그중에서도 빅토리아 여왕이 이탈리아로부터 잠시 선물 받은 후 똑같은 크기로 재현한 미켈란젤로의 다비드상과 바티칸 대성당에서 꼭 봐야 할 벽화로 꼽히는 라파엘로의 '아테네 학당'The School of Athens 복제본이 하이라이트이다.

아르다빌 카펫
The Ardabil Carpet
지상층 42 Islamic Middle East 관

이란 서북부 도시 아르다빌의 한 이슬람 신전에 깔려있던 카펫으로 1500년대 중반에 만들어졌다. 세계의 카펫 중 가장 크고 오래되었다고 평가받는다. 1893년 영국의 유명 디자이너 윌리엄 모리스는 이슬람 신전이 보수 공사를 위한 긴급 자금이 필요하다는 것을 알고 빅토리아 & 앨버트 박물관에 구매를 추천했다.

티푸의 호랑이
Tipu's Tiger
지상층 41 South Asia 관

인도 남서부 마이소르 왕국의 술탄이었던 티푸Tipu를 위해 만들어진 것으로 영국인들에 대한 저항을 표출하고 있다. 호랑이가 당시 인도를 지배하던 영국군을 물어뜯는 형상으로 영국에 대한 분노를 잘 나타내고 있다. 이 호랑이는 나무로 제작되었으며 줄무늬가 선명하게 남아있고 실물 크기에 가깝다. 호랑이 안에는 파이프 오르간이 들어있어 악기로 활용되기도 했다고 전해진다.

필리스틴을 죽이는 삼손
Samson Slaying a Philistine
지상층 50A Medieval&Renaissance 관

이탈리아 메디치Medici 가문은 르네상스 부흥을 위해 다양한 분야의 예술가들을 후원한 것으로 유명하다. '필리스틴을 죽이는 삼손'은 그 가문에서 일하던 조각가 지암볼로냐Giambologna의 1562년 작품이다. 1623년 이탈리아가 영국과의 외교를 위해 선물로 기증했으며, 반입 당시 영국의 수많은 조각가에게 영감을 주며 큰 붐을 일으켰다.

레오나르도 다빈치의 노트
Notebooks of Leonardo da Vinci
1층 64 Medieval & Renaissance 관

이탈리아 르네상스를 대표하는 인물인 레오나르도 다빈치의 노트이다. 그의 생각과 관찰했던 것을 기록한 노트 중 하나로 이곳에 전시되어 있다. 독특하게 '미러 라이팅'Mirror writing 기법으로 기록되어 있다. 모든 단어와 문장을 오른쪽에서 왼쪽으로 뒤집어써서 거울로 봐야만 정확한 내용을 알 수 있다고 한다.

헤니지 쥬얼리
The Heneage Jewel
2층 93 Jewellery 관

박물관에서 가장 화려한 장소인 쥬얼리 관에 있는 보물이다. 엘리자베스 1세 여왕의 대신이었던 토마스 헤니지가 하사받은 보물로, 당대 만들어진 보석 중 가장 보존상태가 좋은 것으로 알려져 있다. 여왕의 초상이 순금으로 새겨져 있으며, 보석 주변 테두리는 토마스 헤니지가 여왕에 대한 충성심을 표현하고자 이후에 제작한 것이다.

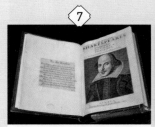

퍼스트 폴리오
The First Folio
2층 106 Theatre & Performance 관

퍼스트 폴리오는 영국을 대표하는 극작가이자 시인 윌리엄 셰익스피어의 작품을 한곳에 담은 전집이다. 총 750권의 인쇄분 중 약 235권만이 현존하고 있으며, 그중 한 권이 이곳에 보존되어 있다. 원본 중 한 권이 2016년 셰익스피어 별세 400주년 기념식 당시 우리 돈 43억 원에 경매됐을 정도로 그 가치가 높다.

주교의 정원에서 본 솔즈베리 대성당
Salisbury Cathedral from the Bishop's Ground
2층 87 Paintings 관

영국에서 가장 사랑받는 풍경화가 중 한 명인 존 컨스터블John Constable, 1776~1836의 작품이다. 존 컨스터블은 이 작품 외에도 솔즈베리 대성당의 아름다운 모습을 여러 화폭에 담은 것으로도 유명하다. 이 그림 왼쪽 아랫부분에 등장하는 인물은 그와 가장 친했던 친구 존 피셔John Fisher 박사와 그의 아내이다.

마운티드 카발리에르
Cavalier sur sa Monture
4층 142 Ceramics 관

근현대 예술사를 논함에 있어 빼놓을 수 없는 인물 '파블로 피카소'의 도자기 작품이다. 그는 60대가 되어서 도자기에 심취하기 시작했는데, 세상을 뜨기 전까지 2천여 점이 넘는 그림을 도자기 위에 그렸다. 동물 위에 올라탄 듯한 독특한 모습의 도자기에서 피카소의 독창적인 예술혼이 느껴진다.

자연사 박물관 Natural History Museum

🚶 언더그라운드 서클, 디스트릭트, 피커딜리 라인 승차하여 사우스 켄싱턴역South Kensington 하차, 도보 4분
🏠 Cromwell Rd, Kensington, London SW7 5BD, UK 📞 +44 20 7942 5000
🕐 10:00~17:50(17:30까지 입장 가능) £ 무료 ☰ https://www.nhm.ac.uk

박물관이 살아 있다!

<박물관이 살아있다>는 3부작으로 출시되어 우리나라에서 사상 최대 흥행 성적을 거둔 외국 코미디 영화이다. 이 영화 시리즈의 팬이라면 자연사 박물관의 매력에 매료될 수밖에 없을 것이다. 미국 스미스소니언, 뉴욕 자연사 박물관과 더불어 자연과학 분야 전시 규모로 세계 제일을 다투는 박물관이다. 실제 크기로 복원되어 금방이라도 움직일 것 같은 공룡 뼈대와 지구 생태계의 다양한 동식물 표본 등 모두 8천만여 점의 전시물을 관람할 수 있다. 이곳 전시물들은 과거 대영박물관에 소속되어 있다가 1881년 이곳으로 옮겨왔는데, 그 규모가 너무나도 방대해 모든 전시물을 옮기 데 4년이 걸렸다. 박물관은 전시물 종류와 특색에 따라 오렌지존, 블루존, 그린존, 레드존으로 나누어져 있으며, 블루존에는 공룡 외 다양한 포유류의 뼈대들이 재현되어있다. 그린존은 지구에서 현존하는 가장 큰 나무 자이언트 세쿼이아의 단면은 물론 다양한 조류와 어류의 화석을 관람할 수 있는 곳으로, 항상 많은 인파가 붐비는 꼭 가봐야 할 전시관이다.

과학 박물관 Science Museum

🚶 언더그라운드 서클, 디스트릭트, 피커딜리 라인 승차하여 사우스 켄싱턴역South Kensington 하차, 도보 5분
🏠 Exhibition Rd, Kensington, London SW7 2DD, UK 📞 +44 033 0058 0058 🕐 10:00~18:00
(절기에 따라 운영일 변동있으니 홈페이지 사전 참고!) £ 무료 〓 https://www.sciencemuseum.org.uk

직접 보고 느끼는 과학의 신비

1857년 과학이라는 테마로 런던 시민들에게 첫선을 보인 박물관이다. 빅토리아 & 앨버트 박물관에서 미술과 디자인을, 자연사 박물관에서 지구 생태계 및 자연에 대한 전시물들을 구경했다면, 과학박물관에서 각종 과학 기술이 반영된 과거 발명품들을 다양하게 감상하며 켄싱턴 지역 박물관 3곳의 탐방을 마무리해보자. 다양한 과학 이론을 통해 영국에서 구현된 주변 일상의 발명품부터 우주 발명품까지 실제로 볼 수 있어 '백문이 불여일견'이라는 명언을 몸소 느끼게 만든다. 특히 영국 산업혁명의 주역이었던 세계 최초의 증기 엔진 '볼턴 & 왓트 빔 엔진'Bolton&Watt rotative beam engine, 1788과 1991년 영국의 최초 우주비행사 헬렌 셔먼이 입었던 우주복Helen sharman's space suit이 이곳의 가장 의미 있는 전시물이니 꼭 챙겨보자.

🍴 에그 브레이크 Egg Break

🚶 언더그라운드 센트럴, 서클, 디스트릭트 라인 승차하여 노팅힐 게이트역Notting Hill Gate 하차, 도보 2분
🏠 30 Uxbridge St, Kensington, London W8 7TA, UK 📞 +44 20 3535 8300 🕐 08:00~15:00(토·일 17:00까지)
£ 브런치 £8부터 ═ http://www.eggbreak.com/

노팅힐의 아침을 여는 곳

노팅힐 주택가에 자리 잡은 작은 브런치 가게이다. 언더그라운드 노팅힐 게이트역에서 남서쪽으로 도보 2분 거리
에 있다. 레시피가 담긴 책자, 아기자기한 소품 등으로 아담하고 모던하게 꾸며 실내가 아늑하다. 아침마다 브런치
와 함께 여유를 즐기려는 사람들로 금세 들어찬다. 상호처럼 달걀을 활용한 브런치 메뉴가 주를 이루며, 에그 브레
이크 베니와 크랩 케이크가 이 집 단골들이 즐겨 찾는 메뉴이다. 에그 브레이크 베니는 머핀, 수란과 홀렌다이즈 소
스가 조화를 이룬 메뉴이고, 크랩 케이크는 바삭한 크로켓 위에 수란을 올린 메뉴이다. 포토벨로 마켓에 방문하기
전 이 집의 따뜻한 브런치와 함께 여행 일정을 시작해보자.

🍽 디너 바이 헤스턴 블루멘탈 Dinner by Heston Blumenthal

🚶 언더그라운드 피커딜리 라인 승차하여 나이츠브리지역Nightsbridge 하차, 북동쪽으로 도보 1분
🏠 66 Knightsbridge, London SW1X 7LA UK 📞 +44 20 7201 3833
🕐 월~목 12:00~14:00, 18:00~21:00 금~일 12:00~14:30, 18:00~21:30

세계 최고 레스토랑 50

분자요리는 식재료를 과학적으로 분석해 새로운 맛과 질감을 내는 요리이다. 헤스턴 블루멘탈은 영국에서 '분자요리'를 가장 잘 이해하고 있는 셰프로 유명하다. 그는 요리 학교를 졸업하거나 유명 레스토랑에서 견습 생활을 하지 않고 레스토랑을 오픈하여 유명 셰프의 반열에 올랐다. 디너 바이 헤스턴 블루멘탈은 그가 '정말 맛있는 영국 음식'을 알리고자 야심차게 만든 레스토랑이다. 하이드 파크 남쪽에 있어 공원의 아름다운 뷰를 즐기며 식사하기 좋다. 2012년부터 3년 연속 '세계 최고 레스토랑 50'World's 50 Best Restaurant 리스트에 이름을 올렸다. 현재도 미슐랭 2스타 레스토랑으로 명성을 이어가고 있다. 최고의 서비스와 음식이 함께하는 레스토랑으로, 손님의 만족도가 매우 높다. 영국 코스 요리를 즐길 수 있으며, 예약 필수이다.

🍽 다퀴즈 Daquise

영국 최초의 폴란드 레스토랑

언더그라운드 사우스 켄싱턴역 근처에 있다. '영국에서
가장 오래된 폴란드 레스토랑'이기도 하다. 원래는 2차
세계대전 당시 나치군에 대항하는 폴란드 병사들의 식
사를 준비하는 곳이었다. 전쟁이 끝난 1947년부터 레스
토랑으로 변했다. 레스토랑 내부에는 당시 활약하던 폴
란드 전쟁 영웅들의 사진이 붙어있어 오랜 역사를 짐작
할 수 있다. 메뉴 역시 폴란드 및 동유럽에서 맛볼 수 있
는 음식을 위주로 준비되어 있다. 슈니첼과 폴란드식 덤
플링이 대표 메뉴이다. 슈니첼은 튀긴 달걀, 부드러운 메
시포테이토, 돼지고기 튀김이 조화를 이룬 요리이며, 폴
란드식 텀블링은 치즈, 감자, 양파 등을 으깨 만든다.

🚶 언더그라운드 서클, 디스트릭트, 피커딜리 라인 승차하여
사우스 켄싱턴역South Kensington 하차, 도보 1분
🏠 20 Thurloe St, South Kensington, London SW7 2LT,
UK 📞 +44 20 7589 6117 ⏰ 09:00~19:00
£ 에피타이저 및 스프 £7부터 메인 메뉴 £16부터
☰ https://daquise.co.uk

☕ 펫 메종 Fait Maison

여성의 취향을 저격하는 브런치 카페

화려한 샹들리에와 알록달록한 디저트 덕에 발길이 끊이지 않는 카페. 외부의 꽃장식과 매장 안을 가득 채운 반
짝반짝한 인테리어가 여성 고객의 시선을 한눈에 사로잡는다. 꽃무늬로 장식한 아름다운 찻잔과 티 포트도 사람의
눈을 즐겁게 만든다. 두 가지 종류로 나누어진 애프터눈 티가 가장 인기 있는 메뉴이다. 스콘 2개, 잼, 크림이 차와
함께 나오는 클래식 크림 티, 샌드위치와 케이크가 추가된 애프터눈 하이 티 중에 선택하면 된다. 그 외에도 달걀과
토마토, 감자 등이 어우러진 터키식 아침 메뉴와 팔라펠 같은 중동 스타일 핫 푸드도 선택할 수 있다. 자연사 박물
관에서 북서쪽으로 도보 6분 거리에 있다.

🚶 언더그라운드 서클, 디스트릭트, 피커딜리 라인 승차하여 글로스터 로드역Gloucester Road 하차, 도보 1분
🏠 144 Gloucester Rd, Kensington, London SW7 4SZ, UK ⏰ 07:30~23:00 £ 식사 £6.95부터 애프터눈 티 £11.95부
터 ☰ https://www.fait-maison.co.uk

▼ 더 켄싱턴 와인 룸스 The Kensington Wine Rooms

와인 애호가들의 천국

영국은 세계에서 와인을 가장 많이 수입하는 국가이다.
켄싱턴 와인 룸스는 런던에서 가장 유명한 와인바 중 하
나로 와인을 좋아하는 런더너들이 즐겨 방문하는 곳이
다. 드라이 와인부터 달콤한 샴페인까지 150가지가 넘
는 다양한 와인을 간단한 요리와 곁들여 즐길 수 있다.
메뉴판에서 고를 수 있는 와인은 매장 재고에 따라 주기
적으로 변경되며, 요리별로 궁합이 맞는 와인을 종업원
에게 추천받을 수 있다. 마음에 드는 와인이 있다면 직
접 매장에서 구매도 가능하며, 와인에 대한 다양한 정보
를 얻을 수 있는 와인 클래스도 주기적으로 운영되므로
홈페이지를 참고하자.

🚶 ①언더그라운드 센트럴, 서클, 디스트릭트 라인 승차하여
노팅힐 게이트역Notting Hill Gate 하차, 도보 4분 ②버스 27,
28, 52번 탑승하여 셰필드 테라스 정류장Sheffield Terrace(Stop
P) 하차, 북쪽으로 도보 2분 🏠 127-129 Kensington
Church St, Kensington, London W8 7LP, UK
📞 +44 20 7727 8142 🕐 월~목 16:00~00:00
금~토 12:00~00:00 일 12:00~22:00 £ 와인 잔당 £6.8부터
(125mL 기준) 타파스 및 음식 메뉴 £5부터
≡ winerooms.london

🛍 티케이 막스 TK Maxx

365일 할인이 이어지는 브랜드 숍

기본 콘셉트는 아웃렛이지만 A부터 Z까지 다양한 분야의 제품을 취
급하는 미국 브랜드 숍으로, 1994년 영국에 첫선을 보였다. 티케이 막
스는 별도 프로모션을 크게 진행하지 않는데, 각 브랜드의 이월 및 판
매 부진 상품을 대량으로 구매한 후 시중가 대비 최대 60%까지 저렴
한 가격에 판매하는 방식을 고수하기 때문이다. 어떤 품목이 할인 대
상이 될지 정해져 있지 않기에 방문 후 '득템'하는 재미가 쏠쏠하며, 운
이 좋다면 코치, 지방시, 프라다 등 명품 브랜드 가방도 50% 이상 저렴
한 가격에 구매할 수 있다.

🚶 ①언더그라운드 서클, 디스트릭트 라인 승차하여 하이 스트리트 켄싱턴
역High Street Kensington 하차, 도보 3분 ②버스 9, 23, 49, 52, 70번 탑승하
여 켄싱턴 팰리스 정류장Kensington Palace 하차 🏠 26-40 Kensington High
St, Kensington, London W8 4PF, UK 📞 +44 20 7937 8701 🕐 월~토
09:00~21:00 일 12:00~18:00 ≡ http://www.tkmaxx.com

🛍 켄싱턴 지구의 백화점 둘

1 해러즈 백화점 Harrods

럭셔리한 고급 백화점

런던의 백화점 중 가장 크고 럭셔리하다. 예전엔 왕실 전용 백화점이었는데, 지금은 카타르 홀딩스가 주인이다. 여전히 고급 백화점을 지향하고 있으며, 켄싱턴 지구 하이드 파크 남쪽에 있다. 고가 브랜드가 가득하며, 저녁 시간에는 백화점 전체를 노란 조명이 감싸 동화 속 궁전을 연상시킨다. 한때 해러즈 백화점 소유주는 이집트 국적의 모하메드 알파예드였다. 그는 '비운의 왕세자빈' 고 다이애나비의 연인이자 교통사고로 함께 숨을 거둔 도디 알파예드의 아버지이기도 하다. 그래서 백화점 내부에선 이집트에서 건너온 것 같은 신전 기둥과 황금 스핑크스를 찾아볼 수 있다. 지하 1층에는 고 다이애나비와 도디를 추모하는 기념비가 세워져 있다. 1층의 대형 푸드코트에서는 스테이크, 캐비어 등 고급 음식도 즐길 수 있다.

🚶 언더그라운드 피커딜리 라인 승차하여 나이츠브리지역Knightsbridge 하차, 도보 4분 🏠 87-135 Brompton Rd, Knightsbridge, London SW1X 7XL, UK 🕐 월~토 10:00~21:00 일 11:30~18:00 ☰ http://www.harrods.com

2 하비 니콜스 백화점 Harvey Nichols

패션 분야에 특화된 백화점

해러즈 백화점과 마찬가지로 영국을 대표하는 백화점 중 하나이다. 해러즈 백화점에서 북동쪽으로 도보 3~4분 거리에 있어 함께 둘러보기 좋다. 창업주 벤자민 하비가 작은 직물 가게를 오픈하면서 시작되어 오늘에 이르렀다. 현재는 두바이와 홍콩으로도 사업 영역을 확장해나가고 있다. 패션 분야에 특화된 백화점이라 패션에 일가견이 있는 사람이라면 한 번쯤 둘러봐야 할 곳이다. 테라스와 바가 함께 있는 5층 식품관도 항상 사람이 붐빈다.

🚶 언더그라운드 피커딜리 라인 승차하여 나이츠브리지역 Knightsbridge 하차, 도보 1분 🏠 109-125 Knightsbridge, Belgravia, London SW1X 7RJ, UK 🕐 월~토 10:00~20:00 일 11:30~18:00 ☰ https://www.harveynichols.com

(shop) 홀 푸드 마켓 Whole Foods Market

눈코입이 즐거워지는 식료품 백화점

미국에서 처음 문을 연 식료품 전문 매장으로 유기농 식품을 주로 취급하는 웰빙 콘셉트를 지향한다. 런던 매장은 켄싱턴 가든 부근에 있으며, 켄싱턴궁전에서 남서쪽으로 도보 8분 정도 걸린다. 매장 초입에선 다양한 시식 행사가 진행되어 우리나라 백화점 푸드코트 같은 느낌이 든다. 좀 더 안으로 들어가면 유기농 식자재와 완제품은 물론 바로 구매해서 먹을 수 있는 샌드위치, 핫 푸드 등도 다양하게 준비되어 있다. 특히 원하는 음식들을 고른 후 상자에 담아 포장해갈 수 있는 '핫 바'Hot bar 코너는 지갑이 가벼운 학생이나 여행객이 이용하기 안성맞춤이다. 영국 현지인들이 선호하는 먹거리와 식문화를 경험하기 좋은 곳이다.

🚶 언더그라운드 서클, 디스트릭트 라인 승차하여 하이 스트리트 켄싱턴역High Street Kensington 하차, 도보 2분
🏠 63-97 Kensington High St, Kensington, London W8 5SE, UK 📞 +44 20 7368 4500 🕐 월~토 08:00~22:00 일 12:00~18:00 ═ http://www.wholefoodsmarket.co.uk

(shop) 웨스트필드 런던 Westfield London

런던 대표 쇼핑몰

쇼핑, 식사, 여가활동 등을 한 장소에서 편히 즐길 수 있는 대형 쇼핑센터이다. 노팅힐 서쪽 셰퍼드 부시Shepherd's Bush 지역에 있다. 축구장 30개를 합쳐놓은 어마어마한 크기이다. 외관도 거대하지만, 내부로 들어가면 실제 규모가 체감되어 더욱 놀라게 된다. 2018년까지 '유럽에서 가장 큰 쇼핑몰' 타이틀을 갖고 있었으며, 지금도 웨스트 런던 지역 대표 명소로 꼽힌다. 런던의 웬만한 브랜드는 모두 찾아볼 수 있으며, 발품 없이 원스톱으로 다양한 여행 기념품을 구매하고자 하는 여행객들에게 최적의 장소이다. 셰퍼드 부시는 주택과 사무실이 공존하고 늘 사람들이 바쁘게 움직이는 지역이다. 런던 시내 중심부와 또 다른 현대적인 런던의 모습을 느끼며 쇼핑도 하고 싶다면 이곳으로 발걸음을 옮겨보자. 🚶 ①언더그라운드 센트럴 라인 승차하여 셰퍼드 부시역Shepherd's Bush 하차, 도보 1분 ②버스 31, 49, 207, 237, 260번 탑승하여 셰퍼드 부시 정류장Shepherd's Bush (Stop B) 하차 🏠 Ariel Way, White City, London W12 7GF, UK
📞 +44 20 3371 2300 🕐 월~토 10:00~21:00 일 12:00~18:00 ═ uk.westfield.com

PART 10

Around London
런던 근교

런던 여행이 더 풍성해진다!

런던 근교는 볼거리가 풍성하다. 세계의 인재들을 배출해낸 교육 도시 옥스퍼드와 케임브리지, 영국인의 로망이자 향수의 전원 마을 코츠월드, 신비로운 선사 거석 유적 스톤헨지, 영국 왕실의 과거와 현재를 느껴볼 수 있는 윈저성과 큐가든, 남부의 해안 휴양도시 브라이튼과 경이로운 백색 해안 절벽 세븐 시스터즈, 도시 전체가 문화유산으로 지정된 바스와 그리니치, 그리고 해리포터 스튜디오와 레고랜드가 당신을 기다린다. 취향에 맞는 곳을 정하여 반나절 혹은 하루 동안 근교 여행의 즐거움을 만끽해보자.

현지 패키지로 근교 여행하기

해리포터 스튜디오, 옥스퍼드, 케임브리지, 코츠월드, 스톤헨지, 바스 등 근교를 여행하기 가장 편한 방법은 현지의 근교 여행 패키지 프로그램을 이용하는 것이다. 런던 시내 투어 프로그램도 운영하고 있다. 타워브리지, 버킹엄궁, 윈저성, 해리포터 스튜디오, 스톤헨지 등 런던과 근교의 명소 입장권도 구매할 수 있다.
골든 투어 https://www.goldentours.com/

Around London 01

해리포터 스튜디오
Warner Bros. Studio Tour London-The Making of Harrypotter

⌂ Studio Tour Dr, Leavesden WD25 7LR, UK

☎ +44 345 084 0900

🕐 09:30~22:00 (방문 시기마다 다르므로 홈페이지 사전 체크 필수)

£ 16세 이상 성인 £53.5 5~15세 £43 티켓+왕복 교통편 패키지 £105 0~4세 무료

☰ 홈페이지 https://www.wbstudiotour.co.uk 직행버스 투어 및 교통편 예약 https://
wbsstudiotour.gttickets.com 접속 후 Warner Bros. Studio Tour London 검색

리버풀 •
해리포터
스튜디오 •
런던 •

실제 세트장에서 해리포터의 감동을 다시 한번!

해리포터는 많은 사랑을 받으며 세계적인 베스트셀러에 올랐던 영국 작가 조앤 롤링의 판타지 소설이다. 워너브라
더스사는 이 소설을 영화로 제작하여 8편의 시리즈를 완성하면서 소설 못지않은 흥행을 거두었다. 런던에서 북서
쪽으로 35km 떨어진 왓퍼드엔 해리포터 스튜디오가 있다. 실제로 영화 촬영이 이루어진 세트장이다. 호그와트 마
법학교의 식당, 그리핀도르 기숙사, 호그와트로 떠나는 기차, 해리포터가 부모님과 살았던 집 등 실제 영화를 촬영
한 여러 장소가 여행자를 흥분시킨다. 다양한 기념품을 살 수 있는 곳도 곳곳에 마련되어 있다. 해리포터 스튜디오
의 히트 상품인 무알코올 버터 맥주(£3.95~£6.95)도 잊지 말고 즐겨보자.

찾아가기

기차 + 버스
❶ 언더그라운드 노던, 빅토리아 라인 승차하여 유스턴역Euston 하차 → 유스턴Euston 기차역에서 밀턴 케인스 시티Milton Keynes City 혹은 노샘프턴Northampton 행 기차 탑승하여 왓퍼드 정션역Watford Junction 하차 → 왓퍼드 정션역에서 북서쪽으로 도보 4분 거리에 있는 레일웨이 브리지Railway Bridge 정류장으로 이동하여 버스 8번이나 10번 탑승 → 8번 버스는 스튜디오스 정류장Studios에서 하차, 10번 버스는 애쉬 필드Ashfields 정류장 하차(유스턴역에서 1시간 소요)
❷ 언더그라운드 베이컬루 라인 승차하여 퀸스 파크역Queens Park 하차 → 런던 오버그라운드로 환승 → 종점인 왓퍼드 정션Watford Junction역 하차 → ❶의 버스 이동 정보와 동일

기차 + 셔틀버스
왓퍼드 정션Watford Junction역 출입구에서 왼쪽으로 접어들어 조금 걸어가면 해리포터 스튜디오 행 셔틀버스를 탑승하는 곳이 나온다. 셔틀버스 요금은 왕복 £2.5, 편도 £2이다. 20분 간격으로 운행된다.

직행버스
해리포터 테마 셔틀버스직행를 이용하면 런던에서 한 번에 해리포터 스튜디오에 갈 수 있다. 직행버스는 빅토리아 코치 스테이션Victoria Coach Station 부근에 있는 골든투어비지터센터Golden Tour Visitor Center에서 집결하여 정해진 시간대(매일 다름)에 출발한다. 당일 현장 구매도 할 수 있지만 가능하면 홈페이지에서 예약 후 방문하자. 직행버스 승차권 가격은 어른 £49, 5~15세 £44, 3~4세 £40, 그 이하는 무료이다. 골든 투어에서 왕복 교통편이 포함된 스튜디오 투어 통합권도 구매할 수 있다.

🚶 언더그라운드 빅토리아, 디스트릭트, 서클 라인 승차하여 빅토리아역Victoria 하차, 남쪽으로 도보 6분
🏠 4, Fountain Square, 121-151 Buckingham Palace Rd, London SW1W 9SH, UK
📞 +44 20 7233 7030 ☰ 투어 및 교통편 예약 https://wbsstudiotour.gttikets.com/en

⟨ Travel Tip ⟩

모르면 낭패, 해리포터 스튜디오에 가려면 꼭 알아두자!
❶ 해리포터 스튜디오는 당일 방문은 불가능하고 사전 예약이 필수이다. 성수기에는 2~3개월 후까지 표가 매진되는 경우가 많으므로 가능하면 홈페이지를 통해 예약하는 것이 편리하다. 대행업체를 통해 투어를 예약한 경우 입장 시간을 본인이 선택할 수 없다.

❷ 런던 유스턴Euston 기차역을 기준으로 스튜디오까지 이동 시간만 왕복 2시간 정도 걸린다. 해리포터 스튜디오 자체 관광 시간은 2~3시간 정도 잡는 게 좋다. 즉 여행 일정을 잡을 때 최소 6시간 정도는 잡아두는 게 좋다.
❸ 스튜디오 입구에 대형 주차장이 있으므로, 렌터카로 가는 것도 효율적이다. 단, 영국은 운전석 위치가 우리나라와 반대이다. 부담스럽다면 대중교통 이용을 추천한다.

해리포터 스튜디오에는 무엇이 있을까?

1 호그와트 연회장

호그와트 입학식 때 해리와 주인공들이 모여서 기숙사를 정하고 식사했던 곳이다. 교수님 마네킹 앞에서 인증 사진도 꼭 남겨보자.

2 호그와트 급행열차와 9와 ¾ 승강장

해리포터가 호그와트로 떠나던 날 등장했던 열차와 승강장을 그대로 볼 수 있다. 해리, 론, 헤르미온느가 처음 만났던 기차 좌석도 구경할 수 있으니 꼭 가보자.

3

하늘을 나는 빗자루 체험

퀴디치 경기에도 사용하던 둥둥 떠다니는 빗자루를 직접 경험해볼 수 있다. 바닥에 있는 빗자루 위로 손을 뻗은 후 'Up'이라고 외치면 자동으로 빗자루가 손에 붙는 신기한 일이 벌어진다.

4

다이애건 앨리

시티 오브 런던 지역의 리든 홀 마켓에서 영감을 받아 구현된 곳으로, 해리포터와 헤그리드가 마법 지팡이를 사기 위해 돌아다니던 거리. 영화에서의 북적북적한 분위기는 이제 느껴지지 않지만, 여행객들이 가장 좋아하는 곳 중 하나로 꼽힌다.

5

금지된 숲

시리즈 내내 등장했던 음침하고 비밀스러운 숲으로 켄타우로스, 아라고그 등의 생물들을 실감 나게 만나볼 수 있다.

6

식당과 기념품 가게

해리포터 스튜디오의 하이라이트이다. 식당에서는 버터 맥주를 맛볼 수 있고, 기념품 가게에서는 개구리 초콜릿, 해리포터 지팡이를 판매한다. 해리포터 팬들의 발길이 끊이지 않는 곳이다.

옥스퍼드 Oxford

세계 최고의 대학 도시

옥스퍼드는 도시 이름이 그대로 대학교인 영국 최대 '대학 도시'이다. 옥스퍼드셔
주의 중심 도시로 명성보다 인구는 많지 않다. 약 16만 명으로 영국에서 52번째
도시이다. 런던에서 서북쪽으로 약 90km 거리에 있으며, 자동차로는 1시간 걸린
다. 13세기 이후 지은 대학 건물이 아직도 그대로여서 마치 타임머신을 타고 중세
시대로 온 느낌을 준다. 이 아름다운 대학 도시를 여행하기 위해 매년 800만 명
이 옥스퍼드를 찾는다. 최근에는 옥스퍼드와 작은 전원마을 여러 개가 모여있는
코츠월드Cotswold, 런던 근교 최고의 쇼핑 아웃렛 비스터 빌리지Bicester village를 코
스로 묶어 하루 또는 이틀 일정으로 현지 투어에 나서는 이들이 많다.

옥스퍼드 찾아가기

기차 ❶ 런던 메릴본London Marylebone 기차역에서 옥스퍼드행 칠턴 레일 웨이즈Chiltern Railways 열차 탑승하여 옥
스퍼드역 하차, 1시간 20분 소요, 편도 £12부터(사전 구매 시)
❷ 런던 패딩턴Paddington 기차역에서 옥스퍼드Oxford 및 모레턴 인 마쉬Moreton In Marsh 행 GWR 열차 탑승하여
옥스퍼드역 하차, 50분 안팎 소요, 편도 £6부터(사전 구매 시)

버스 ❶ 런던 빅토리아 코치 스테이션Victoria coach Station에서 15~30분 간격으로 운행하는 옥스퍼드행 내셔널 익
스프레스 버스에 탑승하여 옥스퍼드 시내의 버스 정류장 글로체스터 그린Glocester Green 하차, 1시간 30분~2시간
소요, 편도 £13부터

❷ 런던 빅토리아 코치 스테이션 바로 동쪽의 버킹엄 팰리스 로드Buckingham Palace Rd에 있는 버스 정류장 그린 라인 코치 스테이션Green Line Coach Station(Stop 10)에서 옥스퍼드 튜브Oxford Tube, Mega Bus 탑승하여 옥스퍼드 시내의 버스 정류장 글로체스터 그린Glocester Green 하차, 1시간 30분~2시간 소요, 편도 £12부터

교통편 상세 홈페이지 칠턴 레일 웨이즈 https://www.chilternrailways.co.uk
GWR https://www.gwr.com 내셔널 익스프레스 https://www.nationalexpress.com

Tip 기차든 버스든 미리 구매하면 요금이 더 저렴하다. 버스가 기차보다 시내 접근성이 조금 편하다. 단, 버스로 이동할 경우 길이 막히면 예정된 시간에 도착하기 힘들 수 있다.

시내 교통편

옥스퍼드는 도시가 크지 않아 시내 교통편 없이 도보로 여행할 수 있다.

(Travel Tip) **현지 투어 프로그램으로 여행하기**
런던 현지에서 옥스퍼드와 코츠월드를 묶어 진행하는 투어 프로그램에 참여하면 교통편 걱정 없이 조금 더 편하게 여행할 수 있다. 골든 투어 https://www.goldentours.com/

자유여행 추천 코스

09:00 런던에서 기차로 출발 → 10:00 옥스퍼드 도착 → 10:15 애쉬몰리언 박물관 → 11:15 캐트 스트리트 명소들 → 12:15 점심 식사 및 휴식 → 13:15 커버드 마켓 & 카팍스 타워 → 14:30 크라이스트 처치 → 15:00 비스터빌리지(선택) 또는 런던으로!
*비스터 빌리지 기차역에서 런던까지 직행편으로 가기 위해선 메릴본Marylebone행 열차를 타야 한다.

옥스퍼드 여행지도

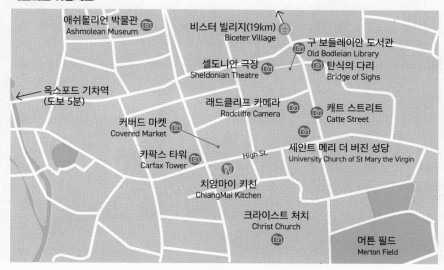

캐트 스트리트 Catte Street

🏃 ❶옥스퍼드역에서 동쪽 시내 중심부 방향으로 도보 15분
❷버스 정류장 글로체스터 그린Glocester Green에서 동쪽으로 도보 10분

옥스퍼드 대학가의 상징이자 중심부

캐트 스트리트는 옥스퍼드 여행의 하이라이트이다. 옥스퍼드대학의 다양한 명소가 이 거리와 거리 주변에 있다. 대표 명소로 셀도니안 극장, 보들레이안 도서관, 탄식의 다리를 꼽을 수 있다. 옥스퍼드대학은 1096년부터 학생을 가르쳤다. 1088년에 설립된 이탈리아의 볼로냐대학에 이어 세계에서 두 번째로 오래된 대학이다. 옥스퍼드대학은 조직 구성이 우리가 보통 알고 있는 대학교와 다르다. 보통 대학교는 여러 개 단과대로 구성되지만, 옥스퍼드는 학생들의 생활과 복지를 담당하는 38개 칼리지의 연합체이다. 일반 대학에서 칼리지는 단과대를 의미하지만 여기서는 일종의 생활 공동체라는 의미가 강하다. 또 보통 대학은 일정한 울타리 안에 독립적으로 존재하지만, 옥스퍼드는 칼리지와 학과가 도시의 중심 여기저기에 흩어져 있다. 대학이 도시의 중심을 이루고 있는 셈이다. 학생수는 대학원생을 포함해 약 3만 명이다. 옥스퍼드대는 노벨상 수상자 27명, 영국 총리 28명, 19개 나라의 국가 원수 35명을 배출한 세계적인 명문대이다. 국부론을 쓴 아담 스미스, 철학자 존 로크, 시인 엘리어트, 평화주의자 간디도 이 대학 출신이다.

©wikimedia.commons_Matthew

• Travel Tip •

옥스퍼드와 케임브리지의 '칼리지' 이해하기

옥스퍼드와 케임브리지의 칼리지는 우리나라의 단과대 같은 개념이 아니다. 그들의 칼리지는 기숙사, 연회, 축제 등 학생들의 생활과 복지를 담당하는 기관으로, 전공학과와 전혀 관련이 없다. 수업도 하지 않는다. 두 대학의 칼리지는 수업과 강의 이외의 모든 것, 이를테면 학생들의 먹고 자고 노는 생활을 담당하는 곳이다. 옥스퍼드나 케임브리지에 입학하려면 원하는 학과를 지원하고 동시에 어느 칼리지에 소속되기를 원하는지도 정해야 한다. 이 같은 시스템은 영화 <해리포터>에서도 그대로 적용되고 있다. 마법 학교 학생들은 똑같이 호그와트 소속이지만, 기숙사가 '그린피도르'냐 '슬리데린'이냐에 따라 소속이 나뉜다. 그린피도르와 슬리데린이 일종의 칼리지인 셈이다.

꼭 가야 할 캐트 스트리트의 명소

1 셀도니안 극장 Sheldonian Theatre

학내 행사가 열리던 극장

학위 수여식, 음악 공연, 대외 강연 등 학내 주요 행사들이 진행되는 극장이다. 세인트 폴 대성당을 건축한 크리스토퍼 렌1632~1723의 작품이다. 돔을 좋아하는 그의 성향을 이곳에서도 찾아볼 수 있다. 우뚝 솟은 옥색 돔이 주변 건물 색과 대조를 이루며 더욱 도드라져 보인다. 극장 안에는 예술가 로버트 스트리터가 32개 패널에 각각 그림 그린 후 이어붙인 대형 천장화가 있다. 옥상 큐폴라(돔)에 오르면 옥스퍼드 시내를 감상할 수 있다.

🚶 ①옥스퍼드역 하차 후 동쪽 시내 중심부 방향으로 도보 13분 ②버스 정류장 글로체스터 그린Glocester Green에서 동쪽으로 도보 9분 🏠 Broad St, Oxford OX1 3AZ UK 🕐 10:00~16:00(학내 일정에 따라 유동적으로 운영되므로 홈페이지 확인) £ 성인 £4.5, 60세 이상·16세 이하 학생 £3.5 ≡ https://www.sheldonian.ox.ac.uk/

2 구 보들레이안 도서관 Old Bodleian Library

해리포터에 나온, 유럽에서 가장 오래된 도서관

1602년에 문을 연 도서관이다. 학내 모든 도서 자료뿐 아니라 영국에서 출판된 서적을 보유한 거대한 자료 저장소 역할을 하고 있다. 유럽 전체를 통틀어서 가장 오래된 도서관 중 하나이다. 특히 도서관 안에 있는 디비니티 스쿨과 듀크 험프리 도서관은 영화 해리포터 촬영 무대였던 곳으로 유명하다. 가이드 투어를 통해 알차게 내부를 둘러볼 수 있다. 구 보들레이안 도서관과 함께 활용되고 있는 신축 도서관 웨스톤 도서관(Weston Library)도 바로 맞은 편에 있어 함께 둘러보기 좋다.

🚶 셀도니안 극장에서 동쪽으로 도보 1분 🏠 QP3W+P5 Oxford UK 🕐 월~토 10:00~17:00, 일 10:00~16:00 (열람실 월~금 09:00~21:00, 토 10:00~16:00, 일 11:00~17:00) £ £5.00(오디오 가이드 포함), 디비니티 스쿨만 입장할 경우 £2.50 가이드 투어 30분 £10(매일), 60분 £15(매일), 90분 £18(수·일) ≡ https://visit.bodleian.ox.ac.uk/

3 탄식의 다리 Bridge of Sighs

정교하고 아름다운 다리

하트퍼드Hertford 칼리지의 건물 두 곳을 이어주는 다리
이다. 학생들의 편의를 위해 1914년에 만들었다. 이름은
이탈리아 베네치아의 탄식의 다리와 같지만, 실제 모습
은 베네치아에 있는 리알토 다리와 닮았다. 베네치아의
탄식의 다리를 따서 이름을 지었다는 설과 시험을 마친
학생들이 탄식하며 지나간다고 하여 그렇게 불리기 시
작했다는 이야기가 동시에 전해온다. 실제로 시험 기간
에는 시험을 망친 후 탄식을 할까 걱정되어 이 다리를
이용하지 않는 학생이 많다고 한다.

🚶 구 보들레이안 도서관에서 동쪽으로 도보 1분
🏠 New College Ln, Oxford OX1 3BL UK

4 래드클리프 카메라 Radcliffe Camera

옥스퍼드에서 가장 아름다운 돔 건축물

1749년에 지은 옥스퍼드에서 가장 아름다운 돔 건축물
이다. 옥스퍼드 후원자 존 래드클리프John radcliffe의 이
름에서 따다 래드클리프 카메라라고 불린다. 원래 과학
도서관으로 이용했으나 바로 북쪽에 있는 보들레이안
도서관이 점차 확장되어, 현재는 일반 열람실로만 사용
한다. 용도가 변하면서 이름도 래드클리프 도서관에서
래드클리프 카메라로 바뀌었다. 카메라는 라틴어로 방
room이라는 뜻이다. 열람실이기 때문에 옥스퍼드 학생
이나 학내 관계자만 입장할 수 있다.

🚶 구 보들레이안 도서관에서 남쪽으로 도보 2분

5 세인트 메리 더 버진 성당
University Church of St Mary the Virgin

옥스퍼드 대학 공식 성당

1200년대부터 옥스퍼드 대학 공식 성당 역할을 해왔
다. 건설 초기엔 학내 중요 사안에 대한 투표 진행 장소
이자 도서관으로 활용되었다. 보들레이안 도서관이 건
축된 후로는 성당 역할만 수행하고 있다. 성당 위 타워
에선 래드클리프 카메라를 시작으로 고풍스러운 옥스
퍼드 시내 전경을 감상할 수 있다.

🚶 래드클리프 카메라에서 남쪽으로 도보 2분
🏠 The, High St, Oxford OX1 4BJ UK
🕐 월~토 09:30~17:00, 일 11:30~17:00, 7·8월
09:00~18:00 £ 타워 입장료 £5(8세 이상만 입장 가능)

애쉬몰리언 박물관 Ashmolean Museum

🚶 옥스퍼드역에서 북동쪽으로 도보 10분
🏠 Beaumont St, Oxford OX1 2PH, United Kingdom 📞 +44 1865 278000
🕙 10:00~17:00(홈페이지에서 사전 입장 예약 필수), 휴관 12월 24~26일, 1월 1일
£ 무료 ☰ https://www.ashmolean.org/

영국에서 가장 오래된 공공 박물관

옥스퍼드 여행에서 꼭 챙겨 가봐야 할 숨겨진 명소이다. 1683년 세운 영국에서 가장 오래된 공공 박물관이자 세계 최초의 대학 박물관이다. 영국인이 '옥스퍼드의 대영박물관'이라고 부를 정도로, 소장하고 있는 전시물의 양이나 가치가 엄청나다. 모두 5개 층에 다양한 분야의 소장품이 전시되어 있으며, 그중에서도 고고학 분야는 대영박물관에 뒤지지 않는다. 특히 기원전 8세기 이집트 통일 왕국을 다스리며 수많은 건축물을 남긴 파라오 '타하르카'가 아문-라 신Amun-Ra, 태양의 신의 품에 안겨있는 형상을 한 석상과 그가 건축한 신전 동쪽 벽을 그대로 가져온 전시물은 이곳의 하이라이트이다. 그 외에도 티치아노, 파올로 우첼로 등 르네상스 시대 거장의 회화작품, 유럽 문명의 출발점인 에게문명 시대 도자기 등 값을 매기기 힘든 유물을 많이 소장품이고 있다.

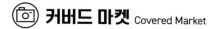
커버드 마켓 Covered Market

🚶 ❶옥스퍼드역에서 남동쪽 시내 방향으로 도보 13분 ❷버스 정류장 글로체스터 그린Glocester Green에서 남동쪽으로 도보 7분 ❸카팍스 타워에서 동쪽으로 도보 2분
🏠 Market St, Oxford OX1 3DZ, UK 🕐 월~수 08:00~17:30 목~토 08:00~23:00 일 10:00~16:00
☰ http://oxford-coveredmarket.co.uk

옥스퍼드의 대표 시장

1770년부터 250년 동안 옥스퍼드를 대표해온 아케이드이자 마켓이다. 카팍스 타워에서 동쪽으로 도보 2분 거리에 있다. 런던을 여행하며 경험한 시장보다 규모는 작다. 하지만, 대학 도시의 세련된 상점이 여행자의 호기심을 자극한다. 카페, 기념품 상점, 꽃집, 과일가게 등 다양한 가게 40여 개가 들어서 있다. 이 가운데 영국을 대표하는 쿠키 브랜드 벤스 쿠키Ben's cookies의 원조 가게가 있는데, 언제나 사람이 붐빈다. 시내 중심부에 있어 관광객이 몰리는 주말엔 발 디딜 틈이 없다.

카팍스 타워 Carfax Tower

🚶 ❶옥스퍼드역에서 남동쪽 시내 방향으로 도보 11분
❷버스 정류장 글로체스터 그린Glocester Green에서 남동쪽으로 도보 7분
🏠 Queen St, Oxford OX1 1ET, UK
🕐 4~9월 10:00~17:00, 10월 10:00~16:00, 11~2월 10:00~15:00, 3월 10:00~16:00 £ £ 4

©wikimedia commons_chensiyuan

©wikimedia commons_Motacilla

옥스퍼드 시내를 한눈에

옥스퍼드 시내의 중후한 건물들을 탁 트인 시야로 바라볼 수 있는 전망대이다. 13세기 건축 당시엔 세인트 마틴 성당과 연결된 탑이었다. 1800년대 시내에서 큰 시위가 일어나 성당 본 건물은 무너지고 카팍스 타워만 남아 지금까지 자리를 지키고 있다. 사람 한 명이 겨우 지나갈 정도 너비의 계단 99개를 오르면 옥스퍼드 중심부의 광활하고 인상적인 뷰가 펼쳐진다. 라틴어에서 유래된 단어 'Carfax'는 '교차로'를 의미한다. 그 이름에 어울리게 옥스퍼드 시내 중심부 하이 스트리트의 꽤 번화한 거리에 자리하고 있으며, 시내를 오가는 사람들의 이정표 역할을 하고 있다.

크라이스트 처치 Christ Church

🏃 ❶옥스퍼드역에서 남동쪽으로 도보 15~17분 ❷버스 정류장 글로체스터 그린Glocester Green에서 남동쪽으로 도보 11분 ❸캐트 스트리트에서 남쪽으로 도보 5분 🏠 St Aldate's, Oxford OX1 1DP UK(크라이스트 처치 대성당) 📞 +44 18 6527 6155(크라이스트 처치 대성당) 🕐 10:00~17:00(그레이트 홀 개방시간 홈페이지 확인 필수, 예배당은 주말에만 개방) £ 성인 £16, 5~17세·학생증 지참한 18세 이상 학생·60세 이상 £15, 5세 이하는 무료(홈페이지 사전 예약 필수) 🔗 https://www.chch.ox.ac.uk/

칼리지 체험, 해리포터의 팬이라면 꼭!

크라이스트 처치는 칼리지다. 옥스퍼드의 여러 칼리지 가운데 가장 규모가 크다. 옥스퍼드의 명소 중 하나로, 성당·대학·기숙사·미술관이 한곳에 모여있는 대표적인 '교육 단지'다. 영국의 총리 대부분이 크라이스트 처치 칼리지 출신이다. 이곳이 더 유명해진 이유는 영화 <해리포터>에 영감을 준 장소들을 품고 있기 때문이다. 호그와트 마법학교 연회장의 모티브가 된 학생식당 더 그레이트 홀The Great Hall과 더 그레이트 홀 앞 계단The Hall Staircase이 가장 많은 사람이 찾는 곳이다. 이곳에 서면 호그와트에서 생활하던 영화 속 주인공들의 모습이 자연스레 떠오른다. 그밖에 대성당과 미술관까지 관람한다면 옥스퍼드 칼리지의 면모를 더 가까이에서 느낄 수 있을 것이다. 다만, 학생들이 실제 활동을 하는 곳이기에 점심 식사 시간(11:45~14:00)이나 내부 행사 시에는 입장이 제한된다. 홈페이지에서 개방시간을 미리 확인하고 가는 것이 좋다.

비스터 빌리지 Bicester Village

🚶 ❶ 런던 메릴본 기차역에서 옥스퍼드행 칠턴 레일웨이스Chiltern Railways 기차 탑승하여 비스터 빌리지 기차역Bicester Village Station 하차(46분 소요, 1시간에 2편씩 운행), 서쪽으로 도보 6분 ❷ 옥스퍼드 기차역Oxford Station에서 런던 메릴본 행 칠턴 레일웨이스 기차 탑승하여 비스터 빌리지 기차역Bicester Village Station 하차(14분 소요, 1시간에 3편씩 운행), 서쪽으로 도보 6분 ❸ 옥스퍼드의 트리니티 칼리지 서쪽에 있는 버스 정류장 만델렌 스트리트Mangdelan Street(Stop C4)에서 S5번 탑승하여 비스터 빌리지 스테이션Bicester Village Station 정류장 하차(40분 소요), 도보 11분 ❹ 옥스퍼드의 버스 정류장 글로세스터 그린Gloucester Green에서 X5번 버스 탑승하여 매너스필드 로드Manorsfield Road(Stand 2) 정류장 하차(30분 소요), 남쪽으로 도보 12분
🏠 50 Pingle Dr, Bicester OX26 6WD, UK 🕐 월~토 09:00~20:00 일 10:00~19:00(절기에 따라 영업시간 상이함)
🚃 교통편 예매 **기차** https://www.chilternrailways.co.uk/에서 사전 예매 가능 **버스** https://www.stagecoachbus.com/ 에서 사전 예매 가능 **홈페이지** https://www.bicestervillage.com

©wikimedia commons_Ian Pudsey

©geograph_chadwick

명품 쇼핑을 가장 저렴하게

쇼핑을 저렴하게 한 번에 끝내기 좋은 아웃렛이다. 옥스퍼드에서 북쪽으로 약 20km 거리에 있다. 런던과 근교에서 명품을 가장 저렴하게정가의 약 60% 구매할 수 있는 곳으로, 의류·신발·액세서리 등 모두 160개 가게가 입점해있다. 런던 메릴본 역에서 기차를 타거나 옥스퍼드에서 기차나 버스로 방문하기 좋으며, 쇼핑 후에는 서비스 센터를 통해 텍스 리펀드도 곧바로 신청할 수 있다. 단체 투어나 패키지로 방문자는 사람도 많다. 규모가 상당히 크므로, 시간이 촉박한 여행자라면 브랜드 숍의 위치를 홈페이지에서 미리 파악한 후 방문하는 게 좋다.

⬤─ Travel Tip ─────⬤

주요 입점 브랜드

의류 버버리, 아르마니, 발렌시아가, 보테가 베네타, 바버, 구찌, 프라다, 페라가모, 비비안 웨스트우드, 막스마라, 마쥬, 생 로랑, 산드로 등

일상용품 & 기념품 엠마 브리지워터, 빌레로이 앤 보흐 등

신발 잡화 및 액세서리 코치, 롱샴, 멀버리 등
뷰티 몰튼 브라운, 펜할리곤 등

치앙마이 키친 ChiangMai Kitchen

🚶 ❶옥스퍼드역에서 남동쪽 시내 방향으로 도보 11분 ❷카팍스 타워에서 도보 1분
🏠 130A High St, Oxford OX1 4DH, United Kingdom 📞 +44 1865 202233
🕐 12:00~14:30, 17:00~22:00 £ 메인 메뉴 £11.5부터 ☰ https://www.chiangmaikitchen.co.uk/

400년 된 건물에서 맛보는 태국 요리

옥스퍼드 시내의 가장 번화한 거리 하이 스트리트의 좁은 골목길 끝자락에 있는 음식점이다. 작은 식당이지만 이곳에서 식사하고 나면 바닷속에서 진주를 찾은 것 같은 느낌이 든다. 음식의 맛이나 분위기도 좋지만, 그보다 식당이 자리하고 있는 건물이 의미 있기 때문이다. 1637년부터 지금까지 그 모습을 오롯이 지켜오고 있는 유서 깊은 건물이다. 경찰서, 레스토랑 등으로 이용되다가 1993년부터 태국 식당이 그 역사를 이어오고 있다. 영국의 등록문화재Grade II로 지정되어 있으며, 고풍스러운 목재 구조물과 태국식 인테리어의 조화가 오묘한 느낌을 자아낸다. 메뉴는 태국 전통 팟타이, 똠얌꿍, 카오팟, 카레 등이 있다. 카레 주문 시 밥은 별도 주문해야 한다.

코츠월드 Cotswolds

영국인들의 로망이자 향수

영국은 세계에서 가장 먼저 산업혁명을 이룬 나라이다. 18세기부터 팍팍하고 치열한 도시 생활에 익숙해져 왔다. 덕분에 '오랫동안 누리지 못한 것에 대한 향수', 다시 말해 전원생활에 대한 열망이 어느 나라보다 크다. 코츠월드는 영국 남서부 구릉 지대의 6개 마을로 구성된 지역으로 양모산업이 발달했던 곳이다. 런던에서 북서쪽으로 약 136km 떨어진 곳에 있다. 옛 전원마을이 그대로 유지되고 있어 매번 '영국인들이 은퇴 후 살고 싶은 지역' 1순위로 꼽힌다. 또 영국에서 '꼭 보존해야 할 자연구역'으로 선정되었다. 맑은 공기와 아름다운 경관이 널리 알려지면서 최근 들어서는 한국 여행자들도 많이 찾는다. 이곳은 단순한 전원마을이 아니다. 영국인들의 로망이자 향수의 고향이다.

코츠월드 공식 관광 홈페이지 https://www.cotswoldsaonb.org.uk/

슬기로운 코츠월드 여행법

코츠월드를 여행하는 방법은 세 가지다. 현지에서 운영하는 투어 프로그램을 이용하는 것이
하나이고, 두 번째는 렌터카를 이용하는 방법, 마지막은 기차와 버스로 하는 것이다. 코
츠월드는 6개의 마을이 합쳐진 넓은 지역이라 대중교통으로는 당일치기 자유여행이 쉽
지 않다. 당일치기 자유여행을 계획하고 있다면 가보고 싶은 마을만 1~2곳을 미리 정하
고 출발하는 게 좋으며, 가능하면 투어 프로그램 또는 렌터카를 이용하는 것을 권장한다.
*코츠월드 여행은 전원마을을 도보로 둘러보는 방식이라 시내 교통편을 이용할 일이 없다.

코츠월드 현지 투어 프로그램 안내

① 마이리얼트립
국내 여행객들에게 대중적으로 활용되는 어플 및 웹사이트이다. 옥스포드와 코츠월드를 연계하여 다양한 프로그
램을 운영 중이며, 홈페이지에서 일정 구매 후 투어에 참가해야 한다. myrealtrip.com 접속 후 코츠월드를 검색한
다. £ 129,000원부터

② 겟유어가이드(현지 여행사)
코츠월드만 혹은 옥스퍼드와 묶어서 갈 수 있는 다양한 형태의 투어를 운영 중이다. 런던에서 출발할 수 있는 투어
여서 상대적으로 편리하고, 다만 가격은 조금 비싼 편이다. 영어로 투어가 진행된다.
≡ https://www.getyourguide.com/ 접속 후 cotswold 검색 £ £ 67부터 시작

③ 헬로트래블(국내 여행사)
코츠월드 일부(보통 3개 마을)와 옥스퍼드를 묶어서 하루에 투어한다. 런던에서 출발하며 최소 4인 이상의 모객 조
건이 붙어있다. 현지 여행사 투어 대비 살짝 가격은 비싼 편이며, 개인 이어폰을 필수 지참해야 한다.
≡ http://www.hellotravel.kr/ £ 125,000원(만 6세 이하 무료, 입장료 및 무선 수신기 비용 미포함)

코츠월드의 아름다운 전원마을 둘러보기

바이버리Bibury

영국에서 가장 아름다운 마을

영국의 유명 디자이너이자 소설가인 윌리엄 모리스1834~1896가 '영국에서 가장 아름다운 마을'이라는 극찬했다. 윌리엄 모리스 덕에 코츠월드에서 가장 유명해졌다. 잔잔한 개울가를 끼고 마을 한 바퀴를 둘러보는 산책 코스가 있다. 산책하다 보면 자연스레 마음이 여유로워지고 힐링이 된다. 1902년부터 운영해온 송어 어장은 이곳의 또 다른 명소이다. 송어 요리를 즐긴다면 금상첨화이다. 대중교통으로 이동하기 불편한 게 단점이다. 여러 번 갈아타야 해서 가는 데만 3시간은 기본으로 잡아야 한다. 자동차를 렌트하거나 현지 투어를 추천한다.

🚶 런던 패딩턴Paddington 기차역에서 브리스톨 템플 미드Bristol Temple Meads 행 GWR 열차 탑승하여 스윈던 기차역Swindon Station 하차(1시간 소요) → 역에서 남동쪽으로 도보 4분 거리에 있는 정류장 버스 스테이션Bus Station(Bay 16)으로 이동하여 51번 버스 탑승 후 비치스 카 파크Beeches Car Park 정류장 하차(1시간 소요) → 길 건너 정류장으로 이동하여 바이버리Bibury 행 855번 버스 탑승 후 바이버리의 더 스퀘어 정류장The Squire 하차(17분 소요)

 버튼 온 더 워터 Bourton-on-the-Water

산책하기 좋은 가족 여행지

마을 이름에서 짐작할 수 있듯이 냇물이 마을을 적시며 흐르는 아름다운 마을이다. 바이버리 혹은 스토우 온 더 월드Stow-on-the-wold와 함께 방문하기 좋다. 스토우 온 더 월드는 북쪽으로 6.5km, 바이버리는 남쪽으로 19km 떨어져 있다. 마을을 가로지르는 윈드러쉬강River Windrush을 산책을 하거나, 시원한 강물에 발을 담그고 여유를 즐기는 여행객들을 쉽게 만날 수 있다. 마을을 미니어처로 꾸며놓은 모델 빌리지와 자동차 & 장난감 박물관도 있어 아이들과 함께 둘러보기 좋다.

🚶 런던 패딩턴Paddington 기차역에서 모턴 인 마쉬Moreton-in-Marsh 행 GWR열차 탑승하여 모턴 인 마쉬 기차역 하차(1시간 33분 소요) → 역에서 도보 1분 거리에 있는 모턴 인 마쉬 버스 정류장Moreton in Marsh, Station으로 이동 → 801번 버스 탑승하여 더 코츠월드 아카데미 정류장The Cotswold Academy 하차(22분 소요)

📷 버포드 Burford

코츠월드의 정문

코츠월드의 초입에 있는 마을이다. 위치 때문에 코츠월드의 정문이라 불린다. 옥스퍼드에서 제일 가까운 마을로 거리는 30km 조금 넘는다. 일일 투어에 참여하면 꼭 들르게 되는 마을이다. 경사진 긴 도로를 따라 카페와 가게를 구경하는 재미가 쏠쏠하다. 호텔, 도서관, 슈퍼마켓 등 다양한 편의시설이 갖추어져 있어 1박 하기도 좋다.

🚶 런던 패딩턴 기차역에서 그레잇 말베른Great Malvern 행 GWR 열차 탑승하여 핸보로Hanborough 기차역 하차(1시간 15분 소요) → 역에서 북쪽으로 도보 2분 거리에 있는 버스 정류장 핸보로 스테이션Hanborough Station(entrance)에서 233번 버스 탑승 → 옥스퍼드 로드 레이바이Oxford Road Layby 정류장 하차(35분 소요)

📷 캐슬 쿰 Castle Combe

성이 있는 마을

마을 북쪽에 작은 성Castle이 있어 캐슬 쿰이라 불린다. 코츠월드 남쪽 끝에 있다. 아늑한 골목길과 졸졸 흐르는 하천이 고요한 마을에 정취를 더해준다. 마을 안에 작은 카페와 소품 숍, 교회 등을 산책하는 기분으로 돌아보기 좋다. 옥스퍼드나 위에서 소개한 전원마을보다 바스Bath가 훨씬 가깝다. 남서쪽으로 50km 거리에 바스가 있다. 렌터카 여행자라면 바스와 함께 둘러보기 좋다.

🚶 런던 패딩턴Paddington 기차역에서 브리스톨 템플 미드Bristol Temple Meads 행 GWR 열차 탑승하여 치펜햄Chippenham 기차역 하차(1시간 10분 소요) → 역에서 남쪽으로 도보 2분 거리의 버스 정류장 Railway Station Approach로 이동하여 35번 버스로 환승 후→ 빌리지 센터Village Centre 정류장 하차(20분 소요)

©flickr_Mihnea

케임브리지 Cambridge

도시가 곧 대학이다

케임브리지는 옥스퍼드와 함께 영국에서 가장 이름난 대학 도시다. 런던에서 북
쪽으로 약 83km 거리에 있다. '케임브리지'Cambridge라는 이름은 도시를 가로지
르는 케임강River cam과 그 강을 서로 이어주는 아름다운 다리Bridge를 합쳐 지은
것이다. 로마 시대에도 제법 큰 마을이 있었으나 1209년 케임브리지 대학이 생
기면서 도시로 성장했다. 케임브리셔 주의 중심 도시로 인구는 약 13만 명이다.
옥스퍼드와 마찬가지로 케임브리지도 대학과 함께 발전했다. 발 딛는 곳마다 드
러내는 고풍스러운 대학 건물과 푸른 잔디밭, 조용히 흐르는 강물의 조화가 매
력적이다.

리버풀
케임브리지
런던

케임브리지 찾아가기

❶ 런던 킹스크로스 기차역에서 일리Ely 행 그레이트 노던Great Northern 열차 탑승하여 케임브리지 기차역 하차(55
분 소요), 혹은 케임브리지 노스Cambridge North 행 템스링크Thameslink 열차 탑승하여 케임브리지 기차역 하차(1시
간 30분 소요)

❷ 런던 리버풀 스트리트 기차역에서 케임브리지 행 그레이터앵글리아Greateranglia 열차 탑승하여 케임브리지 기
차역 하차(1시간 5분 소요)

기차편 홈페이지

https://www.thameslinkrailway.com/ (킹스크로스 출발)

https://www.greatnorthernrail.com (킹스크로스 등 여러 곳에서 출발)

https://www.greateranglia.co.uk (리버풀 스트리트 출발)

교통비 아끼려면 리버풀 스트리트 역에서 출발하자

킹스크로스 기차역에서 출발하는 것보다 리버풀 스트리트 역에서 출발하는 게 요금이 훨씬 저렴하다. 킹스크로스 기차역 출발 편도 요금은 낮은 등급 좌석 기준 £25.10부터이고, 리버풀 스트리트 기차역 출발 편도 요금은 £8부터이다. 무려 세 배 차이다. 교통비를 아끼고 싶다면 런던의 리버풀 스트리트 역에서 그레이터앵글리아Greateranglia 열차로 출발하자

버스는 시간이 두 배 걸린다

버스로 가고 싶다면 코치버스를 타면 된다. 런던 시내 여러 군데에 있는 코치 스테이션에서 타면 된다. 장점은 새벽부터 한밤중까지 운행한다는 것이고, 단점은 시간이 기차보다 최소 두 배는 걸린다는 점이다. 런던의 어느 코치 스테이션에서 출발하든 기본으로 3시간은 예상해야 한다. 요금은 요일과 시간, 스테이션 위치에 따라 차이가 크다. 보통 £10~£30 예상하면 된다. 공항에서 직접 가는 코치도 있다. 버스편 홈페이지 www.nationalexpress.com

시내 교통편

주요 명소를 도보로 둘러볼 수 있다. 케임브리지 기차역에서 시내까지는 도보 20분이다. 버스로 가면 7분 거리다. 요금은 컨택트리스 카드 혹은 현금으로 £1을 내면 된다. 버스 정류장은 케임브리지 기차역 바로 앞에 있다. 대중교통편은 아니지만 베니스처럼 배를 이용해 케임브리지를 여행할 수도 있다. 펀팅이라 부르는 여행 방식으로 케임브리지 시내와 다양한 대학교를 배를 타고 둘러볼 수 있다. 가격은 업체마다, 흥정에 따라 유동적이다.

자유여행 추천 코스

09:00 런던에서 기차로 출발 →
10:00 케임브리지 도착 → 10:15
피츠윌리엄 박물관 → 11:15 펀팅
(선택) → 12:15 점심 및 휴식 →
13:15 퀸스 칼리지 → 13:30 코
퍼스 크리스티 → 13:45 킹스칼
리지 → 14:20 트리니티 칼리지
→ 14:50 세인트 존스 칼리지 →
15:30 런던으로

케임브리지 여행지도

세인트존스 칼리지
St. John's College

트리니티 칼리지
Trinity College

킹스 칼리지
King's College

코퍼스 크리스티 칼리지
Corpus Christi College

퀸스 칼리지
Queen's College

피츠윌리엄 박물관
The Fitzwilliam Museum

스모크웍스
SmokeWorks

케임브리지
기차역

피츠윌리엄 박물관 The Fitzwilliam Museum

🏃 ①케임브리지 기차역에서 북서쪽으로 도보 20분 ②케임브리지 기차역의 버스 정류장 레일웨이 스테이션Railway Station(Stop 1)에서 'U Universal' 버스 탑승하여 펨브로크 스트리트Pembroke Street 정류장 하차, 남쪽으로 도보 2분 ③수학의 다리에서 남동쪽으로 도보 7분 🏠 Trumpington St, Cambridge CB2 1RB, UK 📞 +44 1223 332900
🕐 화~토 10:00~17:00, 일요일 및 공휴일 12:00~17:00, 월요일 휴관 £ 무료 ☰ https://www.fitzmuseum.cam.ac.uk

그리스 신전을 닮은 작은 대영박물관

외관이 고대 그리스 신전을 연상시킨다. '작은 대영박물관'이라고 불러도 손색없을 만큼 세계의 다양한 소장품을 전시하고 있다. 1816년 피츠윌리엄 경이 기증한 유산과 수집품을 모아 개장했다. 런던을 제외한 지역의 박물관 가운데 가장 큰 규모를 자랑하며 2개 층에 34개의 전시관이 있다. 1층은 유럽, 이집트, 그리스 & 로마, 아시아 지역으로 나누어 영국 기사단의 갑옷과 무기, 이집트 미라 유적, 조선 시대 도자기 등을 전시하고 있다. 2층에는 르네상스부터 현대에 이르기까지 연대별로 회화를 전시하고 있다. 세잔, 모네, 피카소 등 거장의 회화작품을 감상할 수 있다. 대영박물관에서 깊은 인상을 받았던 여행자라면 이곳에서도 실망하지 않을 것이다. 입장료가 없어 더욱더 매력적이다.

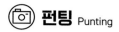

펀팅 Punting

🏃 퀸스 칼리지 수학의 다리에서 케임강 따라 서남쪽으로 도보 2분
🏠 Mill Lane, Cambridge, CB2 1RS
🕐 09:00~일몰 전까지 £ 가이드 동행 보트 탑승 £ 55부터, 보트 대여 £ 20
≡ https://www.scudamores.com/

배 타고 케임브리지 여행

케임브리지 시내를 걷다 보면 케임강을 따라 떠다니는 배와 그 위에서 여유롭게 시내를 감상하는 여행객을 쉽게 찾아볼 수 있다. 펀팅은 렌 도서관, 킹스 칼리지 성당, 수학의 다리 등 케임브리지 대학 내 주요 명소를 배를 타고 여행하는 방식이다. 노래만 부르지 않을 뿐 숙련된 가이드가 장대를 들고 배를 모는 모습은 베네치아의 곤돌라 뱃사공을 연상시킨다. 투어는 약 45분간 진행된다. 별도로 배를 빌려 스스로 배를 모는 것도 가능하지만 초보자라면 고생길에 들어설 수 있다. 펀팅 투어는 여러 업체가 진행한다. 시내 곳곳에서 다양한 홍보물을 받아볼 수 있다. 흥정에 따라 가격이 유동적이므로 잘 비교해보고 결정하는 게 좋다.

추천 업체 스쿠다모어스Scudamore's Mill Lane Punting Station 케임브리지의 대표적인 펀팅 투어 업체로 가장 많은 수량의 배를 보유하고 있다.

📷 케임브리지 대학교 Cambridge University

옥스퍼드 대학교에서 분가하다

케임브리지 대학교는 옥스퍼드 대학교와 쌍벽을 이룬다. 옥스퍼드와 마찬가지로 31개 칼리지의 연합체이다. 케임브리지는 1209년 옥스퍼드에서 갈라져 나왔다. 그 이유는 옥스퍼드의 계층 갈등 때문이었다. 중세의 대학생은 특별한 신분이었다. 13세기 초 가운을 입는 옥스퍼드 학생과 평상복과 작업복을 입는 시민들 사이에 계층 갈등이 최고조에 이르렀다. 폭력 사태가 끊이지 않았다. 그 무렵 일부의 교수와 학생들이 계층 갈등을 피해 케임브리지로 옮겨와 대학을 설립했다. 설립 이후 800년 동안 자연과학 분야에서 가장 뚜렷한 명성을 이어왔다. 찰스 다윈, 아이작 뉴턴, 스티븐 호킹 등 세계를 뒤흔든 인재가 이 대학 출신이다. 노벨상 수상자 117명을 배출했다. 학생 수는 대학원생을 포함하여 약 2만 명이다. 전형적인 고딕 양식의 정수를 보여주는 킹스 칼리지와 세인트 존스 칼리지 등 긴 역사를 품은 명소를 둘러보며 지혜의 숨결과 대학 도시의 활기를 더불어 만끽하자.

©Wikimedia Common

케임브리지대학에서 꼭 가야 할 곳

1 세인트존스 칼리지 St. John's College

케임브리지에서 세 번째로 큰 대학

1511년 헨리 7세재위 1485~1509의 어머니 마거릿 뷰포트와 헨리 7세의 친구 존 피셔가 설립했다. 존 피셔는 케임브리지 대학 출신이며, 1504년엔 케임브리지의 총장에 오르기도 했다. 세인트존스 칼리지는 케임브리지의 칼리지 가운데 3번째로 크다. 칼리지 입구에는 마거릿 뷰포트의 문장이 있고, 그 위에는 성 요한이 조각되어 있다. 그래서 학교가 아닌 성당 같은 분위기가 느껴진다. 정문 오른쪽 예배당 안으로 들어가면 예수의 삶을 조각해놓은 대형 스테인드글라스를 볼 수 있다. 구관과 신관을 이어주는 '탄식의 다리'Bridge of sighs도 대표적인 볼거리다. 세인트존스 칼리지의 명물로 꼽히는 다리로, 빅토리아 여왕이 직접 극찬했다고 전해진다.

🚶 ❶ 케임브리지 기차역에서 도보 2분 거리에 있는 버스 정류장 'Railway Station (Stop 1)'에서 'U Universal' 버스 승차하여 플래잉 필드 Playing Field 정류장 하차(20분 소요), 동쪽으로 도보 9분 ❷ Railway Station(Stop 6)에서 Citi 3번 버스(11분 소요), Railway Station(Stop 7)에서 Citi 1번 버스(16분 소요) 승차하여 크라이스트 칼리지Christ's College 정류장 하차, 도보 5~6분 🏠 St John's College, St John's Street, Cambridge CB2 1TP, UK 🕐 3월~10월 10:00~17:00, 11월~2월 10:00~15:30(시험 기간, 크리스마스부터 새해 기간은 관광객 출입 불가) £ £ 5.00 ☰ https://www.joh.cam.ac.uk/

2 트리니티 칼리지 Trinity College

뉴턴과 베이컨이 이곳 출신이다

1546년 헨리 8세가 세운 학교로 케임브리지에서 규모가 제일 크다. 무려 29명의 노벨상 수상자를 배출했다. 만유인력의 법칙, 미적분학 등을 만들어낸 과학자 아이작 뉴턴과 철학자 프랜시스 베이컨도 이곳 출신이다. 뉴턴이 만유인력의 법칙을 고민할 때 영감을 얻었다고 알려진 사과나무를 지금도 찾아볼 수 있다. 영국의 대표 건축가 크리스토퍼 렌이 건축한 렌 도서관 또한 트리니티 칼리지에서 놓치지 않아야 할 볼거리다.

🚶 세인트존스 칼리지에서 남쪽으로 도보 6분 🏠 Cambridge CB2 1TQ, UK 🕐 대학 3월~10월 10:00~16:30, 11월~2월 10:00~15:30 렌 도서관 12:00~14:00(토요일 10:30~12:30) 출입 불가 기간 시험 기간, 크리스마스부터 새해 ☰ https://www.trin.cam.ac.uk/

3 킹스 칼리지 King's College

예배당으로 더 유명한 대학

케임브리지 대학교를 돌아볼 때 걷게 되는 중심 도로 킹스 퍼레이드King's Parade 중앙에 있는 아름다운 칼리지이다. 1441년 헨리 6세재위 1422~1461, 1470~1471가 세웠으며, 케임브리지의 칼리지 가운데 가장 오랜 역사를 자랑한다. 대학보다 후기 고딕 양식을 대표하는 킹스 칼리지 예배당으로 더욱 유명하다. 예배당 안에 헨리 8세가 기증한 거대한 오르간과 바로크 미술의 거장 폴 루벤스의 작품 '동방박사의 경배'가 있다. 학교 안에 역사적인 건축물과 볼거리가 많다는 사실이 놀라움을 자아낸다. ⚑ 트리니티 칼리지에서 남동쪽으로 도보 4~5분 ⌂ King's Parade, Cambridge CB2 1ST, UK 🕐 일반 09:30~16:30 학기 중(1~3월 중순·4월 말~6월 중순·10월~12월 초) 월~금 09:30~15:30 토 09:30~15:15 일 13:15~14:30 £ 성인 £13.50(주말은 £14) 학생·아동 £10.50(주말은 £11) ≡ https://www.kings.cam.ac.uk/chapel

4 코퍼스 크리스티 칼리지 Corpus Christi College

코퍼스 순금 시계 구경하기

코퍼스 크리스티 칼리지는 케임브리지 주민이 만든 두 개의 길드가 자금을 모아 1352년에 설립했다. 케임브리지의 칼리지 중에 주민 자금으로 설립된 곳은 이곳이 유일하다. 위치는 킹스 칼리지에서 남동쪽으로 도보 1분 거리에 있다. 도서관 건물 모퉁이에 붙어있는 코퍼스 시계The Corpus clock는 이곳의 명물이다. 코퍼스 크리스티를 졸업하고 엔지니어링 회사에서 일하던 존 테일러가 기증한 24K 순금 시계이다. 숫자도 새겨져 있지 않고 바늘도 없어, 겉모습만 보면 시계 역할을 하고 있는지 의문이 든다. 하지만 시계 위에 놓인 장식용 메뚜기 모형은 정확히 1분마다 턱을 움직이고, 3개의 순금 원형 도금판 사이에 있는 LED가 시간을 알려준다. 시계 아래에는 라틴어로 '세계와 욕망은 시간이 흐르면 사라진다.'라고 새겨져 있다. 초기 영국사 연대기를 다룬 고서적과 6세기에 제작된 각종 성서가 진열된 도서관 내부 입장은 별도 투어를 통해서만 가능하다.

⚑ 킹스칼리지 정문 입구에서 도보 1분, 시계는 정문 입구를 등지고 오른편에 위치 ⌂ Trumpington St, Cambridge CB2 1RH, UK 🕐 연중무휴

5 퀸스 칼리지 Queen's College

수학의 다리가 있는 칼리지

킹스 칼리지를 세운 헨리 6세의 왕비 마거릿 앙주와 에드워드 4세의 왕비 엘리자베스 우드빌이 1749년 만든 칼리지이다. 왕비들이 설립한 곳이라 분위기가 여성적이고 고풍스럽다. 캠퍼스는 남북으로 흐르는 케임 강에 의해 양쪽으로 나뉘어 있고, 그 사이를 수학의 다리Mathematical Bridge가 이어준다. 수학의 다리는 퀸스 칼리지를 대표하는 명물로, 뉴턴이 이음새 없이 정교하게 만든 기하학적 다리로 소문이 나며 세계적으로 유명해졌다. 하지만 사실 이 다리는 18세기 건축가 윌리엄 에서리지가 기획하여 제임스 에섹스가 만든 것이다. 이음새 또한 전혀 없는 것은 아니고 보행자가 볼 수 없는 측면에 처음부터 있었다고 한다. 수학의 다리 남쪽에 있는 실버 스트리트 브리지에 서면 '수학의 다리'의 기하학적인 모습을 한눈에 담을 수 있다. 관광객은 외부에서만 바라볼 수 있다.

🏃 코퍼스 칼리지 정문에서 케임 강 방향(서쪽)으로 도보 3분
🏠 Cambridge CB3 9ET, UK
🕐 1월~3월 초 10:00~16:30, 10월~12월 말 평일 개방, 3월 ~10월 매일 개방(시험 기간, 크리스마스 전후 휴무)
£ £5.00 ≡ https://www.queens.cam.ac.uk/

🍴 스모크웍스 SmokeWorks

로컬 BBQ 레스토랑

케임브리지에서만 두 곳의 점포를 운영하는 로컬 BBQ 레스토랑이다. 독특한 인테리어와 다양한 종류의 지역 수제 맥주가 케임브리지의 학생과 여행객의 발걸음을 이곳으로 이끈다. 108도의 뜨거운 온도에서 장시간 훈제시켜 육질이 부드러운 바비큐 고기가 이곳의 핵심 재료이며, 스테이크나 립, 버거 등을 다양한 디핑 소스와 조합해서 즐기기 좋다. 학생들이 많은 도시의 식당이라 살인적인 영국의 물가를 감안하면 저렴하게 요리를 즐길 수 있는 식당이다.

🏃 케임브리지 기차역에서 시내 방향으로 도보 5분 🏠 1-3 Station Rd, Cambridge CB1 2JB, United Kingdom
📞 +44 1223 631627 🕐 월~목 12:00~22:00 금~토 12:00~23:00(일요일 휴무)
£ £13부터 ≡ https://www.smokeworks.co.uk

Around London 05

그리니치Greenwich

세계문화유산, 해양과 천문학의 도시

그리니치는 도시 전체가 세계문화유산으로 지정된 해양의 도시이자 천문학의 도시이다. 런던 시내 중심부에서 남동쪽으로 약 12km 거리에 있다. 30분 정도면 갈수 있어서 많은 여행객이 찾는다. 이 도시가 근교 여행지로 사랑받는 이유는 천문대, 해양박물관, 커티 삭 같은 명소와 공원, 마켓이 한곳에 모여있기 때문이다. 그리니치 천문대는 오늘날 세계 시각의 기준점이 되는 본초 자오선이 있는 곳이다. 그리니치 마켓에는 골동품과 음식점이 모여있고, 구 왕립 해군학교는 영국 해군의 모태가 된 곳이다. 반나절이면 이 모두를 둘러보며 근교 여행의 진수를 느낄 수 있다. 찾아가는 방법은 여러 가지가 있지만, 특히 크루즈로 이동하면 템스강의 멋진 풍경을 만끽할 수 있어 더욱 좋다.

리버풀

런던
그리니치

그리니치 찾아가기

언더그라운드

센트럴, 노던, 워털루 & 시티 라인 승차하여 뱅크역Bank 하차, 런던 경전철 DLR로 환
승하여 커티 삭 포 메리타임 그리니치역Cutty Sark for Maritime Greenwich DLR Station 하차
(언더그라운드 뱅크역Bank에서 23분 소요)

버스 129, 177, 180, 188, 199, 286번 그리니치행 탑승

크루즈

웨스트민스터 선착장Westminster Pier, 런던아이 선착장London Eye Pier 혹은 타워 선착
장Tower Pier에서 시티 크루즈City cruises 혹은 RB1선 테임즈 클리퍼Thames Clipper 유람
선 탑승하여 그리니치 선착장Greenwich Pier 하차(편도 £14.90, 왕복 £19.65)

시내 교통편

그리니치 주요 관광지는 별도 교통편 없이 도보로 둘러볼 수 있다.

자유여행 추천 코스

09:30 런던에서 출발 → 10:00 그리니치 도착 → 10:10 커티 삭 → 10:45 구 왕립해군학교 내 페인티드 홀, 예배당
→ 11:30 퀸스 하우스 → 12:00 국립해양박물관 → 12:40 그리니치 마켓 → 13:00 점심 식사 및 휴식 → 14:00 그리
니치 천문대(천문대 지붕의 빨간색 타임 볼이 떨어지는 것을 보고 싶다면 12:55에 맞춰 방문하자) → 15:00 그리
니치 공원 산책 및 휴식 → 15:30 런던으로

그리니치 여행지도

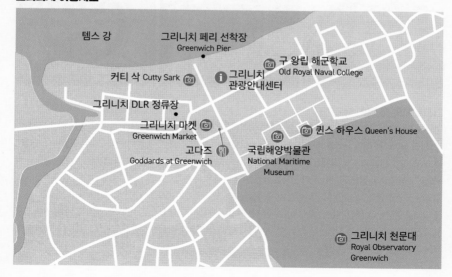

📷 커티 삭 Cutty Sark

🚶 ❶런던 경전철 DLR 승차하여 커티 삭 포 메리타임 그리니치역Cutty Sark for Maritime Greenwich DLR Station 하차, 북동쪽으로 도보 3분 ❷퀸스 하우스에서 북서쪽으로 도보 7분 ⌂ King William Walk, London SE10 9HT, UK 📞 +44 20 8858 4422 ⏰ 10:00~17:00 £ 18(그리니치 천문대와의 통합권은 £ 27) ☰ http://www.rmg.co.uk/cutty-sark

Travel Tip 그리니치 관광정보센터
커티삭에서 동쪽으로 도보 1분 거리에 그리니치 투어리스트 인포메이션 센터가 있다. 그리니치 여행 관련 정보를 구하기 좋으니 활용해보자. ⌂ Visitor Centre at the Old Royal Naval College, 2 Cutty Sark Gardens, London SE10 9LW, UK

그리니치의 또 다른 랜드마크
천문대와 더불어 그리니치를 대표하는 압도적인 크기의 랜드마크로, 그리니치 선착장 부근에 있는 해양박물관이다. 커티 삭이라는 대형 선박을 박물관으로 만들어 이색적이다. 커티 삭은 웅장한 첫인상으로는 금방이라도 대포를 쏠 것 같은 전함 같지만, 실제로는 중국과의 교역 시 차Tea를 운반하던 쾌속선이었다. 19세기 초중반 중국의 항구들이 개방되며 수많은 국가가 무역 전쟁을 치렀는데, 영국 역시 중국으로부터 귀한 차를 수입하기 위해 미국과 치열한 경쟁을 했다. 1850년부터 20년간 차 교역을 위해서만 무려 280개의 대형 선박이 만들어졌다는 사실이 이를 그대로 증명한다. 커티 삭은 그중에서도 가장 빠른 속도를 자랑하던 선박으로, 1만여 종의 차를 1주일 만에 영국으로 운반할 수 있었다고 전해진다. 커티 삭 내부에서 해양 선박의 역사를 확인할 수 있으며, 선박의 지하 카페에서는 애프터눈 티를 즐길 수 있다.

구 왕립 해군학교 Old Royal Naval College

🚶 ❶런던 경전철 DLR 승차하여 커티 삭 포 메리타임 그리니치역Cutty Sark for Maritime Greenwich DLR Station 하차, 도보 2~3분 ❷그리니치 마켓에서 동쪽으로 도보 2분 🏠 King William Walk, Greenwich Peninsula, London SE10 9NN, UK
📞 +44 20 8269 4747 🕐 08:00~23:00(해군학교 부지) 10:00~17:00(예배당, 예배당의 경우 예배 일정에 따라 유동적으로 운영되어 홈페이지 확인 필요) £ 무료(예배당·페인티드홀 £15) 🌐 https://www.ornc.org/

크리스토퍼 렌의 또 다른 역작

원래 해군 왕립 병원이었으나, 1873년부터 1998년까지는 해군학교로 사용되었다. 마치 두 개 돔 건물이 데칼코마니처럼 똑같은 비율과 크기로 지어져 있어 눈길을 끈다. 런던 어디선가 이와 비슷한 건물을 본 것 같다면 눈썰미가 좋은 게 맞다. 런던 세인트폴 대성당을 건축한 크리스토퍼 렌이 이곳을 설계하여 분위기가 비슷하다. 바로크 양식의 돔 형태를 좋아하는 그의 건축 취향이 이곳에도 반영되어 있다. 구 왕립해군학교의 부지는 벽화로 근사하게 둘러싸인 페인티드 홀Painted Hall과 예배당Chapel으로 활용되고 있다. 페인티드 홀은 과거 해군들을 위한 식당이었다. 천장화가 유명한데, 영국 화가 제임스 손힐Sir James Thornhill, 1675~1734이 19년간 그린 것으로, 영국 해군력의 중요성과 국가의 평화, 자유를 강조하고 있다. 영화 <캐리비안 해적>에서 조니 뎁이 영국군에 체포되는 장면을 이곳에서 촬영했다. 하루 4번 45분간 진행되는 가이드 투어를 활용하면 좀 더 자세히 둘러볼 수 있다. 돔 건물과 주변 잔디밭은 스냅사진을 찍기 좋은 포토 스폿이니 예쁜 사진을 마음껏 남겨보자.

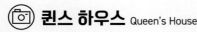

퀸스 하우스 Queen's House

🚶 ❶런던 경전철 DLR 승차하여 커티 삭 포 메리타임 그리니치역Cutty Sark for Maritime Greenwich DLR Station 하차, 도보 5분
❷국립 해양박물관에서 동쪽으로 도보 2분
🏠 Romney Rd, Greenwich, London SE10 9NF, UK 📞 +44 20 8858 4422
🕐 10:00~17:00 £ 무료(단, 홈페이지 사전 예약 권장)
🔗 http://www.rmg.co.uk/queens-house

왕비를 위한 건축

튜더 왕조1485-1603의 뒤를 이은 스튜어트 왕조1603-1714의 제임스 1세가 덴마크 출신 아내 앤 왕비를 위하여 1617년에 지은 것이다. 영국 최초의 고전주의 양식 건축물로 건축사적으로도 꽤 의미가 있다. 1635년 찰스 1세가 프랑스 출신 아내 왕비 헨리에타 마리아를 위하여 리모델링하였다. 오랫동안 닫혀 있다가 1947년이 되어서야 대중들에게 개방되었다. 내부에는 엘리자베스 1세, 헨리 8세 등의 왕실 초상화와 다양한 회화작품이 전시되어 있다. 런던의 국립초상화박물관이 2023년 봄까지 리모델링 중이기에, 이곳에서 그 아쉬움을 조금이나마 달래볼 수 있다. 국립 해양박물관에서 동쪽으로 도보 2분 거리에 있어 그리니치 공원, 그리니치 천문대, 국립 해양박물관과 함께 여행 동선을 짜서 이동하기 좋다.

국립해양박물관 National Maritime Museum

🚶 ❶런던 경전철 DLR 승차하여 커티 삭 포 메리타임 그리니치역Cutty Sark for Maritime Greenwich DLR Station 하차, 도보 5분
❷그리니치 천문대에서 북쪽으로 도보 7분
🏠 Park Row, London SE10 9NF, UK 📞 +44 20 8858 4422
🕙 10:00~17:00 £ 무료 (단, 홈페이지 사전 예약 권장)
≡ http://www.rmg.co.uk/national-maritime-museum

©National Maritime Museum

©flickr_Jim Linwood

넬슨 제독의 흔적을 찾아서

'해가 지지 않는 나라' 대영제국에 황금기를 가져다줬던 영국 해군의 기록을 모아놓은 박물관이다. 그리니치 공원 북쪽에 바로 붙어있다. 옛날 왕립간호학교이자 여왕의 집으로 쓰이던 부지를 1937년 박물관으로 개조하여 만들었다. 이곳에는 영국이 바다를 지배하며 얼마나 큰 영광을 얻었는지 확인할 수 있는 전시물로 가득하다. 해양과 관련된 전시 규모로는 세계에서 가장 규모가 크다. 꼭 가봐야 할 전시관은 3층의 'Nelson, Navy, Nation'관이다. 영국인에게 넬슨 해군 제독은 우리나라 이순신 장군과 같이 위인이다. 넬슨 해군 제독이 트래펄가 해전 당시 착용했던 유니폼이 그대로 전시되어 있다. 이순신 장군이 그랬듯이 넬슨은 안타깝게도 트래펄가 해전에서 프랑스 병사의 총탄에 맞아 사망했다. 입장료도 무료이므로 그리니치에 왔다면 꼭 한 번 방문해보자.

그리니치 천문대 Royal Observatory Greenwich

🚶 런던 경전철 DLR 승차하여 커티 삭 포 메리타임 그리니치역Cutty Sark for Maritime Greenwich DLR Station
하차, 도보 11분 🏠 Blackheath Ave, London SE10 8XJ, UK 📞 +44 20 8858 4422 🕐 10:00~17:00
£ £ 18(커티 삭과의 통합권 £ 27) ☰ http://www.rmg.co.uk/royal-observatory

세계 시각의 기준점

그리니치 공원 안에 있다. 세계 곳곳의 위치를 설명할 때 흔히 위도와 경도라는 개념을 사용하는데, 그리니치 천문대는 경도 0도이다. 이 도시가 세계 시각의 기준점이다. 그리니치 천문대는 1676년 찰스 2세의 명으로 만들어졌다. 이곳은 천문학과 항해술 연구의 심장이었다. 지금은 천문 관측은 하지 않고, 1893년 당시 세계에서 가장 컸던 망원경과 다양한 시계, 천문 관측 장비를 전시하고 있다. 천문대에 가면 플램스테드 하우스Flamsteed House 지붕 꼭대기에 있는 빨간 공을 찾아보라. 이 공은 매일 오후 12:55에 위로 올라갔다가 정확하게 5분 뒤인 1시에 아래로 내려오며, 그리니치 표준시를 알려준다. 여행자들은 시간의 실체를 느끼기 위해 이곳을 찾는다. 천문대는 그리니치 공원 가운데에 있어 아름다운 자연과 더불어 둘러보기 좋다.

천문대 바로 옆에는 그리니치 자오선Prime Meridian이 있다. 그리니치 자오선은 1884년부터 천문 국제회의를 통해 본초 자오선으로 인정받았다. 1972년부터는 본초 자오선이 그리니치 자오선 동쪽으로 100m 위치로 이동했다. 본초 자오선 부근에 가면 인증 샷을 남기는 여행객을 쉽게 찾아볼 수 있다. 두 발로 동반구와 서반구를 동시에 밟으며 사진을 찍는다. 한국 여행객들은 동경 127도의 서울이 표기된 곳에서도 즐겁게 인증 사진을 남긴다.

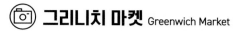

그리니치 마켓 Greenwich Market

🏃 ❶ 런던 경전철 DLR 승차하여 커티 삭 포 메리타임 그리니치역Cutty Sark for Maritime Greenwich DLR Station 하차, 도보 1분
❷ 커티 삭에서 남쪽으로 도보 3분 🏠 5B Greenwich Market, London SE10 9HZ, UK 📞 +44 20 8269 5096
🕐 10:00~17:30 🔗 https://www.greenwichmarket.london/

©Wikimedia Commons Gert House Amity

골동품, 액세서리, 길거리 음식

그리니치는 느낌이 차분한 도시이다. 하지만 모든 곳이 그런 것은 아니다. 그리니치
마켓에 가면 분위기가 달라져 신나고 즐거운 열기를 느낄 수 있다. 그리니치 마켓은
1737년 과일, 야채 등을 파는 청과물 시장으로 그 역사를 시작했다. 시간이 흐르며
분위기가 바뀌어 지금은 앤티크한 액세서리, 골동품, 길거리 음식 등을 판매하여 젊
은이들이 즐겨 찾는다. 영국은 물론 포르투갈, 일본 등 다양한 나라의 길거리 음식을 즐
길 수 있어 더욱 매력적이다. 홈페이지에서 주기적으로 진행되는 마켓의 이벤트를 확인하고
간다면 더욱 알차게 투어를 즐길 수 있다.

고다즈 Goddards at Greenwich

🏃 런던 경전철 DLR 승차하여 커티 삭 포 메리타임 그리니치역Cutty Sark for Maritime Greenwich DLR Station 하차, 도보 2분
🏠 22 King William Walk, Greenwich Peninsula, London SE10 9HU, UK
📞 +44 20 8305 9612 🕐 10:00~19:30 (금·토 20:00까지)
£ 기본 파이 앤 매시 £4.6부터 ☰ https://www.goddardsatgreenwich.co.uk/

130년 전통의 홈메이드 파이 맛집

영국을 대표하는 음식 파이 앤 매시Pie and Mash를 1890년부터 만들어오고 있는 가게이다. 창업주 알프레드 고다드Alfred Goddard가 운영을 시작한 이래 5대째 가족들이 이어오고 있다. 2000년대 중반에 가게를 이주하여 현재는 그리니치 마켓 바로 옆에 있다. 이곳에서 만든 파이는 런던의 주요 카페나 레스토랑, 호텔에도 배송되어 판매될 정도로 인기가 많다. 가격도 저렴하여 누구나 부담 없이 즐길 수 있다. 영국을 대표하는 그레이비 소스에 적신 파이 앤 매쉬와 밀크티를 5파운드의 가격에 세트로 즐길 수 있다.

©Hampton Court Palace

리치먼드 Richmond

런던에서 서쪽으로 약 14km 거리에 있는 근교 도시다. 템스강이 리치먼드를 감싸고 흐른다. 런던에서 템스강을 따라 배를 타고 쉽게 이동할 수 있다는 지리적 이점 덕분에 왕들이 많이 거주했다. 그 흔적이 지금도 고스란히 남아있다. 영국 왕실에서 직접 관리했던 식물원 큐가든과 헨리 8세가 거주했던 햄프턴 코트 궁전이 대표적인 볼거리이다. 두 곳을 반나절씩 잡고 당일치기로 다녀오기 좋다.

리치먼드 찾아가기

런던과 가까워 언더그라운드를 가장 많이 이용한다. 기차와 리치먼드행 런던 시내 2층 버스도 이용할 수 있다. 자세한 내용은 각 명소의 찾아가기 정보를 참고하자.

시내 교통편

큐가든에서 리치먼드 남쪽 햄프턴 코트 궁전을 갈 때는 버스를 이용하면 된다. 큐가든 각 출구에 있는 버스 정류장에서 65번 버스를 타고 리치먼드 기차역까지 간 다음(10분 소요), R68 버스 탑승 후 햄프턴 코트 팰리스 정류장에서 내리면 된다.(약 50분 소요).

자유여행 추천코스

09:30 런던에서 출발 → 10:00 큐가든 도착 → 12:00 리치몬드에서 점심 및 휴식 → 13:00 R68버스 탑승 후 햄프턴 코트 팰리스행 → 13:50 햄프턴 코트 팰리스 도착 및 관람 → 16:00 런던으로

리치먼드 여행지도

왕립식물원 큐가든
Royal Botanic Garden, Kew

더 아이비 카페 리치먼드
The Ivy Cafe Richmond

리치먼드
기차역

햄프턴 코트 궁전
Hampton Court Palace

리버풀
런던
리치먼드

왕립식물원 큐가든 Royal Botanic Garden, Kew

🏃 런던에서 언더그라운드 디스트릭트 라인 승차하여 큐가든역Kew Gardens 하차, 입구인 빅토리아 게이트까지 도보 5분
🏠 Royal Botanic Gardens, Kew, Richmond, Surrey, TW9 3AE, UK 📞 +44 20 8332 5655
🕐 10:00~19:00 (성수기 기준, 마지막 입장 18:00이며, 마감시간은 절기에 따라 상이하므로 홈페이지 확인 필수)
£ 11월~1월 주중 £14, 주말 £16(온라인 구매시 £2씩 할인) 2월~10월 주중 £22, 주말 £24(온라인 구매시 £2씩 할인)
≡ https://www.kew.org

세계문화유산, 260년 된 세계 최고 식물원

큐 식물원은 처음엔 조지 3세의 누나 아우구스타1737~1813의 사유지였다. 1759년 왕립식물원으로 개원했고, 1761년엔 오렌지 온실이 설치되었다. 지금은 이 온실을 레스토랑으로 사용하고 있다. 1800년대 초 야자나무 온실과 온대식물 온실을 조성했다. 이 두 온실은 세계 온실의 모델이 되었다. 이 무렵부터 대륙별 대표 식물과 멸종 위기 식물의 씨앗을 수집하고 표본을 보관하기 시작했다. 현재는 35만 분류군에서 무려 700만 점이 넘는 표본을 보유하고 있다. 식물원 규모는 1백만 평이 조금 넘는다. 여러 온실과 주제별 정원, 중국식 탑, 조지 3세와 샬럿 왕비가 살았던 큐 궁전, 조망 워크 웨이, 장서 75만 권과 18만여 점의 식물 그림 및 판화를 소장한 도서관 등이 있다. 2003년에는 유네스코 세계문화유산에 이름을 올렸다. 규모가 커 2시간 이상은 둘러봐야 한다.

©Wikimedia Commons D

ONE MORE

크리스마스, 큐가든 빛 축제 Christmas at Kew

빛 축제는 큐가든에서 크리스마스 전후 6주 동안 열린다. 산책 코스마다 다르게 장식한 아름다운 빛이 여행객을 유혹한다. 놀이기구와 군것질거리를 파는 노점이 들어선다. 빛 축제의 하이라이트는 마지막 코스에서 볼 수 있는 팜하우스 쇼Palm house lightshow이다. 온실을 비추는 알록달록한 조명, 물을 뿜는 분수대, 아름다운 음악이 감동을 선사한다. 빛 축제 티켓은 홈페이지 혹은 현장에서 별도로 사야 한다. 보통 11월 중순부터 1월 첫째 주까지 진행되며, 자세한 일정은 홈페이지에서 꼭 확인해야 한다.

🕒 17:00~22:00(입장은 19:40까지) £ £ 22.5~ £ 29(방문 시점에 따라 상이)

햄프턴 코트 궁전 Hampton Court Palace

🚶 런던에서 워털루 기차역에서 햄프턴 코트Hampton Court 행 열차 탑승 후 햄프턴 코트 기차역 하차(약 36분 소요), 도보 10분 리치먼드에서 리치먼드역에서 서쪽으로 도보 1분 거리에 있는 리치먼드 스테이션Richmond Station(Stop E) 버스 정류장에서 R68 번 버스 탑승하여 햄프턴 코트 팰리스Hampton Court Palace(Stop F) 정류장 하차(리치먼드역에서 약 30분 소요)
🏠 Molesey, East Molesey KT8 9AU, UK 📞 +44 20 3166 6000
🕐 10:00~17:30(마지막 입장 16:30. 단, 궁전 내 행사에 따라 운영시간 상이할 수 있음)
£ 성인 £26.30, 5~15세 £13.10 🖥 https://www.hrp.org.uk/hampton-court-palace/

헨리 8세를 만나러 가는 시간

헨리 8세재위 1509~1547는 영국의 수많은 왕 중에서도 가장 자주 사람들 입에 오르내리는 인물이다. 햄프턴 코트 궁전은 헨리 8세의 흔적이 많이 남아있는 곳이다. 1300년대에 처음 지었다. 헨리 8세와 윌리엄 3세 때 확장 공사를 하였다. 거대한 궁전의 모든 방은 난방이 되도록 설계되었고, 포도주가 콸콸 흘러나오는 분수도 있었다고 전해진다. 이 사실만으로도 이곳이 얼마나 화려한 곳이었는지 짐작할 수 있다. 1700년대 후반부터 영국 왕들이 런던 교외의 다른 궁전을 선호하면서 햄프턴 궁전은 서서히 매력을 잃었다. 빅토리아 여왕재위 1837~1901 때에 이르러 복구 작업이 진행되었다. 벽돌로 지은 튜더 왕조와 조지아 왕조의 양식을 살리기 위해 벽돌을 주재료로 사용해 복구했다. 여기에 흰색 석재를 부재료로 사용하여 바로크 양식의 장식 효과를 드러냈다. 궁전뿐 아니라 정원도 꽤 커서 최소 반나절은 둘러봐야 한다. 한국어 오디오가이드도 준비되어 있다.

©Wikimedia Commons, Andreas.T

Henry VIII's wives

Katherine of Aragon
— divorced —

Anne Boleyn
— beheaded —

Jane Seymour
— died —

• Travel Tip •

헨리 8세는 누구?

헨리 8세는재위 1509~1547는 튜더 왕조1485-1603의 두 번째 왕이다. 그는 평생 여섯 번이나 결혼했다. 그 중 대표적인 게 궁녀 앤 불린과의 결혼이다. 그는 형이 일찍 죽자 아라곤 왕국 출신 형수 캐서린과 결혼했다. 하지만 캐서린은 몸이 약했다. 둘 사이엔 아들도 없었다. 1520년대 중반 궁녀 앤 불린이 왕을 사로잡았다. 1533년 교황청이 반대했으나 헨리 8세는 이를 물리치고 앤 불린과 결혼했다. 교황은 헨리 8세를 파문했다. 그러자 그는 로마 교황과 연을 끊고 영국 국교회지금의 성공회라는 새로운 종교를 만들었다. 그는   앤 불린과 사이에 엘리자베스 1세를 얻었다. 하지만 헨리 8세는 앤이 여러 남자와 간통하고 심지어는 오빠와 근친 상간까지 했다는 혐의로 런던 타워에 가두었다가 1536년 봄 교수형에 처했다. 하지만 앤 불린의 혐의는 사실이 아니었다. 권력 싸움의 와중에 앤 불린 반대파에게 희생당한 것이다. 여성과 종교 문제는 시끄러웠으나 헨리 8세의 대외 정책은 비교적 좋은 평가를 받는다. 영국을 열강의 반열에 올린 적극적인 왕이었기 때문이다. 그의 딸 엘리자베스 1세는 아버지의 업적을 이어받아 영국이 '대영제국'으로 불리는 데 큰 역할을 했다.

햄프턴 코트 궁전, 이것만은 꼭 보자

햄프턴 코트 궁전은 왕이 거주했던 궁전과 정원으로 구성되어 있다. 궁전을 전체적으로 둘러보는 데에 약 2시간 정도 소요되며, 정원까지 둘러보려면 더 많은 시간이 필요하다. 시간이 촉박한 여행자라면 한국어 가이드와 함께 궁전 중심으로 둘러보자.

궁전 입구의 포도주 분수

술과 고기를 좋아했던 헨리 8세가 궁전의 모든 사람이 즐길 수 있게 포도주가 흘러나오도록 설치한 분수. 분수대 옆으로 술에 취한 동상 조각들이 보는 재미를 준다.

헨리 8세 아파트, 그레이트 홀

튜더 왕조의 장엄함을 보여주는 곳으로, 연회장으로 사용됐다. 북유럽에서 들여온 순금 실로 만든 태피스트리 장식이 인상적이다. 손님이 초대를 받으면 영국 최고의 쇠고기 구이와 함께 밤낮으로 벌어지는 연회와 유흥을 이곳에서 즐겼다.

헨리 8세 아파트의
혼티드 갤러리

헨리 8세의 5번째 왕비 캐서린 하워드가 감금되어 있다가 사형된 곳이다. 이곳 복도에서 유령을 봤다는 전설이 아직도 전해지며, 벽면에는 헨리 8세의 강력한 위상을 과시하는 전신 초상화가 걸려있다.

왕실 예배당

헨리 8세가 영국 국교회를 창시한 후 왕실 직속 관리를 받는 예배 공간이다. 500년간 이곳에서 종교의식이 이어져 오고 있다. 60명의 천사가 조각된 파란 천장은 2년이나 걸려 제작된 것이다. 파란색은 이 예배당이 왕실 직속 관리를 받고 있음을 잘 보여준다. 예배당 2층에 재현해 놓은 헨리 8세의 왕관도 함께 챙겨보자.

헨리 8세의 주방

왕실에 거주하는 천여 명이 먹을 음식이 만들어지던 곳이다. 당시 모습을 고스란히 재현해 놓은 부엌, 와인과 식자재 저장소 등을 돌아볼 수 있다.

왕실 정원

궁전 밖에는 대규모의 정원이 조성되어 있다. 꽃과 나무가 가득하며 영국 정원의 가장 아름다운 모습을 보여준다. 기네스북에 등재되었다는 포도나무는 1768년 심은 것으로 높이가 무려 75m에 이른다. 아름다운 분수대와 정원의 대표 볼거리 미로Maze도 잊지 말고 챙겨보자.

더 아이비 카페 리치먼드 The Ivy Cafe Richmond

🚶 런던 오버그라운드, 언더그라운드 디스트릭트 라인 승차하여 리치먼드역Richmond 하차, 남쪽으로 도보 7분
🏠 9–11 Hill St, Richmond TW9 1SX, United Kingdom 📞 +44 20 3146 7733
🕐 월~목 08:30~00:00 금 08:30~00:30 토 09:00~00:30 일 09:00~00:00
£ 조식 메인 메뉴 £8.95부터, 브런치 메인 메뉴 £8.95부터, 애프터눈 티 £29.95
≡ https://theivycaferichmond.com/

100년 전통의 브런치와 애프터눈 티 레스토랑

더 아이비는 100년이 넘은 레스토랑이다. 1917년에 개업했는데, 이 레스토랑 분점 연합체를 '아이비 컬렉션'이라고 부른다. 더 아이비 카페 리치먼드도 아이비 컬렉션에 속해있다. 왕실의 숨결이 흐르는 도시 분위기에 걸맞게 인테리어는 화려하고 조명은 고급스럽다. 무엇보다 브런치와 애프터눈 티가 유명해 여성 고객의 발길이 끊이지 않는다. 브런치는 주말 오전 11시부터 오후 4시까지 판매한다. 에그 베네딕트, 새우 & 아보카도 샌드위치, 버터 팬케이크 등이 침샘을 자극한다. 또한, 매일 오후 3시에서 5시까지는 애프터눈 티를 £29.95라는 상대적으로 저렴한 가격에 즐길 수 있어 매력적이다. 아침 일찍부터 저녁 늦은 시간까지 영업하는 올데이 레스토랑으로, 언제나 먹을 수 있는 올데이 메뉴도 다양하다.

윈저 Windsor

가족 여행하기 좋은 곳

윈저는 런던에서 서쪽으로 36km 거리에 있다. 런던의 버킹엄 궁전과 함께 영국 왕실의 상징으로 꼽히는 윈저성, 거대한 레고랜드 테마파크 등이 있어 가족 단위 여행자가 방문하기 좋다. 런던 히스로 공항에서는 차량으로 20분 거리이다. 히스로 공항은 우리나라에서 직항으로 취항하는 공항이기에, 공항에서 렌터카를 대여 혹은 반납해야 하는 여행객들도 부담 없이 찾기 좋다.

리버풀

런던
윈저

윈저 찾아가기

기차 & 언더그라운드 런던 패딩턴Paddington 기차역에서 옥스퍼드행 혹은 디드콧 파크웨이Didcot Parkway 행 GWR 열차나 엘리자베스 라인 레딩Reading 행 언더그라운드 탑승 → 슬라우Slough 기차 & 언더그라운드역 하차 → 윈저 앤 이튼 센트럴Windsor & Eton Central 행 GWR 열차로 환승 후 종점 하차(37분~56분 소요, 편도 £11.6부터)

버스 빅토리아 코치 스테이션에서 그린 라인 702번 버스(1시간 40분 소요)를 타거나, 히스로 공항 5 터미널에서 그린 라인 703번 버스 탑승(40분 소요)

교통편 상세 홈페이지 GWR(Great Western Railway) https://www.gwr.com/
SWR(South Western Railway) www.southwesternrailway.com
그린 라인 702, 703번 노선 http://www.greenline702.co.uk
윈저 관광 공식 홈페이지 https://www.windsor.gov.uk/

시내 교통편

윈저 시내는 도보로 이동할 수 있다. 다만, 레고랜드까지 둘러보는 일정을 짜고 싶다면 윈저에서 버스로 15분 정도 이동해야 한다. 그린라인 702번, 703번 버스가 윈저-레고랜드 구간을 운행한다.

자유여행 추천 코스

09:00 런던에서 출발 → 10:00 윈저 도착, 윈저성 내부 관람 → 11:00 내부 관람 후 윈저성 앞 롱워크 산책 → 11:30 점심 식사 및 휴식(만약 레고랜드에서 식사할 계획이라면 시내에서 먹을거리를 미리 준비하기 추천! 레고랜드 내 식사 가격이 비싼 편이다.) → 12:30 버스 탑승 후 레고랜드로 이동 → 13:00 레고랜드 관람 → 19:00 런던으로

윈저 여행지도

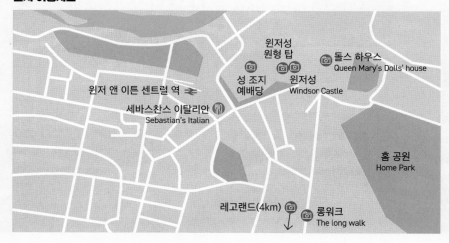

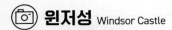
윈저성 Windsor Castle

🚶 윈저 & 이튼 센트럴Windsor & Eton Central 기차역에서 도보 2분
🏠 Windsor SL4 1NJ, UK 📞 +44 303 123 7334
🕐 3~10월 10:00~17:15(마지막 입장 16:00) 11~2월 10:00~16:15(마지막 입장 15:00)
£ 성인 기준 £33.00(사전 구매시 £30.00) (스테이트 아파트먼트 닫혀있을 시기에는 £14.6, 토요일 £15.6)
☰ https://www.rct.uk/visit/windsorcastle(왕실 행사 일정에 따라 성 혹은 스테이트 아파트먼트의 운영 여부가 변경되니 홈페이지에서 사전 확인 필수)

영국 왕실의 위용을 느끼자

11세기에 지은 이후 900년이 지난 지금도 영국 왕실의 별장 및 거주 공간으로 활용되고 있다. 왕실 거주지로는 세계에서 가장 오래되었다. 현 영국 왕실의 이름인 '윈저 왕조'도 이곳에서 따왔다. 1992년 큰 화재로 많은 소장품과 방이 전소된 아픔을 겪기도 했지만, 성 곳곳에는 아직 영국 왕실의 위엄을 느낄 수 있는 장소가 많다. 윈저성의 하이라이트는 스테이트 아파트먼트State apartments이다. 이곳에는 워털루 챔버Waterloo chamber와 왕의 침실King's bed chamber이 있다. 워털루 챔버는 황제들의 초상화가 전시된 방이고, 왕의 침실은 벽면을 붉은 실크 벽지가 화려하게 뒤덮고 있는 방이다. 왕의 침실에는 렘브란트, 반다이크 등 거장의 작품이 걸려있다. 윈저성도 버킹엄 궁전과 마찬가지로 근위병 교대식이 진행된다.(목요일, 토요일 오전 11시로, 절기에 따라 상이할 수 있음) 원형 탑은 8~9월에만 별도 투어를 통해 올라갈 수 있어 윈저성 관람을 더욱 특별하게 만들어 준다.

©flickr. Mike Mc

윈저성에 가면 이곳도 꼭 둘러보자!

1

성 조지 예배당

윈저성 출구 앞에 있는 거대한 예배당으로 중세 고딕 건축 양식의 정수를 느낄 수 있다. 왕가의 주요 결혼식이 이곳에서 열렸으며 헨리 8세, 찰스 1세 등이 이곳에 잠들어 있다. 일반 관광객은 월, 목, 금, 토요일 오전 10시부터 오후 4시까지만 내부 입장이 가능하며 2022년 9월 서거한 엘리자베스 2세 여왕도 이곳에 잠들어 있다.

2

윈저성 원형 탑

1170년에 지어졌다. 윈저성의 웅장함에 방점을 찍어주는 곳으로, 8·9월에 가이드 투어로만 방문할 수 있다. 40m 높이에서 윈저 시내와 주변 경관을 감상할 수 있어 더욱 좋다. 성에 걸린 깃발을 가장 가까이서 볼 수 있는 곳이며, 국왕이 부재중일 땐 유니온 잭 영국 국기가 걸리고, 국왕이 성에 있을 땐 왕실 국기가 걸린다.

3

롱워크
The long walk

윈저성 뒤편에 조성된 4.6km 길이의 아름다운 산책로로, 왕실 손님이 방문할 땐 국왕이 마중을 나가는 길이다. 여유를 즐기기에 더할 나위 없는 장소이며, 양옆으로 길게 뻗은 나무와 푸른 잔디밭이 있어 상쾌함을 만끽하기 좋다. 이곳을 걷다 보면 윈저 지역이 왜 오랫동안 왕실의 사랑을 받아왔는지 알게 된다.

4

돌스 하우스
Queen Mary's Dolls' house

조지 5세의 부인인 메리 여왕이 1921년부터 1924년까지 공들여 제작한 인형의 집이다. 명칭은 인형의 집이지만, 사실상 인형처럼 작게 미니어처 형태로 집을 제작하여 명명한 것으로 실제 크기의 12분의 1로 제작됐다. 이 작업에 1500명 가까운 전문가가 동원됐다고 알려지며 당시 생활상을 엿볼 수 있다. 보수 작업 후 2021년부터 다시 대중들에게 공개하고 있다.

레고랜드 윈저 리조트 LEGOLAND® Windsor Resort

🏃 ❶ 런던의 빅토리아 코치 스테이션Victoria coach Station에서 그린 라인 702번 버스 탑승하여 레고랜드 하차(1시간 45분 소요)
❷ 히스로 공항 5 터미널에서 그린 라인 703번 버스 탑승하여 레고랜드 하차(1시간 소요) ❸ 윈저성에서 도보 1분 거리에 있는
윈저 파리쉬 처치Windsor Parish Church(Stop J) 정류장에서 702, 703번 버스 탑승하여 레고랜드 하차(15분 소요)
🏠 Winkfield Rd, Windsor SL4 4AY, UK 🕐 10:00~18:00 (일부 이벤트 기간에 따라 운영시간이 유동적이므로 홈페이지 확
인 필요) £ £66(온라인 사전 구매 시 £34부터. 아이 요금 어른과 동일) 🔗 https://www.legoland.co.uk

동심의 세계 속으로

레고랜드는 윈저를 더욱 매력적인 여행지로 만들어 준다. 유니버설 스튜디오, 디즈니랜드와 함께 세계를 대표하는
테마파크 중 하나이다. 레고랜드는 1968년 레고의 탄생지 덴마크를 시작으로 영국, 미국, 일본, 말레이시아 등에 지
어지며 그 이름을 알리기 시작했다. 2022년 5월 국내 춘천에도 레고랜드가 문을 열어 세계에서 10번째로 만나볼
수 있게 됐다. 1996년 개장한 윈저 레고랜드에서는 55종이 넘는 다양한 놀이기구와 아기자기하게 조각된 대형 레
고 모형을 곳곳에서 만나볼 수 있다. 닌자, 스타워즈, 바이킹 등 다양한 레고 모형 및 놀이기구가 관광객들을 맞이
한다. 핼러윈 데이, 크리스마스 전후에는 불꽃놀이도 함께 진행한다. 수백 가지 종류의 레고 기념품이 있는 숍도 꼭
들러볼 만한 곳이다. 리조트를 다 돌아보려면 그 규모가 엄청나므로 일정을 반나절 정도로 넉넉하게 잡는 게 좋다.

세바스찬스 이탈리안 Sebastian's Italian

🚶 윈저 & 이튼 리버사이드Windsor & Eton Riverside 기차역에서 도보 3분
🏠 Unit 3, 2 Goswell Hill, Windsor SL4 1RH, United Kingdom
📞 +44 1753 851418 🕐 12:00~22:00(금·토 23:00까지 운영)
£ 피자와 파스타 £12.95부터
☰ https://www.sebastianswindsor.co.uk

정통 이탈리아 요리 즐기기

개인 여행자도 좋지만, 가족 여행자라면 더 즐겁게 식사할 수 있는 맛집이다. 귀를 자극하는 이탈리아 민요와 큼지막한 화덕이 이탈리아 전통 레스토랑에 왔음을 확인시켜준다. 메뉴 역시 이탈리아 현지식으로 구성되어 있다. 이탈리아를 대표하는 메뉴 피자와 파스타 20여 가지가 준비되어 있다. 특히 피자는 화덕으로 기름기 없이 바싹하게 구워 씹는 맛이 아주 좋다. 피자 중에선 프로슈토 햄, 파마산 치즈, 모차렐라 등이 조화를 이룬 세바스찬Sebastian을 추천한다. 파스타 중에선 크랩의 향이 은은하게 퍼져나오는 링귀니 알 그란치오Linguine al Granchio가 대표 메뉴다. 든든하게 식사할 수 있는 스테이크나 생선구이도 있으며, 매일 선정되는 '오늘의 메뉴'는 비교적 저렴하여 부담 없이 즐기기 좋다.

스톤헨지 & 솔즈베리 Stonehenge & Salisbury

중세의 흔적이 남아있는 역사 도시

솔즈베리는 런던에서 서남쪽으로 약 135km 떨어진 도시이다. 윌트셔 주의 중심 도시로 인구는 약 40만 명이다. 12세기에 형성된 중세 도시로 당시 유행하던 고딕과 튜더 양식 건물이 곳곳에 남아있다. 한국 여행객들은 주로 솔즈베리를 거쳐 선사시대 유적지인 '스톤헨지'를 보러 간다. 하지만 솔즈베리엔 솔즈베리 대성당, 몸페슨 하우스 등 중세시대 흔적을 엿볼 수 있는 명소가 많다. 단순히 거쳐 가지 말고 스톤헨지와 함께 들러보길 추천한다. 스톤헨지는 선사시대의 신비로운 거석 유적이다. 82개 거대 돌기둥이 2중 원 모양으로 서 있다. 큰 돌의 무게는 무려 50톤이다. 선사시대의 수수께끼를 품은 미스터리, 직접 보면 더 웅장하고 더 경이롭다.

솔즈베리 & 스톤헨지 찾아가기

솔즈베리

런던 워털루 기차역에서 질링엄Gillingham 혹은 솔즈베리Salisbury행 SWR 열차 탑
승하여 솔즈베리 기차역 하차(직행), 1시간 30분 소요. 티켓은 사전 구매 시 편도
£9.2부터이다. 직행 기차가 없는 경우 앤도버Andover 기차역을 경유하는 열차에
탑승하면 된다. 2시간 소요

홈페이지 https://www.thetrainline.com/

스톤헨지

솔즈베리 기차역에서 스톤헨지 투어 버스를 이용하면 된다. 스톤헨지까지 약 35분 걸린다. 투어 버스 비용은 왕복
기준 어른 £18.5, 5~15세 어린이는 £12.50이다.

홈페이지 https://www.thestonehengetour.info/

시내 교통편

솔즈베리 시내는 크기가 크지 않아 도보로 충분히 둘러볼 수 있다. 다만, 스톤헨지까지 가려면 솔즈베리 기차역에
서 투어 버스를 이용하면 된다.

자유여행 추천 코스

08:00 런던에서 출발 → 10:00 솔즈베리 도착, 스톤헨지 투어 버스 탑승(스톤헨지는 점심시간 이후로 사람이 붐
비므로 그 전에 다녀오는 게 좋다) → 11:00 스톤헨지 도착 및 관람 → 12:30 솔즈베리 시내로 복귀 → 13:00 점심
식사 및 휴식 → 14:00 솔즈베리 대성당 관람 → 15:00 솔즈베리 박물관 관람 → 15:30 몸페슨 하우스 관람, 내부
카페에서 티타임 → 17:00 런던으로

스톤헨지 & 솔즈베리 여행지도

스톤헨지 Stone Henge

🚶 솔즈베리 기차역에서 스톤헨지 투어 버스 탑승(보통 1시간에 1대 출발, 스톤헨지까지 약 35분 소요) 🏠 Amesbury, Salisbury SP4 7DE, UK 📞 +44 370 333 1181(관광센터) 🕐 09:30~17:00(시기에 따라 유동적이므로 홈페이지 확인 필요) £ 입장료 성인 £23 5~17세 £14 스톤헨지 투어 버스 어른 £18 어린이 £12.5(5~15세) 패키지 투어 버스 올드세럼+스톤헨지+입장권 어른 £43.5~46 어린이 £29.5~31.5 🚌 스톤헨지 https://www.english-heritage.org.uk/visit/places/stonehenge/ 투어 버스 https://www.thestonehengetour.info/

선사시대의 신비로운 미스터리

솔즈베리평원에 있는 선사시대의 거석 유적이다. 82개 거대 돌기둥이 2중 원 모양으로 서 있다. 스톤헨지는 고대 잉글로색슨어로 '매달려 있는 바윗돌'이라는 뜻이다. 유네스코 세계문화유산으로, 약 5000년 전에 조성된 것으로 추정된다. 82개 거석이 원형으로 정교하게 배치되어 있는데, 큰 돌의 무게는 무려 50톤이다. 스톤헨지가 더욱 매력적으로 다가오는 것은 우리에게 끊임없는 호기심과 상상력을 자극하기 때문이다. 세계적으로 보기 드문 독특한 선사시대 유적으로 유럽에서 가장 학설과 의문이 많은 문화유산이다. 이 거석 군이 만들어진 이유는 아직 정확히 밝혀지지 않았다. 외계인이 만들었다는 이야기부터 마녀들이 마술을 부렸다는 설까지 다양하지만 가장 유력한 주장은 태양신을 숭배하는 선사시대 사람들의 제사 장소라는 것이다. 이 바위들은 가깝게는 38km, 멀리는 웨일스 지방에서 바다를 건너 배로 운반한 것으로 밝혀졌다. 옛 모습을 재현해 놓은 선사시대 거주지와 스톤헨지 전시관을 함께 둘러볼 수 있다. 전시관 및 티켓 부스에서 스톤헨지 거석 군까지는 셔틀버스를 타거나 20분 정도 걸어야 한다. 스톤헨지를 돌아보는 데 최소 2~3시간 일정으로 잡는 게 좋다.

솔즈베리 대성당 Salisbury Cathedral

🚶 솔즈베리 기차역에서 남동쪽 시내 방향으로 도보 12~13분 🏠 6 The Close, Salisbury SP1 2EJ, UK 📞 +44 1722 555120
🕐 월~토 10:00~16:30(입장 마감 15:45) 일 12:30~16:00(입장 마감 15:00) £ 입장료 성인 £11(온라인 £9) 17세 이상 학생
£7.5(온라인 £6.5) 첨탑 전망대 투어 성인 £18 학생 £14 (신분증) 7~16세 £11(대성당 상황에 따라 매일 유동적으로 진행)
≡ https://www.salisburycathedral.org.uk

마그나 카르타대헌장가 이곳에 있다

고딕 양식의 높게 뻗은 첨탑이 눈을 사로잡는 성당으로 1258년 지어졌다. 솔즈베리의 랜드마크이며, 영국 역사의
한 페이지를 보여주는 마그나 카르타Magna carta, 대헌장가 있어 많은 여행객이 찾는다. 마그나 카르타는 철저히 의회
중심으로 돌아가는 현 영국 정치의 초석을 다진 문서이다. 1215년 작성되어 총 4부가 솔즈베리 대성당, 영국국립도
서관 등에 남아있는데, 솔즈베리 대성당에 있는 마그나 카르타의 보존상태가 가장 좋다. 마그나 카르타는 앙주 왕
조 존 왕1167~1216의 실정에 저항한 귀족들이 시민의 지지를 얻어 자신들의 권리 강화하는 내용이 대부분이지만, 절
대 왕권이 만연하던 중세 유럽에서 왕에게 대항해 자유를 외친 선구적 사례로 평가받는다. 또한, 1386년 만들어진
세계에서 가장 오래된 기계식 시계도 여행의 재미를 더해준다. 성당 첨탑은 시내 전경을 한눈에 담을 수 있는 매력
적인 뷰 포인트이다. 성당 직원과 함께하는 투어를 통해 올라갈 수 있다.

ONE MORE 한 걸음 더

대헌장이 중요한 까닭

"잉글랜드의 자유민은 법이나 재판을 통하지 않고서는 자유, 생명, 재산을 침해받을 수 없다."

마그나 카르타, 대헌장은 1215년 6월 15일, 잉글랜드의 왕 존의 실정과도한 세금, 교회에 관한 간섭, 프랑스와 전쟁에서 영토 상
실에 대항하여 귀족들이 국민을 등에 업고 국왕을 협박해 얻어낸 일종의 계약서이다. 누런 송아지 가죽에 쓴 계약
서 대부분은 교회의 자유, 과세의 제한, 의회의 자율권 확장 등 귀족의 권리를 강화하는 것이다. 다만 위에서 이용
한 자유민의 자유권을 보장한 내용 덕에 세계사적으로 민주주의의 뿌리 같은 존재로 인정받는다. 왕권신수설이
통용되던 중세에 이런 내용이 문서화 되었다는 점에서 더 큰 가치가 있다. 모든 사람의 자유와 기본권을 보장하는
근대 이후 모든 나라의 헌법은 대헌장에 뿌리를 두고 있다. 마그나 카르타는 그런 의미에서 근대 헌법의 모태이다.

솔즈베리 박물관 The Salisbury Museum

🚶 ①솔즈베리 기차역에서 남동쪽 시내 방향으로 도보 14분 ②솔즈베리 대성당 바로 서쪽
🏠 The Kings House, 65 The Close, Salisbury SP1 2EN, UK 📞 +44 1722 332151 🕐 10:00~17:00
£ 성인 £ 9.00, 5~17세 £ 4.50 ☰ https://salisburymuseum.org.uk/

영국 이전의 역사를 품었다

솔즈베리 대성당 바로 서쪽에 있는 박물관으로, 솔즈베리의 역사와 솔즈베리를 지배했던 웨식스 왕국6세기~10세기.
영국이 통일되기 이전 앵글로색슨 7왕국 중 하나이다. 잉글랜드 남부 지방을 다스렸다.에 대한 자세한 이야기를 살펴볼 수 있다. 박
물관은 벽돌 건물 2개로 이루어져 있다. 전시관은 솔즈베리 역사 갤러리, 웨식스 갤러리, 도자기 및 코스튬 갤러리
등으로 구성되어 있다. 역사 갤러리에서는 원래 솔즈베리가 있던 곳인 올드 세럼에 대한 더욱 자세한 이야기와 로
마군대가 이곳을 점령했을 당시 남겨놓은 유물을 관람할 수 있다. 웨식스 갤러리에는 과거 잉글랜드를 호령하던 웨
식스 왕국과 스톤헨지 흔적이 담긴 고고학 유적들이 전시되어 있다.

몸페슨 하우스 Mompesson House

🚶 ①솔즈베리 기차역에서 남동쪽 시내 방향으로 도보 11분 ②솔즈베리 대성당에서 북쪽으로 도보 3분
🏠 The Close, Salisbury SP1 2EL, UK 📞 +44 1722 335659 🕐 11:00~16:00 (금·토·일·월·화만 운영, 홈페이지 사전 예약
필수) £ 8.50 ☰ https://www.nationaltrust.org.uk/mompesson-house

영국 상류층의 생활상 엿보기

18세기 영국 상류층의 생활 방식을 엿볼 수 있는 명소로
내부 장식이 화려하고 아름답다. 1701년 지어졌으며, 당시
의 집주인 찰리 몸페슨의 이름을 따 박물관 이름을 지었다.
1977년부터 영국문화보존단체의 관리를 받고 있다. 2층 저
택에는 18세기 초부터 250년간 영국 상류층 일곱 가구가
사용해온 장식품, 인테리어, 생활용품이 그대로 남아있다.
1995년에는 휴 그랜트와 케이트 윈즐릿이 출연한 미국 영
화 <센스 앤 센서빌리티>의 촬영 무대로 스크린에 등장하기
도 했다. 무료 영어 가이드를 통해 더 상세한 이야기를 들으
며 관람할 수 있다. 정원의 작은 카페에서 홍차와 디저트를
즐기며 여유를 만끽할 수도 있다. 3월 초부터 11월 초까지만
관광객에게 공개된다.

올드 세럼 Old Sarum

🚶 솔즈베리 기차역에서 스톤헨지 투어 버스 탑승(보통 1시간에 1대 출발, 성수기인 6~8월에는 30분에 한 대, 올드 세럼까지 20분 소요) ⌂ Castle Rd, Salisbury SP1 3SD, UK 📞 +44 370 333 1181(관광센터)
🕐 4월~10월 10:00~17:00, 11월 ~ 3월 10:00~16:00(상세 일정은 홈페이지 확인 필요)
£ 입장료 성인 £ 6.5 5~17세 £ 3.5 패키지 투어 버스 어른 £ 43.5~46 어린이 £ 29.50~31.50 (올드세럼+스톤헨지+입장권)
≡ 올드 세럼 https://www.english-heritage.org.uk/visit/places/old-sarum

솔즈베리는 원래 이곳에 있었다

지금의 솔즈베리는 1200년대 중반 올드 세럼이라 불리던 곳에서 도시 전체가 이사를 오며 형성되었다. 그래서 뉴 세럼New Sarum으로도 불린다. 올드 세럼은 원래 솔즈베리가 있던 곳으로, 지금은 옛 도시의 흔적을 찾아볼 수 있는 유적지이자 관광지이다. 올드 세럼에 최초로 도시가 들어선 것은 기원전 400년경으로, 당시엔 외세 침략을 방어하는 요새 역할도 수행했다. 올드 세럼을 채우고 있던 돌과 벽돌 대부분은 새로운 솔즈베리의 성당과 집을 짓는 데 사용했다. 올드 세럼은 지대가 높아 날씨가 좋은 날엔 솔즈베리의 아름다운 전경을 멀리서 조망하기 좋다. 스톤헨지 투어 버스로 스톤헨지와 올드세럼을 함께 돌아보는 프로그램을 구매하면 좀 더 편하게 방문할 수 있다.

브라이튼 & 세븐 시스터스 Brighton & Seven Sisters

푸른 바다와 순백 해안 절벽이 그림처럼 펼쳐진다

브라이튼과 세븐 시스터스는 바다와 아름다운 자연이 그리울 때 가기 좋은 곳이다. 브라이튼은 영국 최남단에 있는 해변 도시다. 런던에서 남쪽으로 약 84km 거리에 있다. 인구 27만 명의 작은 도시지만, 리조트와 휴양도시라서 휴가철엔 여행객으로 붐빈다. 한국 여행객에게는 세븐 시스터스를 가기 위해 거치는 경유지쯤으로 여겨지기도 하지만, 1박 2일로 일정을 잡아 세븐 시스터스와 브라이튼을 동시에 둘러보는 것도 좋다. 세븐 시스터스는 순백의 해안 절벽이다. 분필로 칠해 놓은 듯 새하얀 해안 절벽이 해안을 따라 파도치듯 웅장하게 이어진다. 신비롭고 경이롭다. 브라이튼에서 동쪽으로 약 20km 거리에 있으며, 7개의 언덕이 이어져 있어 세븐 시스터스라 불린다.

리버풀

런던

브라이튼 세븐
시스터스

브라이튼 찾아가기

기차 가장 빠르고 편하게 가는 방법이다. 런던 브리지London bridge 기차역, 빅토리아Victoria 기차역, 블랙 프라이어스Black friers 기차역에서 브라이튼행 열차에 탑승하면 된다. 1시간~1시간 20분 소요된다. 런던 브리지 기차역이나 블랙 프라이어스 기차역에서 가는 것이 가장 저렴하다. 홈페이지를 통해 표를 미리 구매하는 것이 좋다. 가격은 편도 £12.40~£29이다. 단체 할인은 4명에서 9명 사이의 일행이라면 적용받을 수 있다.
티켓 예약 https://ticket.southernrailway.com/
https://ticket.thameslinkrailway.com

버스 좀 더 저렴한 방법이다. 내셔널 익스프레스에서 브라이튼까지 가는 버스를 운행 중이다. 런던의 빅토리아 코치 스테이션Victoria coach Station에서 승차하면 브라이튼 코치 스테이션Brighton Coach Station까지 2시간가량 소요된다. 편도 £10.8~£18 빅토리아 코치 스테이션은 빅토리아 기차역이나 튜브 빅토리아역과 다른 곳이니 헷갈리지 말자. 튜브 빅토리아역에서 남쪽으로 도보 6분 거리에 있다.
내셔널 익스프레스 티켓 예매 https://book.nationalexpress.com/coach

당일 현지 투어 런던에서 출발하는 여행사 및 업체의 일일 투어를 편리하게 이용해도 좋다.

브라이트 & 세븐시스터스 한인 투어 업체

마이리얼트립 myrealtrip.com 접속 후 세븐시스터스 검색 **헬로트래블** http://www.hellotravel.kr/

시내 교통편

도보 시내 관광지는 도보로 둘러봐도 큰 무리가 없다.

자전거 브라이튼 시내에서 이용할 수 있다. 홈페이지에서 사전 등록 및 충전도 가능하다. 스마트폰 앱 소셜 바이스클Social bicycles을 이용해 자전거 부스 확인과 대여, 반납 등을 무인 으로 진행할 수 있다.

이용료 대여료 1파운드, 이후 1분에 4펜스(25분에 1파운드)

홈페이지 https://www.btnbikeshare.com/

버스 세븐 시스터스에 갈 때 시내에서 12, 12A, 12X, 13X번 버스를 이용하면 된다. 13X버스는 일요일에만 운행 한다.

홈페이지(스케줄 조회) https://www.buses.co.uk/services/BH/12A
https://www.buses.co.uk/services/BH/13X

자유여행 추천 코스

08:00 런던에서 출발 → 09:00 브라이튼 도착 후 세븐 시스터스 행 버스 탑승(세븐 시스터스 근처에는 먹거리 나 물을 살 곳이 마땅하지 않다. 시내에서 미리 준비하자.) → 10:30 세븐 시스터스 도착 → 13:00 브라이튼으로 이 동 → 14:30 로열 파빌리온 관람 → 15:00 브라이튼 팰리스 피어와 해변가 둘러보기 → 15:30 영국항공 i360 탑승 → 16:30 런던으로

브라이튼 & 세븐 시스터스 여행지도

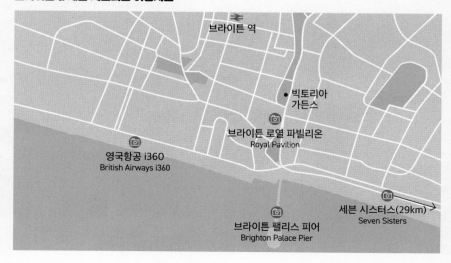

브라이튼 역

빅토리아
가든스

브라이튼 로열 파빌리온
Royal Pavilion

영국항공 i360
British Airways i360

세븐 시스터스(29km)
Seven Sisters

브라이튼 팰리스 피어
Brighton Palace Pier

세븐 시스터스 Seven Sisters

🚶 ❶ 브라이튼 기차역에 내리면 왼쪽에 있는 Travel Center에서 'One Day Saver'라 불리는 버스 원데이 티켓(£ 4.7~ £ 5)을 구매하자. ❷ 버스 정류장 노스 스트리트North street(Stop C)로 이동하여 12번, 12A번, 13X번 버스에 탑승한다. 노스 스트리트 North street(Stop C) 정류장은 브라이튼 기차역에서 남쪽으로 도보 12분 거리에 있다. (브라이튼 코치 스테이션에서는 북쪽으로 도보 6분). 13X번 버스는 세븐 시스터스 바로 앞에 내려주지만, 일요일에만 운행한다. ❸ 브라이튼 지역 버스 노선도 및 상세 정보는 https://www.buses.co.uk/에서 확인할 수 있다.

🏠 ❶ 벌링갭 : 구글맵에서 'National Trust Birling Gap and the Seven Sisters'로 검색 ❷ 커크메어 해븐 : 구글맵에서 'Cuckmere Haven'으로 검색 £ 무료 ☰ https://www.nationaltrust.org.uk/birling-gap-and-the-seven-sisters

파도와 바람이 빚어낸 순결한 걸작

세븐 시스터스는 거대하고 새하얀 해안 절벽이다. 에메랄드 빛깔 바다와 어우러져 환상적인 절경을 연출한다. 빙하기 이후 눈이 녹자 육지 쪽에서 절벽을 향해 물이 흘러내렸다. 지대가 낮은 곳으로 물이 흐르면서 평평했던 땅에 일곱 개 언덕을 만들었다. 세븐 시스터스라는 이름을 얻은 까닭이다.

1억 년 전 세븐 시스터스는 바닷속에 있었다. 1억 년~6천만 년 사이에 바다가 갑자기 육지로 솟아올랐다. 백색 석회암이 어느 날 불쑥 땅으로 올라온 것이다. 바람과 파도가 오랜 시간 백색 석회암을 깎아내면서 지금과 같은 거대한 절벽이 되었다. 제일 높은 절벽은 헤이븐 브라우Haven Brow이다. 높이가 무려 77m이다. 자연과 시간이 빚은 풍경이 경이롭다. 게다가 푸른 초원과 새하얀 절벽, 남빛 바다와 푸른 하늘이 빚어내는 색채의 조화가 비현실적으로 오묘하고 신비롭다. 이 경이로운 풍경을 보러 가는 길도 무척 아름답다. 부드러운 곡선을 그리며 푸른 초원이 끝없이 펼쳐지는데 그 모습을 바라보고 있으면 어느새 마음마저 초록으로 물든다. 기차 1시간, 버스 1시간, 도보 30분. 런던에서 가면 왕복 이동 시간만 다섯 시간이다. 세븐 시스터스를 더 오래 즐기려면 시간을 넉넉하게 잡고 출발하는 게 좋다. 브라이튼 시내에서 물이나 간식거리를 미리 준비해 가자.

•❪Travel Tip 1❫

세븐 시스터스 하차 정류장이 여러 곳이다

세븐 시스터스는 관람 영역이 넓은 편이라 버스 정류장이 여러 군데다.
따라서 찾아가는 방법도 여러 가지이다.

❶ 일요일엔 13X번 버스 승차하여 '벌링갭 NT'Birling Gap NT 정류장 하차.
바로 앞이 세븐 시스터스이다. 이 방법이 가장 조금 걷는다.

❷ 12번대 버스를 타고 1시간 이동하여 '이스트 딘 가라지East Dean Garage'
정류장 하차. 세븐 시스터스 절경이 펼쳐진 '벌링갭 NT'Birling Gap NT 정류
장까지 도보 20분

❸ 12번대 버스로 1시간 이동하여 '세븐 시스터스 파크 센터Seven Sisters Park Centre' 정류장 하차. 남쪽으로 도보
30분 이동하여 세븐 시스터스 전체 풍광을 한눈에 담을 수 있는 커크메어 해븐Cuckmere Haven 해안가 구경하기.
아래쪽에서 협곡 위를 바라보는 느낌이 신선하다.

•❪Travel Tip 2❫

조심, 또 조심!

세븐 시스터스는 높이 60m가 넘는 절벽이지만, 자연 그대로의 모습을
보존하기 위해 안전 펜스 하나 설치되어 있지 않다. 아슬아슬한 자세로
인증 샷을 찍다가 큰 사고가 날 수 있다. 안전을 최우선으로 생각하여 관
람하는 것이 좋다.

브라이튼 로열 파빌리온 Royal Pavilion

🚶 브라이튼 기차역에서 해변 방향으로 도보 12분 🏠 4/5 Pavilion Buildings, Brighton BN1 1EE, UK
📞 +44 300 029 0900 🕐 10월~3월 10:00~17:15, 4월~9월 09:30~17:45 💷 성인 £18, 5~18세 £11
☰ https://brightonmuseums.org.uk/royalpavilion/

중동과 아시아를 동시에 느낄 수 있는 곳

외국 문화에 관심이 많았던 조지 4세재위 1820~1830가 동서양의 무역 관련 사진을 본 후 1800년대 초에 지은 왕실
별궁이다. 영국에서 보기 드문 중동 스타일 지붕을 가진 궁전이라 이색적이다. 외관은 인도의 모굴 궁전을 모티브
로 하여 인도 고딕 양식으로 지어졌으며, 내부는 강렬한 중국풍의 인테리어가 눈에 띈다. 중국인이 등장하는 벽화,
용 장식 샹들리에, 그리고 휘황찬란한 금색 도자기들은 중동 느낌의 외관과 선명한 대비를 이룬다. 연회장의 용 조
각 샹들리에도 인상적이다. 무려 9m 위에 달려 있고, 중국식 램프로 둘러싸여 있다. 이곳의 하이라이트는 음악을
좋아했던 조지 4세를 위해 만든 붉은색과 황금색 타일로 장식한 음악실이다. 화려하고 장식미가 뛰어나다. 우산을
펼쳐 걸어놓은 것 같은 샹들리에도 눈길을 끈다. 궁전 내부를 다 돌아보려면 1시간 정도 걸린다.

브라이튼 팰리스 피어 Brighton Palace Pier

🚶 ❶ 브라이튼 기차역에서 도보 20분 ❷ 로열 파빌리온에서 남쪽으로 도보 7분 🏠 Madeira Dr, Brighton BN2 1TW, UK ⏰ 10:00~22:00 £ 무료(놀이기구 자유 이용권 밴드 성인 £30.00~, 어린이 £18.00~) ☰ https://www.brightonpier.co.uk

바닷가의 놀이공원

휴양도시 브라이튼에 왔다면 해안가를 산책하며 여유를 느껴보자. 특히 브라이튼 팰리스 피어는 잊지 말고 찾아보자. 지은 지 120년이 넘은 바다 위 선착장이다. 바다를 향해 난 길을 한참 걸어가야 도착할 수 있다. 바다 위를 걷는 기분이 남다르다. 바다는 푸르고, 파도는 음악 소리를 낸다. 그리고 바람은 바다 향기를 전해주고는 육지 쪽으로 날아간다. 브라이튼 팰리스 피어는 이름은 부두지만 실제로는 바다 위의 놀이공원이다. 해안가에서 선착장까지 거리는 525m이다. 밤에는 6만여 개

전구가 불을 밝히는데 그 모습이 환상적이다. 부두엔 회전목마, 롤러코스터 같은 10개 남짓한 놀이기구와 오락 시설이 있다. 놀이기구는 자유 이용권이나 싱글 티켓 구매 후 탑승할 수 있다. 바다 위에서 놀이기구를! 오래 잊지 못할 특별한 체험이 될 것이다.

 ## 영국항공 i360 British Airways i360

🚶 ❶ 브라이튼 기차역에서 남서쪽으로 도보 20~25분 ❷ 브라이턴 팰리스 피어에서 서쪽으로 도보 13분 🏠 Lower Kings Road, Brighton BN1 2LN, UK 📞 +44 333 772 0360 ⏰ 10:30~20:30(일몰 시각 및 계절에 따라 유동적이므로 홈페이지 확인 필요) £ 성인 £17.95, 학생 £12.00(학생증 제시 필요), 4~15세 £8.95 ☰ https://britishairwaysi360.com

하늘에서 바라보는 브라이튼의 절경

'Welcome on board, have a nice flight!' 비행기에 탑승하면 들을 수 있는 환영 인사 방송을 브라이튼 해변에서도 들을 수 있다. 거대한 기둥 안에 도넛이 박혀있는 것 같은 영국항공 i360이 그곳에 있다. 런던아이를 고안했던 영국의 항공 디자이너들에 의해 기획되어 2016년 첫선을 보였다. i360은 18m 직경의 원형 회전통이 30분간 162m 높이의 거대한 기둥 꼭대기까지 올라갔다가 내려오는 방식으로 운영된다. 내부에선 실제 승무원 복장을 한 안내원들이 보딩패스를 나눠주며 탑승을 환영한다. 간이 바Bar도 있어 브라이튼의 아름다운 바다와 시내가 어우러진 절경을 칵테일과 함께 즐길 수 있다.

©flickr_Patana Rat

바스 Bath

도시 전체 세계문화유산, 로마 시대 온천 체험

바스는 영국에서 런던 다음으로 관광화가 잘된 곳이다. 런던에서 서쪽으로 156km 떨어져 있다. 인구는 약 9만 명이다. 도시 전체가 유네스코 세계문화유산으로 지정되어 있을 정도로 역사적 가치를 인정받고 있다. 고대 로마인들이 영국 점령 당시 조성한 온천 지대 로만 바스는 절대 놓쳐선 안 될 하이라이트이다. 그밖에 고딕 양식의 바스 성당, 17세기 유행했던 팔라디오 건축 양식조지안 양식의 로열 크레센트 등도 도시에 이색적인 느낌을 자아낸다. 1년 내내 관광객이 끊이지 않는 온천 도시 바스에서 색다른 여행의 매력을 느껴보자.

리버풀

바스 런던

©Sally Lunn's Eating House

버스 찾아가기

❶ 기차 런던 패딩턴Paddington 기차역에서 브리스톨 템플 미드Bristol Temple Meads 행 GWR 열차 탑승하여 바스 스파 레일웨이 기차역Bath Spa Railway Station 하차, 약 1시간 30분 소요, 편도 £21부터.
❷ 버스 런던 빅토리아 코치 스테이션Victoria coach Station에서 바스 행 내셔널 익스프레스 버스 승차하여 바스 버스 스테이션Bath Bus Station 하차, 3시간 소요, 편도 £8.9부터.
교통편 상세 홈페이지
기차 https://www.gwr.com 버스 https://book.nationalexpress.com/coach

시내 교통편

도시가 작고 명소 사이 거리가 멀지 않아 도보로 여행하기에 충분하다.

자유여행 추천 코스

09:00 런던에서 출발 → 10:30 바스 스파Bath Spa역 도착 → 10:45 브런치 식사 → 11:30 로만 바스 → 12:30 바스 수도원(대성당) → 13:00 펄트니 다리 → 13:10 티 하우스 엠포리움 → 13:20 밀섬 스트릿 → 13:45 로열 크레센트 → 14:45 서메 바스 스파 → 17:00 런던으로

바스 여행지도

즐거운 바스 걷기 여행 Bath Walking Tour

세계문화유산의 도시 바스는 걸으며 여행하기 좋은 곳이다. 산책하듯 걷다 보면 도시의 매력을 더 깊이 느낄 수 있다. 조지 왕 시대1714~1837, 하노버 왕가의 조지 1~4세가 다스렸던 시기 바스는 왕가의 인기 높은 휴양지였다. 이 시기에 도시 전체가 팔라디오 양식으로 재설계되었다. 팔라디오 양식이란 16세기의 이탈리아 건축가 안드레아 팔라디오가 창조한 신고전주의 건축 양식이다. 그는 그리스 로마 시대의 건축에서 영감을 받아 온건하고 단정하며 간결하고 비례감을 강조했는데, 18세기 하노버 왕조를 연 조지 왕 시대에 이를 받아들여 바스에 재현했다. 이전의 바로크 양식보다 훨씬 진보적인 건축 양식이었다. 바스의 돌Bath stone로 만든 이 양식을 조지 왕 시대에 이루어졌다고 해서 조지안 양식이라고 부르기도 한다. 바스 기차역에 내린 후 샐리 룬스 이팅 하우스부터 차례대로 산책하듯 반절 남짓 천천히 둘러보길 추천한다. 바스의 매력을 마음속 깊이 느끼게 될 것이다.

꼭 봐야 할 바스의 명소들

1

샐리 룬스 이팅 하우스 Sally Lunn's Eating House p431
바스에서 현존하는 가장 오래된 건물에 있는 레스토랑이다. 1680년부터 이 집만의 노하우로 구워 온 히트 상품인 샐리 룬의 빵 '번'을 맛볼 수 있다.

2

로만 바스 The Roman Bath p426
영국의 유일한 노천 온천이다. 샐리 룬스 이팅 하우스에서 북서쪽으로 도보 2분 거리이다.

3

바스 수도원대성당 Bath Abbey p427
로만 바스 맞은편에 있는 성당으로 대형 스테인드글라스가 무척 아름답다. 예전엔 수도원이었다. 성당 앞 광장에서 벌어지는 길거리 공연도 놓치지 말자. 로만 바스에서 북동쪽으로 도보 1분 거리에 있다.

4

펄트니 다리 Pulteney Bridge p428

영화 레미제라블의 배경이 되었던 곳이다. 자베르 경감이 자살했던 다리로, 강물이 흐르는 바닥에 층을 두어 마치 작은 폭포들이 겹쳐있는 듯한 느낌을 받는다. 펄트니 다리 주변에 조성된 골목길과 상점들도 이색적인 풍경을 자아낸다. 바스 대성당에서 북쪽으로 도보 3분 거리에 있다.

5

티 하우스 엠포리움 Tea House Emporium p430

바스를 대표하는 티 숍으로 판매하는 차의 종류만 160가지가 넘는다. 펄트니 다리에서 서쪽으로 도보 2분 거리에 있다.

6

밀섬 스트리트 Milsom Street

옷가게, 서점, 식당 등 각종 숍이 밀집된 거리이다. 현지인들이 주로 쇼핑하는 곳이라, 구석구석 둘러보며 현지인들의 일상을 엿볼 수 있다. 티 하우스 엠포리움에서 북쪽으로 도보 2분 거리에 있다.

7

로열 크레센트 Royal Crescent p429

바스 시내 건축의 하이라이트를 보여주는 곳이다. 팔라디오 양식을 가장 잘 느낄 수 있는 초승달 모양의 거대한 테라스 하우스이다. 밀섬 스트리트에서 북서쪽으로 도보 8분 거리에 있다.

8

서매테르마 바스 스파 Thermae Bath Spa p430

지하 온천수를 끌어와 만든 4개의 풀pool에서 따뜻하게 몸을 녹일 수 있다. 가격이 살짝 비싼 감은 있지만, 루프톱 풀에서 시내를 바라보며 즐기는 온천욕은 행복 그 자체다. 로열 크레센트에서 남동쪽으로 도보 14분 거리에 있다.

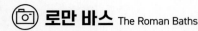

로만 바스 The Roman Baths

🏃 바스 스파 레일웨이 기차역Bath Spa Railway Station에서 북쪽 시내 중심부로 도보 6분 🏠 Stall St, Bath BA1 1LZ, UK
📞 +44 1225 477785 🕐 월~금 09:30~18:00, 토,일 09:00~18:00 (12월 25~26일 휴관. 시기에 따라 유동적이므로 홈페이지
확인) £ £20.00~ £27.50(비수기·성수기 가격 상이, 온라인 사전 구매 시 10% 할인) ☰ https://www.romanbaths.co.uk

바스의 상징, 옛 로마인들의 휴양지

로만 바스는 바스의 아이콘이자 영국의 유일한 노천 온천이다. 안으로 들어서면 이탈리아 혹은 그리스 신전에 들어
온 기분이 든다. 2층으로 올라가면 카이사르, 하드리아누스 등 옛 로마 황제들의 동상이 조각되어 있어 그 느낌이
더 강하게 든다. 로만 바스는 서기 60년에 건축됐다. 로마인들은 영국을 점령했던 300년 동안 이곳을 온천이자 목
욕탕으로 활용하며 휴양을 즐겼다. 로마 멸망 후 방치됐다가, 12세기에서 18세기까지 여러 차례 리모델링을 거치
며 현재의 모습을 갖추게 됐다. 로만 바스는 온천, 미네르바 신전, 로만 바스에서 출토한 유물을 전시한 박물관, 레
스토랑, 기념품 가게 등으로 이루어져 있다.
이곳 온천수는 빗물이 3~4km 깊이의 땅속으로 스며들었다가 섭씨 90도까지 뜨거워진 후 다시 지면으로 올라온
다. 가스 작용으로 물이 펄펄 끓는 것처럼 보이는데, 과거 로마인들은 이것을 신의 선물이라고 생각했다. 물은 아직
도 섭씨 46도의 따뜻함을 유지하며 매일 백만 리터가량 공급되고 있다. 로만 바스 내부를 천천히 둘러보려면 1시
간 정도 소요되며, 한국어 가이드도 있어 더욱 알찬 여행을 즐길 수 있다. 한 바퀴 모두 둘러본 후에는 정수한 온천
수를 따뜻하게 마셔보는 것도 잊지 말자.

📷 바스 대성당(수도원) Bath Abbey

🚶 바스 스파 레일웨이 기차역Bath Spa Railway Station에서 북쪽 시내 중심부로 도보 8분 (로만 바스 북동쪽 맞은 편)
🏠 Bath BA1 1LT, UK 📞 +44 01225 422462 🕐 월~금 10:00~17:30, 토 10:00~18:00, 일 13:15~14:30, 16:30~18:15, 타워
입장 10:00~16:00 £ 무료(영어 가이드 £8, 타워 입장 £10) ≡ https://www.bathabbey.org

©wikimedia commons_Diego-Delso

화려한 스테인드글라스, 멋진 시내 뷰

로만 바스 북동쪽 바로 앞에 있는 웅장한 고딕 양식의 성당이다. 한때
는 수도원이었으나 지금은 성당으로 사용하고 있다. 이 성당은 많은
아픔과 시련을 겪은 뒤 오늘에 이르렀다. 757년경에는 앵글로 색슨족
의 예배당이었고, 10세기엔 노르만족의 성당으로 사용되었다. 급기야
1539년 가톨릭을 박해한 헨리 8세 때 완전히 파괴되었다. 지금 모습은
1600년대 초 만들어진 것이다. 성당 안으로 들어서면 옛 아픔을 애써
잊으려는 듯 화려한 대형 스테인드글라스가 영롱한 빛을 내며 손님을
맞이한다. 212개의 계단을 올라 성당 위 탑에 오르면 바스 시내 전경을
감상할 수 있다. 별도 투어를 통해서만 올라갈 수 있다.

©wikimedia commons_diliff

📷 펄트니 다리 Pulteney Bridge

🚶 바스 대성당(수도원)에서 북쪽으로 도보 3분
🏠 Bridge St, Bath BA2 4AT, UK

영화 <레미제라블>의 촬영지

영화 레미제라블의 배경 무대였던 아치형 석조 다리다. 장발장과 대결하는 경찰관 자베르배우 러셀 크로우는 선과 악, 위법과 정의에 대한 가치관의 혼란을 겪다가 에이번강을 가로지르는 이 다리에서 자살했다. 펄트니 다리는 영국의 건축가 로버트 아담이 피렌체의 베키오 다리와 베네치아의 리알토 다리에서 영감을 얻어 1777년에 완공했다. 강물이 흐르는 바닥에 계단처럼 층을 만들어 강물이 작은 폭포처럼 떨어지게 설계한 점이 인상적이다. 작은 변화로 시각적인 아름다움을 구현해낸 창의성이 돋보이는 장면이다. 다리 위엔 양쪽으로 상점이 늘어서 있다. 길에서 보는 풍경도 아름답지만, 다리 안 카페에서 여유롭게 감상해도 좋겠다. 시간 여유가 없다면 잠시만 짬을 내 다리 아래 둔치로 내려가 구경하자. 벤치에서 앉아 강과 다리와 옛 도시 바스를 한 프레임에 넣고 바라보는 풍경이 무척 아름답다. 바스여행을 마치고 나서도 오래 기억에 남을 것이다. 오랜 시간을 머금은 다리 주변 상점과 골목길도 내적 감흥을 일으킬 만큼 이국적이고 서정적이다.

No. 1 로열 크레센트 No. 1 Royal Crescent

🚶 ①바스 스파 레일웨이 기차역Bath Spa Railway Station에서 시내 중심부 지나 북서쪽으로 도보 18분 ②로만 바스에서 북서쪽으로 도보 14분 🏠 1 Royal Cres, Bath BA1 2LR, UK 📞 +44 1225 428126 🕐 화~일 10:00~17:30(마지막 입장 16:30) £ 성인 £15, 18세 이하 무료 🖥 https://no1royalcrescent.org.uk

영국 귀족의 일상 엿보기

로열 크레센트는 1774년 당시 유행하던 팔라디오 양식으로 지은 테라스 하우스이다. 영국의 건축가 존 우드 2세가 설계했다. 30개 테라스 하우스가 초승달 모양으로 아주 길게 누워있는 형태다. 높이 6m에 이르는 이오니아식 기둥 114개가 반달 모양으로 쭉 늘어선 모습이 아름답게 위엄이 넘친다. 겉모습은 같지만, 내부는 주인의 취향을 반영하여 맞춤 인테리어를 했다. 다양성과 차별화를 위해 인테리어 담당자도 다 달랐다고 전해진다. 테라스 하우스 이름 크레센트는 '초승달 모양'이라는 뜻이다. 이곳에선 옛날부터 영국 귀족이 살았으며, 지금도 영국의 내로라할 부자들이 입주해있다. 이곳 매매가는 우리 돈으로 환산하면 900억 이상이다. 그중 가장 끝자락에 있는 크레센트 1번지는 바스 보존 재단에서 매입하여 2013년부터 옛 영국 귀족들의 일상을 엿볼 수 있도록 관광객들에게 박물관으로 개방하고 있다. 이 박물관 이름이 No. 1 로열 크레센트이다. 침실, 부엌, 서재 등에 귀족들의 생활상이 그대로 남아있으며, 서재 지구본에는 우리나라도 그려져 있어 소소한 즐거움을 준다.

📷 서매테르마 바스 스파 Thermae Bath Spa

🚶 ❶ 바스 스파 레일웨이 기차역Bath Spa Railway Station에서 북서쪽의 시내 중심부 방향으로 도보 7분 ❷로만 바스에서 남서쪽으로 도보 1분 ❸ 로열 크레센트에서 남동쪽으로 도보 14분 🏠 The Hetling Pump Room, Hot Bath St, Bath BA1 1SJ, UK ⏱ 09:00~21:30 £ 평일 £ 41, 주말 £ 46(수건·옷·슬리퍼 포함 가격, 2시간 스파 이용, 시간당 추가 £ 10) 🔗 https://www.thermaebathspa.com

루프톱 스파에서 고도를 감상하며

바스까지 와서 온천을 즐기지 않고 간다면 두고두고 아쉬움이 남을 것이다. 따뜻한 온천수에 들어간다는 생각만으로도 금세 피곤이 사라질 것 같다. 테르마 바스 스파는 바스에서 가장 유명한 스파 온천이다. 리조트의 야외 수영장을 연상시키는 미네르바 풀, 고도의 풍경을 감상하기 좋은 루프톱 풀, 스위트 스파 룸 등으로 이루어져 있다. 로열 크레센트까지 돌아보고 기차 타러 가는 길에 들르기 좋다. 가격이 비싼 감은 있지만, 루프톱 풀에서 시내를 바라보며 즐기는 온천욕은 행복 그 자체다.

©Thermae Bath Spa

🛍 티 하우스 엠포리움 Tea House Emporium

🚶 펄트니 다리에서 서쪽으로 도보 2분 🏠 18 Union Passage, Bath BA1 1RE, United Kingdom 📞 +44 1225 334402 ⏱ 월~토 10:00~17:30, 일 11:00~16:30 £ 선물용 티팩 £ 3.95부터 🔗 https://teahouseemporium.co.uk

바스에서 즐기는 차(Tea)

바스를 대표하는 티 숍으로 판매하는 차의 종류만 160가지가 넘는다. 이곳에서 직접 블랜딩한 차가 많아, 어디에서도 맛보지 못했던 차를 맛볼 수 있다. 바스에서 특색있는 기념품을 찾거나 차를 좋아하는 사람이라면 꼭 가봐야 할 곳이다.

샐리 룬스 이팅 하우스 Sally Lunn's Eating House

🚶 ❶ 바스 스파 레일웨이 기차역Bath Spa Railway Station에서 북쪽 시내 중심부 방향으로 도보 7분 ❷ 로만 바스에서 남동쪽으로
도보 2분 🏠 4 North Parade Passage, Bath BA1 1NX 📞 +44 1225 461634 🕐 10:00~21:00
£ 번 개당 £5.6부터 시작, 하우스 내 식사 메뉴 £10안팎 ☰ https://www.sallylunns.co.uk/

<오만과 편견> 작가의 단골집

샐리 룬스 이팅 하우스가 입주한 건물은 1482년 지어진 주택으로, 바스에서 현존하는 건물 중 가장 오래된 것이다.
내부에 작은 주방 박물관이 있는데, 이 박물관은 이곳에 살았던 셀리 룬이 바스의 유명한 빵 번Bun을 만들었던 역
사가 있는 주방이다. 이팅 하우스의 카페 겸 레스토랑에서 다양한 영국 전통음식과 차를 즐기면 박물관은 무료로
돌아볼 수 있다. 무엇보다 이 집이 특별한 것은 1680년부터 이 집만의 노하우로 구워 온 히트 상품인 샐리 룬의 번
이다. 그 기술을 그대로 이어받은 후손들이 지금도 빵을 구워 판매하고 있으며, <오만과 편견>의 소설가 제인 오스
틴1775~1817도 이 가게의 번을 즐겨 먹었다고 전해진다. 기념품으로 포장해가는 것도 가능하다. 물론, 번은 따끈하
게 구웠을 때 바로 먹어야 가장 고소하고 맛있다.

©pergela

메이필드 라벤더 팜 Mayfield Lavender Farm

🚶 ❶ 런던 빅토리아 기차역에서 레이게이트Reigate 행 SWR 열차 탑승하여 펄리역Purley 하차(25분 소요) → 역에서 북서쪽으로 도보 4분 거리에 있는 버스 정류장 Purley Downlands Precinct (Stop G)로 이동 → 166번 버스 탑승하여 오크스 파크 정류장Oaks Park 하차(25분 소요) → 도보 1분
❷ 런던 빅토리아 기차역에서 웨스트 크로이돈West Croydon 행 SWR 열차 탑승하여 웨스트 크로이돈West Croydon 기차역 하차(32분 소요) → 역 서쪽에 있는 버스 정류장 West Croydon Bus Station(Stop B2)으로 이동 → 166번 버스 탑승하여 오크스 파크 정류장 Oaks Park 하차(45분 소요) → 도보 1분
🏠 1 Carshalton Rd, Banstead SM7 3JA, UK ⏰ 09:00~18:00(마지막 입장 17:45)
£ £4.50(16세 이하 무료) ☰ https://www.mayfieldlavender.com

리버풀

런던

메이필드
라벤더 팜

보랏빛 넘실대는 라벤더 바다

런던 시내 중심부에서 20km 남쪽 밴스테드Banstead에 있는 10헥타르, 약 3만 평 규모의 라벤더 농장이다. 보라색 라벤더가 넘실대는 평원과 들판 가득 뿜어내는 은은한 향이 여행의 행복을 만끽하게 해준다. 이곳의 창시자는 브랜든 메이다. 그는 영국 향수 브랜드 야들리Yardley의 MD로 일하던 시절 향수 재료 라벤더를 대량으로 생산할 장소를 찾고 있었다. 회사가 다른 곳에 인수되고 투자자를 찾는 데 실패하자, 2010년 지금의 부지를 직접 사들여 라벤더를 심기 시작했다. 4년이 지나자 지금과 같은 아름다운 모습을 갖추게 되었고, 이제는 런던 근교 여행의 명소로 자리 잡았다. 라벤더 특성상 여름철에만 활짝 핀 모습을 볼 수 있다. 농장 관람 역시 매년 6월 10일에서 8월 말까지만 할 수 있다. 절정기는 7~8월이다. 기념품 가게에서 향수와 라벤더 오일, 목욕용품 등을 구매할 수 있다.

©philhsmith

©andrewngandu

PART 11

권말부록

실전에 꼭 필요한 여행 영어

How do I get there?

1 ~주세요. ~ please. 플리즈

영수증 주세요. Receipt, please. 뤼씨트, 플리즈.

닭고기 주세요. Chicken, please. 취킨, 플리즈.

2 어디인가요? Where is ~? 웨얼 이즈

화장실이 어디인가요? Where is the toilet? 웨얼 이즈 더 토일렛?

버스 정류장이 어디인가요? Where is the bus stop? 웨얼 이즈 더 버쓰 스탑?

3 얼마예요? How much ~? 하우 머취

이건 얼마예요? How much is this? 하우 머취 이즈 디스?

전부 얼마예요? How much is the total? 하우 머취 이즈 더 토털?

4 ~하고 싶어요. I want to ~. 아이 원트 투

룸서비스를 주문하고 싶어요. I want to order room service. 아이 원트 투 오더 룸 썰비쓰.

택시 타고 싶어요. I want to take a taxi. 아이 원트 투 테이크 어 택시.

5 ~할 수 있나요? Can I/you ~? 캔 아이/유

펜 좀 빌릴 수 있나요? Can I borrow a pen? 캔 아이 바로우 어 펜?

영어로 말할 수 있나요? Can you speak English? 캔 유 스피크 잉글리쉬?

6 저는 ~ 할게요. I'll ~. 아윌

저는 카드로 결제할게요. I'll pay by card. 아윌 페이 바이 카드.

저는 2박 묵을 거예요. I'll stay for two nights. 아윌 스테이 포 투 나잇츠.

7 ~은 무엇인가요? What is ~? 왓 이즈

이것은 무엇인가요? What is it? 왓 이즈 잇?

다음 역은 무엇인가요? What is the next station? 왓 이즈 더 넥쓰트 스테이션?

8 ~ 있나요? Do you have~? 두유 해브

다른 거 있나요? Do you have another one? 두유 해브 어나덜 원?

자리 있나요? Do you have a table? 두유 해브 어 테이블?

9 이건 ~인가요? Is ~? 이즈 디스

이 길이 맞나요? Is this the right way? 이즈 디스 더 롸잇 웨이?

이것은 여성용/남성용인가요? Is this for women/men? 이즈 디스 포 위민/맨?

10 이건 ~예요. **It's ~.** 잇츠

이건 너무 비싸요. **It's too expensive.** 잇츠 투 익쓰펜시브.

이건 짜요. **It's salty.** 잇츠 썰티.

01 공항 · 기내에서

1 탑승 수속할 때

자주 쓰는 단어

여권 passport 패쓰포트

탑승권 boarding pass 보딩 패쓰

창가 좌석 window seat 윈도우 씻

복도 좌석 aisle seat 아일 씻

앞쪽 좌석 front row seat 프뤈트 로우 씻

무게 weight 웨잇

추가 요금 extra charge 엑쓰트라 차알쥐

수하물 baggage/luggage 배기쥐/러기쥐

자주 쓰는 회화

여기 제 여권이요. **Here is my passport.** 히얼 이즈 마이 패쓰포트.

창가 좌석을 받을 수 있나요? **Can I have a window seat?** 캔 아이 해브 어 윈도우 씻?

앞쪽 좌석을 받을 수 있나요? **Can I have a front row seat?** 캔 아이 해브 어 프뤈트 로우 씻?

무게 제한이 얼마인가요? **What is the weight limit?** 왓 이즈 더 웨잇 리미트?

추가 요금이 얼마인가요? **How much is the extra charge?** 하우 머취 이즈 디 엑쓰트라 차알쥐?

13번 게이트가 어디인가요? **Where is gate thirteen?** 웨얼 이즈 게이트 떨틴?

2 보안 검색 받을 때

자주 쓰는 단어

액체류 liquids 리퀴즈

주머니 pocket 포켓

전화기 phone 폰

노트북 laptop 랩탑

모자 hat 햇

벗다 take off 테이크 오프

임신한 pregnant 프레그넌트

가다 go 고우

자주 쓰는 회화

저는 액체류 없어요. **I don't have any liquids.** 아이 돈 해브 애니 리퀴즈.

주머니에 아무것도 없어요. **I have nothing in my pocket.** 아이 해브 낫띵 인 마이 포켓.

제 백팩에 노트북이 있어요. **I have a laptop in my backpack.** 아이 해브 어 랩탑 인 마이 백팩.

모자를 벗어야 하나요? **Should I take off my hat?** 슈드 아이 테이크 오프 마이 햇?

저 임신했어요. **I'm pregnant.** 아임 프레그넌트.

이제 가도 되나요? **Can I go now?** 캔 아이 고우 나우?

③ 면세점 이용할 때

자주 쓰는 단어

면세점 **duty-free shop** 듀티프리 샵

화장품 **cosmetics** 코스메틱스

향수 **perfume** 퍼퓸

가방 **bag** 백

선글라스 **sunglasses** 썬글래씨스

담배 **cigarette** 씨가렛

주류 **alcohol** 알코홀

계산하다 **pay** 페이

자주 쓰는 회화

얼마예요? **How much is it?** 하우 머치 이즈 잇?

이 가방 있나요? **Do you have this bag?** 두유 해브 디스 백?

이걸로 할게요. **I'll take this one.** 아윌 테이크 디스 원.

이 쿠폰을 사용할 수 있나요? **Can I use this coupon?** 캔 아이 유즈 디스 쿠펀?

여기 있어요. **Here you are.** 히얼 유 얼.

이걸 기내에 가지고 탈 수 있나요? **Can I carry this on board?** 캔 아이 캐루 디스 온 볼드?

④ 비행기 탑승할 때

자주 쓰는 단어

탑승권 **boarding pass** 볼딩 패스

좌석 **seat** 씻

좌석 번호 **seat number** 씻 넘버

일등석 **first class** 펄스트 클래쓰

일반석 **economy class** 이코노미 클래쓰

안전벨트 **seatbelt** 씻벨트

바꾸다 **change** 췌인쥐

마지막 탑승 안내 **last call** 라스트 콜

자주 쓰는 회화

제 자리는 어디인가요? **Where is my seat?** 웨얼 이즈 마이 씻?

여긴 제 자리입니다. **This is my seat.** 디스 이즈 마이 씻.

좌석 번호가 몇 번이세요? **What is your seat number?** 왓 이즈 유어 씻 넘벌?

자리를 바꿀 수 있나요? **Can I change my seat?** 캔 아이 췌인지 마이 씻?

가방을 어디에 두어야 하나요? **Where should I put my baggage?** 웨얼 슈드 아이 풋 마이 배기쥐?

제 좌석을 젖혀도 될까요? **Do you mind if I recline my seat?** 두 유 마인드 이프 아이 뤼클라인 마이 씻?

❺ 기내 서비스 요청할 때

자주 쓰는 단어

간식 **snacks** 스낵쓰

맥주 **beer** 비얼

물 **water** 워럴/워터

담요 **blanket** 블랭킷

식사 **meal** 미일

닭고기 **chicken** 취킨

생선 **fish** 퓌쉬

비행기 멀미 **airsick** 에얼씩

자주 쓰는 회화

간식 좀 먹을 수 있나요? **Can I have some snacks?** 캔 아이 해브 썸 스낵쓰?

물 좀 마실 수 있나요? **Can I have some water?** 캔 아이 해브 썸 워럴?

담요 좀 받을 수 있나요? **Can I get a blanket?** 캔 아이 겟 어 블랭킷?

식사는 언제인가요? **When will the meal be served?** 웬 윌 더 미일 비 설브드?

닭고기로 할게요. **Chicken, please.** 취킨, 플리즈.

비행기 멀미가 나요. **I feel airsick.** 아이 퓔 에얼씩.

❻ 기내 기기/시설 문의할 때

자주 쓰는 단어

등 **light** 라이트

작동하지 않는 **not working** 낫 월킹

화면 **screen** 스크린

음량 **volume** 볼륨

영화 **movies** 무비쓰

좌석 **seat** 씻

눕히다 **recline** 뤼클라인

화장실 **toilet** 토일렛

자주 쓰는 회화

등을 어떻게 켜나요? How do I turn on the light? 하우 두 아이 턴온 더 라이트?

화면이 안 나와요. My screen is not working. 마이 스크린 이즈 낫 월킹

음량을 어떻게 높이나요? How can I turn up the volume? 하우 캔 아이 턴업 더 볼륨?

영화 보고 싶어요. I want to watch movies. 아이 원트 투 워치 무비쓰.

제 좌석을 어떻게 눕히나요? How do I recline my seat? 하우 두 아이 뤼클라인 마이 씻?

화장실이 어디인가요? Where is the toilet? 웨얼 이즈 더 토일렛?

🕖 환승할 때

자주 쓰는 단어

환승 transfer 트뤤스풔

탑승구 gate 게이트

탑승 boarding 볼딩

연착 delay 딜레이

편명 flight number 플라이트 넘벌

갈아탈 비행기 connecting flight 커넥팅 플라이트

쉬다 rest 뤠스트

기다리다 wait 웨이트

자주 쓰는 회화

어디에서 환승할 수 있나요? Where can I transfer? 웨얼 캔 아이 트뤤스풔?

몇 번 탑승구로 가야 하나요? Which gate should I go to? 위취 게이트 슈드 아이 고우 투?

탑승은 몇 시에 시작하나요? What time does the boarding begin? 왓 타임 더즈 더 볼딩 비긴?

화장실은 어디에 있나요? Where is the toilet? 웨얼 이즈 더 토일렛?

제 비행기 편명은 ooo입니다. My flight number is ooo. 마이 플라이트 넘벌 이즈 ooo.

라운지는 어디에 있나요? Where is the lounge? 웨얼 이즈 더 라운지?

🕗 입국 심사받을 때

자주 쓰는 단어

방문하다 visit 비짓

여행 traveling 트뤠블링

관광 sightseeing 싸이트씨잉

출장 business trip 비즈니스 트립

왕복 티켓 return ticket 뤼턴 티켓

지내다, 머무르다 stay 스테이

일주일 a week 어 위크

입국 심사 immigration 이미그뤠이션

자주 쓰는 회화

방문 목적이 무엇인가요? **What is the purpose of your visit?** 왓 이즈 더 펄포스 오브 유얼 비짓?

여행하러 왔어요. **I'm here for traveling.** 아임 히어 포 트레블링.

출장으로 왔어요. **I'm here for a business trip.** 아임 히어 포 비즈니스 트립.

왕복 티켓이 있나요? **Do you have your return ticket?** 두 유 해브 유얼 뤼턴 티켓?

호텔에서 지낼 거예요. **I'm going to stay at a hotel.** 아임 고잉 투 스테이 앳 어 호텔.

일주일 동안 머무를 거예요. **I'm staying for a week.** 아임 스테잉 포 어 위크.

02 교통수단

❶ 승차권 구매할 때

자주 쓰는 단어

표 **ticket** 티켓

사다 **buy** 바이

매표소 **ticket window** 티켓 윈도우

발권기 **ticket machine** 티켓 머쉰

시간표 **timetable** 타임테이블

편도 티켓 **single ticket** 씽글 티켓

어른 **adult** 어덜트

어린이 **child** 촤일드

자주 쓰는 회화

표 어디에서 살 수 있나요? **Where can I buy a ticket?** 웨얼 캔 아이 바이 어 티켓?

발권기는 어떻게 사용하나요? **How do I use the ticket machine?** 하우 두 아이 유즈 더 티켓 머쉰?

왕복 표 두 장이요. **Two return tickets, please.** 투 뤼턴 티켓츠, 플리즈.

어른 세 장이요. **Three adults, please.** 쓰리 어덜츠, 플리즈.

어린이는 얼마인가요? **How much is it for a child?** 하우 머취 이즈 잇 포 어 촤일드?

마지막 버스 몇 시인가요? **What time is the last bus?** 왓 타임 이즈 더 라스트 버스?

❷ 버스 이용할 때

자주 쓰는 단어

버스를 타다 **take a bus** 테이크 어 버스

내리다 **get off** 겟 오프

버스표 **bus ticket** 버스 티켓

버스 정류장 **bus stop** 버스 스탑

버스 요금 **bus fare** 버스 풰어

이번 정류장 **this stop** 디스 스탑

다음 정류장 next stop 넥스트 스탑
셔틀 버스 shuttle bus 셔틀 버스

자주 쓰는 회화
버스 어디에서 탈 수 있나요? Where can I take the bus? 웨얼 캔 아이 테이크 더 버스?
버스 정류장이 어디에 있나요? Where is the bus stop? 웨얼 이즈 더 버스 스탑?
이 버스 ooo로 가나요? Is this a bus to ooo? 이즈 디스 어 버스 투 ooo?
버스 요금이 얼마인가요? How much is the bus fare? 하우 머취 이즈 더 버스 풰어?
다음 정류장이 무엇인가요? What is the next stop? 왓 이즈 더 넥스트 스탑?
어디서 내려야 하나요? Where should I get off? 웨얼 슈드 아이 겟 오프?

③ 지하철·기차 이용할 때
자주 쓰는 단어
지하철 underground/tube 언덜그라운드/튜브
열차, 기차 train 트뤠인
타다 take 테이크
내리다 get off 겟 오프
노선도 line map 라인 맵
승강장 platform 플랫폼
역 station 스테이션
환승 transfer 트뤤스펄

자주 쓰는 회화
지하철 어디에서 탈 수 있나요? Where can I take the underground(the tube)?
웨얼 캔 아이 테이크 디 언더그라운드(더 튜브)?
이 열차 ooo로 가나요? Is this the train to ooo? 이즈 디스 더 트뤠인 투 ooo?
노선도 받을 수 있나요? Can I get the line map? 캔 아이 겟 더 라인 맵?
승강장을 못 찾겠어요. I can't find the platform. 아이 캔트 파인 더 플랫폼.
다음 역은 어디인가요? What is the next station? 왓 이즈 더 넥쓰트 스테이션?
어디에서 환승하나요? Where should I transfer? 웨얼 슈드 아이 트뤤스펄?

④ 택시 이용할 때
자주 쓰는 단어
택시를 타다 take a taxi 테이크 어 택씨
택시 정류장 taxi stand 택씨 스탠드
기본요금 minimum fare 미니멈 풰어
공항 airport 에어포트

트렁크 trunk 트륑크
더 빠르게 faster 풰스털
세우다 stop 스탑
잔돈 change 췌인쥐

자주 쓰는 회화

택시 어디서 탈 수 있나요? **Where can I take a taxi?** 웨얼 캔 아이 테이크 어 택씨?
기본요금이 얼마인가요? **What is the minimum fare?** 왓 이즈 더 미니멈 풰어?
공항으로 가주세요. **To the airport, please.** 투 디 에어포트, 플리즈.
트렁크 열어줄 수 있나요? **Can you open the trunk, please?** 캔 유 오픈 더 트륑크, 플리즈?
저기서 세워줄 수 있나요? **Can you stop over there?** 캔 유 스탑 오버 데얼?
잔돈은 가지세요. **You can keep the change.** 유 캔 킵 더 췌인쥐.

❺ 거리에서 길 찾을 때

자주 쓰는 단어

주소 **address** 어드뤠쓰
거리 **street** 스트뤼트
모퉁이 **corner** 코널
골목 **alley** 앨리
지도 **map** 맵
먼 **far** 퐈
가까운 **close** 클로쓰
길을 잃은 **lost** 로스트

자주 쓰는 회화

박물관에 어떻게 가나요? **How do I get to the museum?** 하우 두 아이 겟 투 더 뮤지엄?
모퉁이에서 오른쪽으로 도세요. **Turn right at the corner.** 턴 롸잇 앳 더 코널.
여기서 멀어요? **Is it far from here?** 이즈 잇 퐈 프롬 히얼?
길을 잃었어요. **I'm lost.** 아임 로스트.
이 건물을 찾고 있어요. **I'm looking for this building.** 아임 룩킹 포 디스 빌딩.
이 길이 맞나요? **Is this the right way?** 이즈 디스 더 롸잇 웨이?

❻ 교통편 놓쳤을 때

자주 쓰는 단어

비행기 **flight** 플라이트
놓치다 **miss** 미쓰
연착되다 **delay** 딜레이

다음 next 넥쓰트
기차, 열차 train 트레인
변경하다 change 췌인쥐
환불 refund 뤼펀드
기다리다 wait 웨이트

자주 쓰는 회화

비행기를 놓쳤어요. I missed my flight. 아이 미쓰드 마이 플라이트.
제 비행기가 연착됐어요. My flight is delayed. 마이 플라이트 이즈 딜레이드.
다음 비행기는 언제예요? When is the next flight? 웬 이즈 더 넥쓰트 플라이트?
어떻게 해야 하나요? What should I do? 왓 슈드 아이 두?
변경할 수 있나요? Can I change it? 캔 아이 췌인쥐 잇?
환불받을 수 있나요? Can I get a refund? 캔 아이 겟 어 뤼펀드?

03 숙소에서

1 체크인할 때

자주 쓰는 단어

체크인 check-in 췌크인
일찍 early 얼리
예약 reservation 뤠저베이션
여권 passport 패쓰포트
바우처 voucher 봐우처
추가 침대 extra bed 엑쓰트라 베드
보증금 deposit 디파짓
와이파이 비밀번호 Wi-Fi password 와이파이 패스월드

자주 쓰는 회화

체크인할게요. Check in, please. 췌크인 플리즈.
일찍 체크인할 수 있나요? Can I check in early? 캔 아이 췌크인 얼리?
예약했어요. I have a reservation. 아이 해브 어 뤠저베이션
여기 제 여권이요. Here is my passport. 히얼 이즈 마이 패쓰포트.
더블 침대를 원해요. I want a double bed. 아이 원트 어 더블 베드.
와이파이 비밀번호가 무엇인가요? What is the Wi-Fi password? 왓 이즈 더 와이파이 패스월드?

② 체크아웃할 때

자주 쓰는 단어

체크아웃 check-out 췌크아웃

늦게 late 레이트

보관하다 keep 킵

짐 baggage 배기쥐

청구서 invoice 인보이쓰

요금 charge 차알쥐

추가 요금 extra charge 엑스트라 차알쥐

택시 taxi 택시

자주 쓰는 회화

체크아웃할게요. Check out, please. 췌크아웃 플리즈.

체크아웃 몇 시예요? What time is check-out? 왓 타임 이즈 췌크아웃?

늦게 체크아웃할 수 있나요? Can I check out late? 캔 아이 췌크아웃 레이트?

늦은 체크아웃은 얼마예요? How much is it for late check-out? 하우 머취 이즈 잇 포 레이트 췌크아웃?

짐을 맡길 수 있나요? Can you keep my baggage? 캔 유 킵 마이 배기쥐?

청구서를 받을 수 있나요? Can I have an invoice? 캔 아이 해브 언 인보이쓰?

③ 부대시설 이용할 때

자주 쓰는 단어

식당 restaurant 뤠스터런트

조식 breakfast 브뤡퍼스트

수영장 pool 풀

헬스장 gym 쥠

스파 spa 스파

세탁실 laundry room 륀드리 룸

자판기 vending machine 벤딩 머쉰

24시간 twenty-four hours 트웬티포 아워쓰

자주 쓰는 회화

식당 언제 여나요? When does the restaurant open? 웬 더즈 더 뤠스터런트 오픈?

조식 어디서 먹나요? Where can I have breakfast? 웨얼 캔 아이 햅 브뤡퍼스트?

조식 언제 끝나요? When does breakfast end? 웬 더즈 브뤡퍼스트 엔드?

수영장 언제 닫나요? When does the pool close? 웬 더즈 더 풀 클로즈?

헬스장이 어디에 있나요? Where is the gym? 웨얼 이즈 더 쥠?

자판기 어디에 있나요? Where is the vending machine? 웨얼 이즈 더 벤딩 머쉰?

❹ 객실 용품 요청할 때

자주 쓰는 단어
수건 towel 타월
비누 soap 쏩
칫솔 tooth brush 투쓰 브러쉬
화장지 tissue 티슈
베개 pillow 필로우
드라이기 hair dryer 헤어 드라이어
침대 시트 bed sheet 베드 쉬이트

자주 쓰는 회화
수건 받을 수 있나요? Can I get a towel? 캔 아이 겟 어 타월?
비누 받을 수 있나요? Can I get a soap? 캔 아이 겟 어 쏩?
칫솔 하나 더 주세요. One more toothbrush, please. 원 모어 투쓰 브러쉬, 플리즈.
베개 하나 더 받을 수 있나요? Can I get one more pillow? 캔 아이 겟 원 모어 필로우?
드라이기가 어디 있나요? Where is the hair dryer? 웨얼 이즈 더 헤어 드라이어?
침대 시트 바꿔줄 수 있나요? Can you change the bed sheet? 캔 유 췌인쥐 더 베드 쉬이트?

❺ 기타 서비스 요청할 때

자주 쓰는 단어
룸 서비스 room service 룸 썰비스
주문하다 order 오더
청소하다 clean 클린
모닝콜 wake-up call 웨이크업 콜
세탁 서비스 laundry service 뤈드리 썰비스
에어컨 air conditioner 에얼 컨디셔널
휴지 toilet paper 토일렛 페이퍼
냉장고 fridge 프리쥐

자주 쓰는 회화
룸서비스 되나요? Do you have room service? 두 유 해브 룸 썰비스?
샌드위치를 주문하고 싶어요. I want to order some sandwiches. 아이 원트 투 오더 썸 쌘드위치스.
객실을 청소해 줄 수 있나요? Can you clean my room? 캔 유 클린 마이 룸?
7시에 모닝콜 해 줄 수 있나요? Can I get a wake-up call at 7? 캔 아이 겟 어 웨이크업 콜 앳 쎄븐?
세탁 서비스 되나요? Do you have laundry service? 두 유 해브 뤈드리 썰비스?
히터 좀 확인해 줄 수 있나요? Can you check the heater? 캔 유 체크 더 히터?

6 불편사항 말할 때

자주 쓰는 단어

고장난 **not working** 낫 월킹

온수 **hot water** 핫 워터

수압 **water pressure** 워터 프레슈어

변기 **toilet** 토일렛

귀중품 **valuables** 밸류어블즈

더운 **hot** 핫

추운 **cold** 콜드

시끄러운 **noisy** 노이지

자주 쓰는 회화

에어컨이 작동하지 않아요. **The air conditioner is not working.** 디 에얼 컨디셔널 이즈 낫 월킹.

온수가 안 나와요. **There is no hot water.** 데얼 이즈 노 핫 워터.

수압이 낮아요. **The water pressure is low.** 더 워터 프레슈어 이즈 로우.

변기 물이 안 내려가요. **The toilet doesn't flush.** 더 토일렛 더즌트 플러쉬.

귀중품을 잃어버렸어요. **I lost my valuables.** 아이 로스트 마이 밸류어블즈.

방이 너무 추워요. **It's too cold in my room.** 잇츠 투 콜드 인 마이 룸.

04 식당에서

1 예약할 때

자주 쓰는 단어

예약하다 **book** 북

자리 **table** 테이블

아침 식사 **breakfast** 브렉퍼스트

점심 식사 **lunch** 런취

저녁 식사 **dinner** 디너

예약하다 **make a reservation** 메이크 어 뤠저붸이션

예약을 취소하다 **cancel a reservation** 캔쓸 어 뤠저붸이션

주차장 **parking lot/car park** 파킹 랏/카 파크

자주 쓰는 회화

자리 예약하고 싶어요. **I want to book a table.** 아이 원트 투 북 어 테이블.

저녁 식사 예약하고 싶어요. **I want to book a table for dinner.** 아이 원트 투 북 어 테이블 포 디너.

3명 자리 예약하고 싶어요. **I want to book a table for three.** 아이 원트 투 북 어 테이블 포 뜨리.

OOO 이름으로 예약했어요. **I have a reservation under the name of OOO.**

아이 해브 어 뤠저붸이션 언덜 더 네임 오브 OOO.

예약 취소하고 싶어요. I want to cancel my reservation. 아이 원트 투 캔쓸 마이 뤠저붸이션.

주차장이 있나요? Do you have a parking lot? 두 유 해브 어 파킹 랏?

② 주문할 때

자주 쓰는 단어

메뉴판 menu 메뉴

주문하다 order 오더

추천 recommendation 뤠커멘데이션

스테이크 steak 스테이크

해산물 seafood 씨푸드

짠 salty 쏠티

매운 spicy 스파이씨

음료 drink 드링크

자주 쓰는 회화

메뉴판 볼 수 있나요? Can I see the menu? 캔 아이 씨 더 메뉴?

지금 주문할게요. I want to order now. 아이 원트 투 오더 나우.

추천해줄 수 있나요? Do you have any recommendations? 두 유 해브 애니 뤠커멘데이션스?

이걸로 주세요. This one, please. 디스 원 플리즈.

스테이크 하나 주시겠어요? Can I have a steak? 캔 아이 해브 어 스테이크?

제 스테이크는 중간 정도로 익혀주세요. I want may steak medium, please.
아이 원트 마이 스테이크 미디엄, 플리즈.

③ 식당 서비스 요청할 때

자주 쓰는 단어

닦다 wipe down 와이프 다운

접시 plate 플레이트

떨어뜨리다 drop 드롭

칼 knife 나이프

데우다 heat up 힛 업

잔 glass 글래쓰

휴지 napkin 냅킨

아기 의자 high chair 하이 췌어

자주 쓰는 회화

이 테이블 좀 닦아줄 수 있나요? Can you wipe down this table? 캔 유 와이프 다운 디스 테이블?

접시 하나 더 받을 수 있나요? **Can I get one more plate?** 캔 아이 겟 원 모얼 플레이트?

나이프를 떨어뜨렸어요. **I dropped my knife.** 아이 드롭트 마이 나이프.

냅킨이 없어요. **There is no napkin.** 데얼 이즈 노우 냅킨.

아기 의자 있나요? **Do yon have a high chair?** 두 유 해브 어 하이 췌어?

이것 좀 데워줄 수 있나요? **Can you heat this up?** 캔 유 힛 디스 업?

④ 불만사항 말할 때

자주 쓰는 단어

너무 익은 **overcooked** 오버쿡트

덜 익은 **undercooked** 언더쿡트

잘못된 **wrong** 륑

음식 **food** 푸드

음료 **drink** 드륑크

짠 **salty** 쏠티

싱거운 **bland** 블랜드

새 것 **new one** 뉴 원

자주 쓰는 회화

실례합니다. **Excuse me.** 익스큐스 미.

이것은 덜 익었어요. **It's undercooked.** 잇츠 언더쿡트.

메뉴가 잘못 나왔어요. **I got the wrong menu.** 아이 갓 더 륑 메뉴.

제 음료를 못 받았어요. **I didn't get my drink.** 아이 디든트 겟 마이 드륑크.

이것은 너무 짜요. **It's too salty.** 잇츠 투 쏠티.

새 것을 받을 수 있나요? **Can I have a new one?** 캔 아이 해브 어 뉴 원?

⑤ 계산할 때

자주 쓰는 단어

계산서 **bill** 빌

지불하다 **pay** 페이

현금 **cash** 캐쉬

신용카드 **credit card** 크뤠딧 카드

잔돈 **change** 췌인쥐

영수증 **receipt** 뤼씨트

팁 **tip** 팁

포함하다 **include** 인클루드

자주 쓰는 회화

계산서 주세요. **Bill, please.** 빌, 플리즈.

따로 계산해 주세요. **Separate bills, please.** 쎄퍼뤠이트 빌즈, 플리즈.

계산서가 잘못 됐어요. **Something is wrong with the bill.** 썸띵 이즈 륑 위드 더 빌.

신용카드로 지불할 수 있나요? **Can I pay by credit card?** 캔 아이 바이 크레딧 카드?

영수증 주시겠어요? **Can I get a receipt?** 캔 아이 겟 어 뤼씨트?

팁이 포함되어 있나요? **Is the tip included?** 이즈 더 팁 인클루디드?

⑥ 패스트푸드 주문할 때

자주 쓰는 단어

세트 **combo/meal** 컴보/미일

햄버거 **burger** 벌거얼

감자튀김 **chips/fries** 칩스/프라이스

케첩 **ketchup** 켓첩

추가의 **extra** 엑쓰트라

콜라 **coke** 코크

리필 **refill** 뤼필

포장 **takeaway/to go** 테이크어웨이/투 고

자주 쓰는 회화

2번 세트 주세요. **I'll have meal number two.** 아이윌 햅 미일 넘벌 투.

햄버거만 하나 주세요. **Just a burger, please.** 저스트 어 벌거얼, 플리즈.

치즈 추가해 주세요. **Can I have extra cheese on it?** 캔 아이 해브 엑쓰트라 치즈 언 잇?

리필할 수 있나요? **Can I get a refill?** 캔 아이 겟 어 뤼필?

여기서 먹을 거예요. **It's for here.** 잇츠 포 히얼.

포장해 주세요. **Takeaway, please.** 테이크어웨이 플리즈.

⑦ 커피 주문할 때

자주 쓰는 단어

아메리카노 **americano** 아메뤼카노

라떼 **latte** 라테이

차가운 **iced** 아이쓰드

작은 **small** 스몰

중간의 **regular/medium** 뤠귤러/미디엄

큰 **large** 라알쥐

샷 추가 **extra shot** 엑쓰트라 샷

두유 **soy milk** 쏘이 미일크

자주 쓰는 회화

차가운 아메리카노 한 잔 주세요. **One iced americano, please.** 원 아이쓰드 아메리카노, 플리즈.

작은 사이즈 라떼 한 잔 주시겠어요? **Can I have a small latte?** 캔 아이 해브 어 스몰 라테이?

샷 추가해 주세요. **Add an extra shot, please.** 애드 언 엑쓰트라 샷, 플리즈.

두유 라떼 한 잔 주시겠어요? **Can I have a soy latte?** 캔 아이 해브 어 소이 라테이?

휘핑크림 추가해 주세요. **I'll have extra whipped cream.** 아윌 해브 엑쓰트라 휘프트 크림.

얼음 더 넣어 주시겠어요? **Can you put extra ice in it?** 캔 유 풋 엑쓰트라 아이쓰 인 잇?

05 관광할 때

❶ 관람권 구매할 때

자주 쓰는 단어

표 **ticket** 티켓

입장료 **admission fee** 어드미션 퓌

공연 **show** 쑈

인기 있는 **popular** 파퓰러

뮤지컬 **musical** 뮤지컬

다음 공연 **next show** 넥쓰트 쑈

좌석 **seat** 씻

매진된 **sold out** 쏠드 아웃

자주 쓰는 회화

표 얼마예요? **How much is the ticket?** 하우 머취 이즈 더 티켓?

표 2장 주세요. **Two tickets, please.** 투 티켓츠, 플리즈.

어른 3장, 어린이 1장 주세요. **Three adults and one child, please.** 뜨리 어덜츠 앤 원 촤일드, 플리즈.

가장 인기 있는 공연이 뭐예요? **What is the most popular show?** 왓 이즈 더 모스트 파퓰러 쑈?

공연 언제 시작하나요? **When does the show start?** 웬 더즈 더 쑈 스타트?

매진인가요? **Is it sold out?** 이즈 잇 쏠드 아웃?

❷ 투어 예약 및 취소할 때

자주 쓰는 단어

투어를 예약하다 **book a tour** 북 어 투어

시내 투어 **city tour** 씨티 투어

박물관 투어 **museum tour** 뮤지엄 투어

버스 투어 **bus tour** 버스 투어

취소하다 **cancel** 캔쓸

바꾸다 **change** 췌인쥐

환불 refund 뤼펀드
취소 수수료 cancellation fee 캔쓸레이션 퓌

자주 쓰는 회화

시내 투어 예약하고 싶어요. I want to book a city tour. 아이 원트 투 북 어 씨티 투어.
이 투어 얼마예요? How much is this tour? 하우 머춰 이즈 디스 투어?
투어 몇 시에 시작해요? What time does the tour start? 왓 타임 더즈 더 투어 스타트?
투어 몇 시에 끝나요? What time does the tour end? 왓 타임 더즈 더 투어 엔드?
투어 취소할 수 있나요? Can I cancel the tour 캔 아이 캔쓸 더 투어?
환불 받을 수 있나요? Can I get a refund? 캔 아이 겟 어 뤼펀드?

❸ 관광 안내소 방문했을 때

자주 쓰는 단어

추천하다 recommend 뤠커멘드
관광 sightseeing 싸이트시잉
관광 정보 tour information 투어 인포메이션
시내 지도 city map 씨티 맵
관광 안내 책자 tourist brochure 투어뤼스트 브로슈얼
시간표 timetable 타임테이블
가까운 역 the nearest station 더 니어리스트 스테이션
예약하다 make a reservation 메이크 어 뤠저베이션

자주 쓰는 회화

관광으로 무엇을 추천하시나요? What do you recommend for sightseeing?
왓 두유 뤠커멘드 포 싸이트씨잉?
시내 지도 받을 수 있나요? Can I get a city map? 캔 아이 겟 어 씨티 맵?
관광 안내 책자 받을 수 있나요? Where can I find a tourist brochure?
웨얼 캔 아이 파인드 어 투어리스트 브로슈얼?
버스 시간표 받을 수 있나요? Can I get a bus timetable? 캔 아이 겟 어 버스 타임테이블?
가장 가까운 역이 어디예요? Where is the nearest station? 웨얼 이즈 더 니어리스트 스테이션?
거기에 어떻게 가나요? How do I get there? 하우 두 아이 겟 데얼?

❹ 관광 명소 관람할 때

자주 쓰는 단어

대여하다 rent 뤤트
오디오 가이드 audio guide 오디오 가이드
가이드 투어 guided tour 가이디드 투어

입구 entrance 엔터뤈쓰
출구 exit 엑씨트
기념품 가게 gift shop 기프트 샵
기념품 souvenir 수브니어

자주 쓰는 회화

오디오 가이드 빌릴 수 있나요? Can I borrow an audio guide? 캔 아이 보로우 언 오디오 가이드?
오늘 가이드 투어 있나요? Are there any guided tours today? 얼 데얼 애니 가이디드 투얼스 투데이?
안내 책자 받을 수 있나요? Can I get a brochure? 캔 아이 겟 어 브로슈얼?
출구는 어디인가요? Where is the exit? 웨얼 이즈 디 엑씨트?
기념품 가게는 어디인가요? Where is the gift shop? 웨얼 이즈 더 기프트 샵?
여기서 사진 찍어도 되나요? Can I take pictures here? 캔 아이 테잌 픽쳐스 히얼?

⑤ 사진 촬영 부탁할 때

자주 쓰는 단어

사진을 찍다 take a picture 테이크 어 픽쳐
누르다 press 프레쓰
버튼 button 버튼
하나 더 one more 원 모얼
배경 background 백그라운드
플래시 flash 플래쉬
셀카 selfie 셀피
촬영 금지 no pictures 노 픽쳐스

자주 쓰는 회화

사진 좀 찍어 주실 수 있나요? Can you take a picture? 캔 유 테이크 어 픽쳐?
이 버튼 누르시면 돼요. Just press this button, please. 저스트 프레쓰 디스 버튼, 플리즈.
한 장 더 부탁드려요. One more, please. 원 모얼, 플리즈.
배경이 나오게 찍어주세요. Can you take a picture with the background?
캔 유 테이크 어 픽쳐 윗 더 백그라운드?
제가 사진 찍어드릴까요? Do you want me to take a picture of you?
두 유 원트 미 투 테이크 어 픽쳐 옵 유?
플래시 사용할 수 있나요? Can I use the flash? 캔 아이 유즈 더 플래쉬?

❶ 제품 문의할 때

자주 쓰는 단어
제품 item 아이템
인기 있는 popular 파퓰러
얼마 how much 하우 머취
세일 sale 쎄일
이것·저것 this·that 디스·댓
선물 gift 기프트
지역 특산품 local product 로컬 프러덕트
추천 recommendation 뤠커멘데이션

자주 쓰는 회화
가장 인기 있는 것이 뭐예요? What is the most popular one? 왓 이즈 더 모스트 파퓰러 원?
이 제품 있나요? Do you have this item? 두 유 해브 디스 아이템?
이거 얼마예요? How much is this? 하우 머취 이즈 디스?
이거 세일하나요? Is this on sale? 이즈 디스 언 쎄일?
스몰 사이즈 있나요? Do you have a small size? 두 유 해브 어 스몰 싸이즈?
선물로 뭐가 좋은가요? What's good for a gift? 왓츠 굿 포 어 기프트?

❷ 착용할 때

자주 쓰는 단어
사용해보다 try 트라이
탈의실 fitting room 퓌팅 룸
다른 것 another one 어나더 원
다른 색상 another color 어나더 컬러
더 큰 것 bigger one 비걸 원
더 작은 것 smaller one 스몰러 원
사이즈 size 싸이즈
좋아하다 like 라이크

자주 쓰는 회화
이거 입어볼 볼 수 있나요? Can I try this on? 캔 아이 트라이 디스 온?
이거 사용해 볼 수 있나요? Can I try this? 캔 아이 트라이 디스?
탈의실은 어디인가요? Where is the fitting room? 웨얼 이즈 더 퓌팅 룸?

다른 색상 착용해 볼 수 있나요? **Can I try another color?** 캔 아이 트라이 어나더 컬러?

더 큰 것 있나요? **Do you have a bigger one?** 두 유 해브 어 비걸 원?

이거 마음에 들어요. **I like this one.** 아이 라이크 디스 원.

③ 가격 문의 및 흥정할 때

자주 쓰는 단어

얼마 **how much** 하우 머취

가방 **bag** 백

세금 환급 **tax refund** 택쓰 뤼펀드

비싼 **expensive** 익쓰펜씨브

할인 **discount** 디스카운트

쿠폰 **coupon** 쿠펀

더 저렴한 것 **cheaper one** 취퍼 원

더 저렴한 가격 **lower price** 로월 프라이쓰

자주 쓰는 회화

이 가방 얼마예요? **How much is this bag?** 하우 머취 이즈 디스 백?

나중에 세금 환급 받을 수 있나요? **Can I get a tax refund later?** 캔 아이 겟 어 택쓰 뤼펀드 레이러?

너무 비싸요. **It's too expensive.** 잇츠 투 익쓰펜씨브.

할인 받을 수 있나요? **Can I get a discount?** 캔 아이 겟 어 디스카운트?

이 쿠폰 사용할 수 있나요? **Can I use this coupon?** 캔 아이 유즈 디스 쿠펀?

더 저렴한 거 있나요? **Do you have a cheaper one?** 두 유 해브 어 취퍼 원?

④ 계산할 때

자주 쓰는 단어

총 **total** 토털

지불하다 **pay** 페이

신용 카드 **credit card** 크뤠딧 카드

체크 카드 **debit card** 데빗 카드

현금 **cash** 캐쉬

파운드 **pound** 파운드

할부로 결제하다 **pay in installments** 페이 인 인스톨먼츠

일시불로 결제하다 **pay in full** 페이 인 풀

자주 쓰는 회화

총 얼마예요? **How much is the total?** 하우 머취 이즈 더 토털?

신용 카드로 지불할 수 있나요? **Can I pay by credit card?** 캔 아이 페이 바이 크뤠딧 카드?

현금으로 지불할 수 있나요? **Can I pay in cash?** 캔 아이 페이 인 캐쉬?

영수증 주세요. **Receipt, please.** 뤼씨트, 플리즈.

할부로 결제할 수 있나요? **Can I pay in installments?** 캔 아이 페이 인 인스톨먼츠?

일시불로 결제할 수 있나요? **Can I pay in full?** 캔 아이 페이 인 풀?

⑤ 포장 요청할 때

자주 쓰는 단어

포장하다 **wrap** 뤱

뽁뽁이로 포장하다 **bubble wrap** 버블 뤱

따로 **separately** 쎄퍼랫틀리

선물 포장하다 **gift wrap** 기프트 뤱

상자 **box** 박쓰

쇼핑백 **shopping bag** 샤핑 백

비닐봉지 **plastic bag** 플라스틱 백

깨지기 쉬운 **fragile** 프뤠질

자주 쓰는 회화

포장은 얼마예요? **How much is it for wrapping?** 하우 머취 이즈 잇 포 뤱핑?

이거 포장해줄 수 있나요? **Can you wrap this?** 캔 유 뤱 디스?

뽁뽁이로 포장해줄 수 있나요? **Can you bubble wrap it?** 캔 유 버블 뤱 잇?

따로 포장해줄 수 있나요? **Can you wrap them separately?** 캔 유 뤱 뎀 쎄퍼랫틀리?

선물 포장해 줄 수 있나요? **Can you gift wrap it?** 캔 유 기프트 뤱 잇?

쇼핑백에 담아주세요. **Please put it in a shopping bag.** 플리즈 풋 잇 인 어 샤핑 백.

⑥ 교환·환불할 때

자주 쓰는 단어

교환하다 **exchange** 익쓰췌인쥐

반품하다 **return** 뤼턴

환불 **refund** 뤼펀드

다른 것 **another one** 어너덜 원

영수증 **receipt** 뤼씨트

지불하다 **pay** 페이

사용하다 **use** 유즈

작동하지 않는 **not working** 낫 월킹

자주 쓰는 회화

교환할 수 있나요? **Can I exchange it?** 캔 아이 익쓰췌인지 잇?

환불 받을 수 있나요? **Can I get a refund?** 캔 아이 겟 어 뤼풘드?

영수증을 잃어버렸어요. **I lost my receipt.** 아이 로스트 마이 뤼씨트.

현금으로 계산했어요. **I paid in cash.** 아이 페이드 인 캐쉬.

사용하지 않았어요. **I didn't use it.** 아이 디든트 유즈 잇.

이것은 작동하지 않아요. **It's not working.** 잇츠 낫 월킹.

아프거나 다쳤을 때

자주 쓰는 단어

약국 **pharmacy** 파마씨

병원 **hospital** 하스피탈

아픈 **sick** 씩

다치다 **hurt** 헐트

두통 **headache** 헤데이크

복통 **stomachache** 스토먹에이크

인후염 **sore throat** 쏘어 뜨로트

열 **fever** 퓌버

어지러운 **dizzy** 디지

토하다 **throw up** 뜨로우 업

자주 쓰는 회화

가까운 병원은 어디인가요? **Where is the nearest hospital?** 웨얼 이즈 더 니어뤼스트 하스피탈?

응급차를 불러줄 수 있나요? **Can you call an ambulance?** 캔 유 콜 언 앰뷸런쓰?

무릎을 다쳤어요. **I hurt my knee.** 아이 헐트 마이 니.

배가 아파요. **I have a stomachache.** 아이 해브 어 스토먹에이크.

어지러워요. **I feel dizzy.** 아이 퓔 디지.

토할 것 같아요. **I feel like throwing up.** 아이 퓔 라이크 뜨로잉 업.

2 분실·도난 신고할 때

자주 쓰는 단어

경찰서 **police station** 폴리쓰 스테이션

분실하다 **lost** 로스트

전화기 **phone** 폰

지갑 **wallet** 월렛

여권 **passport** 패쓰포트

신고하다 **report** 뤼포트

도난 theft 떼프트
홈친 stolen 스톨른
귀중품 valuables 밸류어블즈
한국 대사관 Korean embassy 코뤼언 엠버씨

자주 쓰는 회화
가장 가까운 경찰서가 어디인가요? **Where is the nearest police station?**
웨얼 이즈 더 니어뤼스트 폴리쓰 스테이션?
제 여권을 분실했어요. **I lost my passport.** 아이 로스트 마이 패쓰포트.
이걸 어디에 신고해야 하나요? **Where should I report this?** 웨얼 슈드 아이 뤼포트 디스?
제 가방을 도난당했어요. **My bag is stolen.** 마이 백 이즈 스톨른.
분실물 보관소는 어디인가요? **Where is the lost-and-found?** 웨얼 이즈 더 로스트앤파운드?
한국 대사관에 연락해 주세요. **Please call the Korean embassy.** 플리즈 콜 더 코뤼언 엠버씨.

Index
찾아보기

ㅌ

ㅍ

ㅎ